高等院校信息技术规划教材

SQL Server 数据库原理与应用教程（第4版）

张 莉 主编

清华大学出版社
北京

内 容 简 介

本书以目前广泛使用的 SQL Server 2014 数据库管理系统作为数据库系统基本操作和应用平台，系统、全面地介绍了数据库技术基础、数据库系统设计、现代数据库系统开发应用等基本理论和实践方法，包括 Transact-SQL 编程、网络数据库系统安全、面向对象数据库技术、并行数据库系统和分布式数据库系统、数据仓库、数据挖掘等内容，并提供了可以调用的数据库系统案例。

本书重点突出、可读性强，是系统学习和掌握现代数据库技术理论与实践的教材和参考书，可供高等学校相关专业选用，也可供相关技术人员参考。

图书在版编目(CIP)数据

SQL Server 数据库原理与应用教程/张莉主编. —4 版. —北京：清华大学出版社，2016（2021.1 重印）
（高等院校信息技术规划教材）
ISBN 978-7-302-44667-5

Ⅰ. ①S… Ⅱ. ①张… Ⅲ. ①关系数据库系统—高等学校—教材 Ⅳ. ①TP311.138

中国版本图书馆 CIP 数据核字(2016)第 179956 号

责任编辑：焦 虹
封面设计：常雪影
责任校对：时翠兰
责任印制：丛怀宇

出版发行：清华大学出版社
网 址：http://www.tup.com.cn，http://www.wqbook.com
地 址：北京清华大学学研大厦 A 座 **邮 编**：100084
社 总 机：010-62770175 **邮 购**：010-83470235
投稿与读者服务：010-62776969，c-service@tup.tsinghua.edu.cn
质量反馈：010-62772015，zhiliang@tup.tsinghua.edu.cn
课件下载：http://www.tup.com.cn，010-83470236
印 装 者：三河市龙大印装有限公司
经 销：全国新华书店
开 本：185mm×260mm **印 张**：26.25 **字 数**：608 千字
版 次：2003 年 1 月第 1 版 2016 年 10 月第 4 版 **印 次**：2021 年 1 月第 4 次印刷
定 价：49.80 元

产品编号：070114-01

前言 Foreword

网络信息大数据时代，数据管理、数据分析、数据挖掘和数据支持决策等，使数据库技术成为现代信息技术的重要基础和组成部分。近年来随着计算机技术的广泛应用与发展，无论是数据库技术的基础理论、工程应用、系统开发，还是数据库的商品软件，都有着长足的、迅速的进步与发展。

随着计算机网络技术的日益发展与广泛应用，支持网络技术的数据库系统不断推出新的成果，推动着数据库技术的发展和应用。新的数据库系统在继承传统数据库技术的同时，不仅在数据库系统性能和功能的完善方面，在数据库系统管理的操作性、安全性、维护性方面，在系统的开发技术方面，都较以前的数据库系统有了很大的发展与进步，而且在现代信息技术系统开发和新技术应用等方面，也更加符合当今社会对信息技术发展的需要。尽管数据库系统软件不断推陈出新，但数据库技术的核心万变不离其宗，仍然保持着传统的数据库基础理论和设计方法。

SQL Server 是 Microsoft 公司在与 Sybase 公司合作的基础上推出的关系型数据库系统，一经推出便迅速成为 Windows 网络方案的首选数据库系统。不断更新的 SQL Server 系统，不仅保留和增强了现代数据库管理系统所具备的各种功能，而且在支持各种网络技术平台应用方面，也提供了功能完善的网络数据管理与数据分析解决方案，为用户开发应用数据仓库和实现电子商务提供了便利的环境。

本书选用了网络环境中广泛使用的 SQL Server 2014 作为数据库系统基本操作应用平台，系统地介绍网络数据库技术的基础理论、实现方法、设计过程与开发应用等，在内容编排上由理论到实践、从技术基础到综合开发与新技术应用，使学习过程循序渐进、由浅入深、由点到面、由具体实践到系统提高。本书主要内容包括传统数据模型的建立、数据库系统结构组成、关系模型的数据结构、数据运算、数据库设计理论与设计方法、数据库系统分析与设计、结构化查询语言 SQL 等。在数据库系统开发和应用方面，介绍 SQL

Server关系数据库系统、管理工具、语言与编程接口,以及SQL Server数据管理、数据库操作等内容。

Transact-SQL是标准SQL语言的增强版本,通过Transact-SQL可以直接和数据库引擎进行交互,本书系统地介绍Transact-SQL程序设计应用与开发的过程与方法。数据库系统安全是数据库技术的重要组成部分;面向对象技术已广泛应用于现代数据库技术;并行数据库系统和分布式数据库系统是现代数据库的重要内容;SQL Server作为网络编程的后台数据库,可以通过ODBC和ADO等数据库访问技术,实现网页与数据库访问之间的连接。这些内容书中均有完整的介绍。

本书符合现代信息技术的教育理念,旨在引导读者提高综合实践与创新能力。通过本书,读者不仅可以系统地掌握数据库技术的基础理论、设计方法,还可以系统地掌握现代数据库系统的开发技术。本书作为教材可以使读者学会用系统的理论指导实践,为应用和开发服务;而理论基础指导下的应用与开发,不仅能有效地为企业的发展和进步铺路筑桥,也能提高数据库系统应用与技术开发的水平。

本书由张莉教授主持编写,参加本书编写的教学团队,长期坚持在数据库技术原理与应用方面从事科研开发与教学实践,积累了丰富的经验,尤其是数位具有扎实理论基础与丰富研发经验的硕士、博士研究生参与书中各案例的设计与调试,为本书增加了基础性、新颖性、实用性和可读性。本书在编写过程中参考了大量的文献资料,各项工作的完成是集体协作的结果。

本书已经过多年教学实践的检验,其内容编排符合现代教育理念,受到广大读者长久以来的支持和鼓励。参加本书编写的人员有陈雷、肖宁、杨丽丽、陈英义、李振波、马钦等教师,在编写本书的过程中得到了许多高校专家学者的具体指导和帮助,在此深表感谢!

数据库技术随网络大数据技术发展迅速、应用广泛,本书在修订和编写过程中仍难免有遗漏之处,恳请学界同仁和广大读者批评指正,提出宝贵的意见和建议。

编　者

目录 Contents

第1章 chapter 1

数据库系统概述

数据库技术是现代信息科学与技术的重要组成部分，是计算机数据处理与信息管理系统的核心。数据库技术研究和解决计算机信息处理过程中大量数据有效地组织和存储的问题，可在数据库系统中减少数据存储冗余，实现数据共享，保障数据安全以及高效地检索和处理数据。

随着计算机技术与网络通信技术的发展，数据库技术已成为信息社会中对大量数据进行组织与管理的重要技术手段及软件技术，是网络信息化管理系统的基础。本章主要介绍数据库技术的应用与发展、网络数据库的特点，以及数据模型的建立和数据库系统结构等内容，是学习和掌握现代数据库技术的基础。

1.1 概　　述

从20世纪60年代末到现在，数据库技术已经发展了30多年。在这30多年的历程中，人们在数据库技术的理论研究和系统开发上都取得了辉煌的成就，而且已经进入对新一代数据库系统的深入研究。数据库系统已经成为现代计算机系统的重要组成部分。

从20世纪70年代后期开始，数据库技术作为计算机专业的一门重要课程进入了国外大学的课堂；我国高等院校从20世纪80年代开始，也把数据库技术作为计算机专业本科生和研究生的主要课程。随着计算机技术在社会发展中地位的逐年上升，数据库技术作为计算机技术的重要分支，其重要性越来越被人们广泛认识。时至今日，数据库技术已经成为数据处理的公用支撑技术，数据库系统也早已遍布政府机关、社会团体和企业单位，存储着它们赖以正常运转的数据资源，显著地提高了工作效率和质量，产生出极大的社会、经济效益。

1.1.1 数据库技术与信息技术

信息技术(information technology，IT)是当今使用频率最高的名词之一。它随着计算机技术在工业、农业以及日常生活中的广泛应用，已经被越来越多的个人和企业作为赶超世界潮流的标志之一。数据库技术是信息技术中一个重要的支撑。没有数据库技术，人们在浩瀚的信息世界中将显得手足无措。

数据库技术是计算机科学技术的一个重要分支。从20世纪50年代中期开始，计算机应用从科学研究部门扩展到企业管理及政府行政部门，人们对数据处理的要求也越来越高。1968年，世界上诞生了第一个商品化的信息管理系统（Information Management System，IMS），从此，数据库技术得到了迅猛发展。在互联网日益被人们接受的今天，Internet又使数据库技术、知识、技能的重要性得到了充分的发挥。现在，数据库已经成为信息管理、办公自动化、计算机辅助设计等应用的主要软件工具之一，可帮助人们处理各种各样的信息数据。

1.1.2 数据库技术的应用及特点

数据库最初是在大公司或大机构中作为大规模事务处理的基础。后来随着个人计算机的普及，数据库技术被移植到个人计算机（personal computer，PC）上，用于单用户个人数据库应用。接着，由于PC在工作组内连成网，数据库技术就移植到了工作组级。现在，数据库正被Internet和内联网的诸多应用所使用。

20世纪60年代中期，数据库技术是用来解决文件处理系统问题的。当时的数据库处理还很脆弱，常常发生应用不能提交的情况。20世纪70年代关系模型的诞生为数据库专家提供了构造和处理数据库的标准方法，推动了关系数据库的发展和应用。1979年，Ashton-Tate公司引入了微机产品dBase Ⅱ，并称之为关系数据库管理系统，从此数据库技术移植到了个人计算机上。20世纪80年代中期到后期，终端用户开始使用局域网技术将独立的计算机连接成网络，终端之间共享数据库，形成了一种新型的多用户数据处理，称为客户机/服务器数据库结构。现在，数据库技术正在被用来同Internet技术相结合，以便在机构内联网、部门局域网甚至WWW上发布数据库数据。

1.1.3 SQL Server数据库系统与网络分布式操作

SQL Server是由Sybase、Microsoft和Ashton-Tate联合开发的OS/2系统上的数据库系统，1988年正式投入使用。1990年，Ashton-Tate公司退出了SQL Server的开发。1994年，Sybase公司也将重点投入到UNIX版本的SQL Server开发上，而Microsoft公司则致力于将SQL Server移植到NT平台上。1996年，Microsoft公司推出了SQL Server 6.5；1998年，将其升级到7.0版本；到了2000年，Microsoft SQL Server 2000面世了。

SQL Server是基于SQL客户/服务器（C/S）模式的数据库系统，建立在Microsoft Windows NT平台上，提供强大的企业数据库管理功能。

Microsoft SQL Server 2000数据库系统是在Windows NT环境下开发的一种全新的关系型数据库系统，是发展最快的关系数据库。SQL Server具有大型数据库的一些基本功能，支持事务处理、数据库加密，可设置用户组或用户的密码和权限等。它为用户提供了大规模联机事务处理（OLTP）、数据仓库和电子商务应用程序所需的最新的优秀数据库平台。

SQL Server 是基于 SQL 客户机/服务器(C/S)模式的数据库系统，建立在 Microsoft Windows NT 平台上，提供强大的企业数据库管理功能。SQL Server 提供了以 Web 标准为基础的扩展数据库编程功能，提供了对可扩展标记语言(XML)的支持以及在 Internet 上和防火墙外进行查询的能力，是 Microsoft .NET Enterprise Server 的数据管理与分析中枢。

SQL Server 的新版本提升了关键任务应用程序的性能，使查询速度比传统解决方案大幅提高，用户访问和构建数据速度更快。SQL Server 2014 提供的跨本地和云的混合环境，可将本地 SQL Server 数据库轻松过渡到云，备份、修补和恢复数据更加方便。

1.1.4 网络数据库系统编程

在当今网络盛行的年代，数据库与 Web 技术的结合正在深刻改变着网络应用的面貌。有了数据库的支持，扩展网页的功能、设计交互式页面、构造功能强大的后台管理系统以及网站的更新、维护都将变得轻而易举。随着网络应用的深入，Web 数据库技术将日益显示出其重要地位。下面简单介绍 Web 数据库开发的相关技术。

1. 通用网关接口(CGI)编程

通用网关接口(Common Gateway Interface,CGI)是一种通信标准，它的任务是接受客户端的请求，经过辨认和处理，生成 HTML 文档并重新传回到客户端。这种交互过程的编程就叫作通用网关接口编程。CGI 可以运行在多种平台上，具有强大的功能。可以使用多种语言编写 CGI 程序，如 Visual Basic、Visual C++、Tcl、Perl、AppletScript 等，比较常见的是用 Perl 语言编写的 CGI 程序。但是 CGI 有其致命的弱点，即速度慢和安全性差等。

2. 动态服务器页面(ASP)

动态服务器页面(Active Server Pages,ASP)是微软公司推出的用以取代 CGI 的技术，是简便易学、功能强大的服务器编程技术。ASP 实际上是微软开发的一套服务器端脚本运行环境，通过 ASP 可以建立动态的、交互的、高效的 Web 服务器应用程序。用 ASP 编写的程序都在服务器端执行，程序执行完毕后，再将执行的结果返回给客户端浏览器，这样不仅减轻了客户端浏览器的负担，大大提高了交互速度，而且避免了 ASP 程序源代码的外泄，提高了程序的安全性。有关 ASP 技术的详细介绍和应用见第 12 章。

3. Java 服务器页面(JSP)

Java 服务器页面(Java Server Pages,JSP)是 Sun 公司发布的 Web 应用开发技术，一经推出，就受到了人们的广泛关注。JSP 技术为创建高度动态的 Web 应用提供了一个独特的开发环境，它能够适应市场上 85%的服务器产品。

JSP 使用 Java 语言编写服务器端程序，当客户端向服务器发出请求时，JSP 源程序被编译成 Servlet 并由 Java 虚拟机执行。这种编译操作仅在对 JSP 页面的第一次请求时发生。因此，JSP 程序能够提供更快的交互速度，安全性和跨平台性也很优秀。

目前,ASP技术与JSP技术是市场上并驾齐驱的两种Web应用开发技术,各自都占有一定的市场份额。我们将在第12章进一步介绍这两种技术。

1.2 数据库技术的发展

数据库技术是计算机科学技术中发展最快的重要分支之一,它已经成为计算机信息系统和应用系统的重要技术支撑。数据库技术所研究的问题就是如何科学地组织和存储数据,如何高效地获取和处理数据;而数据处理的中心问题是数据管理,因此,数据管理的发展是数据库技术发展的一个重要标志。

数据管理指的是对数据的分类、组织、编码、存储、检索和维护。自20世纪60年代末以来,随着数据库技术的不断发展和完善,数据管理技术主要经历了四个阶段:人工管理阶段、文件系统阶段、数据库系统阶段和高级数据库系统阶段。

1.2.1 人工管理阶段

早期的数据处理,限于计算机技术的发展主要用于科学计算,数据本身不能独立存储、提供应用,数据只能是附属于计算机程序的一部分,随程序一起运行与消失。

1. 人工管理阶段的背景

20世纪50年代中期以前,计算机主要用于科学计算。计算机可使用的外部存储设备只有磁带、卡片、纸带,没有磁盘等直接存取的设备;而且此时的计算机没有操作系统,没有管理数据的软件,数据处理方式是批处理,所有的数据完全由人工进行管理,因此这个阶段被称为人工管理阶段。

2. 人工数据管理的特点

- 数据不保存。一组数据对应于一个应用程序,应用程序与其处理的数据结合成一个整体。在进行计算时,系统将应用程序与数据一起装入,用完后就将它们撤销,释放被占用的数据空间与程序空间。不仅对用户数据如此处置,对系统软件有时也是这样处理。
- 没有软件对数据进行管理。程序员不仅要规定数据的逻辑结构,还要在程序中设计物理结构,如存储结构、存取方法、输入输出方式等。因此,数据与程序不具有独立性,如果数据在存储方式上发生改变,程序员就必须修改程序。
- 没有文件概念。数据的组织方法由应用程序开发人员自行设计和安排。
- 数据面向应用。即使两个应用程序使用相同的数据,也必须各自定义自己的数据存储和存取方式,不能共享相同的数据定义,因此造成了程序和程序之间大量的相同数据的冗余。

3. 人工数据管理模型

人工管理阶段的人工数据管理模型如图1.1所示。

图 1.1 人工数据管理模型

1.2.2 文件系统阶段

随着计算机硬件技术的发展，特别是有了可以直接存储的外存储设备，软件上也有了数据管理软件，使得计算机管理的数据可以以文件的形式保留在外存上，这样可以通过对数据文件的存取进行数据的查询、插入、修改、删除等操作，但是对文件数据的访问操作只能以数据记录为单位，不能以数据项为单位进行。

1. 文件系统阶段的背景

从 20 世纪 50 年代后期到 60 年代中期，计算机不仅用于科学计算，还大量用于管理；磁盘、磁鼓等直接存取设备相继被使用；软件中也有了高级语言和操作系统。在操作系统中已经有了专门的管理数据软件，一般称为文件系统。因此数据处理方式不再是单一的批处理，联机实时处理的方式已开始应用。

2. 文件数据管理的特点

- 数据能够长期保存在磁盘上。用户可经常对在外存上保存的数据进行查询、修改、插入和删除等操作。
- 有了提供文件与程序之间进行存取方法转换的软件。文件的逻辑结构与存储结构由系统进行转换，使程序与数据有了一定的独立性。程序员不必关心数据的物理位置，可以集中精力考虑算法，并且节省了维护程序的工作量。
- 文件形式多样化。由于有了直接存取存储设备，也就有了索引文件、链接文件、直接存取文件等。对文件的记录可以顺序访问、随机访问。文件之间相互独立，必须用程序来实现文件与文件之间的联系。
- 数据存取以记录为单位。

3. 文件数据管理模型

文件系统阶段的数据管理模型如图 1.2 所示。

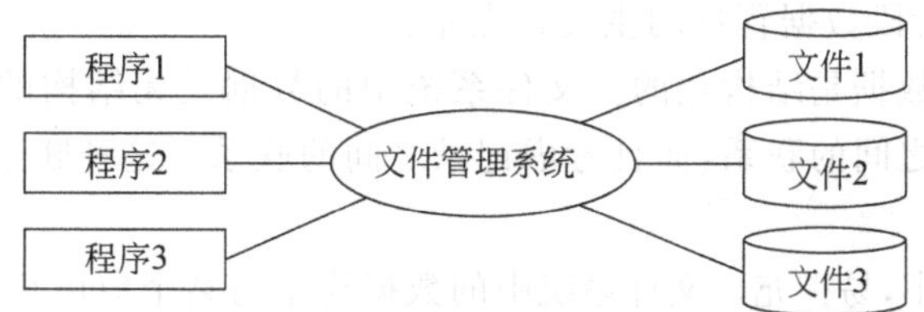

图 1.2 文件系统阶段的数据管理模型

4. 文件系统的缺陷

虽然文件系统比第一阶段有了很大的改进，但是文件管理下的数据仍然是无结构的信息集合，它可以反映现实世界中客观存在的事物，但是不能反映各事物之间的联系。文件系统的主要缺陷如下：

- 数据冗余度大。文件系统中的数据还是面向应用的，因此可能有相同的数据在多个应用程序的文件中重复存储。
- 不一致性。由于数据有冗余，在进行修改时，同样的数据可能在不同的文件中产生不一致性。
- 数据联系弱。这是文件之间缺乏联系造成的。
- 数据和程序缺乏独立性。数据的逻辑结构对某一特定应用服务来说是优化的，因此很难扩充，一旦数据的逻辑结构改变，则必须修改应用程序；而应用程序的改变又会影响到数据结构的改变。因此文件系统仍然是一个不具有弹性的无结构的数据集合。

1.2.3 数据库系统阶段

随着计算机技术的快速发展，出现了大容量硬盘，硬件价格也趋于下降，对大量数据进行管理的需求越来越多，并有了坚实的数据库理论基础，出现了数据库管理系统商品软件，数据库技术应用日益普及，发展趋于成熟。

数据库技术的产生，使数据与程序可以相互独立，能最大程度地减少存储数据的冗余，最大限度地为多个程序或用户所共享。

1. 数据库系统阶段的背景

从20世纪60年代后期开始，计算机用于管理的规模越来越庞大，存储技术也取得了很大发展，有了大容量的磁盘存储数据；对联机实时处理的要求越来越多，并开始提出和考虑分布处理。在这样的背景下，为了解决多用户、多应用共享数据的需求，人们着手开发和研制更加完美的数据管理模式，出现了数据库这样的数据管理技术，数据库的概念从此产生。进入20世纪70年代后，数据库技术得到了迅猛发展，成为计算机科学的一个重要分支。

2. 数据库系统的特点

数据库系统相比文件系统来说，克服了文件系统的缺陷，在数据管理方面有了一次重大的飞跃。这一阶段数据管理的主要特点是：

- 数据库中的数据是结构化的。文件系统中的数据是无结构的。数据库系统不仅考虑数据项之间的联系，而且考虑记录之间的联系。这种联系是通过存储路径来实现的。
- 数据冗余度小，易扩充。文件系统中的数据均是与某个应用相联系；而数据库中的数据面向系统，减少了数据冗余，实现了不同应用间的数据共享，如图1.3所示。

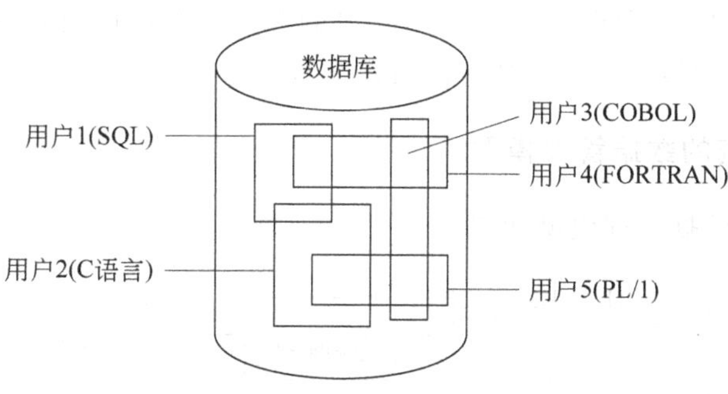

图 1.3 数据共享

- 较高的数据和程序独立性。数据库系统提供了两方面的映像功能，一方面是数据的存储结构与逻辑结构之间的映像或转换功能；另一方面是数据的总体逻辑结构与某类应用所涉及的局部逻辑结构之间的映像或转换功能。前者当数据的存储结构改变时，数据的逻辑结构可以不变，从而应用程序可以不必修改，称为数据和程序的物理独立性，简称数据的物理独立性。后者当总体逻辑结构改变时，通过对映像的相应改变而保持局部逻辑结构不变。程序员根据局部逻辑结构编写应用程序，因此应用程序可以不必改变。这就是数据和程序的逻辑独立性，简称数据的逻辑独立性。
- 数据库为用户提供了方便的接口。用户可以用数据库系统提供的查询语言和交互式命令操纵数据库，也可以用高级语言编写程序来操纵数据库，拓宽了数据库的应用范围。
- 数据的最小存取单位是数据项。在数据库中用户既可以存取数据库中某一个数据项或一组数据项，也可以存取一个记录或一组记录。

3. 数据库系统的控制功能

数据库是系统中各用户的共享资源，计算机的共享一般是并发的(concurrency)，即许多用户同时使用数据库，因此，系统必须提供统一的数据控制功能。主要表现在以下几个方面：

- 数据的安全性(security)控制。数据的安全性是指保护数据以防止不合法的使用所造成数据的泄密和破坏。例如在学生成绩的数据库中，只有有修改权限的用户才能对此数据库内容进行修改，其他用户只能读取全部或部分数据。
- 数据的完整性约束。数据的完整性指数据的正确性、有效性与相容性。在输入、修改数据库的过程中始终符合原来数据的定义和规定。例如人的性别只有男和女；学生的学号是唯一的，不能有重复；一年只有 12 个月等。
- 并发控制。当多个用户同时存取、修改数据库中的数据时，可能会发生相互干扰而使数据完整性遭到破坏。数据库的并发控制防止了这种现象的发生，提高了数据库的利用率。
- 数据库的恢复。数据库系统虽然在数据管理上有较大改进，但是它不可能永远正

确地工作。当数据库在运行过程中发生硬件或软件故障时，数据库系统提供了将数据库恢复到最近某个时刻的正确状态的功能。

4. 数据库系统的数据管理模型

数据库阶段的数据管理模型如图1.4所示。

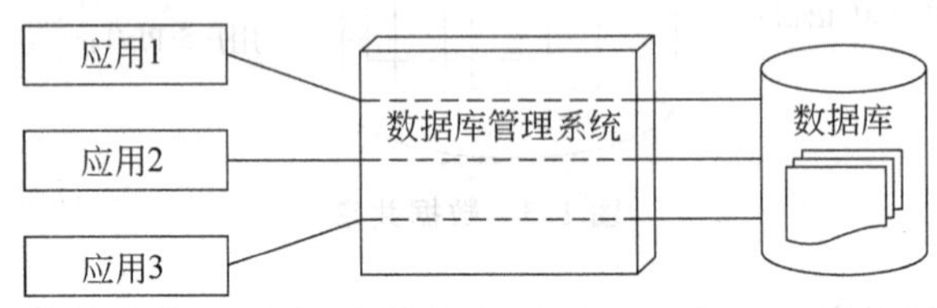

图1.4 数据库阶段的数据管理模型

5. 数据库、数据库管理系统以及数据库系统的定义

综上所述，可以为数据库下一个定义：数据库是与应用彼此独立的、以一定的组织方式存储在一起的、彼此相互关联的、具有较少冗余的、能被多个用户共享的数据集合。数据库可以人工地建立、维护和使用，也可以通过计算机建立、维护和使用。当然，我们关心的是后者。计算机化的数据库一般都是通过应用程序或数据库管理系统(DBMS)来建立、维护和使用的。

数据库管理系统是一个通用的软件系统，由一组计算机程序构成。数据库管理系统能够对数据库进行有效的管理，包括存储管理、安全性管理、完整性管理等。数据库管理系统提供了一个软件环境，使用户能方便快速地建立、维护、检索、存取和处理数据库中的信息。

狭义地讲，数据库和数据库管理系统加在一起就构成了数据库系统。广义地讲，数据库系统是由数据库、硬件、软件和数据库管理员4个部分组成的。有关这部分的定义在本章1.5节还有详尽介绍。

1.2.4 高级数据库系统阶段的应用与发展

20世纪70年代中期以来，随着计算机技术的不断发展，出现了分布式数据库、面向对象数据库和智能型知识数据库等，通常被称为高级数据库技术。特别是进入20世纪80年代以后，不断出现的数据库新产品中，关系型数据库系统居多，随着数据库技术应用的普及，数据库管理系统的功能越来越强。

1. 高级数据库系统阶段的背景

进入20世纪80年代后，数据库技术在不同需求的驱动下得到了很大的发展。其特征是数据库技术与应用领域技术的结合，形成了很多新鲜的技术内容，如工程数据库是数据库技术应用于工程设计的实例。数量更多、成绩更显著的还是数据库技术与相关技术的有机结合，形成了当前的数据库大家族。例如，数据库技术与客户机/服务器技术、分布式技术、并行技术等相关技术相结合，形成了客户机/服务器结构的数据库技术、分布式数据库技术、并行数据库技术等。本节主要对这三种比较常见的数据库技术进行概要介绍。

2. 客户机/服务器结构的数据库技术

由于计算机网络技术的发展以及地理上分散的用户对数据库的应用需求，关系数据库管理系统的运行环境从单机扩展到网络，从封闭式走向开放式。在客户机/服务器结构中，网络上的每个节点机都是一个通用计算机。某个或某些节点机用来专门执行数据库管理系统的功能，称为“数据库服务器”。其他节点上的计算机运行数据库管理系统的外围应用开发工具，支持用户的应用，称为“客户机”。客户机执行应用程序并对服务器提出服务请求，服务器完成客户机所委托的公共服务，并且把查询结果返回给客户机，即形成通常所说的客户机/服务器结构。

客户机/服务器结构的数据库管理系统就是把原来单机环境下的数据库管理系统功能在客户机/服务器这种新的环境下进行合理的分布，在客户机和服务器之间作适当的配置。一般情况下，一个应用主要包括4个逻辑功能：用户接口(user interface)、表示逻辑(presentation logic)、事务逻辑(transaction logic)和数据访问(data access)。它们的相互关系如图1.5所示。

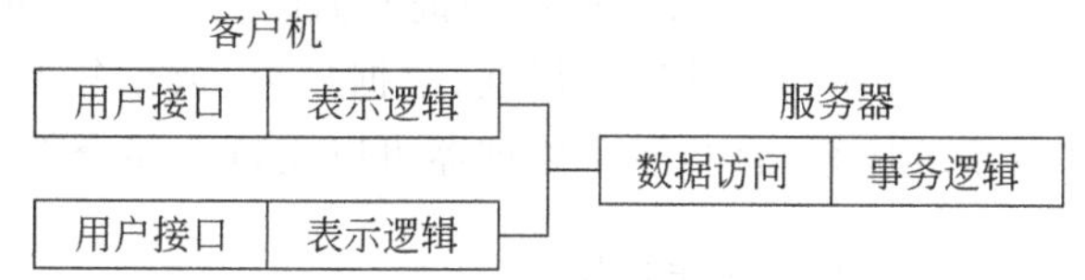

图1.5 客户机/服务器关系数据库管理系统逻辑功能的划分

客户机/服务器体系结构对硬件和软件进行合理的配置和设计，有力地推动了联机企业信息系统的实现。它可以更好地实现数据服务和应用程序的共享，使系统不仅容易扩充，而且也更加灵活，从而简化了公司信息系统的开发。然而随着客户机/服务器结构应用的发展，人们也发现，当系统扩大后，其维护工作量和投资都在增加，随着应用和时间的推移，人们将会对其进行重新评价并进一步调整其结构。

3. 分布式数据库系统

分布式数据库系统由一组数据组成，这些数据物理上分布在计算机网络的不同节点(也称场地)上，逻辑上则属于同一个系统。也就是说，分布式数据库系统是物理上分布、逻辑上统一的。分布式数据库系统适当地增加了数据冗余，个别节点的失效不会引起系统的瘫痪，而且多台处理机可并行工作，提高了数据处理的效率。

分布式数据库系统是在集中式数据库系统成熟技术的基础上发展起来的。集中式数据库的许多概念和技术，如数据独立性、数据共享和减少冗余度、并发控制、完整性、安全性和恢复等在分布式数据库系统中都有了不同的更加丰富的内容。

分布式数据库主要有两个特点：

- 网络上每个节点的数据库都具有独立处理数据的能力。多数数据的处理都是在本地完成的,如果不能处理才交给其他节点的处理机或服务器处理。
- 计算机之间用通信网络连接。网络上的每个节点都拥有两种应用,即局部应用和全局应用。也就是说,每个节点既可以访问本地的数据库,也可以访问网络上其他节点上的数据库。

4. 并行数据库系统

计算机系统性能价格比的不断提高迫切要求硬件和软件结构的改进。同时应用的发展要求更强的主机处理能力,数据库应用的发展对数据库的性能和可用性也提出了更高的要求。并行数据库技术的实现为解决以上问题提供了极大的可能性。

并行数据库系统可以作为服务器面向多个客户机进行服务。客户机可以嵌入特定的应用软件,如图形界面、数据库管理系统前端工具以及客户机/服务器接口软件等。因此,并行数据库系统应该支持数据库功能、客户机/服务器接口功能以及某些通用功能。

对于客户机/服务器体系结构的并行数据库系统,一般支持以下三种功能:

- 会话管理子系统,提供对客户机与服务器之间交互能力的支持。
- 请求管理子系统,负责接收有关查询变异和执行的客户请求,处理相应操作并监督事务的执行与提交。
- 数据管理子系统,提供并行执行编译后查询所需的所有底层功能。

此外,并行数据库系统必须具有处理并行性、数据划分、数据复制以及分布事务等能力。依赖于不同的并行系统体系结构,一个处理器可以支持上述全部功能或其子集。

1.2.5 数据库系统发展阶段的划分

数据模型是数据库技术的核心和基础,因此,对数据库系统发展阶段的划分应该以数据模型的发展演变作为主要依据和标志。按照数据模型的发展演变过程,数据库技术从开始到现在主要经历了三个发展阶段:第一代是网状和层次数据库系统,第二代是关系数据库系统,第三代是以面向对象数据模型为主要特征的数据库系统。数据库技术与网络通信技术、人工智能技术、面向对象程序设计技术、并行计算技术等相互渗透、有机结合,成为当代数据库技术发展的重要特征。

1. 第一代数据库系统

第一代数据库系统是20世纪70年代研制的层次和网状数据库系统。层次数据库系统的典型代表是1969年IBM公司研制出的层次模型的数据库管理系统IMS。20世纪60年代末70年代初,美国数据库系统语言协会CODASYL(Conference on Data System Language)下属的数据库任务组DBTG(Database Task Group)提出了若干报告,被称为DBTG报告。DBTG报告确定并建立了网状数据库系统的许多概念、方法和技术,是网状数据库的典型代表。在DBTG思想和方法的指引下数据库系统的实现技术不断成熟,开发了许多商品化的数据库系统,它们都是基于层次模型和网状模型的。

可以说,层次数据库是数据库系统的先驱,而网状数据库则是数据库概念、方法、技术的奠基者。

2. 第二代数据库系统

第二代数据库系统是关系数据库系统。1970 年 IBM 公司的 San Jose 研究试验室的研究员 Edgar F. Codd 发表了题为《大型共享数据库数据的关系模型》的论文，提出了关系数据模型，开创了关系数据库方法和关系数据库理论，为关系数据库技术奠定了理论基础。Edgar F. Codd 于 1981 年被授予 ACM 图灵奖，以表彰他在关系数据库研究方面的杰出贡献。

20 世纪 70 年代是关系数据库理论研究和原型开发的时代，其中以 IBM 公司的 San Jose 研究试验室开发的 System R 和 Berkeley 大学研制的 Ingress 为典型代表。大量的理论成果和实践经验终于使关系数据库从实验室走向了社会，因此，人们把 20 世纪 70 年代称为数据库时代。20 世纪 80 年代几乎所有新开发的系统均是关系型的，其中涌现出了许多性能优良的商品化关系数据库管理系统，如 DB2、Ingress、Oracle、Informix、Sybase 等。这些商用数据库系统的应用使数据库技术日益广泛地应用到企业管理、情报检索、辅助决策等方面，成为实现和优化信息系统的基本技术。

3. 第三代数据库系统

从 20 世纪 80 年代以来，数据库技术在商业上的巨大成功刺激了其他领域对数据库技术需求的迅速增长。这些新的领域为数据库应用开辟了新的天地，并在应用中提出了一些新的数据管理的需求，推动了数据库技术的研究与发展。

1990 年高级 DBMS 功能委员会发表了《第三代数据库系统宣言》，提出了第三代数据库管理系统应具有的三个基本特征：

- 第三代数据库系统应支持数据管理、对象管理和知识管理。
- 第三代数据库系统必须保持或者继承第二代数据库系统的技术。
- 第三代数据库系统必须对其他系统开放。

面向对象数据模型是第三代数据库系统的主要特征之一；数据库技术与多学科技术的有机结合也是第三代数据库技术的一个重要特征，分布式数据库、并行数据库、工程数据库、演绎数据库、知识库、多媒体库、模糊数据库等都是这方面的实例。

1.3 信息描述与数据模型

所谓信息是客观事物在人类头脑中的抽象反映。人们可以从大千世界中获得各种各样的信息，从而了解世界并且相互交流。但是信息的多样化特性使得人们在描述和管理这些数据时往往力不从心，因此人们把表示事物的主要特征抽象地用一种形式化的描述表示出来，模型方法就是这种抽象的一种表示。信息领域中采用的模型通常称为数据模型。

不同的数据模型是提供给我们模型化数据和信息的不同工具。根据模型应用的不同目的，可以将模型分为两类或者说两个层次：一是概念模型（也称信息模型），是按用户

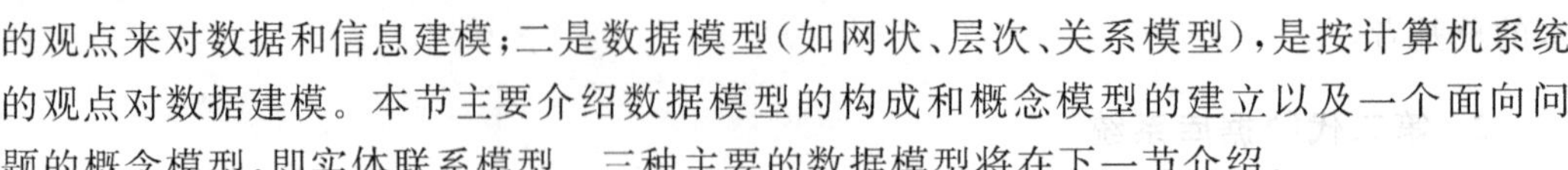

的观点来对数据和信息建模；二是数据模型（如网状、层次、关系模型），是按计算机系统的观点对数据建模。本节主要介绍数据模型的构成和概念模型的建立以及一个面向问题的概念模型，即实体联系模型。三种主要的数据模型将在下一节介绍。

1.3.1 数据模型及其三要素

数据模型是实现数据抽象的主要工具。它决定了数据库系统的结构、数据定义语言和数据操纵语言、数据库设计方法、数据库管理系统软件的设计与实现。了解关于数据模型的基本概念是学习数据库的基础。

一般地讲，数据模型是严格定义的概念的集合。这些概念精确地描述系统的静态特性、动态特性和完整性约束条件。因此，数据模型通常由数据结构、数据操作和数据的完整性约束三部分组成。

1. 数据结构

数据结构是研究存储在数据库中的对象类型的集合，这些对象类型是数据库的组成部分。例如学校要管理学生的基本情况（学号、姓名、出生年月、院系、班级、选课情况等），这些基本情况说明了每一个学生的特性，构成在数据库中存储的框架，即对象类型。在选课时，一个学生可以选多门课程，一门课程也可以被多名学生选。这类对象之间存在着数据关联，这种数据关联也要存储在数据库中。

数据库系统是按数据结构的类型来组织数据的，因此数据库系统通常按照数据结构的类型来命名数据模型。如层次结构、网状结构和关系结构的模型分别命名为层次模型、网状模型和关系模型。由于采用的数据结构类型不同，通常把数据库分为层次数据库、网状数据库、关系数据库和面向对象数据库等。

数据结构是对系统静态特性的描述。

2. 数据操作

数据操作是指对数据库中各种对象的实例允许执行的操作的集合，包括操作和有关操作的规则。例如插入、删除、修改、检索、更新等操作，数据模型要定义这些操作的确切含义、操作符号、操作规则以及实现操作的语言等。

数据操作是对系统动态特性的描述。

3. 数据的完整性约束

数据的约束条件是完整性规则的集合，用以限定符合数据模型的数据库状态以及状态的变化，以保证数据的正确、有效和相容。数据模型中的数据及其联系都要受完整性规则的制约。例如数据库的主键不允许空值，每一个月的天数最多不能超过31天等。

另外，数据模型应该提供定义完整性约束条件的机制以反映某一应用所涉及的数据必须遵守的特定的语义约束条件。例如在学生成绩管理中，本科生的累计成绩不得有三门以上不及格等。

数据模型是数据库技术的关键，其三个方面的内容完整地描述了一个数据模型。

1.3.2 概念模型及其表示方法

概念模型是对现实世界的抽象反映,它不依赖于具体的计算机系统,是现实世界到机器世界的一个中间层次,如图 1.6 所示。

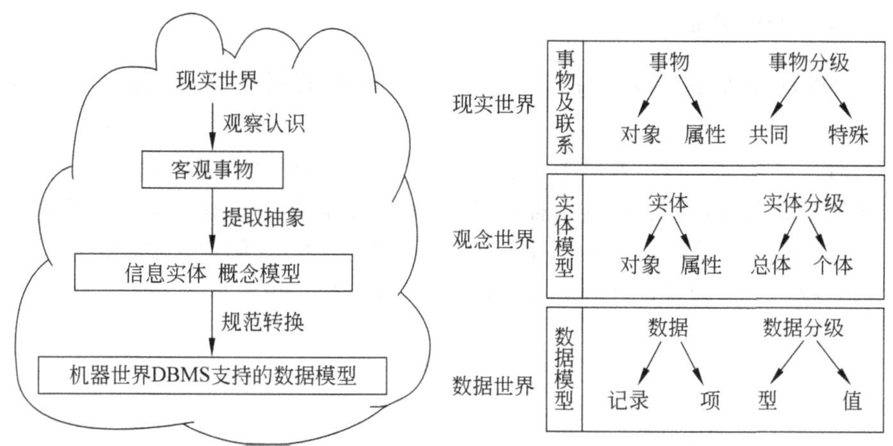

图 1.6 数据抽象过程及信息数据的形成

现实世界中,人们通过感官感知世界,认识和观察客观事物,产生观念世界中的主观认知,经过分析、提取和抽象,形成概念模型,即实体模型。载荷信息的载体是数据,数据本身是复杂、分散和多样化的,数据类型有结构化数据、半结构化数据和非结构化数据。有的数据形式计算机能够接收、识别和处理;而有的数据,如半结构化数据或非结构化数据,需要建立模型,进行规范化处理或转换后,才能成为数据库管理系统能够管理的数据模型。

1. 信息实体的概念

在信息领域中,数据库技术涉及的主要概念有:

- 实体(entity):实体是客观存在并可相互区分的事物。实体可以是具体的人或物,如学生、桌子等,也可以是抽象的概念和事物与事物间的联系,例如学生的一次选课、某人在商店的一次购物等。
- 属性(attribute):属性是实体所具有的特性,每一特性都称为实体的属性。一个实体可以由若干个属性来刻画。例如,学生实体的属性有学号、姓名、性别、年龄、出生日期、所在院系、班级等。
- 键(key):唯一标识实体的属性集称为键,也叫关键字。例如,学号是学生实体的键。
- 实体型(entity type):具有相同属性的实体具有共同的特征和性质,用实体名及其属性名集合来抽象和刻画同类实体称为实体型。
- 实体集(entity set):同型实体的集合称为实体集。例如全体学生就是一个实体集。

- 联系：现实世界中事物之间的联系必然要在信息世界中加以反映。包括两类联系：一个是实体内部的联系，主要指实体的各个属性之间的联系；一个是实体之间的联系。下面要介绍的是实体之间的联系，有关实体内部的联系将在第3章进行介绍。

2. 实体之间的联系

实体间的联系是错综复杂的，但就两个实体间的联系来说，主要有以下三种情况：

- 一对一联系(1∶1)。若对于实体集 A 中的每一个实体，实体集 B 中至多有一个实体与之联系，反之亦然，则称实体集 A 与实体集 B 具有一对一联系，如图1.7所示。这是最简单的一种实体间的联系，记为1∶1。例如，一座大楼里每个房间都对应一个房间号，房间和房间号之间具有一对一联系。

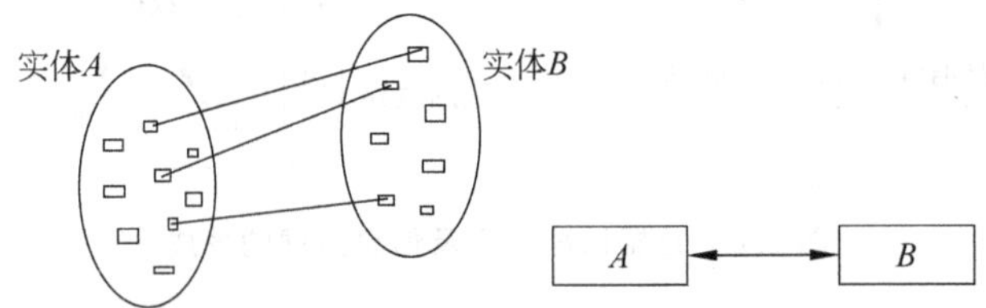

图1.7 实体间一对一联系

- 一对多联系(1∶M)。若对于实体集 A 中的每一个实体，实体集 B 中有 M 个实体($M \geqslant 0$)与之联系；反过来，对于实体集 B 中的每一个实体，实体集 A 中至多有一个实体与之联系，则称实体集 A 与实体集 B 具有一对多联系，记为1∶M，如图1.8所示。例如，一个班内有多名同学，一名同学只能属于一个班。班级与同学之间具有一对多联系。

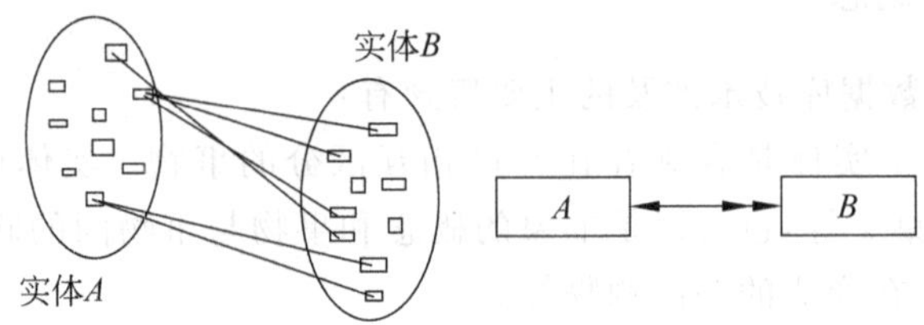

图1.8 实体间一对多联系

- 多对多联系(M∶N)。若对于实体集 A 中的每一个实体，实体集 B 中有 N 个实体($N \geqslant 0$)与之联系；反过来，对于实体集 B 中的每一个实体，实体集 A 中也有 M 个实体($M \geqslant 0$)与之联系，则称实体集 A 与实体集 B 具有多对多联系，记为 M∶N，如图1.9所示。例如，学生在选课时，一个学生可以选多门课程，一门课程也可以被多名学生选，因此学生和课程之间具有多对多联系。

实体之间的联系又被称为联系的功能度。两个实体集之间的联系也可以用图形的方式表示，如图1.10所示。

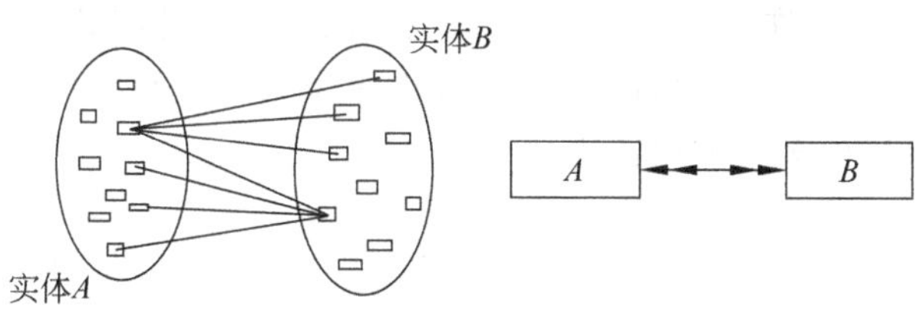

图 1.9 实体间多对多联系

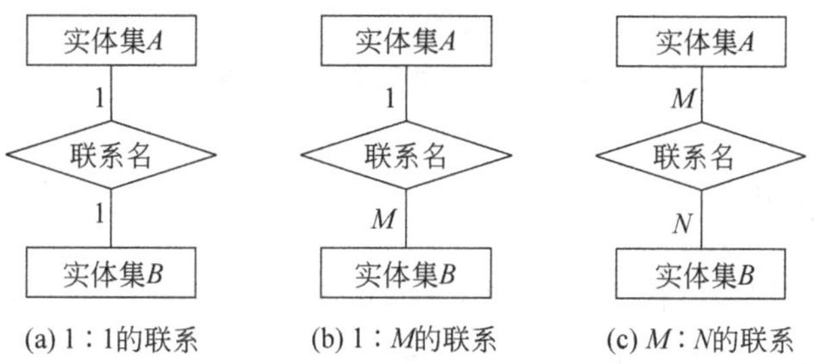

图 1.10 两个实体集之间的联系

以上我们讨论的是两个不同的实体型之间的关系，这两个实体型分属于不同的实体集。实际上，同一实体集内的各实体之间也具有三种联系，分别是一对一联系(1∶1)、一对多联系(1∶*M*)和多对多联系(*M*∶*N*)。

- 一对一联系(1∶1)。例如：在户籍身份管理中，对于一夫一妻制度的国家，每个已婚公民的实例可以通过“婚姻”这个“联系”与另外一个已婚公民的实例建立唯一的联系。两个实例之间具有一对一联系(1∶1)，如图 1.11 所示。

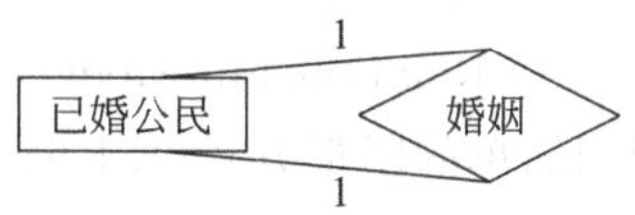

图 1.11 实体集内部的 1∶1 的联系

- 一对多联系(1∶*M*)。例如：在职工实体集中有经理和工人两个实体，假设只有一个经理，那么经理可以管理所有的工人；反过来，每个工人都必须被经理管理。因此，经理和工人之间具有一对多联系(1∶*M*)，如图 1.12 所示。
- 多对多联系(*M*∶*N*)。例如：在零件实体集中包括有结构的零件和无结构的零件两个实体。一个有结构的零件可以由多个无结构的零件组成，一个无结构的零件也可以出现在多个有结构的零件中。因此，这两个实体之间具有多对多联系(*M*∶*N*)，如图 1.13 所示。

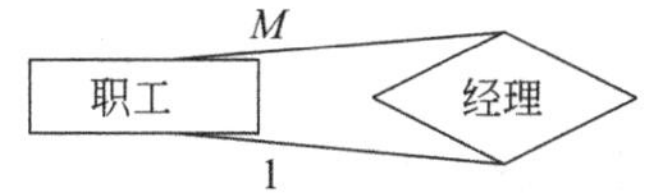

图 1.12 实体集内部的 1∶*M* 的联系

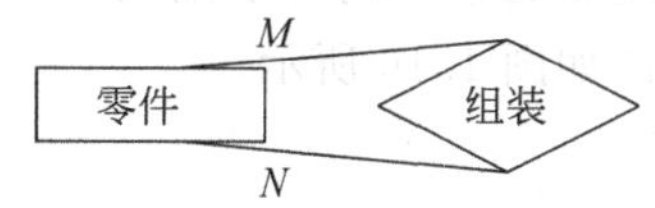

图 1.13 实体集内部的 *M*∶*N* 的联系

一般地，两个以上实体型之间也存在着一对一、一对多和多对多的联系。图 1.14 所示的是一个三元联系的例子。考虑“公司”、“国家”和“产品”这三个实体之间的销售关系：一个产品可以出口到许多国家，一个国家也可以进口多种产品；一个公司可以销售多种产品到多个国家，一个国家进口的产品可以由多个公司提供；一个公司可以销售多种产品，一种产品也可以由多个公司销售。

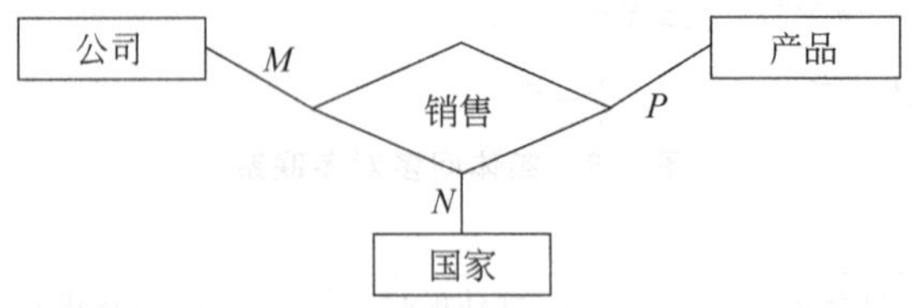

图 1.14　实体间的三元联系

1.3.3　实体联系模型

数据库处理的数据是信息的载体，是从现实世界中经过抽象、描述出来的，用以载荷信息的数据表示。现实世界中实体之间是有联系的，所表示的数据之间也是有联系的。只有正确地表述现实世界实体本身以及实体之间的联系的数据，才能被计算机所采用和处理。

1. 概念模型的表示方法

概念模型的表示方法最常用的是实体联系方法(Entity-Relationship Approach)。这是 P. P. S. Chen 于 1976 年提出的。用这个方法描述的概念模型称为实体联系模型(Entity-Relationship Model)，简称为 E-R 模型。E-R 模型是一个面向问题的概念模型，即用简单的图形方式(E-R 图)描述现实世界中的数据。这种描述不涉及数据在数据库中的表示和存取方法，非常接近人的思维方式。后来又提出了扩展实体联系模型(Extend Entity-Relationship Model)，简称为 EE-R 模型。EE-R 模型目前已经成为一种使用广泛的概念模型，为面向对象的数据库设计提供了有效的工具。1.3.2 节已经用 E-R 图来描述了实体之间的联系，本节将深入讨论 E-R 模型和 E-R 图。

2. E-R 模型的图形描述

在 E-R 模型中，信息由实体型、实体属性和实体间的联系三种概念单元来表示。

- 实体型表示建立概念模型的对象，用长方形表示，在框内写上实体名。例如学生实体用图 1.15 表示。
- 实体属性是实体的说明。用椭圆形表示实体的属性，并用无向边把实体与其属性连接起来。例如学生实体有学号、姓名、年龄、性别、出生年月等属性，则其 E-R 图如图 1.16 所示。

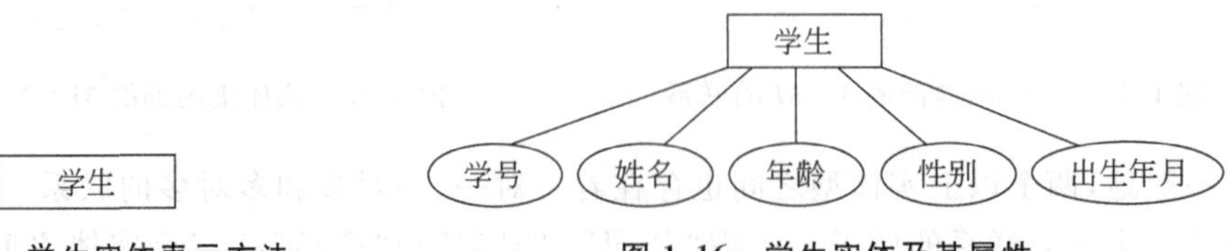

图 1.15　学生实体表示方法　　图 1.16　学生实体及其属性

- 实体间的联系是两个或两个以上实体类型之间的有名称的关联。实体间的联系用菱形表示，菱形内要有联系名，并用无向边把菱形分别与有关实体相连接，在无向边旁标上联系的类型。例如可以用 E-R 图来表示某学校学生选课情况的概念模型，如图 1.17 所示。

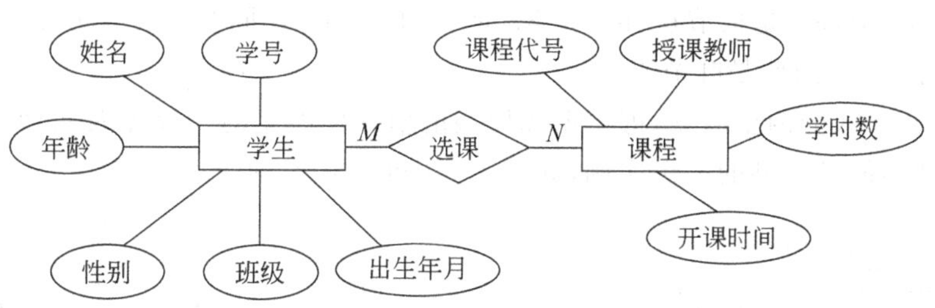

图 1.17 实体、实体属性及实体联系模型图

学生选课涉及的实体及其属性有：

学生：学号、姓名、年龄、性别、出生年月、班级。

课程：课程代号、授课教师、学时数、开课时间。

一个学生可以选修多门课程，一门课程也可以被多个学生选修，因此，学生和课程之间具有多对多的联系。

如果概念模型中涉及的实体带有较多的属性而使实体联系图非常不清晰，可以将实体联系图分成两部分，一部分是实体及其属性图，另一部分是实体及其联系图。如图 1.18 所示，我们只给出学生实体与课程实体的联系图，而二者的属性可以单独画出。

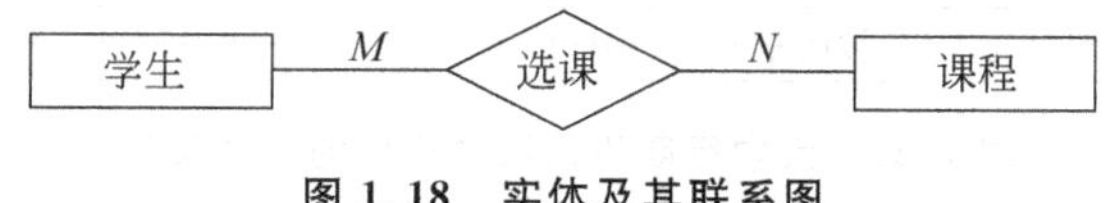

图 1.18 实体及其联系图

1.4 三种常见的数据模型

前面讲到了一种按计算机观点对数据进行建模的方法，称之为数据模型。数据模型是数据库系统的一个核心问题，数据库系统大都是基于某种数据模型的。本节将对三种常见的数据模型进行详尽的讨论。

实际数据库系统中所支持的主要数据模型是：层次模型(hierarchical model)、网状模型(network model)、关系模型(relational model)。

1.4.1 层次模型

层次模型是较早用于数据库技术的一种数据模型。层次模型是一种树形结构，树中的每个节点代表一种实体类型。每个节点必须满足以下两个条件才能构成层次模型：

- 有且仅有一个节点无双亲，这个节点称为根节点。

• 其他节点有且仅有一个双亲。

在层次模型中，根节点处在最上层，其他节点都有上一级节点作为其双亲节点，这些节点称为双亲节点的子节点；同一双亲节点的子节点称为兄弟节点；没有子节点的节点称为叶节点。双亲节点与子节点之间具有实体间一对多的联系，如图 1.19 所示。

在图 1.19 中，R1 是根节点，R2 和 R3 是 R1 的子节点，同时二者是兄弟节点，R2、R4 和 R5 没有子节点，因此是叶节点。

在这里还要区分两个概念，即模型和模型的值。模型是对实体型及实体型之间联系的描述，模型的值是模型的一个实例，如图 1.20 和图 1.21 所示。

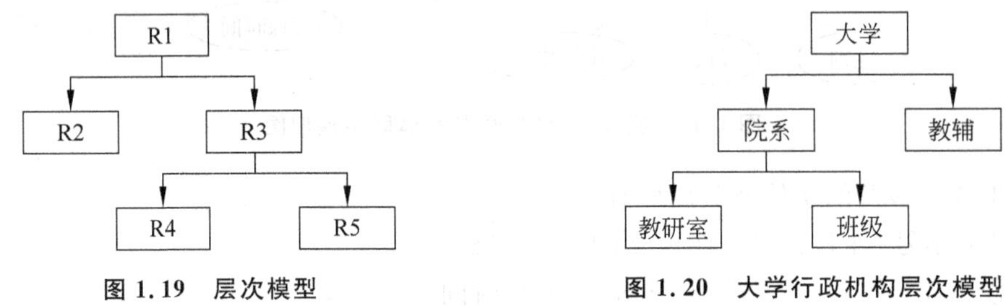

图 1.19　层次模型　　图 1.20　大学行政机构层次模型

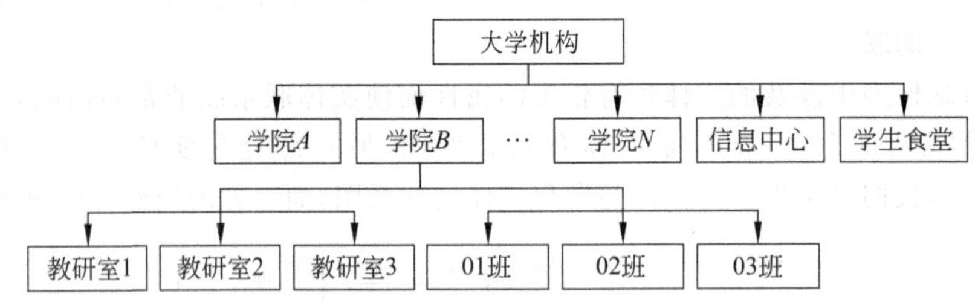

图 1.21　大学行政机构层次模型的一个实例

在这两个图中，图 1.20 是大学行政机构的层次模型，而图 1.21 则是该层次模型的一个实例。一个数据模型可以有多个模型实例。

1.4.2　网状模型

在描述现实世界中层次结构往往比较简单、直观而且易于理解，但是对于更复杂的实体间的联系就很难描述了。因此，我们引入了网状模型。

在网状模型中，节点必须满足以下条件：

• 一个节点可以有多个双亲节点。
• 有一个以上的节点没有双亲节点。

在网状模型中，节点之间的联系可以是任意的，更适于描述客观世界，如图 1.22 所示。

在图 1.22 中，(a)、(b)都是网状模型的例子。其中(a)中如果 R1 与 R3、R2 与 R3 之间分别具有一对多的联系，那么这样的网称为简单网；(b)中两个节点之间具有多对多的联系，这样的网称为复杂网。一个复杂网通常要先分解成简单网然后再进行处理。分解方法一般是增加一个连接实体型，将节点之间多对多的联系分解为一对多的联系，如图1.23所示。

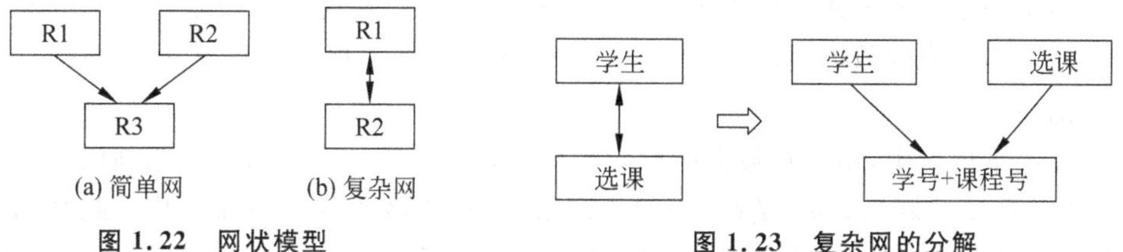

图1.22 网状模型

图1.23 复杂网的分解

在图1.23中，学生和选课之间具有多对多的联系，通过增加一个“学号＋课程号”实体型，可将学生和选课之间的多对多的联系分解为两个一对多的联系。

1.4.3 关系模型

关系模型是三种数据模型中最重要的一种，数据库领域中当前的研究工作也都是以关系方法为基础的。本书把重点放在关系数据库上。

1. 关系模型的概念

在现实世界中，人们经常用表格形式表示数据信息。但是日常生活中使用的表格往往比较复杂，在关系模型中基本数据结构被限制为二维表格。因此，在关系模型中，数据在用户观点下的逻辑结构就是一张二维表。每一张二维表称为一个关系(relation)。二维表中存放了两类数据：实体本身的数据和实体间的联系。这里的联系是通过不同的关系中具有相同的属性名来实现的。例如表1.1在学生情况关系中存储了学生的学号、姓名、年龄、班级号等信息，表1.2在班级情况关系中存储了班级的班级号(假设班级号唯一)、专业、院系等信息。这两个关系通过班级号来实现二者之间一对多的联系。

表1.1 学生情况表

学　号	姓名	年龄	班级号
08012001	张三	20	001
08012002	李四	19	003
08012003	王五	21	021
08012004	赵六	22	034
⋮	⋮	⋮	⋮

表1.2 班级情况表

班级号	专业	院　系
001	计算机应用	信息学院
003	车辆工程	车辆工程学院
021	电力系统	电气工程学院
034	经济管理	经济管理学院
⋮	⋮	⋮

2. 关系模型的特点

关系模型具有下列特点：

- 关系模型的概念单一。无论是实体还是实体之间的联系都用关系来表示。关系之间的联系通过相容的属性来表示，相容的属性即来自同一个取值范围的属性。在关系模型中，用户看到的数据的逻辑结构就是二维表，而在非关系模型中，用户看到的数据结构是由记录以及记录之间的联系所构成的网状结构或层次结构。

当应用环境很复杂时,关系模型就体现出其简单清晰的特点。

• 关系必须是规范化的关系。所谓规范化是指关系模型中的每一个关系模式都要满足一定的要求或者称为规范条件。最基本的一个规范条件是每一个分量都是一个不可分的数据项,即表中不允许还有表。有关规范条件在第3章将有详尽论述。
• 在关系模型中,用户对数据的检索操作就是从原来的表中得到一张新的表。

由于关系模型概念简单、清晰,用户易懂易用,有严格的数学基础以及在此基础上发展的关系数据理论,简化了程序员的工作和数据库开发、建立的工作,因而关系模型自诞生之日起迅速发展成熟起来,成为深受用户欢迎的数据模型。

有关关系模型的深入讨论将在第2章介绍,本节仅是一个概要性的讨论。

1.5 数据库系统

本节主要讨论数据库系统的体系结构以及实现计算机系统中数据库管理系统的基本组成部分。这是数据库系统的一般概念,是学习数据库的基础和纲要。

1.5.1 数据库系统的三级模式结构

数据库系统的体系结构是数据库系统的总体框架。尽管实际的数据库系统软件产品多种多样,支持不同的数据模型,使用不同的数据库语言,建立在不同的操作系统之上,数据的存储结构也不尽相同,但是绝大多数数据库系统在总体框架上都具有三级模式的结构特征。

数据库系统的三级模式结构是:模式、外模式和内模式。

1. 模式

模式也称为概念模式或逻辑模式,它是数据库的总框,是对数据库中全体数据的逻辑结构和特性的描述。模式是数据库数据在逻辑级上的视图,它通常以某一种数据模型为基础。模式不仅是数据的逻辑结构的定义,而且要定义与数据有关的安全性、完整性的要求;不仅要定义数据记录内部的结构,而且要定义这些数据项之间的联系。

数据库系统提供模式描述语言(Data Description Language,DDL)来严格地表示以上内容。用模式DDL写出的一个数据库逻辑定义的全部语句,称为某一个数据库的模式。模式是对数据库结构的一种描述,而不是数据库本身,它是装配数据的一个框架,所有数据都是按这一框架进行装配的,如图1.24所示。

2. 外模式

外模式也称子模式或用户模式,是数据库用户看到的数据视图,即与某一应用有关的数据的逻辑表示。不同用户的外模式可以相互覆盖,同一外模式可以为某一用户的任意多个应用所启用。一个应用只能启用一个外模式。

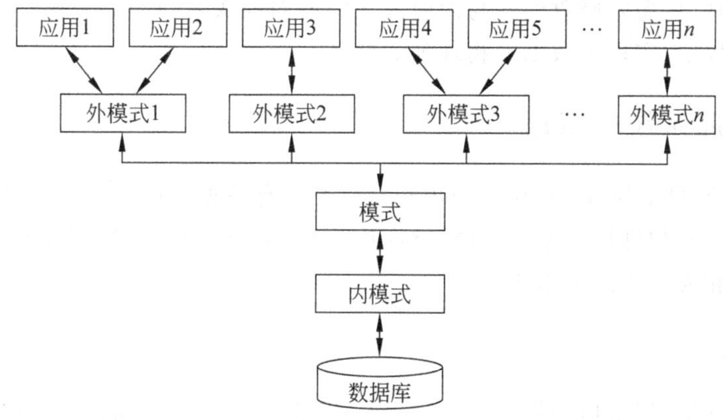

图 1.24 数据库系统的三级模式图

外模式通常是模式的子集,也可以是整个模式。由于用户的不同需求,不同用户的外模式的描述是不同的,即使是对同一数据的描述也有可能不同。

外模式用外模式描述语言(Subschema Data Description Language,SDDL)描述用户数据视图。用外模式 DDL 写出的一个用户数据视图的逻辑定义的全部语句称为此用户的外模式。

3. 内模式

内模式是全体数据库数据的内部表示或者低层描述,用来定义数据的存储方式和物理结构,因此内模式也称为存储模式。

内模式规定了数据在介质上的物理组织形式和记录寻址方式,定义物理存储块的大小和溢出处理方法等。它与模式是对应的。

内模式用内模式数据描述语言(Data Storage Description Language,DSDL)进行描述。

数据库系统的三级模式结构将数据库的全局逻辑结构同用户的局部逻辑结构和物理存储结构分开,方便了用户对数据库的组织和使用。

4. 二级映射

用户在使用数据库时,可以有自己的数据视图,所有用户的数据视图集中起来统一组织,消除冗余数据就得到了全局数据视图。全局数据视图经数据存储描述语言定义和描述,得以在设备介质上存储。这个过程进行了两次转换,一次是外模式与模式之间的映射,一次是模式与内模式之间的映射。

对应于同一个模式可以有任意多个外模式,外模式/模式映射定义某一个外模式和模式之间的对应关系。这些映射定义通常包含在各自的外模式中。当全局逻辑结构因某种原因改变时,只要修改外模式与模式之间的对应关系,而不必修改局部逻辑结构,相应的应用程序也可以不修改,实现了数据的逻辑独立性。

模式/内模式映射定义了数据逻辑结构和存储结构之间的对应关系。当数据的物理

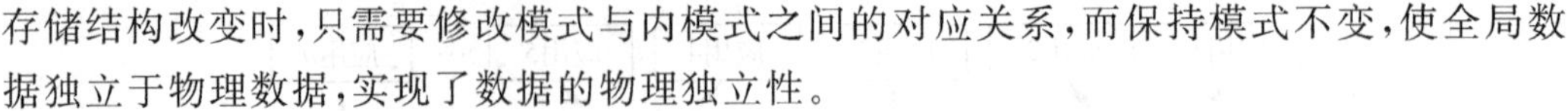

存储结构改变时，只需要修改模式与内模式之间的对应关系，而保持模式不变，使全局数据独立于物理数据，实现了数据的物理独立性。

1.5.2 数据库系统的组成

数据库系统(Database Systems，DBS)是一个带有数据库的计算机系统，它能够按照数据库的方式存储和维护数据，并且能够向应用程序提供数据。数据库系统通常由数据库、硬件、软件和人员4部分组成。

1. 数据库

前面已经详细讨论过，数据库是一个以一定的组织方式存储在一起的、能为多个用户共享的、具有尽可能小的冗余度、与应用彼此独立的相互关联的数据集合。数据库的体系结构可分为两个部分：一部分是存储应用所需的数据，称为物理数据库部分；一部分是描述部分，描述数据库的各级结构，这部分由数据字典管理。

2. 硬件

数据库系统对硬件资源的要求是要有足够大的内存来存放操作系统、数据库管理系统的核心模块、数据库数据缓冲区、应用程序以及用户的工作区。不同的数据库产品对硬件的要求也是不尽相同的。另外，数据库系统还要求硬件系统有较高的信道能力，以提高数据的传输速度。

3. 软件

软件主要包括操作系统、数据库管理系统和一些开发工具。操作系统要能够提供对数据库管理系统的支持。此外，还要有各种高级语言及其编译系统，这些高级语言应提供和数据库的接口。

应用开发软件是为应用开发人员和最终用户提供的高效率的开发应用软件。大多数的数据库系统都提供了开发工具软件，为数据库系统的开发和应用建立了良好的环境。这些开发工具软件都以数据库管理系统为核心。

4. 人员

数据库管理员(database administrator，DBA)、系统分析员、应用程序员和用户是管理、开发和使用数据库的主要人员。由于不同人员职责和作用的不同，因此在使用数据库时，不同的用户涉及不同的数据抽象级别，具有不同的数据视图。

1.5.3 数据库管理系统的功能

数据库管理系统(database management systems，DBMS)是为数据库的建立、使用和维护而配置的软件。它建立在操作系统的基础上，对数据库进行统一的管理和控制。DBMS的职能是有效地实现数据库三级结构之间的转换，把相应的数据操纵从外模式、模式转换到内模式上操纵，进行统一的管理和控制，并按照 DBA 所规定的要求保证数据库的安全性和完整性。DBMS 的主要功能如下。

1. 数据库定义功能

DBMS 提供数据定义语言(DDL)定义外模式、模式和内模式。DBMS 把用 DDL 写的各种源模式翻译成内部表示，保存在数据字典中(也称系统目录)，作为管理和存取数据的依据。

2. 数据存取功能

DBMS 提供数据操纵语言(Data Manipulation Language，DML)实现对数据库数据的基本操作，如检索、插入、修改和删除。DML 有两类：一类是嵌入主语言中的，如嵌入 C 语言、FORTRAN、COBOL 等高级语言中。这类 DML 本身不能独立使用，因此称为宿主型的数据操纵语言。另一类是交互式命令语言，这类 DML 语法简单，可以独立使用，所以称为自主型或自含型的数据操纵语言。

3. 数据库运行管理

数据库运行管理是 DBMS 运行时的核心部分，包括并发控制、存取控制(安全性检查)、完整性约束条件的检查和执行、数据库内部的维护等。这些控制程序统一管理所有数据库的操作，保证了事务的正确运行和数据库的正确有效。

4. 数据库的建立和维护功能

维护功能包括数据的载入、转换功能，数据库的转储、恢复功能，数据库的重组织功能和性能监视、分析功能等。这些功能大部分都由实用程序来完成。

5. 数据字典

数据字典(Data Dictionary，DD)是存放数据库体系结构描述的文件。对于某一应用的数据库操作，DBMS 都要通过查阅数据字典来完成。

DBMS 的功能随系统的不同而有所差异，通常大型系统功能较强、较全，而小型系统功能较弱。

1.5.4 数据库系统的视图

我们在前面讨论数据库系统的组成时了解到，数据库系统的人员组成主要有数据库管理员、系统分析员、应用程序员和用户。不同的人员由于职责和作用不同，涉及不同的数据抽象级别，具有不同的数据视图。本节将进一步讨论数据库系统的几个不同视图，如图 1.25 所示。

1. 用户

用户分为应用程序和最终用户(end user)两类，他们通过数据库系统提供的接口和开发工具软件使用数据库。目前常用的接口方式有菜单驱动、表格操作、图形显示、利用数据库与高级语言的接口编程、生成报表等。这些接口方式给用户提供了简明直观的数据表示。

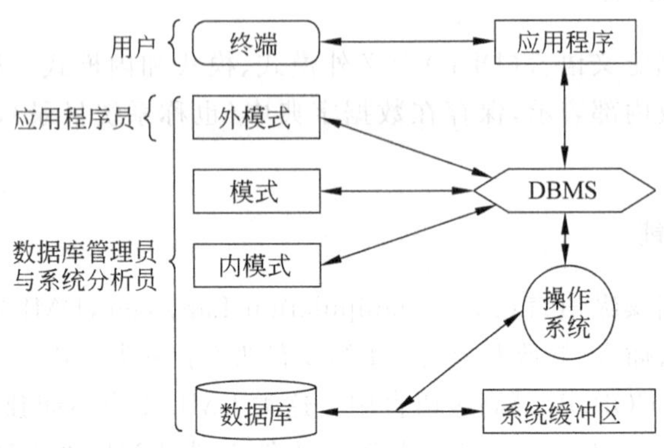

图 1.25　数据库系统的不同视图

2. 应用程序员

应用程序员负责设计应用系统的程序模块，根据外模式编写应用程序，对数据库进行操作。

3. 系统分析员

系统分析员负责应用系统的需求分析和规范说明。系统分析员要与用户和数据库管理员配合好，确定系统的软硬件配置并协同做好数据库各级模式的概要设计。

4. 数据库管理员

数据库管理员(DBA)通常是数据资源管理机构的一组人员，他们负责全面地管理和控制数据库系统。数据库管理员的主要职责有以下几个方面：

- 决定数据库的信息内容和结构。数据库中究竟要存放哪些信息最终由数据库管理员决定。因此，他们必须参与数据库设计的全过程，与用户、应用程序员、系统分析员一起设计概念模式、决定与应用有关的实体、实体间的联系和实体的属性。然后，由数据库管理员设计数据库模式，再跟用户一起决定各用户的外模式。
- 决定数据库的存储结构和存取策略。数据库管理员要综合各用户的应用需求，与数据库设计人员一起共同决定数据的物理组织、存放方式以及数据存取方法等，使数据的存储空间利用率和存取效率两个方面都较优。
- 定义数据的安全性要求和完整性约束条件。保证数据库的安全性和完整性是数据库管理员的重要职责。不同用户对数据库的存取权限、数据的保密级别和完整性约束条件等都应由数据库管理员负责确定。
- 建立数据库。数据库管理员负责原始数据的装入，负责建立用户数据库。
- 监督和控制数据库的使用和运行。数据库管理员负责监视数据库系统的运行情况，如果出现问题，数据库管理员要及时处理。当遇到硬、软件故障时，数据库管理员必须能够在最短时间内把数据库恢复到某一正确状态，并保证计算机系统其他部分的正常运行。因此，数据库管理员要负责定义和实施适当的后援和恢复策略，负责数据库的定期转储和日志文件的维护工作等。

• 数据库系统的改进和重组。数据库管理员负责通过各种日志和统计数字监视、分析系统的性能。数据库管理员负责对系统运行时的系统的空间利用率和处理效率进行记录、统计分析，并根据实际应用和一定的策略对数据库进行重组并不断改进数据库的设计。当用户的需求增加或改变时，数据库管理员还要对数据库进行重新构造。

1.5.5 数据库系统的访问

本节主要讨论访问数据库系统的标准接口。目前，访问数据库服务器的主流标准接口主要有 ODBC、OLE DB 和 ADO。下面分别对这三种接口进行概要介绍。

1. 开放数据库连接(ODBC)

开放数据库连接(Open Database Connectivity，ODBC)是由微软公司定义的一种数据库访问标准。使用 ODBC 应用程序不仅可以访问存储在本地计算机的桌面型数据库中的数据，而且可以访问异构平台上的数据库，例如可以访问 SQL Server、Oracle、Informix 或 DB2 等。

ODBC 是一种重要的访问数据库的应用程序编程接口(Application Programming Interface，API)，基于标准的 SQL 语句，它的核心就是 SQL 语句，因此，为了通过 ODBC 访问数据库服务器，数据库服务器必须支持 SQL 语句。

ODBC 通过一组标准的函数(ODBC API)调用来实现数据库的访问，但是程序员不必理解这些 ODBC API 就可以轻松开发基于 ODBC 的客户机/服务器应用程序。这是因为在很多流行的程序开发语言中，如 Visual Basic、PowerBuilder、Visual C++ 等，都提供了封装 ODBC 各种标准函数的代码层，开发人员可以直接使用这些标准函数。

ODBC 获得了巨大成功并大大简化了一些数据库开发工作，但是它也存在严重的不足，因此微软公司又开发了 OLE DB。

2. OLE DB

OLE DB 是微软公司提供的关于数据库系统级程序的接口(System-Level Programming Interface)，是微软数据库访问的基础。OLE DB 实际上是微软 OLE 对象标准的一个实现。OLE DB 对象本身是 COM(组件对象模型)对象，它支持这种对象的所有必需的接口。

一般说来，OLE DB 提供了两种访问数据库的方法：一种是通过 ODBC 驱动器访问支持 SQL 语言的数据库服务器；另一种是直接通过原始的 OLE DB 提供程序。因为 ODBC 只适用于支持 SQL 语言的数据库，因此 ODBC 的使用范围过于狭窄，目前微软正在逐步用 OLE DB 来取代 ODBC。

因为OLE DB是一个面向对象的接口,特别适合于面向对象语言。然而,许多数据库应用开发者使用VBScript和JScript等脚本语言开发程序,所以微软公司在OLE DB对象的基础上定义了ADO。

3. 动态数据对象(ADO)

动态数据对象(Active Data Objects,ADO)是一种简单的对象模型,可以被数据消费者用来处理任何OLE DB数据,可以由脚本语言或高级语言调用。ADO对数据库提供了应用程序水平级的接口(Application-Level Programming Interface),几乎所有语言的程序员都能够通过使用ADO来使用OLE DB的功能。微软声称,ADO将替换所有其他的数据访问方式,所以ADO对于任何使用微软产品的数据应用是至关重要的。

ADO中包含了7种独立的对象,有链接对象(connection)、记录集对象(recordset)、命令对象(command)、域对象(field)、参数对象(parameter)、属性对象(property)和错误对象(error)。这7种对象既有联系又有各自的独特性能,将在第12章详细讨论。

思考练习题

(1) 试述数据管理技术发展的几个阶段及其特征。

(2) 简述什么是数据库以及数据库的主要特征。

(3) 简述数据库中是如何实现数据与程序的物理独立性和逻辑独立性的。

(4) 简述数据模型的组成及各组成部分的作用。

(5) 简述关系模型的特点,试举一个关系模型的例子。

(6) 试举三个实例,要求实体型之间分别具有一对一、一对多和多对多的联系。

(7) 简述DBMS的主要功能。

(8) 解释以下术语:

实体、实体型、实体集、属性、键、模式、内模式、外模式、DDL、DML、DBMS。

(9) 如果一个储户只能在一个指定的银行办理存储业务,请建立银行-储户与存款单之间的数据模型。

(10) 学校有若干个学院,每个学院有若干个班级和教研室。每个教研室有若干名教师,其中教授和副教授各带若干名研究生;每个班级有若干名学生,每个学生可以选修若干门课程,每门课可有若干名学生选修。用E-R图画出该学校的概念模型。

(11) 简述什么是数据库系统,数据库系统主要有哪些组成部分。

(12) 简述网络数据库服务器的标准接口主要有哪几种访问方式。

第2章 chapter 2

关系数据库系统模型

关系是数学上集合论中的一个重要概念。1970年，E. F. Codd发表了题为"大型共享数据库数据的关系模型"的论文，把关系的概念引入了数据库，自此人们开始了数据库关系方法和关系数据理论的研究，在层次和网状数据库系统之后，形成了以关系数据模型为基础的关系数据库系统。

2.1 关系模型的基本概念

关系模型的数学理论基础是建立在集合代数上的，与层次模型、网状模型相比较，是目前广为应用的一种重要的数据模型。关系型数据库在个人微机、局域网和广域网上使用更为普遍。关系型数据库的数据组织、管理与检索等，都是基于数学理论的方法来处理数据库中的数据本身和数据之间的联系。

2.1.1 关系模型

在具体讲述之前，先介绍关系模型的基本概念。

1. 关系(relation)

一个关系对应于一张二维表，每个关系有一个关系名，在计算机中可以作为一个文件存储起来。

定义 2.1 $D_1 \times D_2 \times \cdots \times D_n$ 的子集叫作在域 $D_1, D_2, \cdots, D_n$ 上的关系，用 $R(D_1, D_2, \cdots, D_n)$ 表示。这里 R 表示关系的名字，n 是关系的目或度(degree)。

数据库中关系的性质应具有的要求：

- 列是同质的，即每一列中的值是同类型的数据，来自同一个域；
- 不同的列可以有相同的域，每一列称为属性，用属性名标识；
- 列的次序无关紧要；
- 元组的次序无关紧要；
- 关系中的各个元组是不同的，即不允许有重复的元组；
- 关系中的每一个分量是不可再分的数据项(例如表2.1中为非规范化的关系)。

表 2.1 非规范化数据关系举例(缴税报表)

个人信息		全年上缴个人所得税	
身份证号	姓名	上半年/元	下半年/元
12135619870812001x	张 敏	800	900
121121198412092125	李志刚	600	800

2. 关系模式:对关系的描述

定义 2.2 关系的描述称为关系模式(relation schema)。一个关系模式应当是一个五元组。它可以形式化地表示为:$R(U, D, \mathrm{DOM}, F)$。其中 R 为关系名,U 为组成该关系的属性名集合,D 为属性组 U 中属性所来自的域,DOM 为属性向域的映像集合,F 为属性间数据的依赖关系集合。

关系模式通常可以简记为:$R(A_1, A_2, \cdots, A_n)$。其中 R 为关系名,$A_1, A_2, \cdots, A_n$ 为属性名。域名及属性向域的映像常常直接说明为属性的类型、长度。

3. 关系和关系模式的区别

关系实际上就是关系模式在某一时刻的状态或内容。也就是说,关系模式是型,关系是它的值。关系模式是静态的、稳定的,而关系是动态的、随时间不断变化的,因为关系操作在不断地更新着数据库中的数据。但在实际应用中,常把关系模式和关系统称为关系。

4. 关系数据库和关系数据库模式的区别

对应于关系和关系模式,关系数据库也有型和值之分。关系数据库模式即为关系数据库的型,是对关系数据库的描述,对应于关系模式的集合。关系数据库的值也称为关系数据库,是关系的集合。关系数据库模式与关系数据库通常统称为关系数据库。

5. 元组、属性和域

- 元组:表中的一行称为一个元组。
- 属性:表中的一列称为属性,列名即属性名。
- 域:属性的取值范围。

6. 笛卡儿积

数学家将关系定义为一系列域上的笛卡儿积的子集。这一定义与表的定义几乎是完全相符的。可把关系看成一个集合,这样就可以将一些直观的表格以及对表格的汇总和查询工作转换成数学的集合以及集合的运算问题。

定义 2.3 笛卡儿积:设 $D_1, D_2, \cdots, D_n$ 为 n 个集合,称 $D_1 \times D_2 \times \cdots \times D_n = \{(d_1, d_2, \cdots, d_n) \in D_i, (i=1,2,\cdots,n)\}$ 为集合的笛卡儿积。$D_i(i=1,2,\cdots,n)$ 即为以上定义的域;其中的每一个元素 $(d_1, d_2, \cdots, d_n)$ 即为以上定义的元组;n 表示参与笛卡儿积的域的个数,称为度,

同时它也表示了每一个元组中分量的个数，$n=1$ 就称为一元组，$n=2$ 就称为二元组，…，$n=p$ 称为 p 元组。

例 2.1 给出三个域 D_1(学生姓名)、D_2(教师姓名)、D_3(课程名)：

D_1={张红，许刚}

D_2={王竟，赵永强}

D_3={数据库原理，C 语言}

D_1、D_2、D_3 的笛卡儿积为 $D_1 \times D_2 \times D_3$={(张红，王竟，数据库原理)，(张红，王竟，C 语言)，(张红，赵永强，数据库原理)，(张红，赵永强，C 语言)，(许刚，王竟，数据库原理)，(许刚，王竟，C 语言)，(许刚，赵永强，数据库原理)，(许刚，赵永强，C 语言)}

结果有 8 个元组，如表 2.2 所示。

表 2.2 学生、教师、课程的元组

D_1	D_2	D_3	D_1	D_2	D_3
张红	王竟	数据库原理	许刚	王竟	数据库原理
张红	王竟	C 语言	许刚	王竟	C 语言
张红	赵永强	数据库原理	许刚	赵永强	数据库原理
张红	赵永强	C 语言	许刚	赵永强	C 语言

7. 码

一个学生登记表如表 2.3 所示。实际应用中如果需要检索学生数据，可知按姓名、性别、年龄和所在院系，均无法唯一确定查找某位同学的信息，即不能够唯一地标识出需要查询的人。因此在以关系运算为基础的二维表中，必须有关键属性用以标识表中的每一条数据记录。

表 2.3 学生登记表

学 号	姓 名	性 别	年 龄	所在院系
0807320001	张静	女	18	信息学院
0802070001	许晓刚	男	18	生物工程学院
0802070016	张静	女	17	生物工程学院
⋮	⋮	⋮	⋮	⋮

这个关键属性就是码。下面介绍超码、候选码和主码三个概念。

- 超码：超码是一个或多个属性的集合，这些属性的组合可以使我们在一个实体集中唯一的标识一个实体。如 K 是超码，则 K 的任一超集也是超码。如表 2.3 实体集学生登记表中的学号属性足以把不同的学生区分开，因此，学号是实体集学生表的一个超码。同样，学号和姓名、学号和性别、学号和年龄都是实体集学生表的超码。但姓名、性别或年龄不是超码，因为学生有可能同名、同性别和同年龄，因此不能作为区分的条件。
- 候选码：候选码即最小超码。如果姓名和性别组合可以唯一标识实体集学生表，那

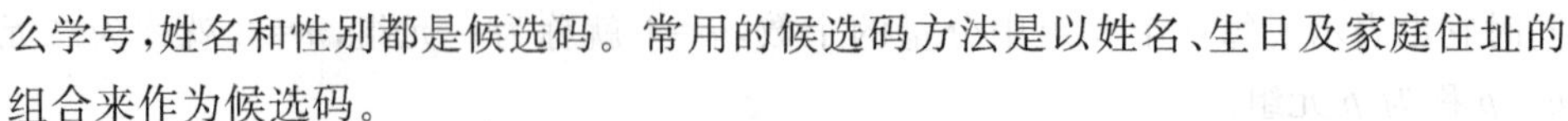

么学号,姓名和性别都是候选码。常用的候选码方法是以姓名、生日及家庭住址的组合来作为候选码。

- 主码:若一个关系有多个候选码,则选定其中一个为主码。主码的属性称为主属性。

8. 特点

关系模型的特点:

- 关系必须规范化:规范化指关系模型中的每一个关系模式都必须满足一定的要求。
- 数据结构单一,无论是实体还是实体间的联系都用关系表示。
- 集合操作:操作对象和结果都是元组的集合,即关系。

9. 优缺点

优点:

- 有坚实的理论基础,关系模型是建立在严格的数学概念的基础上的。
- 无论实体还是实体之间的联系都用关系来表示。对数据的检索结果也是关系(即表),因此概念单一,其数据结构简单、清晰。
- 关系模型的存取路径对用户透明,从而具有更高的数据独立性、更好的安全保密性,也简化了程序员的工作和数据库开发建立的工作。

缺点:由于存取路径对用户透明,查询效率往往不如非关系数据模型。因此为了提高性能,必须对用户的查询请求进行优化,从而增加了开发数据库管理系统的负担。

10. 组成

关系模型由三部分组成:数据结构、关系操作、关系的完整性。

2.1.2 数据结构

在关系模型中的基本的数据结构是按二维表形式表示的,由行和列组成。一张二维表称为一个关系,水平行称之为元组,垂直的列称为属性,元组相当于其他数据结构中的记录或片段,单个数据项称之为分量。在关系模型中,实体和实体间的联系都是用关系表示的。二维表中存放了两类数据:实体本身的数据;实体间的联系。关系数据结构中的数据可以重新定义,改变关系或增加新的数据并不改变数据结构本身。这种结构也支持数据的逻辑视图,允许程序员只关心数据库的内容,而不考虑数据库的物理结构。

关系数据库是表的集合,每张表有唯一的名字。表中一行代表的是一系列值之间的联系。

2.1.3 关系操作

关系操作的方式是集合操作,即操作的对象与结果都是集合。这种操作方式亦称为一次一集合(set-at-a-time)的方式，相应的非关系模型的数据操作方式则为一次一记录(record-at-a-time)的方式。关系的操作是高度非过程化的，用户只需要给出具体的查询要求，不必请求DBA(数据库管理员)建立特殊的存取路径，存取路径的选择由DBMS(数据库管理系统)的优化机制来完成；此外用户也不必求助于循环、递归来完成数据操作。

早期的关系操作能力是用两种方式来表示的：代数方式和逻辑方式，即关系代数和关系演算。

- 关系代数：关系代数是一种抽象的查询语言，常用的运算有并(union)、交(intersection)、差(set difference)、除法(divide)、θ选择(theta select)、投影(project)和θ连接(theta join)。其中θ表示大于、小于、等于、不等于、大于或等于、小于或等于这些比较运算符中的一种。使用选择、投影和连接这些运算，可以把二维表进行任意分割和组装，随机构造出各种用户所需要的表格(关系)。同时，关系模型采取了规范化的数据结构，所以关系模型的数据操作语言的表达能力和功能都很强，可以嵌入高级语言中使用，没有规定具体的语法要求，使用起来非常方便。
- 关系演算：关系演算是用谓词(对动作的要求)来表示查询的要求和条件。关系演算又可按谓词变元的基本对象是元组变量还是域变量分为元组关系演算和域关系演算。这三种语言在表达能力上是完全等价的。

另外还有一种介于关系代数和关系演算之间的语言SQL(Structural Query Language)。SQL不仅具有丰富的查询功能，而且数据定义和数据控制功能，是集查询、DDL、DML和DCL于一体的关系数据语言。它充分体现了关系数据语言的特点和优点，是关系数据库的标准查询语言。

综上所述，关系数据库语言可以分为三类，如图2.1所示。

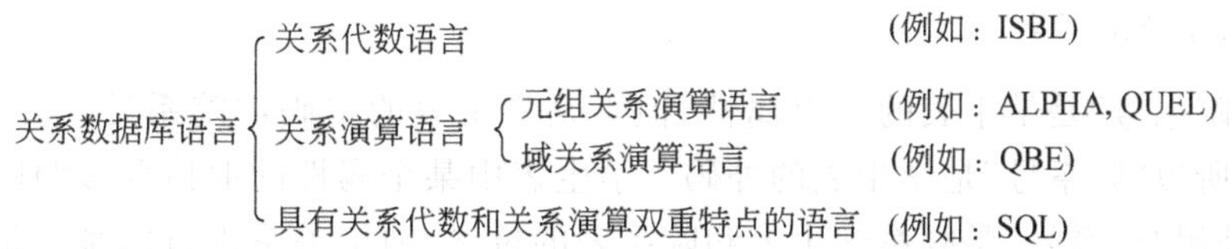

图2.1 关系数据库语言的分类

2.1.4 关系的完整性

关系模型的完整性规则是用来约束关系的，以保证数据库中数据的正确性和一致性。关系模型的完整性共有三类：实体完整性、参照完整性和用户定义的完整性。数据完整性由实体完整性和参照完整性规则来维护，实体完整性和参照完整性是关系模型必须满足的完整性约束条件，将由关系系统自动支持。

1. 实体完整性

规则一即实体完整性规则：

若属性 A 是基本关系 R 的主属性，则属性 A 不能取空值。其中空值包括“不知道”或“无定义”的值。主属性不能为空，不仅是主码整体不能为空。例如：姓名、生日和家庭住址组合作为主码，则“姓名”、“生日”、“家庭住址”都不能取空值，而不是整体不为空。

在关系数据库系统中有各种各样的关系，即各种各样的表，如基本表、查询表、视图表等。基本表是客观存在的表，是实际存储数据的逻辑表示；查询表是查询结果所对应的表；视图表是由基本表或视图表导出的表，是虚拟表，不对应实际存储的数据。实体完整性规则是针对基本表的。

对于实体完整性的说明如下：

- 一个基本关系对应一个现实世界的实体集。
- 现实世界中的实体是可区分的，即它们具有某种唯一的标识。
- 关系模型中由主码作为唯一的标识。
- 主码不能取空值，因为主码取空值说明存在某个不可标识的实体，与第二点矛盾。

2. 参照完整性

现实世界中的实体之间往往存在一定联系，在关系模型中实体与实体的联系是用关系来描述的。参照完整性即是有关关系之间能否正确进行联系的规则。两个表能否正确进行联系外码是关键。

定义 2.4 外码的定义：设 F 是基本关系 R 的一个或一组属性，但不是关系 R 的主码。另有关系 S，关系 S 的主码为 K_s。若 F 与 K_s 相对应，则称 F 是基本关系 R 的外码。

例 2.2 两个实体学生和院系由以下两个关系表示，主码用下划线标明。

学生（<u>学号</u>、姓名、院系号）
院系（<u>院系号</u>、院系名）

因为“院系号”是学生表的一组属性，但不是学生表的主码，“院系号”与院系表的主码相对应，所以“院系号”是学生表的外码。学生表中某个属性的取值要参照院系表属性的取值。外码“院系号”是联系学生表和院系表的桥梁，两个关系进行联系就是通过外码实现的。

规则二即参照完整性规则：

若属性（或属性组）F 是基本关系 R 的外码，它与基本关系 S 的主码 K_s 相对应（基本关系 R 和 S 不一定是不同的关系），则对于 R 中每一个元组在 F 上的值：

- 或者取空值（F 的每个属性值均为空值）；
- 或者等于 S 某个元组的主码值。

在例 2.2 中关系“学生 R（<u>学号</u>、姓名、院系号 F）”和关系“院系 S（<u>院系号</u> K_s、院系名）”中，学生关系的“院系号”可以为空值，表示尚未给该学生分配院系；或者非空值，但必须是院系关系中属性院系号的某个元组值，表示不能把学生分到一个根本不存在的院系。即被参照关系“院系”中一定存在一个元组，它的主码值等于参照关系“学生”中的外码值。

3. 用户定义的完整性

实体完整性和参照完整性用于任何关系数据库系统。用户定义的完整性则是针对某一具体数据库的约束条件，由应用环境决定。它反映了某一具体应用所涉及的数据必须满足的语义要求。例如，成绩的取值用户会定义在0～100之间。关系模型应提供定义和检验这类完整性机制，以便用统一的方法处理它们而不要由应用程序承担这一功能。

在实际系统中，这类完整性规则一般在建立库表的同时进行定义，编程人员不需再做考虑。如果某些约束条件没有建立在库表一级，则编程人员应在各模块的具体编程中通过程序进行检验和控制。

2.2 关系运算

一个n目关系是多个元组的集合，n是关系模式中属性的个数，称为关系的目数。可把关系看成一个集合。集合的运算如并、交、差、笛卡儿积等，均可以用到关系的运算中。

关系代数的另一种运算，如对关系进行水平分解的选择运算、对关系进行垂直分解的投影运算、用于关系结合的连接运算等，是为关系数据库环境专门设计的，称为关系的专门运算。关系代数是一种过程化的抽象的查询语言。它包括一个运算集合，这些运算以一个或两个关系为输入，产生一个新的关系作为结果。

关系代数的运算可以分为两类：一类是传统的集合运算，另一类是关系的专门运算。

- 传统的集合运算，如并、交、差、广义笛卡儿积。这类运算将关系看成元组的集合，运算时从行的角度进行。
- 专门的关系运算，如选择、投影、连接、除。这些运算不仅涉及行而且也涉及列。

关系代数用到的运算符有：

- 集合运算符：$\cup$(并)、$-$(差)、$\cap$(交)、$\times$(广义笛卡儿积)。
- 专门的关系运算符：σ(选择)、Π(投影)、$\bowtie$(连接)、$\div$(除)。
- 算术比较运算符 $\theta=\{>、\geqslant、<、\leqslant、=、\neq\}$。
- 逻辑运算符：逻辑"与"(and)运算符$\wedge$、逻辑"或"(or)运算符$\vee$和逻辑"非"(not)运算符$\neg$。

2.2.1 传统的集合运算

传统的集合运算都是二目运算。设关系R和关系S具有相同的目$n=3$，即有相同的属性个数3，且相应的属性取自同一个域，如表2.4和表2.5所示，则4种传统的集合运算如图2.2所示。

表 2.4 关系 R

A	B	C
a	1	a
b	2	b
a	2	c

表 2.5 关系 S

A	B	C
a	1	a
b	1	d

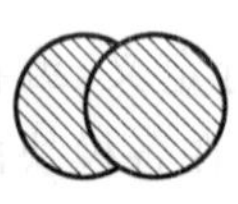
(a) R∪S

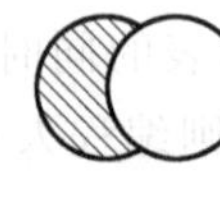
(b) R–S

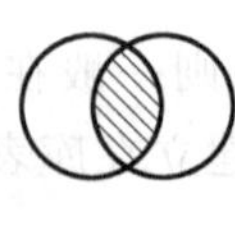
(c) R∩S

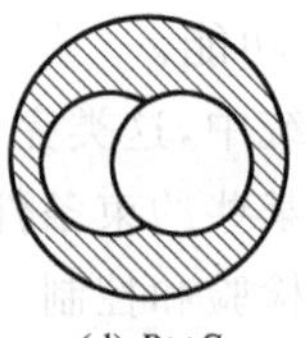
(d) R×S

图 2.2 传统的集合运算

1. 并(union)运算

设关系 R 和关系 S 具有相同的目 n（即两个关系都有 n 个属性），且相应的属性取自同一个域，则关系 R 与关系 S 的并由属于 R 或属于 S 的元组组成。其结果关系仍为 n 目关系。记作：

$$R \cup S = \{t \mid t \in R \vee t \in S\}$$

其中 t 代表元组。

例 2.3 利用表 2.4 和表 2.5 中所示的数据做并运算，得到的结果如表 2.6 所示。

表 2.6 R∪S

A	B	C	A	B	C
a	1	a	a	2	c
b	2	b	b	1	d

2. 差(difference)运算

设关系 R 和关系 S 具有相同的目 n，且相应的属性取自同一个域，则关系 R 与关系 S 的差由属于 R 而不属于 S 的所有元组组成。其结果关系仍为 n 目关系。记作：

$$R - S = \{t \mid t \in R \wedge t \notin S\}$$

例 2.4 利用表 2.4 和表 2.5 中所示的数据做差运算，得到的结果如表 2.7 所示。

表 2.7 R—S

A	B	C
b	2	b
a	2	c

3. 交(intersection)运算

设关系 R 和关系 S 具有相同的目 n，且相应的属性取自同一个域，则关系 R 与关系 S 的交由既属于 R 又属于 S 的元组组成。其结果关系仍为 n 目关系。记作：

$$R \cap S = \{t \mid t \in R \wedge t \in S\}$$

例 2.5 利用表 2.4 和表 2.5 中所示的数据做交运算，得到的结果如表 2.8 所示。

关系的交运算可以用差运算表示：

$$R \cap S = R - (R - S)$$

表 2.8 $R \cap S$

A	B	C
a	1	a

4. 广义笛卡儿乘积(extended cartesian product)

关系 R 为 n 目，关系 S 为 m 目，则关系 R 和关系 S 的广义笛卡儿积为$(n+m)$目元组的集合，记作：

$$R \times S = \{\widehat{t_r t_s} \mid t_r \in R \wedge t_s \in S\}$$

元组的前 n 个分量是关系 R 的一个元组，后 m 个分量是关系 S 的一个元组。

例 2.6 利用表 2.4 和表 2.5 中所示的数据做广义笛卡儿积，其结果如表 2.9 所示。

表 2.9 $R \times S$

R.A	R.B	R.C	S.A	S.B	S.C
a	1	a	a	1	a
b	2	b	a	1	a
a	2	c	a	1	a
a	1	a	b	1	d
b	2	b	b	1	d
a	2	c	b	1	d

2.2.2 专门的关系运算

专门的关系运算包括选择运算、投影运算、连接运算、除法运算等。

1. 选择(selection)运算

选择运算又称为限制运算(restriction)。选择运算是关系上的一元运算，简记为 SL。它根据给定的条件对关系进行水平分解，在关系 R 中选择满足条件的元组组成一个新的关系，这个关系是关系 R 的一个子集。如果选择条件用 F 表示，则选择可以记为 $\sigma_F(R)$ 或 $SL_F(R)$。

$$\sigma_F(R) = \{t \mid t \in R \wedge F(t) = \text{“真”}\}$$

其中：σ 表示选择运算符，R 是关系名，F 是选择条件。

说明：F 是一个逻辑表达式，取值为“真”或“假”；F 由逻辑运算符 $\wedge$(and)、$\vee$(or)、$\neg$(not)连接各种算术表达式组成；算术表达式的基本形式为 $x\theta y$，$\theta=\{>、\geqslant、<、\leqslant、=、\neq\}$，$x$、$y$ 可以是属性名、常量或简单函数。

例 2.7 如条件 F 为 $A=a$，用表 2.4 中所示的数据做选择运算 $\sigma_{A=a}(R)$，其结果如表 2.10 所示。

例 2.8 如条件 F 为 $B=2$，用表 2.4 中所示的数据做选择运算 $\sigma_{B=2}(R)$，其结果如表 2.11 所示。

表 2.10 $\sigma_{A=a}(R)$

A	B	C
a	1	*a*
a	2	*c*

表 2.11 $\sigma_{B=2}(R)$

A	B	C
b	2	*b*
a	2	*c*

注意：表达式不仅可以用属性名构造，也可以用序列号构造。

2. 投影(projection)运算

投影也是关系上的一元运算，简记为 PJ。它是从列的角度进行操作的。

设 R 是一个 n 目关系，$A_{i1}, A_{i2}, A_{i3}, \cdots, A_{im}$ 是 R 的第 $i_1, i_2, i_3, \cdots, i_m (m \leqslant n)$ 个属性，关系 R 在 $A_{i1}, A_{i2}, A_{i3}, \cdots, A_{im}$ 上的投影定义为：

$$\Pi_{i1,\, i2,\, i3,\cdots,im}(R) = \{t \mid t = (t_{i1}, t_{i2}, t_{i3}, \cdots, t_{im}) \wedge (t_{i1}, t_{i2}, t_{i3}, \cdots, t_{im}) \in R\}$$

即从关系 R 中按照 $i_1, i_2, i_3, \cdots, i_m$ 的顺序取下这 m 列，构成以 $i_1, i_2, i_3, \cdots, i_m$ 为顺序的 m 目关系。其中：Π 是投影运算符。

例 2.9 若对表 2.4 中的关系 R 作投影运算 Π_{AB}、Π_{BC}，其结果如表 2.12 和表 2.13 所示。

表 2.12 Π_{AB}

A	B
a	1
b	2
a	2

表 2.13 Π_{BC}

B	C
1	*a*
2	*b*
2	*c*

注意：投影后不仅取消了原关系中的某些列，而且还可能取消某些元组，因为取消某些列后，可能出现重复的元组，应消去这些完全相同的元组。

3. 连接(join)运算

连接运算简记 JN，也称为 θ。它是从两个关系的笛卡儿积中选取属性间满足一定条件的元组。记作

$$R \bowtie S = \sigma_{R.A\theta S.B}(R \times S)$$

或 $$A\theta B$$

其中 A 和 B 分别为 R 和 S 上度数相等且可比的属性组。θ 是比较运算符，θ 可以是$>$、$\geqslant$、$<$、$\leqslant$、$=$、$\neq$ 等符号。连接运算从 R 和 S 的笛卡儿积 $R \times S$ 中选取（R 关系）在 A 属性组上的值与（S 关系）在 B 属性组上的值满足比较关系 θ 的元组，这些元组构成的关系是 $R \times S$ 的一个子集。θ 为"="的连接运算称为等值连接。它是从关系 R 与 S 的笛卡儿积中选取 A、B 属性值相等的那些元组。即等值连接为：$R \bowtie S$，或$(R)\mathrm{JN}_{R.C=S.C}(S)$，如表 2.14 和表 2.15 所示。

表 2.14 关系 R

A	B	C	A	B	C
a	1	*a*	*a*	2	*c*
b	2	*b*			

表 2.15 关系 S

B	C	D	B	C	D
1	*a*	3	2	*c*	1
2	*a*	2	2	*d*	1
3	*b*	2	1	*b*	2

例 2.10 利用表 2.14、表 2.15 中的数据做关系 R 与 S 的等值连接 $R\bowtie S$，得到的新关系如表 2.16 所示。

表 2.16 $(R)\mathrm{JN}_{R.C=S.C}(S)$

R.A	R.B	R.C	S.B	S.C	S.D
a	1	*a*	1	*a*	3
a	1	*a*	2	*a*	2
b	2	*b*	3	*b*	2
b	2	*b*	1	*b*	2
a	2	*c*	2	*c*	1

除等值连接外，其余的都可称为不等值连接。再看一个不等值连接的例子。

例 2.11 利用表 2.14、表 2.15 中的数据进行 $(R)\mathrm{JN}_{R.B>S.B}(S)$运算，其结果如表 2.17 所示。

表 2.17 $(R)\mathrm{JN}_{R.B>S.B}(S)$

R.A	R.B	R.C	S.B	S.C	S.D
b	2	*b*	1	*a*	3
b	2	*b*	1	*b*	2
a	2	*c*	1	*a*	3
a	2	*c*	1	*b*	2

4. 自然连接(national join)运算

自然连接是最常用的连接之一，简记为 NJN，它是指从两个关系的笛卡儿积中选择出公共属性值相等的元组所构成的新的关系。下面看一下从笛卡儿积的角度定义的自然连接。

定义：设关系 R 和关系 S 具有相同的属性集 U，$U=\{A_1, A_2, \cdots, A_k\}$。

从关系 R 和关系 S 的笛卡儿积中，取满足 $\Pi_{R.U}=\Pi_{S.U}$ 的所有元组，且去掉 $S.A_1$，$S.A_2$，…，$S.A_k$，所得的新关系

$$R\bowtie S=\Pi_{i1,\,i2,\,i3,\cdots,ik}(\sigma_{R.A_1=S.A_1\wedge R.A_2=S.A_2\wedge\cdots\wedge R.A_k=S.A_k}(R\times S))$$

记为关系 R 和关系 S 的自然连接，也可简记为$(R)\mathrm{NJN}(S)$。

例 2.12 取表 2.14、表 2.15 中关系 R 和关系 S 的数据，做自然连接$(R)\mathrm{NJN}(S)$，得到的结果如表 2.18 所示。

表 2.18 (R)NJN(S)

A	B	C	D	A	B	C	D
a	1	*a*	3	*a*	2	*c*	1

还有两种特殊的扩展连接方式：左连接和右连接。

5. 左连接(left join)运算

左连接运算简记为 LJN，是一种特殊的扩展连接方式。“R 左连接 S”得到的结果关系是所有来自 R 的元组和那些连接字段相等处的 S 的元组。下面给出在笛卡儿积角度的定义。

设关系 R 和关系 S 具有相同的属性集 U，记 $U=\{A_1, A_2, \cdots, A_k\}$。对于 R 中的每个元组，如果 S 中没有元组与 R 相匹配，则相应结果关系中的元组保留 R 的元组分量，而来自 S 中的元组分量取空值；如果 S 中有唯一的元组与 R 中的某一元组相匹配，则相应结果关系中的元组保留 R 的元组分量，同时也保留 S 的元组分量；如果 S 中有 n 个元组与 R 中的一个元组相匹配，则相应结果关系的元组中保留 n 个相同的 R 的元组，也相应保留来源于 S 的这些不同的 n 个元组。左连接后所得的结果记为：

$$(R)\underset{R.A_1=S.A_1 \wedge R.A_2=S.A_2 \wedge \cdots \wedge R.A_k=S.A_k}{\text{LJN}}(S)$$

例 2.13 取表 2.14、表 2.15 中关系 R 和关系 S 中的数据，做左连接运算：

$$(R)\underset{R.B=S.B \wedge R.C=S.C}{\text{LJN}}(S)$$

得到的结果如表 2.19 所示。

表 2.19 $(R)\underset{R.B=S.B \wedge R.C=S.C}{\text{LJN}}(S)$

A	R.B	R.C	S.B	S.C	D
a	1	*a*	1	*a*	3
b	2	*b*			
c	2	*c*	2	*c*	1

6. 右连接(right join)运算

右连接运算简记为 RJN。与左连接的定义类似，“R 右连接 S”得到的结果关系是所有来自 S 的元组和那些连接字段相等处的 R 的元组。下面给出在笛卡儿积角度的定义。

设关系 R 和关系 S 具有相同的属性集 U，记 $U=\{A_1, A_2, \cdots, A_k\}$。对于 S 中的每个元组，如果 R 中没有元组与 S 相匹配，则相应结果关系中的元组保留 S 的元组分量，而来自 R 中的元组分量取空值；如果 R 中有唯一的元组与 S 中的某一元组相匹配，则相应结果关系中的元组保留 S 的元组分量，同时也保留 R 的元组分量；如果 R 中有 n 个元组与 S 中的一个元组相匹配，则相应结果关系的元组中保留 n 个相同的 S 的元组，也相应保留来源于 R 的这些不同的 n 个元组。右连接后所得的结果记为：

$$(R)\underset{R.A_1=S.A_1 \wedge R.A_2=S.A_2 \wedge \cdots \wedge R.A_k=S.A_k}{\text{RJN}}(S)$$

例 2.14 取表 2.14、表 2.15 中关系 R 和关系 S 中的数据，做右连接运算，得到的结果如表 2.20 所示。

$$(R)\underset{R.B=S.B\wedge R.C=S.C}{\mathrm{RJN}}(S)$$

表 2.20 $(R)\underset{R.B=S.B\wedge R.C=S.C}{\mathrm{RJN}}(S)$

A	R.B	R.C	S.B	S.C	D
a	1	*a*	1	*a*	3
			2	*a*	2
			3	*b*	2
a	2	*c*	2	*c*	1
			2	*d*	1
			1	*b*	2

7. 除法(division)运算

给定关系 $R(X,Y)$ 和 $S(Y,Z)$，其中 X、Y、Z 为属性组。R 中的 Y 与 S 中的 Y 可以有不同的属性名，但必须出自相同的域集。R 与 S 的除运算得到一个新的关系 $P(X)$，P 是 R 中满足下列条件的元组在 X 属性列上的投影：元组在 X 上分量值 x 的像集 Yx 包含 S 在 Y 上投影的集合。记作：

$$R \div S = \{t_r[X] \mid t_r \in R \wedge Y_x \supseteq \Pi_Y(S)\}$$

其中 Y_x 为 x 在 R 中的像集，$x=t_r[X]$。

这样的定义或许有些抽象，下面是一个有关除法的实例。

例 2.15 设有关系 R、S_1、S_2、S_3，如表 2.21～表 2.24 所示。

分别计算 $R\div S_1$、$R\div S_2$、$R\div S_3$，所得的结果如表 2.25～表 2.27 所示。

表 2.21 R

A	B
a	*d*
a	*e*
a	*f*
b	*d*
b	*e*
c	*d*

表 2.22 S_1

B
d

表 2.23 S_2

B
d
e

表 2.24 S_3

B
d
e
f

表 2.25 $R\div S_1$

A
a
b
c

表 2.26 $R\div S_2$

A
a
b

表 2.27 $R\div S_3$

A
a

2.2.3 关系数据检索实例

通过以上两节，读者对关系运算都有了一定的了解。下面把问题具体化，研究一个有关学生选课的实例。其中涉及的实体集有“学生表”和“课程表”，还涉及两个实体集的联系“选课”，如表2.28～表2.30所示。

表2.28 Student

学号(Sno)	姓名(Sname)	性别(Ssex)	年龄(Sage)	所在院系(Sdept)
080500114	李辉	男	20	计算机信息学院
080510098	张菲	女	19	经济管理学院
080500101	许漫	女	19	建筑学院
080500156	李鹏飞	男	20	建筑学院
080500024	赵红岩	男	20	计算机信息学院
080500132	王凌	女	21	水利学院

表2.29 Course

课程号(Cno)	课程名(Cname)	先行课(Cpno)	学分(Ccredit)
001	数字信号处理	4	2
002	城市规划与设计		2
003	Java程序设计	4	2
004	C语言	6	3
005	随机过程	6	3
006	动态规划		2

表2.30 Student_Course

学号(Sno)	课程号(Cno)	成绩(Grade)	学号(Sno)	课程号(Cno)	成绩(Grade)
080510098	002	92	080500098	005	79
080510098	003	86	080500156	005	82
080500156	003	92	080500132	003	87

例2.16 查询计算机信息学院全体学生。

$$\sigma_{\text{Sdept}='\text{计算机信息学院}'}(\text{Student}) \quad \text{或} \quad \sigma_{5='\text{计算机信息学院}'}(\text{Student})$$

运算结果如表2.31所示。

表2.31 查询结果

学号(Sno)	姓名(Sname)	性别(Ssex)	年龄(Sage)	所在院系(Sdept)
080500114	李辉	男	20	计算机信息学院
080500024	赵红岩	男	20	计算机信息学院

例2.17 查询年龄小于20岁的元组。

$$\sigma_{Sage<20}(\text{Student}) \quad 或 \quad \sigma_{4<20}(\text{Student})$$

运算结果如表 2.32 所示。

表 2.32 查询结果

学号(Sno)	姓名(Sname)	性别(Ssex)	年龄(Sage)	所在院系(Sdept)
080510098	张菲	女	19	经济管理学院
080500101	许漫	女	19	建筑学院

例 2.18 查询学生关系 Student 在学生姓名和所在系两个属性上的投影。

$$\Pi_{Sname,Sdept}(\text{Student}) 或 \Pi_{2,5}(\text{Student})$$

投影运算结果如表 2.33 所示。

表 2.33 投影运算结果

姓名(Sname)	所在院系(Sdept)	姓名(Sname)	所在院系(Sdept)
李辉	计算机信息学院	李鹏飞	建筑学院
张菲	经济管理学院	赵红岩	计算机信息学院
许漫	建筑学院	王凌	水利学院

例 2.19 查询学生关系 Student 中有哪些学院。

$$\Pi_{Sdept}(\text{Student})$$

查询所得的结果如表 2.34 所示。

表 2.34 投影运算结果

所在学院(Sdept)	所在学院(Sdept)	所在学院(Sdept)	所在学院(Sdept)
计算机信息学院	建筑学院	经济管理学院	水利学院

注：投影后不仅会删除某些列，也会取消某些行(参考 2.2.2 节专门的关系运算)。

例 2.20 求至少选修 002 号课程和 003 号课程的学生学号。

这类题的解题步骤可分为两步。

(1) 建立临时关系 K

K

Cno
002
003

(2) 做除法 $\Pi_{Sno,Cno}(\text{Student\_Course}) \div K$

得出的结果为{200100098}。

例 2.21 查询选修了 003 号课程的学生的学号。

$$\Pi_{Sno}(\text{Student\_Course})(\sigma_{Cno='003'}(\text{Student\_Course}))$$

$$=\{200100098,200100156,200100132\}$$

例 2.22 查询至少选修了一门其直接先行课为 4 号课程的学生姓名。

$$\Pi_{Sname}(\sigma_{Cpno='4'}(Course)\bowtie \Pi_{Sno,Sname}(Student))$$

或 $$\Pi_{Sname}(\Pi_{Sno}(\sigma_{Cpno='4'}(Course)\bowtie Student\_Course)\bowtie \Pi_{Sno,Sname}(Student))$$

例 2.23 查询选修了全部课程的学生学号和姓名。

$$\Pi_{Sno,Cno}(Student\_Course)\div \Pi_{Cno}(Course)\bowtie \Pi_{Sno,Sname}(Student)$$

2.3 关系演算

关系演算是以数理逻辑中的谓词演算为基础的，把谓词演算应用到关系运算中就构成了关系演算(relational calculus)。关系代数语言要求用户程序通过选择、投影、连接等运算，具体指明生成结果的方法，带有一定的过程性，实现查询的效率很大程度上依赖用户说明的查询过程的程序水平，而关系演算使用谓词运算，只需用谓词的形式给出查询应满足的条件，查询如何实现将完全由系统自行解决。

关系演算按照谓词变量的不同分为两类：元组关系演算和域关系演算。元组关系演算以元组为变量，这个变量是在某个关系或几个关系的并中取某些元组为其值，也就是说在任一给定的时刻，这个变量代表了这个关系中的某一元组。域关系演算以域为变量，这个变量是在某个关系中取某些属性的值，也就是说，在任一给定的时刻，这个变量代表了关系中的某一个域。下面分别介绍这两种运算。

2.3.1 元组关系演算语言

元组关系演算以元组变量作为谓词变元的基本对象。一种典型的元组关系演算语言是 Edgar. F. Codd 提出的 Alpha 语言。这一语言虽然没有实际实现，但关系数据库管理系统 INGRES 所用的 QUEL 语言是参照 Alpha 语言研制的，与 Alpha 十分类似。

1. 元组关系演算

元组关系演算的通用表达式用$\{t|\varphi(t)\}$来表示。其中 t 为元组变量，$\varphi(t)$由原子公式和运算符组成。

原子公式有三种类型：

- $R(t)$。R 是关系名，t 是元组变量，$R(t)$表示 t 是 R 的一个元组，即 $t\in R$。
- $t[i]\theta u[j]$。t 和 u 是元组变量，θ 是算术比较运算符，$t[i]$，$u[j]$表示 t 的第 i 个分量和 u 的第 j 个分量。$t[i]\theta u[j]$表示 t 的第 i 个分量和 u 的第 j 个分量满足比较关系 θ。
- $t[i]\theta C$ 或 $C\theta t[i]$。C 为常数，表示 t 的第 i 个分量和常数 C 满足比较关系 θ。

在关系演算运算符中，若在公式的一个变量前有“全称”($\forall$)或“存在”($\exists$)量词，则这个变量为约束变量，否则称为自由变量。

公式可以递归定义如下：

(1) 每个原子公式是一个公式。

(2) 设 φ_1 和 φ_2 是公式,则 $\neg\varphi_1$、$\varphi_1 \wedge \varphi_2$ 和 $\varphi_1 \vee \varphi_2$ 也是公式。当 φ_1 为真时,$\neg\varphi_1$ 为假,当 φ_1 为假时,$\neg\varphi_1$ 为真;当 φ_1 和 φ_2 同时为真时,$\varphi_1 \wedge \varphi_2$ 为真,否则为假;当 φ_1 或 φ_2 其中之一为真,或 φ_1 和 φ_2 同时为真时,$\varphi_1 \vee \varphi_2$ 为真,否则为假。

(3) 若 φ 是公式,t 是元组变量,则 $(\exists t)\varphi$、$(\forall t)\varphi$ 也是公式。当至少有一个 t 使得 φ 为真时,$(\exists t)\varphi$ 为真,否则为假;当所有 t 使得 φ 为真时,$(\forall t)\varphi$ 为真,否则为假。

(4) 公式中运算符的优先次序为:算术比较符最高,其次是量词 $\exists$ 和 $\forall$,最后依次为 $\neg$、$\wedge$ 和 $\vee$ 的逻辑运算。如果有括号,那么括号可以改变优先级,括号运算优先级最高。

(5) 公式只限于上述这些。

元组关系演算的表达式为 $\{t \mid \varphi(t)\}$,表示使 φ 为真的元组集合。

上面定义的关系演算有时会出现无限的关系。例如:$\{t \mid \neg R(t)\}$ 表示所有不属于 R 的元组。要求出这些元组是做不到的,所以必须排除这类无意义的表达式。我们把不产生无限关系的表达式称为安全表达式。安全表达式应满足以下条件:

- 如果 t 使 $\varphi(t)$ 为真,则 t 的每个分量是 DOM(φ)中的元素。
- 对于 φ 中每一个形如 $(\exists u)(W(u))$ 的子表达式,若 u 使 $W(u)$ 为假,则 u 的每个分量是 DOM(φ)中的元素。
- 对于 φ 中每一个形如 $(\forall t)(W(u))$ 的子表达式,若 u 使 $W(u)$ 为真,则 u 的每个分量是 DOM(φ)中的元素。也就是说,若 u 的某一分量不属于 DOM(φ),则 $W(u)$ 为真。

其中 DOM(φ)是一个有限的符号集,包括出现在 φ 以及中间结果和最后结果的关系中的所有符号。

2. 元组关系演算语言

元组关系演算使用的是元组关系演算语言。元组关系演算语言的特点是使用了元组变量,元组变量的变化范围为某一命名的关系,把它看作一个基本的运算对象,在任一给定的时刻,元组变量的值就是它所对应的那个关系中的某个元组。

ALPHA 语言的基本语句格式是:

操作符 工作空间 关系名.属性名[:条件]

其中,操作符是指要进行的操作。常用的有以下五种:GET(查询或检索)、PUT(插入)、UPDATE(修改)、DELETE(删除)、HOLD(封锁查询)。实施 GET 操作是把数据库中的数据读入内存空间,实施 PUT 操作是把工作空间的数据送入数据库。工作空间是用户与系统的通信区,通常用 W 表示;关系名.属性名指的是用户要求查询的关系名及属性名,即指明要操作的结果;[:条件]是一个可选项,它表明用谓词公式表示的执行操作符规定的操作。除此之外,还可以在基本格式的基础上加上排序要求、定额要求等。下面以学生贷款为例具体介绍元组关系演算,如表 2.35~表 2.37 所示。

表 2.35　学生表(Student)

身份证号(ID_card)	姓名(Sname)	性别(Ssex)	年龄(Sage)	所属学校代号(Sschool_number)
13070519860819003	蒋辉	男	26	B_17
13070519890113011	刘志刚	男	23	B_96
13070519890501024	许静	女	23	B_19
13070519880916016	程红	女	24	B_03
13070519871109009	李赟	男	25	B_57

表 2.36　借贷表(Borrower)

身份证号(ID_card)	贷款号(loan_number)
13070519860819003	L_16
13070519890113011	L_28
13070519890501024	L_33
13070519880916016	L_05
13070519871109009	L_73

表 2.37　贷款表(Loan)

贷款号(loan_number)	贷款金额(amount)
L_16	15,000
L_28	15,000
L_33	15,000
L_05	15,000
L_73	15,000

用 GET 语言实现的操作有以下几种。

1) 简单检索(即不带条件的检索)

例 2.24　查询所有贷了款的学生的身份证号。

```
GET W(Student.ID_card)
```

这里条件为空，表示没有限定条件。W 为工作空间名。

例 2.25　查询所有学生的数据。

```
GET W(Student)
```

2) 限定的检索(即带条件的检索)

例 2.26　查询 Sschool_number＝B_19 的学生表中男生的姓名和年龄。

```
GET W (Student.Sname, Student.Sage): Student. Sschool_number='B_19'∧ Student.
Ssex='男'
```

例 2.27　查询 Sschool_number＝B_57 的学生表中年龄小于 24 岁的学生的身份证号。

```
GET W (Student.ID_card): Student. Sschool_number='B_57' ∧Student.Sage<20
```

3) 带排序的检索

例 2.28　查询 Sschool_number＝B_57 的学生表中的学生的姓名、年龄，并按年龄降序排序。

```
GET W (Student.Sname, Student.Sage): Student. Sschool_number='B_57' DOWN
Student.Sage
```

4）带定额的检索

例 2.29 取出一个学校代号为 B_57 的学生的姓名。

```
GET W(1)(Student.Sname): Student. Sschool_number='B_57'
```

所谓带定额的检索是指：指定检索出元组的个数，方法是在 W 后括号中加上定额的数量。

带定额的检索还可以和带排序的检索结合使用。

例 2.30 查询学校代号为 B_57 的年龄最大的三个学生的姓名及其年龄。

```
GET W (3) (Student. Sname, Student. Sage): Student. Sschool _number= 'B _57' DOWN
Student.Sage
```

5）用元组变量的检索

在描述检索操作时，可以在相应的关系上定义元组变量。元组变量主要有两方面的用途：一是简化关系名。在处理实际问题时，如果关系的名字很长，就很难记，并且使用起来很不方便，这时我们可以设一个较短名字的元组变量来简化关系名。二是操作条件中使用量词时必须用元组变量。元组变量是动态的概念，一个关系可以设多个元组变量。定义时要用 RANGE 语句，格式如下：

```
RANGE R X
```

其中：RANGE 是保留字；X 是变量，代表元组；R 是一个关系，指出了 X 的变化范围。整个语句的含义是：元组变量 X 在被另一个 RANGE 语句重新说明之前，它依次在关系 R 中取值。

例 2.31 查询学生表中女生的名字。

```
RANGE Student X
GET W (X.Sname): X.Ssex='女'
```

这里元组变量 X 的作用是简化关系名 Student。

6）用存在量词的检索

例 2.32 查询贷款号为 L_33 的学生的名字。

```
RANGE borrower BX
GET W(Student.Sname): ∃BX(BX.ID_card=Student.ID_card ∧
BX.loan_number='L_33')
```

例 2.33 查询贷款金额为 15 000 的学生的身份证号。

```
RANGE Loan LX
GET W (borrower.ID_card): ∃X (LX.loan_number=borrow.loan_number∧LX.amount=
'15,000')
```

例 2.34 查询贷款金额为 15 000 的学生的名字。

```
RANGE Load LX
Borrower BX
GET W (Student.Sname): ∃BX (BX.ID_card=Student.ID_card)
```

```
∃LX (LX.loan_number=Borrower.loan_number ∧
LX.account='15,000'))
```

例 2.32、例 2.33、例 2.34 中的元组变量都是为存在量词而设的。其中例 2.34 需要对两个关系作用存在量词，所以设了两个元组变量。

7）带有多个关系的表达式的检索

以上所举的例子有一个共同特点，就是查询结果都在一个关系中（无论查询时公式中是一个关系还是涉及多个关系），下面是查询结果涉及多个关系的例子。

例 2.35 查询身份证号为“13070519890113011”的学生的名字以及贷款金额。

本查询所要求的结果分别在 Student 和 Loan 两个关系中。

```
RANGE Borrower BX
GET W (Student.Sname, Loan.account): ∃BX (BX.ID_card='13070519890113011' ∧
BX.ID_card=Student.ID_card∧ Loan. loan_number=BX.loan_number)
```

8）用全称量词的检索

例 2.36 查询贷款号不是'L_28'的学生姓名。

```
RANGE Borrower BX
GET W (Student.Sname): ∀BX (BX.ID_card≠Student.ID_card ∨ BX.loan_number≠
'L_28')
```

本例也可以用存在量词来检索：

```
RANGE Borrower BX
GET W(Student.Sname): ¬∃BX (BX.ID_card=Student. ID_card∧BX.loan_number=
'L_28')
```

9）用两种量词的检索

例 2.37 查询参加贷款的所有学生的姓名。

```
RANGE Load LX
Borrower BX
GET W(Student.Sname): ∀LX∃BX (BX.ID_card=Student. ID_card ∧
BX.loan_number=LX. loan_number)
```

10）用蕴涵（Implication）的检索

例 2.38 查询最少选修了学号为 080500132 的学生所选课程的学生学号（利用表 2.21 中的数据）。

本例题的求解思路是，对 Course 中的所有课程，依次检查每一门课程，看 080500132 是否选修了该课程，如果选修了，则再看某一个学生是否也选修了该门课。如果对于 080500132 所选的每门课程该学生都选修了，则该学生为满足要求的学生。把所有这样的学生全都找出来即完成了本题。

```
RANGE Couse CX
Student_Course SCX
```

```
Student_Course SCY
GET W (Student.Sno): ∀CX(∃SCX(SCX.Sno='080500132' ∧ SCX.Cno=CX.Cno)
=> ∃SCY (SCY.Sno= Student.Sno∧SCY.Cno= CX.Cno))
```

11）集函数

用户在使用查询语言时，经常要做一些简单的计算，例如要求符合某一查询要求的元组数，求某个关系中所有元组在某属性上的值的总和或平均值等。为了方便用户，关系数据语言中建立了有关这类运算的标准函数库供用户选用。这类函数通常称为集函数(aggregation function)或内部函数(build-in function)。关系演算中提供了COUNT()，TOTAL()，MAX()，MIN()，AVG()等集函数，其含义如表2.38所示。

表2.38 集函数

函数名	功 能	函数名	功 能	函数名	功 能
COUNT() TOTAL()	对元组计数 求总和	MAX() MIN()	求最大值 求最小值	AVG()	求平均值

例2.39 查询贷款学生所在学校的数目。

```
GET W(COUNT(Student. Sschool_number))
```

COUNT函数在计数时会自动排除重复的Sschool_number值。

12）修改操作

修改操作用UPDATE语句实现。步骤如下：

(1) 用HOLD语句将要修改的元组从数据库中读到工作空间中。

(2) 用宿主语言修改工作空间中元组的属性。

(3) 用UPDATE语句将修改后的元组送回数据库中。

注：单纯检索数据使用GET语句即可，但为修改数据而读元组时必须使用HOLD语句，HOLD语句是带上并发控制的GET语句。

例2.40 把身份证号为'130705198608l9003'的学生的学校代号改为'B_18'。

```
HOLD W (Student.ID_card, Student.Sschool_number): Student.ID_card=
'13070519860819003'
MOVE 'B_18' TO W. Sschool_number
UPDATE W
```

说明：修改的操作涉及几个操作，就应当执行几次HOLD－MOVE－UPDATE操作。

禁止直接修改主码，如果需要修改主码，应首先删除改元组，再把具有新主码值的元组插入到关系中。

13）插入操作

插入操作用PUT语句实现。步骤如下：

(1) 用宿主语言在工作空间中建立新元组。

(2) 用PUT语句把该元组存入指定的关系中。

例 2.41 又有一名学生贷款，贷款号为'L_19'，贷款金额为'15,000'，插入该元组。

```
MOVE 'L_19' TO W.loan_number
MOVE '15,000' TO W.amount
PUT W(Loan)
```

注：PUT 语句只能对一个关系操作，如果插入操作涉及多个关系，应执行多次 PUT 操作。

14）删除操作

删除操作用 DELETE 语句实现。步骤如下：

（1）用 HOLD 语句把要删除的元组从数据库中读到工作空间中。

（2）用 DELETE 语句删除该元组。

例 2.42 身份证号为'13070519860819003'的学生已还清贷款，删除该学生元组。

```
HOLD W (Student):Student.ID_card=' 13070519860819003'
DELETE W
```

Borrower 关系和 Student 关系之间具有参照关系，如果你定义了完整性规则，为保证参照完整性，删除 Student 关系中的元组的操作会导致 DBMS 自动执行删除 Borrow 关系中相应元组的操作。

```
HOLD W(Borrower)
DELETE w
```

2.3.2 域关系演算语言 QBE

域关系演算是指以域为变量进行的关系演算。域关系演算语言的基本概念是域变量，域变量的变化范围是某个属性的值域，而不是某个关系。域关系语言的典型代表是 IBM 公司约克城高级研究实验室的 M. M. Zloof 研制的 QBE(Query By Example)语言。QBE 这个名字有双重含义，既指关系数据库管理系统，又指由此系统支持的关系数据语言。下面先介绍关系演算，再介绍实际使用的语言。

1. 域关系演算

域关系演算的通用表达式为

$$\{x_1, x_2, \cdots, x_k \mid \varphi(x_1, x_2, \cdots, x_k)\}$$

其中 $x_1, x_2, \cdots, x_k$ 是域变量，φ 是由原子公式和运算符组成的公式。

原子公式的三种类型：

- $R(x_1, x_2, \cdots, x_k)$，R 是 k 元关系，x_i 可以是域变量也可以是常量，$R(x_1, x_2, \cdots, x_k)$表示由分量 $x_1, x_2, \cdots, x_k$ 组成的元组属于 R。
- $x\theta y$，x、y 是域变量，θ 是算术比较符，$x\theta y$ 表示 x 和 y 满足比较关系 θ。
- $x\theta C$ 或 $C\theta x$，C 为常数，表示域变量 x 与常数 C 之间满足比较关系 θ。

域关系演算也具有“自由”和“约束”的概念和相同的公式的递归定义，请参考 2.3.1 节的定义。

域关系表达式$\{x_1,x_2,\cdots,x_k \mid \varphi(x_1,x_2,\cdots,x_k)\}$表示所有使得$\varphi$为真的那些$x_1$，$x_2,\cdots,x_k$组成的元组的集合。

和元组关系演算类似，域关系演算也会产生无限关系的表达式，我们也需要对它进行安全限制。域关系演算应满足的安全条件同元组关系演算是类似的，请参考2.3.1节给出的条件。

可以证明在安全范围内，关系代数、元组关系演算、域关系演算是等价的。也就是说：

- 每一个关系代数表达式有一个等价的安全的元组演算表达式。
- 每一个安全的元组演算表达式有一个等价的安全的域关系演算表达式。
- 每一个安全的域演算表达式有一个等价的关系代数表达式。

关系代数和关系演算表达式可以相互表示，下面用关系演算表达式来表示五种基本运算。

2. 五种基本运算

- 并运算

$$R \cup S=\{t \mid R(t) \vee S(t)\}$$

R与S的并是元组t的集合，t在R中或t在S中。

- 差运算

$$R-S=\{ t \mid R(t) \wedge \neg S(t)\}$$

关系R与S的差是元组t的集合，t在R中而不在S中。

- 笛卡儿积

设R和S分别是m目和n目关系，则有

$$\begin{aligned} R \times S=\{t^{(m+n)} \mid (\exists u^{(m)})(\exists v^{(n)})(R(u) \wedge S(v) \wedge t[1] \\ =u[1] \wedge \cdots \wedge t[m]=u[m] \wedge t[m+1] \\ =v[1] \wedge \cdots \wedge t[m+n]=v[n])\} \end{aligned}$$

关系$R \times S$是这样一些元组的集合：存在一个u和v，u在R中，v在S中，并且t的前R个分量构成u，后S个分量构成v。$T^{(i)}$表示t的目数为i，即有i个属性。$t^{(m+n)}$表示t的目数为$m+n$，即有$m+n$个属性。

- 投影运算

$$\Pi_{i_1,i_2\cdots i_k}(R)=\{t^{(k)} \mid (\exists u)(R(u)) \wedge t[1]=u[i_1] \wedge \cdots \wedge t[k]=u(i_k)\}$$

- 选择运算

$$\sigma_F(R)=\{t \mid R(t) \wedge F'\}$$

其中F'是由公式F用$t[i]$代替运算对象i得到的等价公式。

3. 域关系演算语言

特点：

(1) 一种为显示终端操作而设计的语言，用户查询的要求以及查询结果都以表格的形式给出。这种方法直观、方便且具有会话能力。

(2) 语法是二维的。它在表的行和列上展开需要的操作，在显示屏幕的表格上进行查询，查询结果也是以表格的形式显示，而其他语言的语法则是线性的。

（3）以“示例”的方式进行查询，这种操作易于掌握。

（4）查询与顺序无关，都会得到相同的结果。

操作步骤：

（1）用户提出操作数据库的请求，系统在终端屏幕上显示一张空白表格。

（2）用户指出要操作的关系名，系统显示出指定关系的属性名表。

（3）用户提出具体的操作要求，系统显示操作结果。

操作的种类：

操作的种类有打印/显示(P)、插入(I)、删除(D)和修改(U)。

注：对某个元组操作，应将相应的操作名填在关系名下方；对某个属性操作，则应将相应的属性名填在该属性名下方的一格。

4. 实例分析

例 2.43 查询参加贷款的学生的全部信息。查询操作如表 2.39 所示。

表 2.39 查询所有属性的数据

Student	ID_card	Sname	Ssex	Sage	Sschool_number
P.					

注：如果目标属性包括所有属性，则可以在关系框架中关系名下方简单地记为 P。

例 2.44 查询学校代号为 B19 或年龄大于 24 岁的学生的身份证号。查询操作如表 2.40 所示。

表 2.40 按逻辑或条件查询

Student	ID_card	Sname	Ssex	Sage	Sschool_number
P. 13070519860819003					B19
P. 13070519871109009				>24	

注：如果两个查询条件是“或”的关系，表格中要把查询条件写成两行，并且两个示例元素必须不同。

例 2.45 查询贷款金额为'15,000'的贷款号。查询操作如表 2.41 所示。

表 2.41 按给定条件查询多个结果

Loan	loan_number	Amount	Loan	loan_number	Amount
	P. L_16	15,000		P. L_05	15,000
	P. L_28	15,000		P. L_73	15,000
	P. L_33	15,000			

注：下划线为查询结果。

例 2.46 查询贷款号为'L_28'的学生姓名。查询操作如表 2.42 和表 2.43 所示。

表 2.42 按给定条件连接查询(1)

Borrower	ID_card	loan_number
	13070519890113011	L_28

表 2.43 按给定条件连接查询(2)

Student	ID_card	Sname	Ssex	Sage	Sschool_number
	13070519890113011	P. 刘志刚			

此查询涉及两个关系，应当通过连接属性学号元素，对两个关系进行连接，连接属性的值在两个表中要相同。

例 2.47 查询学校代号为'B_96'的学生的平均年龄。查询操作如表 2.44 所示。

表 2.44 利用集函数查询

Student	ID_card	Sname	Ssex	Sage	Sschool_number
				P. AVG. ALL	B_96

注：此查询涉及集函数。

例 2.48 有一学生贷款，基本资料如下('13070519871219041' '高虎' '男' '25' 'B_18')，把该学生的新资料加入 Student 表。操作如表 2.45 所示。

表 2.45 追加数据

Student	ID_card	Sname	Ssex	Sage	Sschool_number
I.	13070519871219041	高虎	男	25	B_18

注：新插入的元组必须具有码值，其他属性可以为空。

思考练习题

(1) 理解以下术语，并指出它们的联系与区别。

- 关系、关系模式；
- 关系数据库、关系数据库模式；
- 外码、候选码；
- 等值连接、自然连接。

(2) 简述关系模型的组成部分以及特点。

(3) 关系数据库能够进行的运算有哪些?

(4) 简述关系模型的完整性规则。

(5) 设有关系 R、S 和 T 如表 2.46～表 2.48 所示。

表 2.46 关系 R

A	B	C
4	2	3
6	5	4
1	7	2
3	4	9

表 2.47 关系 S

A	B	C
3	2	4
6	5	4
9	8	7

表 2.48 关系 T

D	E
3	2
6	4
9	8

利用表 2.46、表 2.47 和表 2.48 中的数据完成下述操作：

① $R \cup S$、$R \cap S$、$R - S$、$R \times S$

② $\sigma_{A=3}(R)$、Π_{AB}、$(R)\mathrm{JN}_{R.C=T.C}(T)$、$(R)\mathrm{NJN}(T)$

(6) 数据库中存储了三张表：顾客表、订单表和产品表，如下所示：

```
Client (Order_Id,ID_card,Client_Name,Company,Company_Address)
Order(Order_Id,Product_Id)
Product(Product_Id,Product_Name,Product_Qty,,Deliver_Date)
```

试自拟数据完成以下查询，并上机检验结果是否正确。

① 检索客户名为“刘华”的订单号和所在公司。

② 检索订单号大于 X 的客户的身份证号和姓名。

③ 检索客户名为“刘华”的客户订购产品的产品编号。

④ 检索至少订购两种产品的顾客的订单号以及顾客的身份证号。

第3章 chapter 3

关系数据库的设计理论

前两章系统地讨论了关系数据库的理论基础，包括数据库的三级模式、关系模型及关系代数和关系演算。通过学习我们知道，关系数据库理论的实质就是以数学方法来组织实际的数据。那么，如何组织呢？在给定一组数据以后，应该构造几个关系？每个关系应该由哪些属性构成？这便是本章要解决的问题。

数据依赖是关系数据库设计的中心问题，函数依赖和多值依赖是其中最重要的两种形式。从数据依赖的角度出发，在什么是结构好的关系这一问题上，人们已经做了很多研究工作。这些工作最终产生了“规范化”理论。在关系数据库的设计实践中，正是通过“规范化”关系使数据的组织合理化。所谓的“规范化”就是把有问题的关系转化成为两个或多个没有这些问题的关系的过程。更重要的是，规范化还可用于检查关系正确与否及是否满足需要。

3.1 实体类型的属性关系

关系数据库是以关系模型为基础的数据库，它利用关系和关系中的属性来描述现实世界。一个关系就是现实世界中的一个实体，而属性则代表了该实体的某种性质。例如，实体“学生”可以用关系 Student (SNO,SNAME,SEX,AGE,MAJOR,…)来描述，其中属性 SNO, SNAME,SEX,AGE,MAJOR 分别代表了学号、姓名、性别、年龄、专业等“学生”固有的性质。事实上，关系除了描述实体之外，还可以描述实体之间的联系。例如，男女之间的“婚姻”关系，就可以用这样一个关系来抽象：MARRAY(MALE_NAME, FEMALE_NAME,…)。关系架起了现实数据与数学方法之间的桥梁。

实体的内部存在着一对一、一对多和多对多三种类型的联系(参考 1.3 节)，与之相应，关系的各属性之间也存在着三种联系模式。

1. 一对一关系(1∶1)

在日常生活中，关系属性之间的一一对应关系是很常见的。比如，对于某个只有一个站台的车站来说，不同的火车车次肯定有不同的进站时间，则在关系“车次(车次号、到站时间、到站站台……)”中，属性“车次”和“到站时间”便是一对一的关系，记作 1∶1。又如，网络设备中，网卡的硬件地址和网卡本身也是一一对应的。

在关系数据库设计理论中，以1∶1对应的关系是这样定义的：A、B为某个实体类型的两个属性的域（取值范围），如果对于A中的任一具体值，B中至多有一个值与之对应；对于B中的任一具体值，A中也至多有一个值与之对应，则称A、B这两个属性之间为1∶1对应的关系。

2. 一对多关系（1∶∞）

在一个实体类型中，如果它的一个实体属性集A中的一个值至多与另一个实体属性B中的一个值有关，而B中的一个值却与A中的多个值有关，则称A、B两属性之间的关系为一对多的关系。例如，如果一个人有多个住处，则这个人的身份证号与他的地址便满足一对多的关系。

3. 多对多关系（∞∶∞）

在一个实体类型中，如果它的两个属性值集合中的任一值都与另一属性值集合中的多个值有关，则称两个属性之间是多对多的关系。例如，在大学中一名教师可以教授多门课程，而一门课程也可以由多名教师来教授，则教师的姓名和课程的名称之间便是多对多的关系。

3.2 数据的函数依赖

关系数据库设计理论的中心问题是数据依赖性。所谓的数据依赖是实体属性值之间相互联系和相互制约的关系。函数依赖（functional dependency）和多值依赖（multivalued dependency）是与数据库设计理论相关的最重要的两种数据依赖类型。

3.2.1 函数依赖

定义3.1 设$R(U)$是属性集U上的关系模式，X、Y是U的子集。若对于$R(U)$的任意可能的关系r，r中不可能存在两个元组在X上的属性值相等，而在属性Y上的属性值不相等，则称X函数确定Y或Y函数依赖于X。

从定义可以看出，函数依赖实质上是对现实世界中事物属性之间的相关性的一种断言。它说明，在一个具体关系中，如果给定了一个属性的值，就可以获得（查到）其他属性的值。例如，对于表3.1所示的关系Student，假定每个学生都有唯一的学号SNO，每个学生有且只有一个专业MAJOR，则只要给定SNO的值，就可以弄清楚该学生的专业。我们就说“专业”函数依赖于“学生学号”，或“学生学号”函数决定“学生专业”。函数依赖使用下面的形式来书写：

```
SNO→MAJOR
```

按习惯，一般将箭头左边的属性称为决定因素。

表 3.1 学生专业表 Student

SNO	MAJOR	SNO	MAJOR
080423014	Computer Science	080423287	Maths
080423175	Accounting	…	…

对于函数依赖,有几点是应该注意的。

- 函数依赖是指关系模型 R 中所有的元组都要满足的约束条件,而不仅仅是某个或某些元组的特例。
- 函数依赖并不一定具有可逆性。还以表 Student 为例,如果 SNO 决定 MAJOR,则一个特定的 SNO 值只能和一个特定的 MAJOR 配对。相反,一个 MAJOR 值可以和一个或多个 SNO 值配对(一个专业可以有多名学生)。因此 MAJOR(学生专业)并不能决定 SNO(学生学号)。也就是说,如果 $X \rightarrow Y$,但反过来不一定 $Y \rightarrow X$。一般,如果 A 决定 B,那么,A 和 B 之间的关系是一对多(1∶n)的关系。
- 函数依赖中可以包含属性组。考虑关系 SC(如表 3.2 所示),表中每行的意思是某位学生(SNO)的某门功课(CNO)的成绩(G)。查找成绩时,必须事先知道该学生的学号和该门功课的课程号,缺一不可。“学号”和“课程号”的结合决定“成绩”,该函数依赖记作:

```
(SNO,CNO)→GRADE
```

如表 3.2 所示,学生所学的每一门课的“成绩”值只能由“学号”和“课程号”的组合值唯一确定。

表 3.2 成绩表 SC

SNO	CNO	GRADE	SNO	CNO	GRADE
080023014	C 语言	A	080023025	离散数学	C
080023014	离散数学	B	…	…	…
080023019	数据结构	B	…	…	…

3.2.2 函数依赖的逻辑蕴涵

在讨论函数依赖的时候,实际情况经常需要在已知的一组函数依赖的基础上,去判断另外一些函数依赖是否成立。例如,R 是一个关系模式,A、B、C 为其属性,如果已知 R 中有函数依赖 $A \rightarrow B$、$B \rightarrow C$,那么 $A \rightarrow C$ 是否就一定成立呢?这就是函数依赖的蕴涵要研究的问题。

定义 3.2 函数依赖的逻辑蕴涵:设 F 是关系模式 $R(U)$上已知的函数依赖集,X、Y 是 R 上的属性集合 U 的子集,如果从 F 已有的函数依赖中能够推导出 $X \rightarrow Y$,则称 F 逻辑蕴涵 $X \rightarrow Y$,或称 $X \rightarrow Y$ 可以从 F 导出。

定义 3.3 被 F 逻辑蕴涵的函数依赖的集合称为 F 的闭包,记作 F^+。一般情况下,F^+ 包含或等于 F。当两者相等时,则称 F 是函数依赖的完备集。

最后,回到本节开始提出的问题。在 F 中如果 $A\to B$、$B\to C$,是否就存在 $A\to C$ 的函数依赖呢?答案是肯定的。为了证明这一点,假设 r 是一个满足 $A\to B$ 和 $B\to C$ 的关系,且它有两个这样的元组 t 和 u,在属性 A 上它们有相同的分量,但在属性 C 上它们有不同的分量。t 和 u 在属性 B 上是否相同?如果不同,则 r 不满足 $A\to B$。如果相同,则 r 不满足 $B\to C$,因为 u 和 t 在 C 上不同。于是,r 必须满足 $A\to C$。

3.2.3 关键字

每个关系都至少有一个关键字,所谓关键字就是由一个或多个属性组成的可唯一标识一个元组(二维表中的一行)的属性组。比如考虑表 3.3 中的关系"运动会成绩",其属性为 SNO(学号)、CNO(项目)、SCORE(成绩)、HIS(校运会记录)。每一行的意思是运动会中一个学生参加一个项目获得了一定的成绩。假定只允许学生一次参加一个项目,则 SNO 的值决定唯一的一行,因此它就是一个关键字。

关键字也可以由一组属性联合组成。例如,如果允许一名学生同时参加多个项目,那么一个 SNO 的值就可能出现在表中的多行里,因此,SNO 便不能唯一地标识表中的一行,这时就需要某些属性的组合,如(SNO,CNO)。

表 3.3 运动会成绩 ACTIVITY

SNO	CNO	CNAME	SCORE	HIS
082600256	NAN021	男子 100 米	12 秒 16	11 秒 32
082600257	NAN016	男子铅球	15 米 87	17 米 69
082310305	NAN023	男子 400 米	49 秒 39	48 秒 82
082630207	NU023	女子 400 米	55 秒 92	54 秒 98

下面把关键字的概念和函数依赖联系起来,用函数依赖给关键字下一个更加严谨的定义。

定义 3.4 设 $R\{A_1,A_2,\cdots,A_n\}$ 为一个关系模式,F 是它的函数依赖集,X 是 $\{A_1,A_2,\cdots,A_n\}$ 的一个子集。如果 $X\to\{A_1,A_2,\cdots,A_n\}\in F^+$,并且不存在 Y 包含于 X,使得 $Y\to\{A_1,A_2,\cdots,A_n\}\in F^+$,则称 X 为 R 的一个候选键,或称为关键字。

关键字是能唯一确定一个实体的最少属性的集合。对于一个具体的关系来说,可能不只存在一个关键字,通常选择其中的一个作为主键。

包含在任何一个关键字中的属性称为主属性,不包含在关键字中的属性称为非主属性,或者非键属性。

在对关键字的把握中,有许多人会混淆函数依赖、关键字这两个概念。事实上它们是有区别的。函数依赖表示的只是属性之间的一种决定关系,在一个关系中函数依赖不一定能唯一地标识一行。还以关系"运动会成绩"为例。"项目"函数决定了"校运会记录",然而关系中却可以出现某个特定"项目"的多个实例(因为一个项目必定有多人参加)。函数依赖只是表明无论什么地方,某个特定的"项目"总是和一定的"校运会记录"配对出现。就是说,100 米短跑的记录总是 11 秒,而不管它在表中出现多少次。

与函数的决定因素不同,关键字总是唯一的。一个关键字函数决定一行。如果关键字的值重复了，则整个元组都会重复，这在关系模型中是不允许的(参考 2.1 节)。

定义 3.5 设 X 是关系模式 R 中的属性或属性组，且 X 并非 R 中的键，而是另一个关系模式 T 的主键，则称 X 是 R 的外键。

例如，将表 3.1 所示的关系 S 和表 3.2 所示的关系 SC 联合起来考虑。在关系 SC(SNO,CNO,Grade)中，SNO 只是一个主属性。而在关系模式 S(SNO,SNAME,…)中，它是主键。于是，SNO 对关系模式 SC 来说便是一个外键。

外键提供了表示关系之间联系的手段。如上面的关系模式 GRADE(SNO,CNO,GRADE)和 Student(SNO,SNAME,…)即可通过 SNO 进行联系。

最后引入一些常用的符号和术语：

- $X \rightarrow Y$，但 $Y \not\subset X$，则称 $X \rightarrow Y$ 是非平凡依赖。若不特殊声明，则总是讨论非平凡的函数依赖。
- 若 $X \rightarrow Y$ 且 $Y \rightarrow X$，则记为 $X \leftrightarrow Y$。
- 若 Y 不函数依赖于 X，则记作 $X \nrightarrow Y$。

定义 3.6 在关系模式 $R(U)$中，如果 $X \rightarrow Y$，且对 X 中的任一真子集 X'都有 $X' \nrightarrow Y$，则称 Y 对 X 完全函数依赖，记作 $X \xrightarrow{f} Y$。$X \rightarrow Y$，但 Y 不完全依赖于 X，则称 Y 对 X 部分函数依赖，记作 $X \xrightarrow{P} Y$。

举个简单的例子。在关系 ACTIVITY(SNO,CNO,GRADE,HIS)中，主关键字是属性集合{SNO,CNO}，主关键字决定了 GRADE (个人成绩)、HIS (校运会记录)的值。但如果再进一步分析，就会发现，事实上 HIS (校运会记录)只由 CNO(项目)来决定，与 SNO 无关，即：GRADE 完全依赖于{SNO,CNO}，而 HIS 只是部分依赖于{SNO,CNO}。

定义 3.7 在关系模式 $R(U)$中，如果 $X \rightarrow Y$，$Y \rightarrow Z$，且满足 $Y \not\subset X$，$Y \nrightarrow X$，则称 Z 对 X 传递依赖。

注意：传递依赖必须满足 $X \rightarrow Y$，$Y \nrightarrow X$ 这一条件。因为如果 $X \rightarrow Y$ 且 $Y \rightarrow X$，则 $X \leftrightarrow Y$，实际上 Z 是直接函数依赖于 X，而不是传递函数依赖。

关于传递依赖的实例，让我们分析一下表 3.4。显然，该表的主关键字是“学号”。学生住宿的“楼号”依赖于“学号”，但是，学生应交的住宿费是由楼号决定的，也就是说“楼号”→“收费”，“学号”→“楼号”。此时，“收费”便传递依赖于“学号”。

表 3.4 学生住宿收费表

学 号	楼 号	收 费	学 号	楼 号	收 费
100	2	500	150	8	800
120	4	500	180	2	500
130	2	500			

至此，我们讨论了关系属性间的三种联系：完全依赖、部分依赖和传递依赖。下面将会看到，关系属性间的依赖关系与关系的更新异常有着密切的联系。

3.3 关系数据库模式的规范化理论

关系数据库设计中,数据库数据合理存储和组织的核心是构造设计一个科学的关系模式,使它能够准确地反映现实世界实体本身以及实体与实体之间的联系,最大限度地减少数据冗余等。这就是关系模式的规范化问题。

范式(Normal Form,NF)的概念和关系模式的规范化问题是由 E. F. Codd 提出的。从 1971 年到 1972 年,E. F. Codd 系统地提出了 1NF、2NF、3NF 的概念;1974 年 Codd 和 Boyce 共同提出了 BCNF;1976 年 Fagin 又提出了 4NF;以后又有人提出了 5NF 的概念。

3.3.1 关系模式规范化设计

现实世界中的实体可以用关系来描述,但遗憾的是,并非所有的关系都能合理地表示实体。对于某些关系模式,改变其中的数据可能导致一些不希望的结果,称为异常。异常可以通过把原有的关系重新定义为两个或多个关系来消除。这种关系重定义的过程即为规范化。

为了更好地理解这一概念,下面分析一个具体的设计实例——某公司的客户管理系统。通过前期的需求分析,我们发现,该系统所要处理的数据主要集中在两个主题域:客户和商品。其中,"客户"实体可用客户编号 C#、客户名 CNMAE、客户所在地区 AREA 和该地区主管人员 MA 加以描述。"商品"可用商品编号 P#、商品价格 PRICE 加以描述。于是得到这样一组属性:

```
U={C#,CNAME,AREA,MA,P#,PRICE}
```

已知的事实还告诉我们:

- 一个客户可能需要多种商品,一种商品也可能提供给不同的客户。
- 对不同的客户,同一种商品有不同的报价。
- 一个主管人员可以为所在地区的所有客户服务。

于是得到这样一组函数依赖:

```
F={C#→CNAME,C#→AREA,C#→MA,AREA→MA,(SUP#,C#)→PRICE}
```

这组函数依赖如图 3.1 所示。

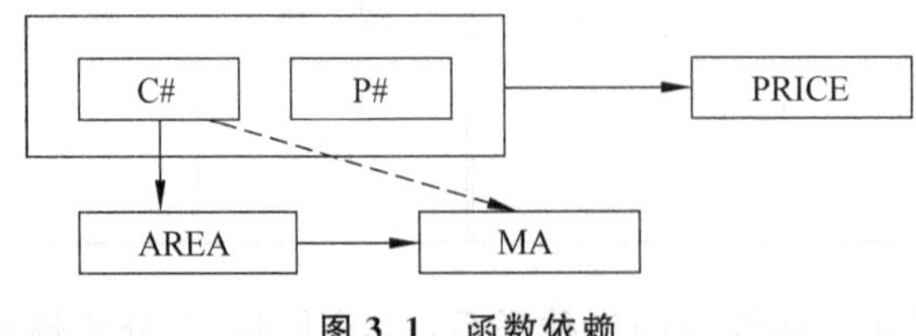

图 3.1 函数依赖

假设数据库设计者以如下单一的关系模式来描述所有的信息:

```
SER(C#,CNAME,AREA,MA,P#,PRICE)
```

显然在此关系模式中属性组合{C♯,P♯}为主关键字。

通过分析，我们会发现这个设计存在着如下的问题：

- 如果某客户刚与该公司建立联系，而尚未采购任何商品，那么我们就无法将这个客户和其所在地区主管的信息插入数据库。因为此时主属性 C♯ 为空，这叫作“插入异常”。
- 反过来，我们在删除某种商品的信息时，可能把采购这种商品的客户的具体信息也删除了，这叫作“删除异常”。
- 数据冗余度太大。每个客户的全部信息必须和自己采购的商品成对出现，这样一来，一方面浪费了大量的存储空间，另一方面系统要付出很大的代价来维护数据库的完整性。比如，当某地区的负责人发生变动后，就需要改动该地区的所有客户的所有采购记录。

由于存在上述的三个“毛病”，这个设计显然是失败的。一个好的关系模式应当不会发生插入异常和删除异常，数据冗余还应尽可能小。为了达到这个目标，把原有的关系模式分解为下列三个新的关系模式：

```
C(C#,CNAME,AREA)
M(AREA,MA)
P(C#,P#,PRICE)
```

这三个关系模式都不会发生插入异常、删除异常的毛病，数据冗余也得到了控制，在实际应用中显然比原有的设计要合理。

当然，这种关系的分解并不是随意的，它必须遵循一定的准则，一般将这些准则称为范式。不同的范式对关系中各属性间的联系提出了不同级别的要求。根据要求级别的高低，一般将关系分为第一范式(1NF)、第二范式(2NF)、第三范式(3NF)、BCNF 范式、第四范式(4NF)和第五范式(5NF)。其中，高级别范式包含在低级别方式中，范式关系如图 3.2 所示。

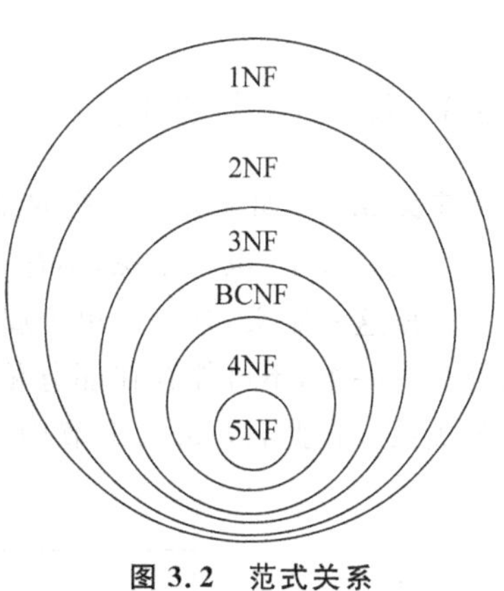

图 3.2　范式关系

3.3.2 第一范式(1NF)

定义 3.8 如果一个关系模型 *R* 的每个属性的域都只包含单一的值，则称 *R* 满足第一范式。

通俗地讲，第一范式要求关系中的属性必须是原子项，即不可再分的基本类型。集合、数组和结构不能作为某一属性出现，严禁关系中出现“表中有表”的情况。

例如，关于学生选课的实例。假设一名学生可以选修多门课程，如表 3.5 所示。

表 3.5 学生选课表

学 号	课 程
080423014	{中国文化史概要、音乐欣赏}
080423025	{音乐欣赏、计算机网络基础、C++程序设计}
……	……
……	……

这是个不满足1NF的表，因为属性“课程”的值是一个多值的集合。当运用计算机对这种表进行各种操作时存在不少的困难。实际上，将非规范化的表转化为满足1NF的关系并不困难。例如，上述的表3.5可以表示为表3.6所示的第一范式关系。

表 3.6 符合 1NF 的学生选课表

学 号	课 程	学 号	课 程
080423014	中国文化史概要	080423025	计算机网络基础
080423014	音乐欣赏	……	……
080423025	音乐欣赏		

任何符合关系定义的数据表都满足第一范式的要求。但正如在3.3.1节的引例“客户信息系统”中所看到的，第一范式中的关系虽然可以使用，但总会有更新异常、插入异常和较大的数据冗余。因此，我们必须进一步对此关系进行规范化。这就导致了第二范式的产生。

3.3.3 第二范式(2NF)

定义 3.9 如果关系范式 R 满足第一范式，而且它的所有非主关键字属性完全依赖于整个主关键字(也就是说，不存在部分依赖)，则 R 满足第二范式。

根据这一定义，凡是以单个属性作为关键字的关系就自动满足2NF。因为关键字的属性只有一个，不可能存在部分依赖的情况。因此，第二范式只针对主关键字是属性组合的关系。在此，以3.3.1节中的“客户信息系统”为例，部分函数依赖关系如图3.3所示。

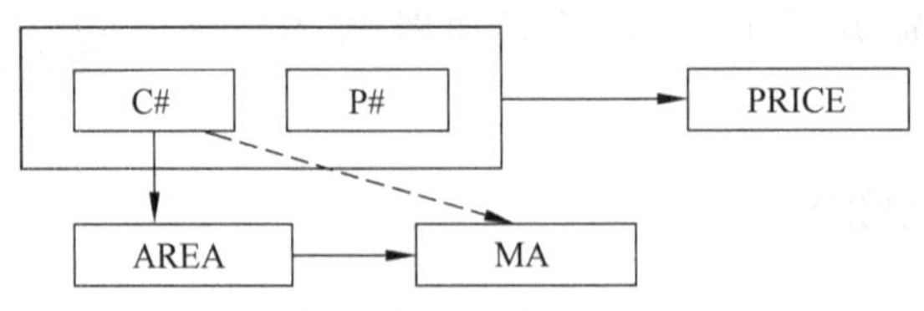

图 3.3 部分函数依赖关系

通过分析，我们知道关系模式 SER(C＃，CNAME，AREA，MA，P＃， PRICE)∈1NF，因为关系中所有的属性均已不能再分。但 SER∉2NF，因为在这个关系中，存在着部分依赖：该关系的主关键字是{C＃，P＃}，但字段“CNAME”、“AREA”、“MA”只由客户编号“C＃”决定，与商品编号“P＃”无关。换言之，属性“CNAME”、“AREA”、“MA”

只是部分依赖于主关键字{C♯,P♯ }而不是完全依赖。部分依赖的存在,是关系模式产生冗余和更新异常的一个内在原因。因此,我们必须按 2NF 要求分解该关系。

在数据库的设计实践中,一般采用投影分解的方法(参考 2.2.2 节)将一个 1NF 的关系分解成两个或多个满足 2NF 要求的关系。在本例中,根据具体的函数依赖关系把关系模式 SER 分解为两个子关系模式:

```
CP(C#,CNAME,AREA,MA)
SUP(C#,P#,PRICE)
```

两关系模式中属性间的函数依赖关系可用图 3.4 表示。

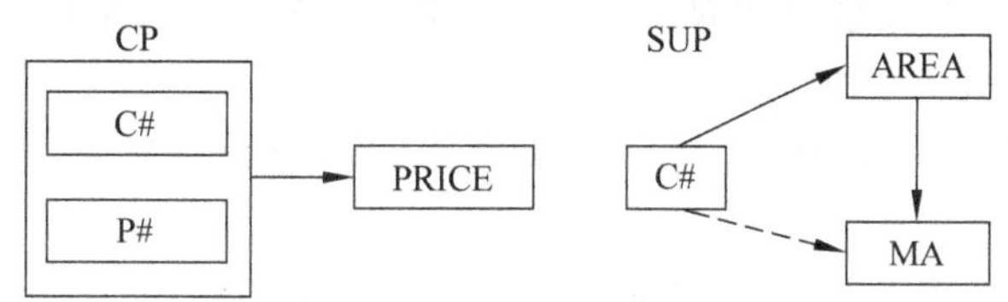

图 3.4 关系 CP、SUP 函数依赖

满足第二范式的关系仍存在着插入、删除和修改的异常。在关系模式 SUP 中存在的问题如下:

- 如果一个地区没有该公司的客户,则我们便无法往数据库中插入该地区的信息及该地负责人的信息,因为缺少了主关键字"C♯",该关系仍存在"插入异常"。
- 当删除客户信息时,客户所在地区和地区负责人的信息也被连带删除了,仍存在"删除异常"。
- 当某个地区的负责人发生变动时,必须修改该地区所有客户的所有记录。

存在这些问题的原因是关系模式中存在传递函数依赖,传递函数依赖是导致数据冗余和存储异常的另一个原因。所以,满足第二范式的关系模式还需要向第三范式转化,除去非主属性对关键字的传递函数依赖。

3.3.4 第三范式(3NF)

定义 3.10 如果某关系模式满足第二范式,而且它的任何一个非主属性都不传递依赖于任何关键字,则 R 满足第三范式。

换句话说,如果一个关系模式 R 不存在部分函数依赖和传递函数依赖,则 R 满足 3NF。

当一个关系模式中存在传递依赖时,应把它分解成两个关系模式,消去传递依赖。例如,上述关系模式 SUP (C♯,AREA,MA)可分解为 C(C♯,AREA),A_M(AREA,MA)。具体的函数依赖关系如图 3.5 所示。新的关系模式 C∈3NF,A_M∈3NF,从而避免了在第二范式下出现的插入、删除异常,并进一步控制了数据的冗余度。

图 3.5 关系 C、A_M 函数依赖

经过了1NF、2NF、3NF的规范化，基本上消除了关系模式中的部分函数依赖、传递函数依赖。但当关系模式具有多个候选键，且这些候选键具有公共属性时，即使该关系满足了第三范式的要求，在操作时仍会出现异常。为了解决这个问题，Boyce和Codd联合提出了一个对第三范式进一步修正的方案，即BCNF范式。

3.3.5 BCNF范式

BCNF范式是由Boyce与Codd联合提出的。它是对第三范式(3NF)的一种改进，通常认为BCNF范式是修正的第三范式。

定义3.11 设一个关系模式$R(U)\in$1NF，若$X\rightarrow Y$且$Y\not\subset X$时，X均包含R中的某个关键字，则关系模式$R\in$BCNF。

通俗地讲，关系模式R中，若每一个决定因素都包含关键字，则关系模式R满足BCNF范式。

若一个关系范式$R\in$BCNF，则必有$R\in$3NF；但是若$R\in$3NF，则R未必属于BCNF。让我们看下面的例子。

例3.1 在图3.6关系模式R(CITY，DISTRICT，ZIP)中，三个属性分别代表“城市”、“区”和“邮政编码”。假定有依赖集{(CITY，DISTRICT)→ZIP，ZIP→CITY}，显然，R中的关键字有(CITY，DISTRICT)和(DISTRICT，ZIP)。

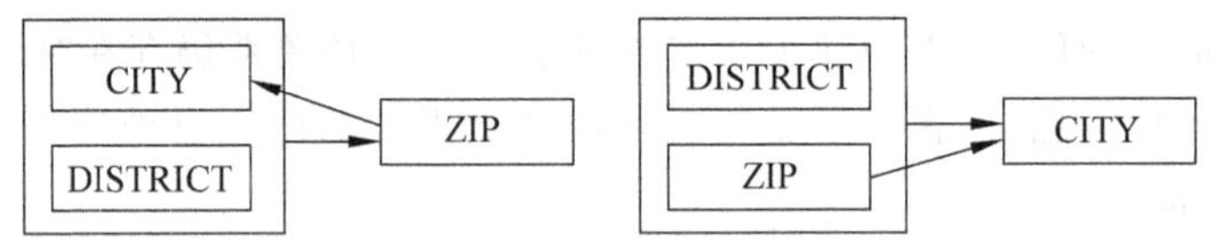

图3.6 关系R函数依赖

这里不存在非主属性(因为所有属性都包括在关键字中)，自然$R\in$3NF。但从图3.6所示的依赖可以看出$R\notin$BCNF。因为，属性ZIP是决定因素，但ZIP不包含关键字，它只是关键字的一部分。

BCNF比3NF的要求更加严格，其原因主要在于第三范式只涉及非主属性与关键字的函数依赖关系，这在关系模式具有多个候选键，且这些候选键具有公共属性时，并不能完全解决数据冗余、更新异常等问题。

例3.2 假设某高等院校中，每门功课有几位教师讲授，但每个教师只教授一门课程，每个学生可以选修几门课程，则可用如下的关系模式来描述该校的情况：

```
ENROLS(S#,CNAME,TNAME)
```

其中，S#表示学生的编号，CNAME表示课程名称，TNAME表示教师的姓名。根据语义可知存在函数依赖：

```
(S#,CNAME)→TNAME;(S#,TNAME) →CNAME;TNAME→CNAME
```

显然，ENROLS∈3NF，但ENROLS∉BCNF，因为TNAME是决定因素，但它不包含键。虽然ENROLS已属于3NF，但仍有一些“不好”的特性：

• 如果已经设置了某门课程，并且确定了由哪位教师讲授，但是还没有学生选修，则教师和课程的信息就无法加入到数据库中，产生插入异常。
• 如果一个学生毕业了或由于某种原因中止了学业，则在删除该学生的相关数据时，连同教师和课程的信息也删除了，产生了删除异常。

存在这些操作异常的原因是属性 CNAME 部分依赖于关键字(S＃，TNAME)。解决的方法就是进一步对关系 ENROLS 进行分解，使之满足 BCNF 范式的要求：

```
CLASS(S#,TNAME)
TEACH(TNAME,CNAME)
```

此时，关系 CLASS 和 TNAME 都满足了 BCNF 的要求，从而消除了操作中的异常。

一个关系模式如果隶属于 BCNF，则在函数依赖的范围内，已经实现了彻底的分离，消除了插入、删除和修改的异常。但是，异常还会在函数依赖之外的情况下(主要是多值函数依赖)出现。因此，人们进一步提出了 4NF。

3.3.6 多值函数依赖关系的第四范式(4NF)

一个优秀的数据库设计应当不会发生插入和删除异常，并同时具有较小的数据冗余。插入和删除的异常可以通过 1NF、2NF、3NF、BCNF 加以去除，而减少数据冗余则需要使用到 4NF。4NF 用于改进存在多值依赖的关系模式。

1. 多值依赖

关系模式属性之间的联系，除了函数依赖外，还有多值依赖。在给出它的确切定义之前，考虑表 3.7 中的关系 WSC(W，S，C)，其中 W 表示仓库，S 表示保管员，C 表示库存的零件。假定每个仓库配备若干个保管员，贮存若干种商品。根据前面的知识，我们可知：关系中唯一的关键字就是属性组合{W，S，C}，即 All-Key，关系 WSC∈BCNF。仓库 001 有管理员赵一和钱二，并存放了零件 A 和 B。仓库 002 有张三，只存放了零件 C。

表 3.7 仓库管理表 WSC

仓库 W	管理员 S	库存零件 C	仓库 W	管理员 S	库存零件 C
001	赵一	零件 A	001	钱二	零件 B
001	钱二	零件 A	002	张三	零件 C
001	赵一	零件 B			

因为，一个仓库同时可以有多个管理员，可以存放多种零件，所以一个 W 值可以同时分别与一组 S 值和一组 C 值相对应，这种属性依赖关系便称为多值依赖。

定义 3.12 设 $R(U)$是属性集 U 上的一个关系模式，X、Y 是 U 的子集。如果对于某个给定的 X 属性值，都有一组(零个或多个)Y 属性值与之对应，且这种对应关系与其他属性($U—X—Y$，除了 X,Y 以外的属性子集)无关，则称 Y 多值依赖于 X，或 X 多值决定 Y，并记为 $X \twoheadrightarrow Y$。

例如，在关系模式 WSC 中，属性集 U 包括$\{W,S,C\}$。对于一个确定的 W 值，比如“仓库 001”总有一组 C 值{零件 A，零件 B}与之相对应，且这种对应与具体的 S 值无关。与{仓库 001，赵一}对应的一组 C 值是{零件 A，零件 B}，与{仓库 001，钱二}对应的一组 C 值仍是{零件 A，零件 B}，尽管此时属性 S 的值由“赵一”变为了“钱二”。显然 C 的取值只与(W,S)中的 W 有关。因此，C 多值依赖于 W，即 $W \twoheadrightarrow C$。在本例中，同理可证明 S 亦多值依赖于 W，$W \twoheadrightarrow S$。

作为数据依赖中最重要的两种形式，多值依赖与函数依赖既有联系也有区别。函数依赖可以看成是多值依赖的特殊情况。$X \rightarrow Y$ 描述了属性值 X 与 Y 之间一一对应的关系，而 $X \twoheadrightarrow Y$ 描述了属性值 X 与 Y 之间一对多的关系。如果在 $X \twoheadrightarrow Y$ 中规定对每个 X 值仅有一个 Y 值与之对应，则 $X \twoheadrightarrow Y$ 就变成了 $X \rightarrow Y$。

函数依赖和多值依赖也有着重要的区别。函数依赖 $X \rightarrow Y$ 在关系模式 $R(U)$ 上是否成立仅和 X、Y 的值有关，不受其他属性的影响。而多值依赖 $X \twoheadrightarrow Y$ 在 $R(U)$ 上是否成立，不仅要考虑属性集 X、Y 上的值，而且还要考虑属性集 $Z=U—X—Y$ 上的值。换言之，任何一个 $X \twoheadrightarrow Y$ 都不能离开它的属性集合 U，属性集合变了，$X \twoheadrightarrow Y$ 的满足性也会跟着变。例如，某公司为了提高职工的信息技术应用水平，举办网络安全培训班。根据学员的情况分为初、中、高级三个班，学习不同的课程，具体情况如表 3.8 所示。

表 3.8　学员表

班级类别	学员编号	课　程	班级类别	学员编号	课　程
初级	001	网络信息安全	中级	004	数据库技术
中级	001	防火墙技术	……	……	……
高级	001	信息系统安全	……	……	……

显然，关系中存在多值依赖“班级类别”$\twoheadrightarrow$“学员编号”，“班级类别”$\twoheadrightarrow$“课程”。如果扩充该关系模式，加入学员的课程成绩，即属性集合由{班级类别，学员编号，课程}变为{班级类别，学员编号，课程，成绩}，则多值依赖“班级类别”$\twoheadrightarrow$“学员编号”、“班级类别”$\twoheadrightarrow$“课程”便不再成立了。函数依赖的满足性不受关系中属性集合扩展的影响。

多值依赖具有下列的性质：

- 多值依赖具有对称性。即若 $X \twoheadrightarrow Y$，则有 $X \twoheadrightarrow Z$，其中 $Z=U-X-Y$。从关系模式 WSC 容易看出，因为每个管理员保管所有的零件，同时每种零件被所有的管理员保管，显然若 $W \twoheadrightarrow C$，则必有 $W \twoheadrightarrow S$。
- 若 $X \rightarrow Y$，则 $X \twoheadrightarrow Y$。函数依赖可以看成是多值依赖的特殊情况。
- 若 $X \twoheadrightarrow Y$，而 $Z=\varnothing$，即 $U=X+Y$，则称 $X \twoheadrightarrow Y$ 为平凡的多值依赖。

2. 4NF

定义 3.13　设一个关系模式 $R \in 1\text{NF}$，若 $X \twoheadrightarrow Y(Y \not\subset X)$是非平凡的多值依赖，且 X 含有候选码，则 $R \in 4\text{NF}$。

通俗地说，一个关系如果已满足 BCNF，且没有多值依赖，则关系属于 4NF。一个关系模式 $R \in 4\text{NF}$，则必有 $R \in \text{BCNF}$。

前面所举的例子 WSC 显然不属于 4NF。在 WSC 中，$W \twoheadrightarrow S$，$W \twoheadrightarrow C$，它们都是非平凡的多值依赖，因此 WSC 虽已属于 BCNF，但仍不满足 4NF 的要求。

一个存在多值依赖的关系模式仍具有一些不好的性质。还以 WSC 关系为例。若仓库 W_i 有 n 个管理员，存放了 m 种零件，则关系中分量为 W_i 的元组数目一定有 $m \times n$ 个。其中，每个管理员重复存储了 m 次，每种物品重复存储了 n 次，数据的冗余度太大。多值依赖的存在同时造成了数据库修改的困难。如果某仓库要增加一名管理员，就必须为这名新的管理员输入与该仓库所存的每种零件相配对的所有元组。如果某仓库增加一种库存零件，也存在同样的问题。如果一个管理员被调离，就必须删除包含他的所有记录。解决这些问题的方法是继续分解 WSC，使之满足 4NF 的要求。

把关系模式 WSC 分解为 WS(W,S)和 WC(W,C)，在 WS 中只有平凡多值依赖 $W \twoheadrightarrow S$，所以 WS∈4NF。同理，WC∈4NF。这就去除了 WSC 中原有的数据冗余。

3.3.7 第五范式(5NF)

第五范式讨论的依赖比较模糊，目前尚未有清楚、直观的意义。因此，在数据库的设计实践中很少用到，它主要存在于理论研究中。有兴趣的读者可参阅相关的文献。

至此，我们已系统地讨论了关系模式的规范化问题。规范化是通过对已有的关系模式进行分解来实现的。把低一级的关系模式分解为多个高一级的关系模式，使模式中的各关系达到某种程度的分离，让一个关系只描述一个实体或实体间的联系。规范化实质上就是概念的单一化。1NF、2NF、3NF、BCNF 和 4NF 之间逐步规范化的过程如图 3.7 所示。

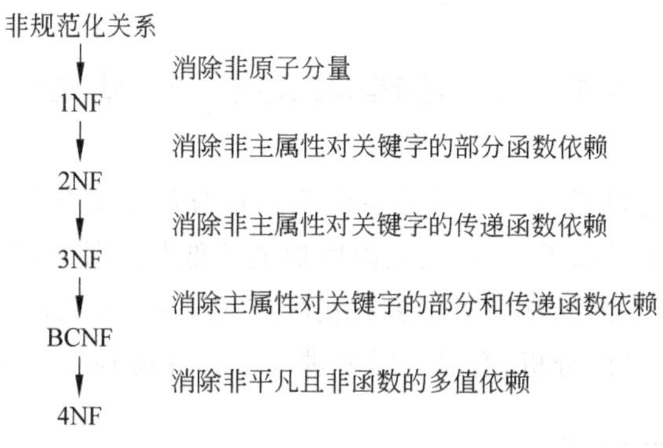

图 3.7 规范化的过程

通过逐步规范化，不断提高模式的级别，可以最大限度地消除关系模式中插入、删除和修改的异常。但在数据库的设计实践中，单纯地分解关系，提高关系的范式级别不一定就能产生合理的方案。比如，考虑关系：客户(客户编号，客户名，省，市，邮政编码)，其中“客户编号”是主关键字。显然，该关系只属于第二范式，不属于第三范式，因为存在传递依赖关系：

客户编号→邮政编码，邮政编码→(省，市)

该关系可以分解为如下两个子关系：

• 客户(客户编号，客户名称，邮政编码)。其中，“客户编号”为主关键字。

• 编码(邮政编码,省,城市)。其中,“邮政编码”是主关键字。

现在这两个关系都属于 3NF 了,但这样做并不一定就是好的设计。在某些情况下,分解前的非规范化的表可能更适用一些,因为处理起来可能更容易。尽管这样做会造成“省”和“城市”的数据冗余(因为有多个客户,就有多个省和城市的数据重复)。比如,如果用户经常需要查询及生成的报表包括:客户编号、客户名、省、市和邮政编码,则分解前的关系模式可能更好。因为当所需数据必须从多个表组合而来时,DBMS 需要做一些额外的连接工作,因此,延迟了系统响应的时间。

总之,在数据库的设计实践中,关系有时故意保留成非规范化的模式,甚至在规范化后又进行反规范化处理,这样做通常是为了改善数据库的性能。因此,将关系分解到什么程度,要根据实际情况来决定。对大多数的商业系统来说,一般分解到 3NF 就够了,但是有时仍需根据实际情况进一步分解到 BCNF 或 4NF。

最后,从数据库设计实践的角度给出几条经验原则:

• 部分函数依赖和传递函数依赖的存在是产生数据冗余、更新异常的重要原因。因此,在关系规范化中,应尽可能消除属性间的这些依赖关系。
• 非第三范式的 1NF、2NF 以至非规范化的模式,由于它们性能上的弱点,一般不宜作为数据库模式。
• 由于第三范式的关系模式中不存在非主属性对关键字的部分依赖和传递依赖关系,因而消除了很大一部分冗余和更新异常,具有较好的性能,所以,一般要求数据库设计达到 3NF。

3.4 关系模式的分解算法

关系模式规范化的过程是通过对关系模式进行分解来实现的。把低范式的关系模式分解为多个高范式的关系模式,可最大限度地消除低范式关系模式中可能出现的数据插入、删除和修改时带来的异常。对于多数实际应用来说,关系模式一般分解到 3NF 就可以了,但通过数据关系的分析,有时也需要进一步分解到 BCNF 或 4NF。

3.4.1 关系模式的分解

下面介绍实现关系规范化的方法——关系模式的分解。

定义 3.14 关系模式 $R(A_1,A_2,\cdots,A_n)$的分解,就是将该关系模式用其子集的一个集合 $\rho=\{R_1,R_2,\cdots,R_k\}$来代替,其中 $R_1\cup R_2\cup\cdots\cup R_k=R$。用 ρ 代替 R 的过程称为关系范式的分解。

这里不要求 $R_i(i=1,2,3,\cdots,k)$互不相交。

对关系模式 $R(A_1,A_2,\cdots,A_n)$进行分解后,在对 R 进行查询时往往要涉及多个子集中的数据,这时必须进行自然连接的处理,还原关系模式 R。为了保证查询结果的准确,要求自然连接后的关系与分解前的关系完全一样。也就是说,该关系模式 R 在经过一系列“分解——还原”操作以后，既不会丢失某些信息，也不会多出某些信息。因此，对关系模式进行的分解要求有两个特性：无损连接特性和保持函数依赖特性。

3.4.2 无损连接

分解的无损连接特性本质上是要求所进行的“分解——还原”操作不使关系模式中各元组的数据失真。

通过前面的讨论，我们知道：一个关系模式分解为多个模式，可以使模式的范式级别提高，从而获得较好的数据库设计。但是，到目前为止，还有一个很基本的问题尚未涉及，即所分解后的这组关系模式与原关系模式的等价性问题。换句话说，这种分解并不是随意的，它有一个基本的要求：在原关系模式下，满足原关系模式依赖集的任一实例在分解之后均能通过自然连接运算恢复起来。这便是所谓的无损连接性。

定义 3.15 设 $\rho=\{R_1,R_2,\cdots,R_k\}$ 是关系模式 R 的一个分解，如果对于 R 上的任一实例 r，都有 $r=\bowtie_{i=1}^{k}\Pi_{R_i}(r)$，即 r 是它在各个 $R_i(i=1,2,\cdots,k)$ 上的投影的自然连接，则称分解 ρ 具有无损连接性，简称 ρ 为无损分解。其中，表达式

$$\bowtie_{i=1}^{k}\Pi_{R_i}(r)=\Pi_{R_1}(r)\bowtie\Pi_{R_2}(r)\bowtie \mathrm{LL}\bowtie\Pi_{R_k}(r)$$

称作 r 的一个投影——连接影射，简记作 $m_\rho(r)$。

无损连接性可表示为 $r=m_\rho(r)$。

不是所有的分解都具有无损连接性。比如，考虑关系：学生住宿收费表(学号，楼号，收费)。该关系中“学号”是主关键字，且存在关系依赖集{“学号”→“楼号”，“学号”→“收费”，“楼号”→“收费”}。具体的关系实例及三个子关系实例如表 3.9～表 3.12 所示。

表 3.9 关系实例

学号	楼号	收费	学号	楼号	收费
100	2	500	150	8	800
120	4	500	180	2	500
130	2	500			

表 3.10 子关系实例一

学号	收费
100	2
120	4
130	2
150	8
180	2

表 3.11 子关系实例二

学号	收费
100	500
120	500
130	500
150	800
180	500

表 3.12 子关系实例三

楼号	收费
2	500
4	500
8	800

这里，有三种不同的分解情况：

- $\rho=\{R_1,R_3\}$

$$R_1 \bowtie R_3 = R$$

该分解是无损连接。

- $\rho=\{R_1,R_2\}$

$$R_1 \bowtie R_2 = R$$

该分解也是无损连接。

- $\rho=\{R_2,R_3\}$

$$R_2 \bowtie R_3 \neq R$$

该分解出现了数据的失真，不具备无损连接性。

直接根据定义去判断一个分解的无损连接性是不可能的。下面给出一个检验分解是否具有无损连接性的算法。

3.4.3 无损连接的检验

为了描述算法的方便，先引入下面的记号：

假设 t 是表中的一行，X 是表中某几列的集合，则 $t[X]$ 表示元组 t 在 X 上的具体值。

算法 判断一个分解是否具有无损连接性。

算法的输入：一个关系模式 $R(A_1,A_2,\cdots,A_n)$，R 上的函数依赖集 F，R 的一个分解

$$\rho=\{R_1,R_2,\cdots,R_k\}$$

算法的输出：ρ 是否是一个具有无损连接性的分解的断言。

算法如下：

(1) 构造一个 n 列 k 行的二维表 T。其中第 i 行对应于子关系模式 R_i，第 j 列对应于属性 A_j。令

$$T_{ij} = \begin{cases} a_j & \text{如果 } A_j \in R_i \\ b_{ij} & \text{如果 } A_j \notin R_i \end{cases}$$

(2) 重复检验 F 中的每一个函数依赖，并相应地修改表中的元素，直到不能再修改为止。具体的方法如下(以 $X_i \to A_j$ 为例)：找到 X_i 所对应的列中具有相同符号的那些行。考察这些行中第 j 列，若其中有 a_j，则 j 列中的对应元素全部改为 a_j，否则全部改为 b_{mj}，其中 m 是这些行的行号最小值。应当注意的是，若 j 列中的某个 b_{tj} 被改动了，则该列中凡是 b_{tj} 的符号对应的 t 行元素也有改变(不管它是否在开始找到的那些行中)。

(3) 修改终止以后，若表中有一行全是 a，即 $a_1,a_2,\cdots,a_n$，则 ρ 相对于 F 是无损连接分解。

例 3.3 设有关系模式 $R(U,F)$，其中 $U=(A,B,C,D,E)$，$F=\{A\to B, C\to E, (A,C)\to D\}$，$\rho=\{R_1(A,B), R_2(C,E), R_3(A,C,D)\}$。

首先，构造原始表，具体内容如表 3.13 所示。

接着，依次考察每个函数依赖，修改这个原始表。

(1) 考察 $A\to B$。在决定因素 A 对应的列中有 $t_1[A]=t_3[A]$，但 $t_1[B]\neq t_3[B]$，且 $t_1[B]=a_2$。所以，修改 $t_3[B]=a_2$。

表 3.13 原始表

	A	B	C	D	E
A, B(t_1)	a_1	a_2	b_{13}	b_{14}	b_{15}
C, E(t_2)	b_{21}	b_{22}	a_3	b_{24}	a_5
A, C, D(t_3)	a_1	b_{32}	a_3	a_4	b_{35}

(2) 考察 $C \to E$。因 $t_2[C]=t_3[C]$，而 $t_2[E] \neq t_3[E]$，故将 $t_3[E]$改为 a_5。

(3) 考察$(A,C) \to D$，无改动。

修改的最后结果如表 3.14 所示。

表 3.14 最终表

	A	B	C	D	E
A, B(t_1)	a_1	a_2	b_{13}	b_{14}	b_{15}
C, E(t_2)	b_{21}	b_{22}	a_3	b_{24}	a_5
A, C, D(t_3)	a_1	a_2	a_3	a_4	a_5

可以看出，第三行已全为 a，说明这个分解是无损连接。

不管把一个关系模式分解成多少个关系子模式，总可以利用上述的算法检验一个分解是否具有无损连接性。但当把一个关系模式分解为两个子模式时，则存在一种较为简单的检验方法。

定理 3.1 设 $\rho=\{R_1(U_1),R_2(U_2)\}$是关系模式 $R(U,F)$上的一个分解，如果

$$U_1 \cap U_2 \to U_1 - U_2 \quad 或 \quad U_1 \cap U_2 \to U_2 - U_1$$

则 ρ 相对于 F 具有无损连接性。

例如：设有关系模式 $R(U,F)$，其中 $U=\{A,B,C\}$，$F=\{A \to B, A \to C\}$，则分解 $\rho=\{R_1(A,B),R_2(A,C)\}$具有无损连接性。因为

$$U_1 \cap U_2 = A, U_1 - U_2 = B, U_2 - U_1 = C$$

这里 $A \to B$ 或 $A \to C$ 均为 F 所逻辑蕴涵。而若分解为 $\rho=\{R_1(A,B),R_2(B,C)\}$，则不具备无损连接性，因为这时，$U_1 \cap U_2 = B$，而 B 不能函数决定 A 或 C。

3.4.4 保持函数依赖的分解

关系分解的另一个重要的特性是保持函数依赖特性。保持函数依赖特性本质上是要求在"分解——还原"的操作过程中必须保持原有关系上的函数依赖集 F。

定义 3.16 设 $\rho=\{R_1,R_2,\cdots,R_k\}$是关系模式 $R(U,F)$的一个分解，将

$$\Pi_{R_i}(F) = \{X \to Y \mid X \to Y \in F^+ 且 XY \subseteq U_i\}$$

称作 F 到 R_i 上的投影。如果

$$(U_{i=1}^{k} \Pi_{R_i}(F))^+ = F^+$$

则称 ρ 是保持函数依赖集 F 的分解。

一个无损连接的分解不一定保持函数依赖性；同样，一个保持函数依赖的分解不一定具有无损连接性。仍以讨论无损连接时的"学生收费表"为例。

• $\rho=\{R_1,R_3\}$

$$R_1 \bowtie R_3 = R \quad (F_1 \cup F_3)^+ = F^+$$

该分解是无损连接，且保持了函数依赖性。

• $\rho=\{R_1,R_2\}$

$$R_1 \bowtie R_2 = R \quad (F_1 \cup F_2)^+ \neq F^+$$

该分解也是无损连接，但不保持函数依赖性。

• $\rho=\{R_2,R_3\}$

$$R_2 \bowtie R_3 \neq R \quad (F_2 \cup F_3)^+ \neq F^+$$

该分解既不满足无损连接特性，也不保持函数的依赖特性。

模式分解的两个特性实际上涉及关系模式的数据等价和函数依赖等价两个问题。需要指出的是数据等价和函数依赖等价不能在任何范式等级上随意实现。事实上关于模式分解有如下几个重要的事实，即一个关系模式：

• 一定可以无损连接地分解到BCNF。
• 一定可以保持依赖地分解到3NF，但不一定能达到BCNF。
• 既要保持函数依赖，又要保持无损连接，可以达到3NF，但不一定能达到BCNF。

思考练习题

(1) 理解并给出下列术语的定义：

函数依赖、部分函数依赖、完全函数依赖、传递函数依赖、关键字、主键、外键、全码、1NF、2NF、3NF、BCNF、多值依赖、4NF。

(2) 建立一个关于系、学生、班级、社团诸信息的关系数据库系统，已知一个系有若干专业，每一个专业一年只招一个班，每个班有若干名学生，一个系的学生住在同一宿舍区，每个学生可参加若干个社团，每个社团有若干个学生，学生参加社团时有一个入会年份。

① 描述学生的属性有：学号、姓名、出生年月、系名、班号、宿舍区。

② 描述班级的属性有：班号、专业名、系名、人数、入校年份。

③ 描述系的属性有：系名、系代码、系办公室地点、人数。

④ 描述社团的属性有：社团名、成立年份、地点、人数。

试给出关系模式，写出每个关系模式的极小依赖集，指出是否存在传递函数依赖。对于函数依赖的决定因素是多属性的情况，讨论函数依赖是完全函数依赖，还是部分函数依赖。指出各关系的关键字、外键以及是否有全码存在。

(3) 什么是删除异常和插入异常？试举例说明。

(4) 解释1NF、2NF、3NF、BCNF、4NF之间的规范化关系。

(5) 判断下列结论的正误：

① 如果在同一组属性子集上，不存在第二个函数依赖，则该组属性集为关系模式的关键字。

② 如果一个关系模式属于 3NF，则该关系模式一定属于 BCNF。

③ 如果一个关系数据库模式中的关系模式都属于 BCNF，则在函数依赖的范畴内，已实现了彻底的分离，消除了插入、删除和修改异常。

④ 规范化理论为数据库设计提供了理论指导和工具；规范化程度越高，模式就越好。

⑤ 一个无损连接的分解一定能保持函数依赖。

⑥ 一个保持函数依赖的分解一定具有无损连接性。

(6) 某工厂需建立一个产品生产管理数据库，管理如下信息：

车间编号、车间主任姓名、车间电话、车间所有职工的职工号、职工姓名、性别、年龄、工种、车间生产的零件号、零件名称、零件的规格号、零件批号、数量、完成日期(同一批零件可以包括多种零件)。

① 试按规范化的要求给出关系数据库模式。

② 指出每个关系模式的关键字、外键。

第4章 chapter 4

数据库设计方法

随着计算机技术的广泛应用，目前从小型的单项事务处理到大型的信息系统都采用数据库技术来保持数据的完整性和一致性，因此在应用系统的设计中，数据库设计是否合理日趋重要。

具体地说，数据库设计是指针对一个给定的应用环境，构造最优的数据库模式，建立数据库及其应用系统，使之能够有效地存储数据，满足各种用户的应用需求(信息要求和处理要求)。数据库设计是数据库在应用领域的主要研究课题。

数据库设计包括静态数据模型(即模式与子模式的设计，称为数据库的结构设计)和在模型上的动态操作(即应用程序设计，称为数据设计)。现代数据库设计十分强调数据库的结构设计与行为设计的统一。

目前所说的数据库设计大多是在一个现成的 DBMS 的支持下进行的，即以一个通用的 DBMS 为基础开发数据库应用系统。

4.1 数据库系统的设计过程

设计数据库系统并不像解一道数学习题那样有着既定的证明思路和规范化的推导过程，它是一项系统的工程，有着十分复杂的过程。然而，在过去很长一段时间内，由于应用环境的复杂和设计理论的缺乏，数据库设计人员多采用手工试筹的方法，凭自身的经验进行设计。由于使用这种艺术而不是工程的方法，设计的质量直接依赖于工程人员的经验和水平。而且由于缺乏科学理论和工程方法的指导，数据库的质量难以保证，系统往往在运行一段时间后不断产生各种问题，增加了系统的维护代价。

为了使数据库的设计趋于合理，人们进行了大量的研究和实践，提出了不少数据库设计的方法，如新奥尔良法、规范化法和基于 E-R 模型的数据库设计方法等。这些方法的共同点都是将数据库设计纳入软件工程的范畴，把软件工程的原理、技术和方法应用到数据库设计中。

目前，数据库设计一般都遵循软件的生命周期理论，分为 6 个阶段进行，如图 4.1 所示，即需求分析、概念结构设计、逻辑结构设计、物理结构设计、数据库实施和数据库的运行与维护。其中，需求分析和概念设计独立于任何的 DBMS 系统，而逻辑设计和物理设计则与具体的 DBMS 有关。

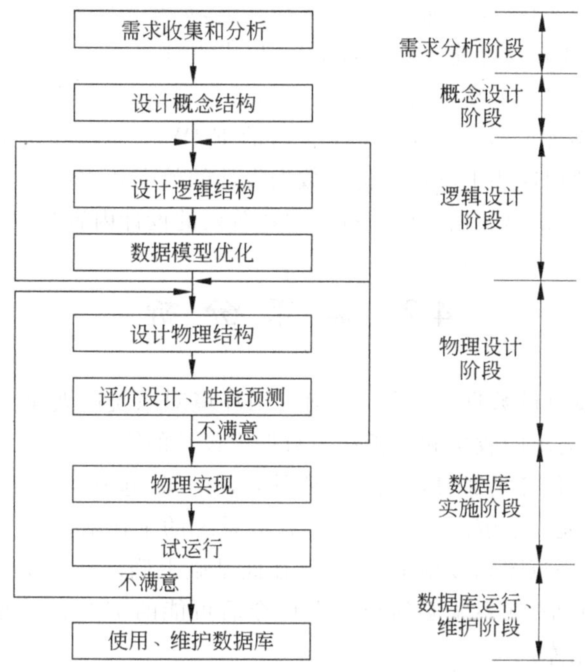

图 4.1 设计库的设计流程

(1) 需求分析：这一阶段主要是与系统用户相互交流，了解他们对数据的要求及已有的业务流程，并把这些信息用数据流图和数据字典等图表或文字的形式记录下来，最终与用户对系统的信息要求和处理要求取得一致认识。

(2) 概念设计：概念设计阶段要对需求分析中收集的信息和数据进行分析和抽象，确定实体、属性及它们之间的联系，将各个用户的局部视图合并成一个总的全局视图，形成独立于计算机的反映用户需求的概念模型。概念模型是数据库结构的高级描述，独立于用来实现数据库的特定的 DBMS。一般地说，概念设计的目的是描述数据库的信息内容。

(3) 逻辑设计：逻辑设计是在概念模型的基础上导出数据库的逻辑模型。逻辑模式是可被 DBMS 所处理的数据库逻辑结构。它包括数据项、记录及记录间的联系、安全性和一致性约束等。导出的逻辑结构是否与概念模式一致，从功能和性能上是否满足用户的要求，要进行模式评价。如果达不到用户要求，就要反复修正或重新设计。

(4) 物理设计：在物理设计阶段根据 DBMS 的特点和处理的需要，进行物理存储的安排，建立索引，形成数据库的内模式。

(5) 数据库的实施：数据库的实施阶段是建立数据库的实质性阶段，在该阶段将建立实际数据库结构，装入数据、完成编码和进行测试，最终使系统投入使用。

(6) 数据库的运行和维护：使用和维护阶段是整个数据库生存期中最长的时间段。在该阶段设计者需要根据系统运行中产生的问题及用户的新需求不断完善系统功能和提高系统的性能，以延长数据库的使用时间。

一个完善的数据库设计不可能一蹴而就。我们在每一设计阶段完成后都要进行设计分析,评价一些重要的设计指标,与用户进行交流,如果不满足要求则进行修改。在设计过程中,这种评价和修改可能要重复若干次,以求得理想的结果。

由于数据库设计是一个复杂而烦琐的过程,近年来,许多软件厂商通过研究,开发了不少计算机辅助数据库开发工具,如CA公司的ERWin、Sybase公司的PowerDesign。在设计过程中适当利用这些工具可以提高数据设计的效率和质量。

下面,我们将详细讲解数据库设计过程中各阶段的设计内容与设计方法。

4.2 需求分析

设计一个性能良好的数据库系统,明确应用环境对系统的要求是首要的和基本的。因此,应该把对用户需求的收集和分析作为数据库设计的第一步。

需求分析的主要任务是通过详细调查要处理的对象,包括某个组织、某个部门、某个企业的业务管理等,充分了解原手工或原计算机系统的工作概况及工作流程,明确用户的各种需求,产生数据流图和数据字典,然后在此基础上确定新系统的功能,并产生需求说明书。值得注意的是,新系统必须充分考虑今后可能的扩充和改变,不能仅按当前应用的需求来设计数据库。

如图4.2所示,需求分析具体可按以下几步进行:

(1) 用户需求的收集。

(2) 用户需求的分析。

(3) 撰写需求说明书。

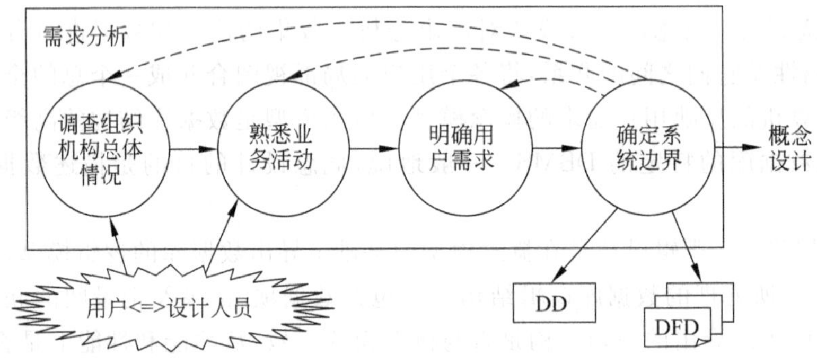

图4.2 需求分析的过程

4.2.1 收集用户需求

需求分析的重点是调查、收集和分析用户数据管理中的信息需求、处理需求、安全性与完整性要求。信息要求是指用户需要从数据库中获得的信息的内容和性质。由用户的信息要求可以导出数据要求,即在数据库中应该存储哪些数据。处理要求是指用户要求完成什么处理功能,对某种处理要求的响应时间,处理方式是联机处理还是批处理等。明确用户的处理要求,将有利于后期应用程序模块的设计。

调查、收集用户要求的具体做法是：

(1) 了解组织机构的情况，调查这个组织由哪些部门组成，各部门的职责是什么，为分析信息流程做准备。

(2) 了解各部门的业务活动情况，调查各部门输入和使用什么数据，如何加工处理这些数据。输出什么信息，输出到什么部门，输出的格式等。

在调查活动的同时，要注意对各种资料的收集，如票证、单据、报表、档案、计划、合同等，要特别注意了解这些报表之间的关系、各数据项的含义等。

(3) 确定新系统的边界。确定哪些功能由计算机完成或将来准备让计算机完成，哪些活动由人工完成。由计算机完成的功能就是新系统应该实现的功能。

在调查过程中，根据不同的问题和条件，可采用的调查方法很多，如跟班作业、咨询业务权威、设计调查问卷、查阅历史记录等。但无论采用哪种方法，都必须有用户的积极参与和配合。强调用户的参与是数据库设计的一大特点。

收集用户需求的过程实质上是数据库设计者对各类管理活动进行调查研究的过程。设计人员与各类管理人员通过相互交流，逐步取得对系统功能的一致的认识。但是，由于用户还缺少软件设计方面的专业知识，而设计人员往往又不熟悉业务知识，要准确地确定需求很困难，特别是某些很难表达和描述的具体处理过程。针对这种情况，设计人员在自身熟悉业务知识的同时，应该帮助用户了解数据库设计的基本概念。对于那些因缺少现成的模式，很难设想新的系统，不知应有哪些需求的用户，还可应用原型化方法来帮助用户确定他们的需求。就是说，先给用户一个比较简单的、易调整的真实系统，让用户在熟悉使用它的过程中不断发现自己的需求，而设计人员则根据用户的反馈调整原型，反复验证最终协助用户发现和确定他们的真实需求。

4.2.2 分析用户需求

调查了解用户的需求后，还需要进一步分析和抽象用户的需求，使之转换为后续各设计阶段可用的形式。

在众多分析和表达用户需求的方法中，结构化分析(Structured Analysis，SA)方法是一个简单实用的方法。SA 方法采用自顶向下、逐层分解的方式分析系统，用数据流图(Data Flow Diagram，DFD)、数据字典(Data Dictionary，DD)描述系统。

1. 使用数据流图分析信息处理过程

数据流图是软件工程中专门描绘信息在系统中流动和处理过程的图形化工具。因为数据流图是逻辑系统的图形表示，即使不是专业的计算机技术人员也容易理解，所以是极好的交流工具。图 4.3 给出了数据流图中所使用的符号及其含义。

数据流图是有层次之分的，越高层次的数据流图表现的业务逻辑越抽象，越低层次的数据流图表现的业务逻辑则越具体。在 SA 方法中，我们可以把任何一个系统都抽象为图 4.4 的形式。它是最高层次抽象的系统概貌，要反映更详细的内容，可将处理功能分解为若干子功能，每个子功能还可继续分解，直到把系统工作过程表示清楚为止。在处理功能逐步分解的同时，它们所用的数据也逐级分解，形成若干层次的数据流图，如图 4.5 所示。

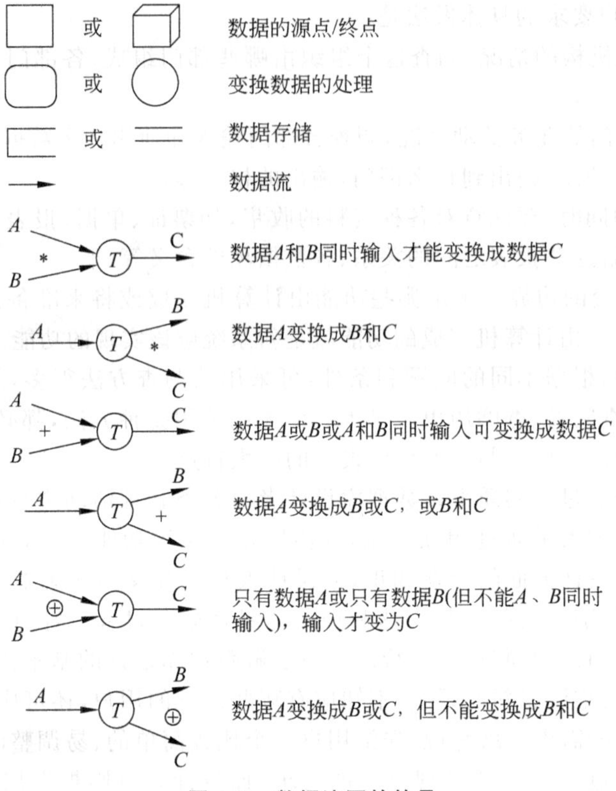

图 4.3　数据流图的符号

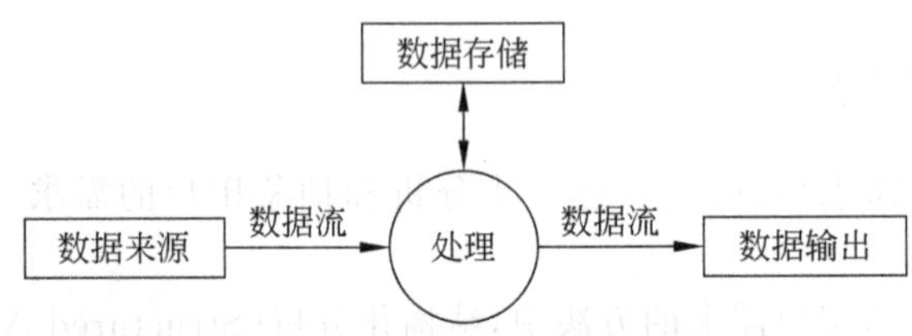

图 4.4　系统高层抽象图

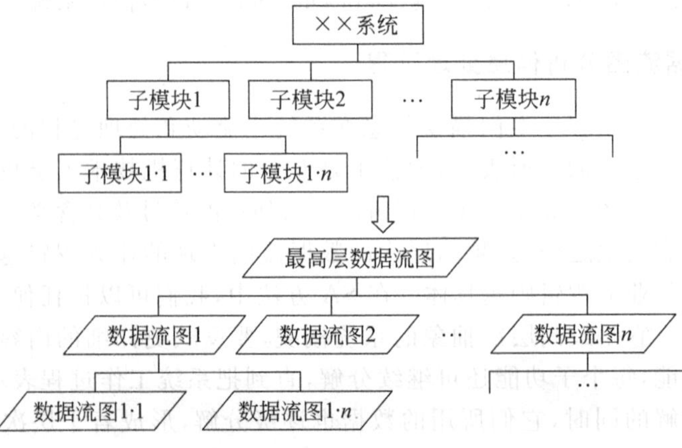

图 4.5　数据流图的建立

为了更好地说明SA分析方法，下面举一个简单的设计实例：假定某工厂要设计一个数据库查询系统。其中，主管生产的部门要掌握产品的性能、各种零件的用料和每种产品的零件组成情况，并据此编制工厂的生产计划。主管供应的部门需要了解产品的价格、各种零件的用料情况以及这些材料的价格与库存量，并根据这些资料提出材料的采购计划。

在调查、分析用户的业务活动并确定系统边界后，可得到如图4.6所示的业务流程图。

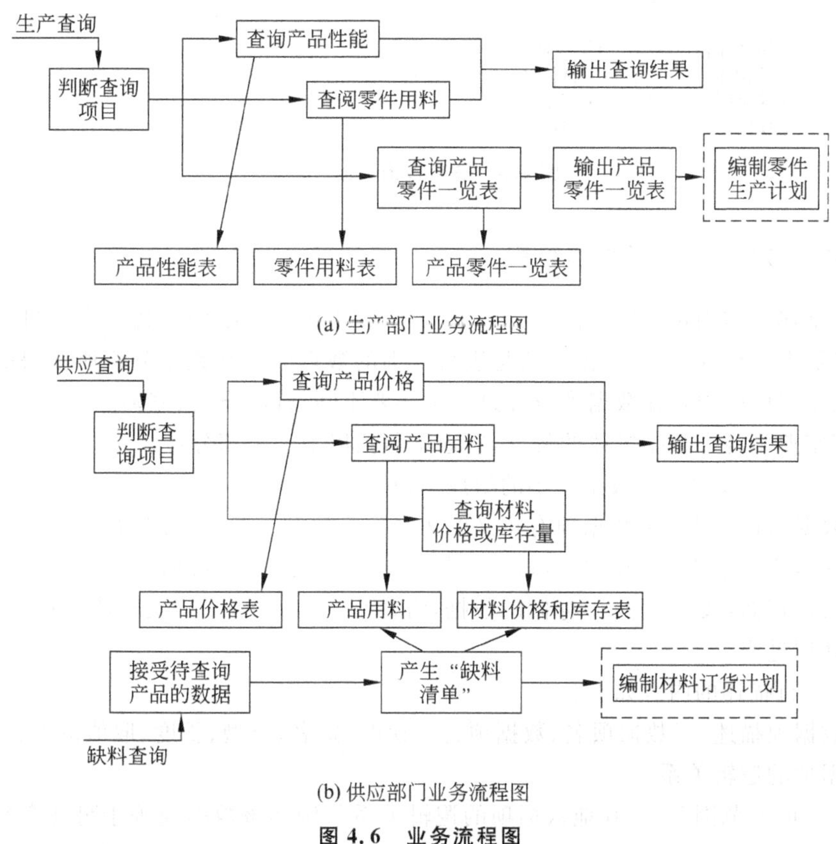

图4.6 业务流程图

根据实际应用环境对系统在功能上进行分解，如图4.7所示。

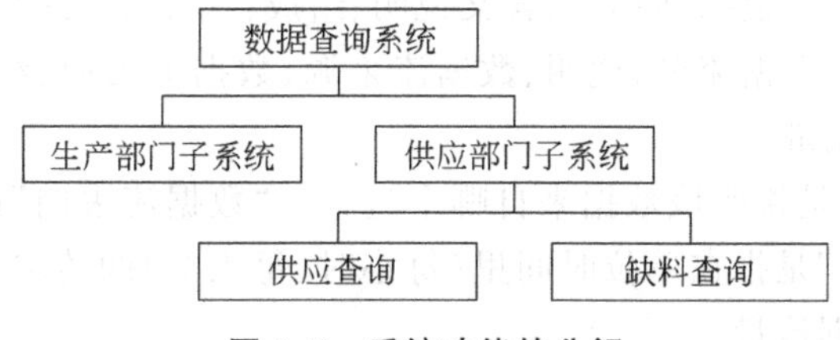

图4.7 系统功能的分解

在功能分解的同时，不断细化数据流图。这里以缺料查询为例，经过需求分析得到如下信息：系统一旦收到缺料查询请求，接受所查产品的有关数据后，首先要查询单件产品的用料数据，并按产品生产数量算出各种材料的需用量，然后从库存记录中减去这一需用量，即可找出缺料的名称和数量。根据语义，画出相应数据流图，如图 4.8 所示。显然，每一种应用需要一张这样的数据流图。

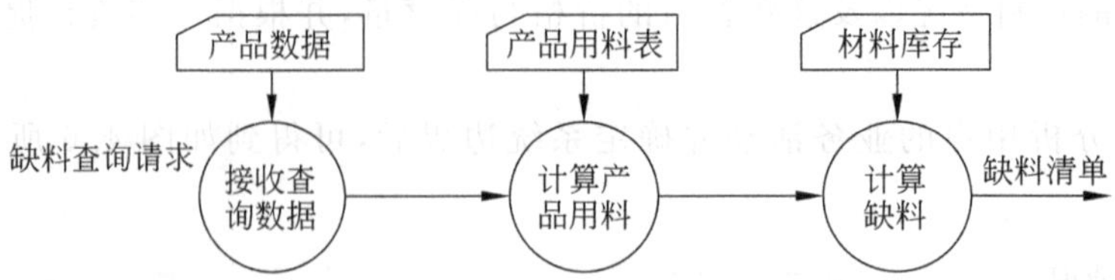

产品数据：产品名，(生产)数量
产品用料表：产品名，材料名，(材料)用量
材料库存：材料名，库存量
缺料清单：材料名，缺料数据

图 4.8 缺料查询数据流图

2. 使用数据字典汇总各类数据

数据字典是结构化设计方法的另一个工具，它用来对系统中的各类数据进行详尽的描述。对数据库设计来讲，数据字典是进行详细的数据收集和数据分析所获得的主要成果。数据字典中的内容在数据库设计过程中还要不断修改、充实、完善。

数据字典是各类数据描述的集合，它通常包括以下 5 个部分：

- 数据项：数据项是数据最小的组成单位。
- 数据结构：是若干数据项有意义的集合。它反映了数据之间的组合关系。
- 数据流：可以是数据项，也可以是数据结构，表示某一处理过程的输入和输出。
- 数据存储：处理过程中存储的数据，常常是手工凭证、手工文档或计算机文件。
- 处理过程。

它们各自描述的内容如下：

- 数据项描述＝{数据项名、数据项含义说明、别名、类型、长度、取值范围、与其他数据项的逻辑关系}

其中，“取值范围”、“与其他数据项的逻辑关系”(例如该数据项等于另几个数据项的和，该数据项的值等于另一数据项的值等)定义了数据的完整性约束条件，是设计数据检验功能的依据。

- 数据结构描述＝{数据结构名、含义说明、组成：{数据项或数据结构}}
- 数据流描述＝{数据流名、说明、数据流来源、数据流去向、组成{数据结构}、平均流量、高峰期流量}

其中，“数据来源”是说明该数据来自哪个过程。“数据流去向”说明该数据流将到哪个过程去。“平均流量”是指在单位时间里(每小时、每天等)的传输次数。“高峰期流量”则是指在高峰期的数据流量。

- 数据存储描述＝{数据存储名、说明、编号、输入的数据流、输出的数据流、组成：{数据结构}、数据量、存取频度、存取方式}

其中，“存取频度”指单位时间的存取次数及存取的数据量等信息。“存取方式”包括是批处理还是联机处理，是检索还是更新，是顺序检索还是随机检索；要尽可能详细收集并加以说明。

- 处理过程描述＝{处理过程名、说明、输入：{数据流}、输出：{数据流}、处理：{简要说明}}

其中，“简要说明”中主要说明该处理过程的功能及处理要求。功能是指该处理过程做什么（而不是怎么做）。处理要求包括处理频度要求，如单位时间里处理多少事务、多少数据量，响应时间的要求等。这些要求是后面物理设计的依据及性能评价的标准。

表4.1是一个数据字典的示例，它描述了缺料查询数据流图（图4.8）中的一些数据项。

表4.1 数据字典示例

数据项	类型	长度	值范围
产品名	字符型	20	任何字母和数字
材料名	字符型	10	任何字母和数字
库存量	正整数	5	0～99999
缺料数量	正整数	5	0～99999
生产数量	正整数	3	0～999

4.2.3 撰写需求说明书

需求说明书是在需求分析活动后建立的文档资料，它是对开发项目需求分析的全面的描述。需求说明书应该可读性强，无二义性，为数据库的概念设计和物理设计提供准确和详细的资料。

需求说明书的内容一般包括：需求分析的目标和任务、具体需求说明、系统功能和性能、系统运行环境等。需求说明书还应包括在分析过程中得到的数据流图、数据字典、功能结构图和系统配置图等必要的图表说明。

需求说明书在完成之后要交由用户审查，充分核实将要建立的系统是否符合用户的全部需求。是，则通过；否，则重新修正。这个过程需要反复进行，直到双方达成一致，方可进入概念结构的设计。

4.3 概念设计

概念设计的任务是在需求分析阶段产生的需求说明书的基础上，按照特定的方法把它们抽象为一个不依赖于任何具体机器的数据模型，即概念模型。概念模型使设计者的注意力能够从复杂的实现细节中解脱出来，而只集中在最重要的信息的组织结构和处理模式上。

4.3.1 概念模型的特点及设计方法

概念模型和第1章提到的3种数据模型（层次、网状、关系）不同，它只描述现实世界，不涉及实现，不依赖于任何具体的DBMS系统。概念模型具有以下特点：

- 概念模型是对现实世界的抽象和概括,它真实、充分地反映了现实世界中事物和事物之间的联系,能满足用户对数据的处理要求。
- 由于概念模型简洁、明晰、独立于机器,很容易理解,因此可以用概念模型和不熟悉计算机的用户交换意见,使用户能积极参与数据库的设计工作,保证设计工作顺利进行。
- 概念模型易于更新,当应用环境和应用要求改变时,容易对概念模型修改和扩充。
- 概念模型很容易向关系、网状、层次等各种数据模型转换。

描述概念模型的有力工具是E-R图,关于E-R图的基本概念已在第1章有所涉及,这里就不再复述了。

概念设计常采用的方法有:

- 自顶向下的方法:自顶向下的方法是先定义全局概念结构的框架,然后逐步细化,形成最终概念模型。
- 自底向上的方法。自底向上的方法则首先定义各局部应用的概念结构,然后将它们集成,形成全局概念结构,如图4.9所示。在实际设计中使用更多的是自底向上的策略,它也将是下文介绍的重点。

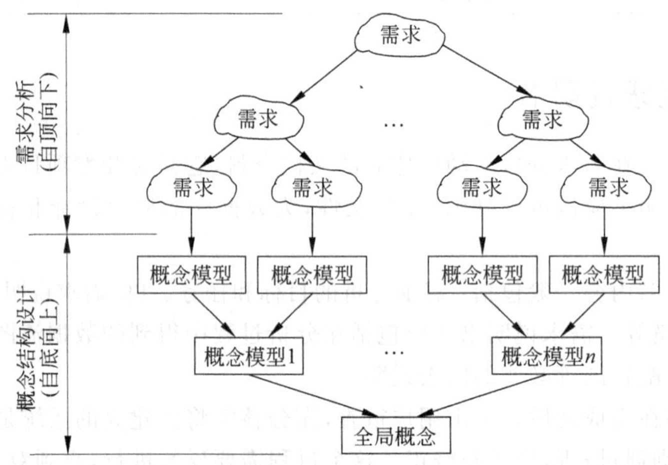

图4.9 以自底向上的方法设计概念模型

自底向上的设计方法分两步进行:首先抽象数据并建立局部概念模型,然后再将局部概念模型合并为全局概念模型,如图4.10所示。

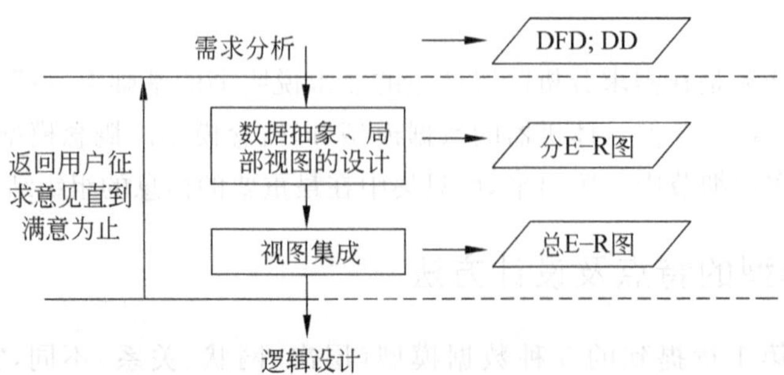

图4.10 概念设计的步骤

4.3.2 局部概念模型的设计

局部概念模型的设计一般分为三步进行。

1. 首先明确局部应用的范围

确定局部应用范围，就是根据应用系统的具体情况，根据需求说明书中的数据流图和数据字典，在多层数据流图中选择一个适当层次的数据流图，根据应用功能相对独立、实体个数适量的原则，划分局部应用。

在小型系统的开发中，由于整个系统的脉络比较清晰，所以一般每个部门(或应用)就是一个局部E-R模型。例如，在前面给出的某工厂查询系统中，就将整个系统划分为两个局部概念模型：生产部门E-R模型和供应部门E-R模型。

2. 选择实体，确定实体的属性及标识实体的关键字

数据流图和数据字典中的分析结果是确定实体、属性及实体关键字的最重要的参考资料。

在实际设计中应该注意，实体和属性是相对而言的，很难有截然的界限。在一种应用环境中某一事物可能作为"属性"出现，而在另一种应用环境中可能作为"实体"出现。例如，学校中的"系"，它可以作为描述"学生"实体的一个属性，说明学生属于哪个系；如果在另一个环境中，需要建立系主任、系办公室电话等信息，则将"系"作为一个实体来看待就更恰当。

划分实体和实体的属性时，一般遵循以下的经验性原则：

(1) 属性是不可再分的数据项，不能再有需要说明的信息。否则，该属性应定义为实体。

(2) 属性不能与其他实体发生联系，联系只能发生在实体之间。

(3) 为了简化E-R图的处置，现实世界中的对象，凡能够作为属性的尽量作为属性处理。

3. 确定实体之间的联系，产生局部E-R模型

确定数据之间的联系(1∶1，1∶n，n∶m)，仍是以需求分析的结果为依据。

下面举例说明局部E-R图的设计。

以图4.6(b)的供应查询为例，以需求分析所得的数据流图和数据字典为指导，可以把"产品"、"材料"确定为实体。前者应该有"产品号"、"产品名"、"价格"三个属性，后者应该有"材料编号"、"材料名称"、"价格"、"库存量"、"存储仓库"五个属性。实体确定后，再确定实体之间的联系。在本例中，"产品"与"材料"是通过"使用"相互联系的，故可把"使用"定为联系，而"用量"是它的属性，把这些用E-R图来表示，就可以得到供应部门的局部E-R模型，如图4.11所示。

用类似的方法，可以建立生产部门的E-R模型，如图4.12所示。

实体和属性之间的划分必须根据实际的应用环境来决定。假定材料分别存放在多

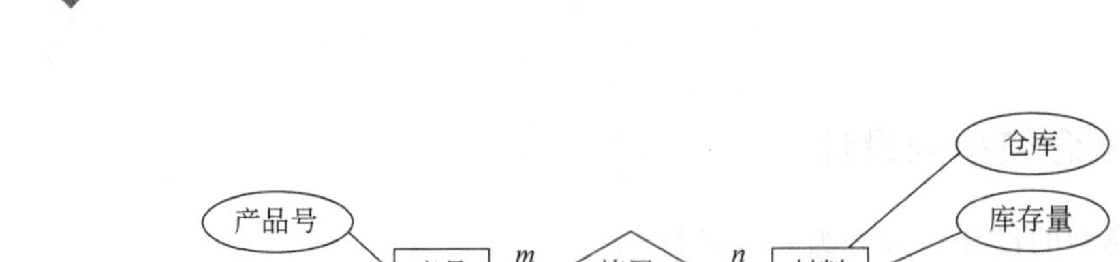

图 4.11 供应部门局部概念模型(1)

个仓库中，同时应用中需要仓库地点或仓库面积等数据，则此时把仓库作为一个实体来处理更合理，E-R 模型也变为图 4.13 所示的模式。

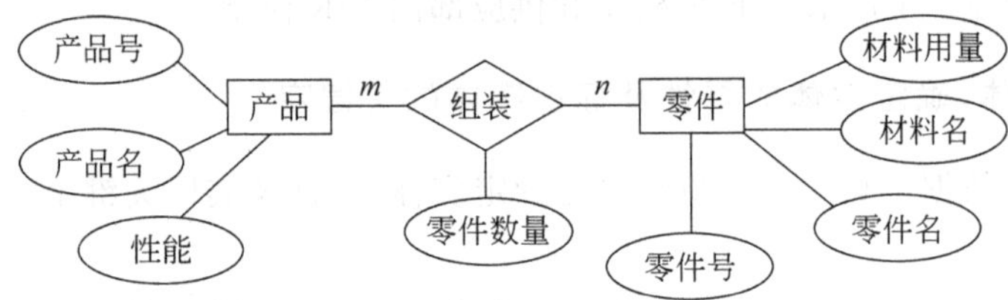

图 4.12 生产部门局部概念模型

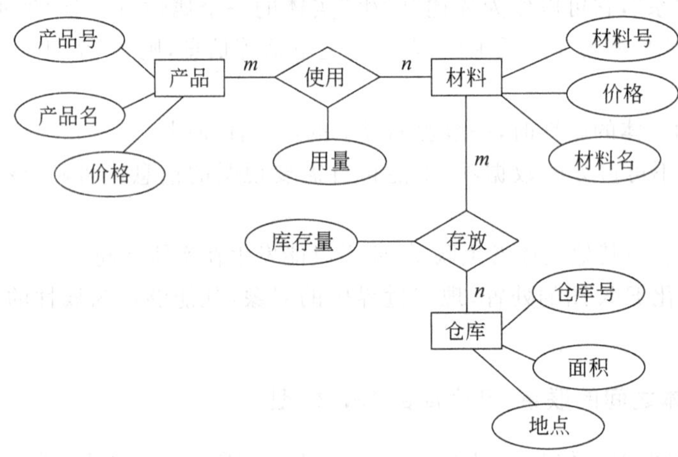

图 4.13 供应部门局部概念模型(2)

局部 E-R 模型建立以后，应对照每个应用进行检查，确保模型能够满足数据流图对数据处理的需求。

4.3.3 合成全局概念模型

各个局部 E-R 模型设计完成后，需要对它们进行合并，集成为一个全局的概念模型。集成的方式有两种：

- 多个局部 E-R 模型一次性集成。

- 逐步集成,即首先集成两个比较关键的分 E-R 图,以后每次将一个新的分 E-R 图集成进来,直至所有的分 E-R 图集成完毕,如图 4.14 所示。

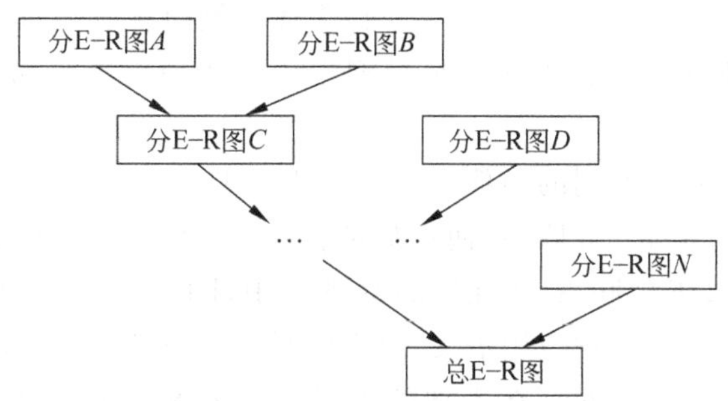

图 4.14 局部概念模型的集成

由于逐步集成法每次只集成两个局部概念模式,操作起来较为简单,因此,在实际设计中,特别是在较大的系统设计中,多采用这种方法。

局部概念模型的归并一般分为两步:第一步,先解决各分 E-R 模型之间的冲突,将各分 E-R 模型合并起来生成初步 E-R 模型;第二步,对初步 E-R 模型进行修改,消除不必要的冗余,生成基本的 E-R 模型。

1. 消除冲突,合并各分 E-R 模型

在较大的系统中,各局部概念模型通常由不同的设计人员进行概念设计,因此,各个局部模型之间不可避免地会存在有很多不一致,称之为冲突。冲突大致可分为命名冲突、属性冲突和结构冲突三类。

1) 命名冲突

在实体名、联系名、属性名之间都有可能发生命名冲突。

- 同名异义:即不同对象在两个局部模式中用了相同的名字。例如,"教师"在一个模式中表示讲师,而在另一个模式中表示教授。
- 异名同义:即在两个局部模式中,应用领域的同一个对象用了不同的名字。

命名冲突的解决方法是进行概念的重命名,以去除二义性,消除冲突。对于同名异义的对象,换不同的名字。对异名同义的对象,统一名称。

2) 属性冲突

- 属性取值单位的冲突:例如,对于重量,有的子系统以千克为单位,有的以克为单位;对于时间,有的子系统以秒为单位,有的以分钟为单位。
- 属性域冲突:即属性值的数据类型和取值范围的不同。例如,学生的"学号",有的局部应用可能采用字符型,而有的局部应用可能采用数值型。

对于属性冲突,应通过各方讨论、协商等行政手段,达到最终的统一。

3) 结构冲突

- 同一对象在局部 E-R 模型中有不同的抽象。例如,在某一局部应用"职称"被作为"职工"的一个属性,而在另一局部应用中则被作为单独的实体。解决这种冲突的方法是把属性变为实体或把实体变为属性,使同一对象具有相同的抽象。在变

换时,应当遵循前面给出的确定属性的三个经验原则。

- 同一实体在不同的局部 E-R 模型中所包含的属性不完全相同或属性的排列次序不同,这是因为不同的局部应用关心该实体的侧面有所不同。解决这种冲突的办法是使该实体的属性取各分 E-R 模型中该实体的属性的并集,并适当调整属性的次序。
- 实体之间的联系在不同的局部 E-R 模型中类型不一致。例如:实体 E1 与 E2 在局部模型 A 中是 $m:n$ 联系,而在局部模型 B 中是 $1:n$ 联系;又如在局部模型 C 中,E1 与 E2 发生联系,而在局部模型 D 中,E1、E2、E3 三者之间有联系。解决这种冲突的办法是根据应用语义,对实体联系的类型进行综合调整。

局部 E-R 模型合并的目的不在于把若干局部 E-R 模型形式上合并为一个 E-R 模型,而在于消除冲突,使之能成为全系统中所有用户共同理解和接受统一的概念模型。

图 4.15 是上例中生产部门和供应部门的局部 E-R 模型综合后形成的初步的 E-R模型。其中,“材料”与“零件”两实体之间的联系“消耗”及其属性“消耗量”是根据语义新增加的。“产品”的属性由 3 个增加到 4 个,去掉了零件实体的属性“材料名”和“耗用量”。

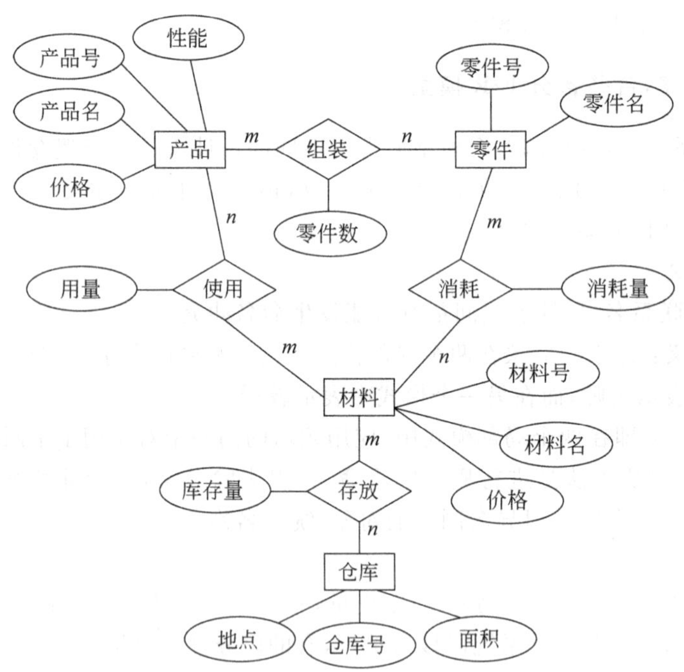

图 4.15 合成后的初步 E-R 模型

2. 消除冗余,得到基本 E-R 模型

在局部 E-R 模型合并时,可能存在冗余的数据和实体间冗余的联系。冗余的数据指可以由基本数据导出的数据;同样,冗余的联系也是可由基本联系导出的联系。冗余信息的存在会影响数据库的完整性,给数据库的管理增加困难,应当予以消除。但是消除冗余的问题比较复杂，有些冗余信息的存在虽对管理带来问题，但却对提高数据库的效率性能有好处，因此在设计数据库过程中，局部模型合并时冗余信息的消除和存在要根据整体需求来确定。

消除冗余主要有两种方法：用分析方法消除冗余和使用关系数据设计理论(规范化)消除冗余。利用数据字典和数据流图是使用分析方法消除冗余的根据，函数依赖的概念也为消除冗余提供了理论依据。

在图 4.15 的初步 E-R 模型中：

- 每个产品使用的各种材料的"用量"可以用每个零件的"材料消耗量"与每个产品的"零件数"导出，所以"用量"是冗余数据。
- "产品"和"材料"之间的联系"使用"可以用联系"组成"与联系"消耗"导出，所以"使用"是冗余联系。

消除冗余数据和冗余联系，这样，图 4.15 就改进为图 4.16。这就是包含生产和供应两个部门在内的系统的基本概念结构，或称为系统的基本 E-R 模型。

整体概念模型决定了数据库的逻辑结构，是未来建立的数据库系统的基石。如果设计不合理，就不能充分发挥数据库的效能，无法满足用户的处理要求。因此，设计人员必须和用户一起，对这一模型进行反复认真的讨论，只有在用户确认模型已经完整无误地反映了他们的要求之后，才能进入下一阶段的设计。

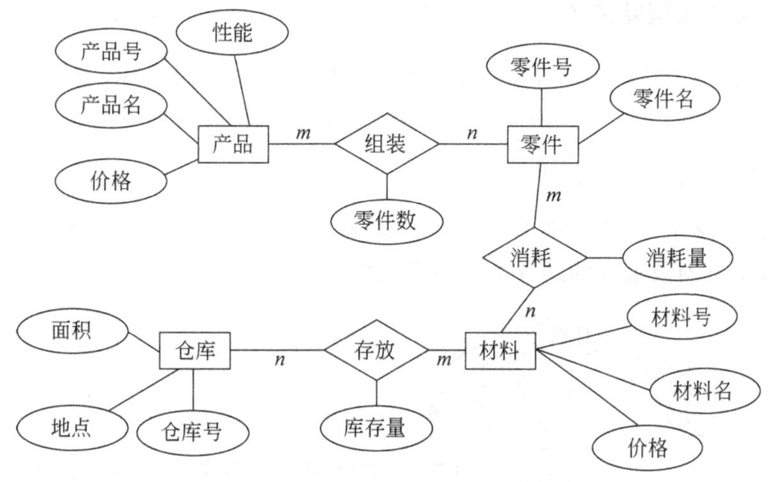

图 4.16 改进后的基本 E-R 模型

4.4 逻辑结构的设计

概念结构设计所得的 E-R 模型是对用户需求的一种抽象的表达形式，它独立于任何一种具体的数据模型，因而也不能为任何一个具体的 DBMS 所支持。为了能够建立起最终的物理系统，还需要将概念结构进一步转化为某一 DBMS 所支持的数据模型，然后根据逻辑设计的准则、数据的语义约束、规范化理论等对数据模型进行适当调整和优化，形成合理的全局逻辑结构，并设计出用户子模式。这就是数据库逻辑设计所要完成的任务。

数据库逻辑结构的设计分为两个步骤：(1)将概念设计所得的E-R图转换为关系模型，(2)对关系模型进行优化。逻辑结构设计的过程如图4.17所示。

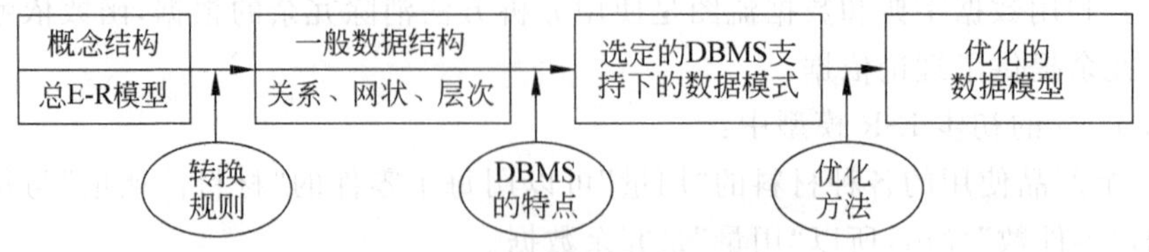

图4.17 逻辑结构设计的过程

4.4.1 概念模型向关系模型的转换

由本书第1、2章的内容我们知道，关系模型是由一组关系(二维表)的结合，而E-R模型则是由实体、实体的属性、实体间的关系三个要素组成。因此要将E-R模型转换为关系模型，就是将实体、属性和联系都要转换为相应的关系模式。具体的转换规则如下。

1. 一个实体类型转换为一个关系模式

将每种实体类型转换为一个关系，实体的属性就是关系的属性，实体的关键字就是关系的关键字。例如，图4.18所示的实体类型“学生”可转换成如下的关系模式：

学生(学号,姓名,院别,系别,专业……)

例如，可将“学生”实体转换为一个关系模式，如图4.18所示。其中，带下划线的属性为主属性，带下划波浪线的属性为关系模式外键。

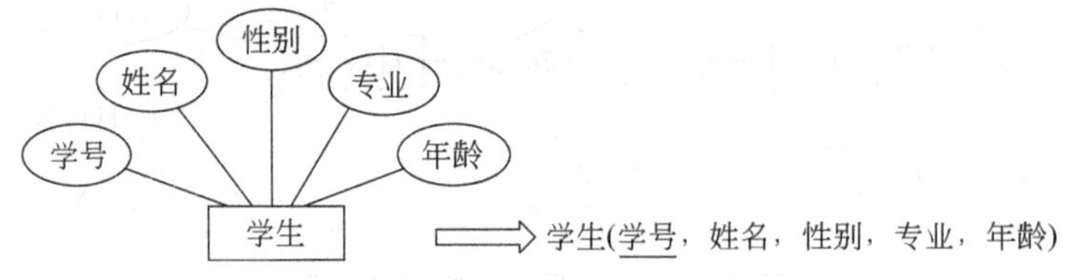

图4.18 一个实体类型转换为一个关系模式

2. 一个一对一(1∶1)联系有两种转换方式

(1) 转换为一个独立的关系模式。联系名为关系模式名，与该联系相连的两个实体的关键字及联系本身的属性为关系模式的属性，其中每个实体的关键字均是该关系模式的候选键。

(2) 与任意一端的关系模式合并。可将相关的两个实体分别转换为两个关系，并在任意一个关系的属性中加入另一个关系的主关键字。

例如,若某工厂的每个仓库只配备了一名管理员,那么仓库实体与管理员实体间便为1∶1关系。根据以上介绍的原则,我们可以进行如图4.19所示的变换。

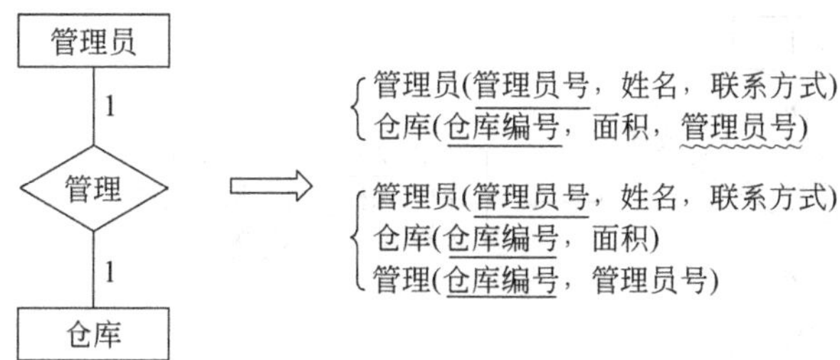

图4.19 1∶1联系的转换

在实际设计中究竟采用哪种方案可视具体的应用而定。如果经常要在查询仓库关系的同时查询此仓库管理员的信息,就可选用前一种关系模型,以减少查询时的连接操作。反之,如果在查询管理员信息时要频繁查询仓库信息,则选用后一种关系模式。总之,在模式转换出现较多方案时,效率是重要的取舍因素。

3. 一个一对多(1∶*n*)联系也有两种转换方式

(1) 将1∶n联系转换为一个独立的关系模式。联系名为关系模式名,与该联系相连的各实体的关键字及联系本身的属性为关系模式的属性,关系模式的关键字为n端实体的关键字。

(2) 将1∶n联系与n端关系合并。1端的关键字及联系的属性并入n端的关系模式即可。

在图4.20中,实体"专业"和"学生"之间的联系为1∶n,则两者可使用以上的原则进行关系模式的转换。

专业(专业编号,专业名称,所属院系)
学生(学号,姓名,性别,年龄,专业编号)

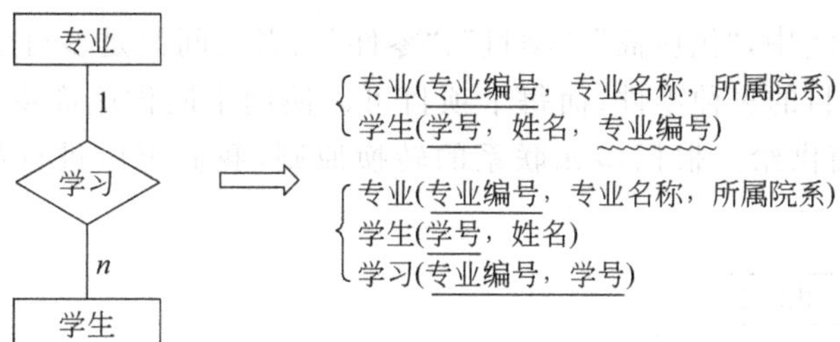

图4.20 1∶*n*联系的转换

4. 一个多对多(*m*∶*n*)联系转换为一个关系模式

关系模式名为联系名,与该联系相连的各实体的关键字及联系本身的属性为关系模式的属性,关系模式的关键字为联系中各实体关键字的并集。

例如，在学校中，一名学生可以选修多门课程，一门课程也可为多名学生选修，则实体"学生"与"课程"之间满足多对多的关系，其转换方法如图4.21所示。

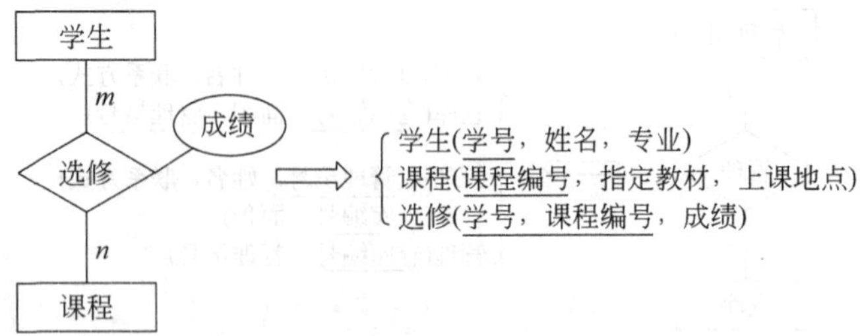

图 4.21 $m:n$ 联系的转换

5. 同一实体集内部的联系

可将该实体集拆分为相互联系的两个子集，然后根据它们相互间不同的联系方式($1:1, 1:n, m:n$)按上述规则处理。

例如，职工实体内部存在领导与被领导的 $1:n$ 的联系，则将其与职工关系模式合并，并增加一个"车间主任职工号"属性以存放车间主任的职工号，如图4.22所示。

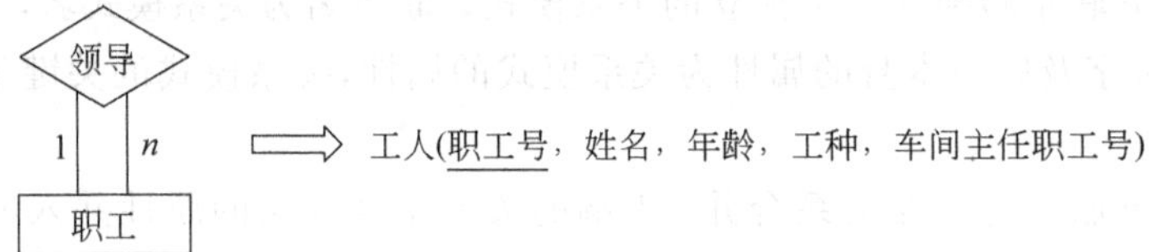

图 4.22 一元关系的转换

6. 三个或三个以上实体间的多元关系转换为一个关系模式

与该多元联系相连的各实体的关键字及联系本身的属性为该关系模式的属性，关系模式的关键字为各实体关键字的并集。

例如，在图4.23中，"供应商"、"项目"、"零件"三者之间便是多对多的联系。一个供应商可以供若干项目的多种零件；而每个项目可以使用不同供应商供应的零件；每种零件可由不同供应商供给。根据多元联系的转换原则，我们可以进行如图4.23所示的变换。

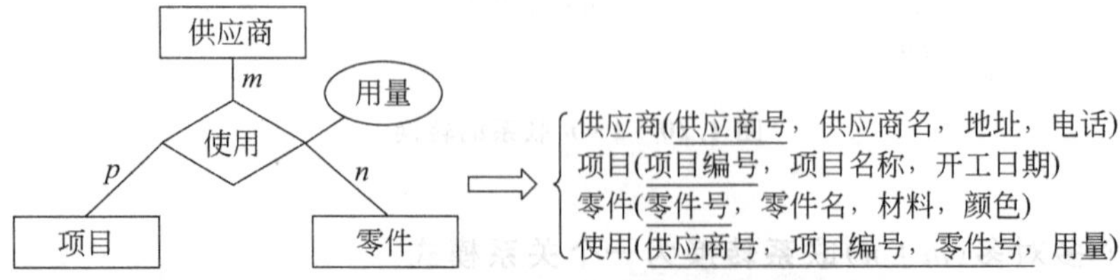

图 4.23 多元关系的转换

7. 具有相同关键字的关系模式

可以合并，合并后的关系模式的属性取被合并的关系模式属性的并集，并适当调整属性的次序及名称等。

4.4.2 应用规范化理论优化逻辑模型

数据库的概念模型到逻辑模型的转换结果并不是唯一的，为了进一步提高数据库应用系统的性能，还应对所得的关系模型进行适当的修改和调整，这就是数据库模型优化所要完成的工作。关系数据库的优化通常以第 3 章介绍的关系模型的规范化理论为指导。

应用规范化理论优化逻辑模型一般要做如下 5 项工作：

(1) 确定出每个关系模式内部属性之间的数据依赖和不同关系属性之间的数据依赖。关系模型的规范化理论是以分析属性间的函数依赖为基础，通过对关系模式的分解，逐步消除各种插入、删除异常，减少数据的冗余。因此，确定数据依赖关系是优化逻辑模型的首要工作。确定函数依赖依据的是需求分析阶段所得到的具体语义。

(2) 对各个关系模式之间的数据依赖进行极小化，消除冗余的联系。

(3) 按照数据依赖和规范化理论对关系模式逐一进行分析，考察是否存在部分函数依赖、传递函数依赖、多值依赖等，从而确定各关系模式分别属于第几范式。确定各关系的范式级别为接下来的范式的分解和合并提供了依据。

(4) 根据需求分析阶段所得的实际应用需求，确定是否对某些关系模式进行分解或合并。尤其值得注意的是，由于复杂的关系数据库查询操作通常涉及多个关系表之间的相互连接，从而一定程度地影响了查询速度，而模式分解过多又进一步加剧了多关系模式的连接操作，造成了整体效率的降低。提高查询效率和分解关系模式是逻辑设计优化中一对矛盾。对于一个具体应用来说，到底规范化进行到什么程度，需要综合多种因素，权衡利弊得失，最后构造出一个较为切合实际需求的逻辑模型。通常，以模式分解、优化达到 3NF 要求比较合适。

(5) 对关系模式进行进一步的分解和合并，减低数据的冗余度和提高数据操作的效率。对于已形成的关系模式，在不影响查询速度、保持数据处理方式和用户具体要求相一致的前提下可进行必要的分解、优化。对于模式过小、关联关系较多所引起的整体效率减低，或所形成的关系模式与用户需求差别较大的情况，必须进行必要的合并。

需要强调，规范化本身是一种理论，它是数据设计人员用于判断所设计的关系数据库模式优劣程度的工具，它的存在使数据库设计有了严格的理论基础。由于规范化可以较好地解决冗余与更新异常现象，因而已成为数据库设计所要考虑的重要环节之一。但在实际设计中，由于种种现实因素的影响，优化所产生的关系数据库模式往往作为设计人员和用户实现具体模型的一个参考。

4.4.3 设计用户子模式

用户子模式也称为外模式，是用户直接可见的数据库模型。在第 1 章中，我们已经对它进行了初步的介绍(参见1.3节)。总之,外模式的作用主要有：①屏蔽逻辑模式,为应用程序提供了一定的逻辑独立性；②可以更好地适应不同用户对数据的需求；③为用户划定了访问数据的范围,有利于数据库的管理。

在现行的关系型DBMS中,几乎都提供了视图(VIEW)的功能。利用这一功能,可方便地设计出符合不同局部用户需求的视图,再加上与局部用户相关的基本表,就构成了用户子模式。在设计用户子模式时,可以参照局部的EE-R图,因为局部EE-R图本来就是用户对不同的数据需求的反映。

4.5 物理设计

数据库物理设计阶段的任务是根据具体计算机系统(DBMS和硬件等)的特点,为给定的数据库模型确定合理的存储结构和存取方法。所谓的“合理”主要有两个含义：一个是要使设计出的物理数据库占用较少的存储空间,另一个是对数据库的操作具有尽可能高的速度。

为了设计数据库的物理结构,设计人员必须充分了解所用DBMS的内部特征;充分了解数据系统的实际应用环境,特别是数据应用处理的频率和响应时间的要求;充分了解外存储设备的特性。数据库的物理设计大致包括：确定数据的存取方法,确定数据的存储结构。

4.5.1 影响物理设计的因素

物理设计阶段实现的是数据库系统的内模式,它的质量直接决定了整个系统的性能。因此在确定数据库的存储结构和存取方法之前,对数据库系统所支持的事务要仔细分析,获得优化数据库物理设计的参数。

对于数据库查询事务,我们需要得到如下信息：

- 要查询的关系。
- 查询条件(即选择条件)所涉及的属性。
- 连接条件所涉及的属性。
- 查询的投影属性。

对于数据更新事务,我们需要得到如下信息：

- 要更新的关系。
- 每个关系上的更新操作的类型。
- 删除和修改操作所涉及的属性。
- 修改操作要更改的属性值。

上述这些信息是我们确定关系存取方法的依据。除此之外,我们还需要知道每个事务在各关系上运行的频率,某些事务可能具有严格的性能要求。例如,某个事务必须在20秒内结束。这种时间约束对于存取方法的选择有重大的影响。我们需要了解每个事务的时间约束。

值得注意的是，在进行数据库物理设计时，我们通常并不知道所有的事务，上述信息可能不完全，所以，以后可能需要修改根据上述信息设计的物理结构，以适应新事务的要求。

4.5.2 确定关系模式的存取方法

确定数据库的存取方法，就是确定建立哪些存储路径以实现快速存取数据库中的数据。现行的 DBMS 一般都提供了多种存取方法，如索引法、HASH 法等。其中，最常用的是索引法，这也将是本节讨论的重点。

数据库的索引类似书的目录。在书中，目录允许用户不必浏览全书就能迅速地找到所需要的位置。在数据库中，索引也允许应用程序迅速找到表中的数据，而不必扫描整个数据库。在书中，目录就是内容和相应页号的清单。在数据库中，索引就是表中数据和相应存储位置的列表。使用索引可以大大减少数据的查询的时间。

但需要注意的是索引虽然能加速查询的速度，但是为数据库中的每张表都设置大量的索引并不是一个明智的做法。这是因为增加索引也有其不利的一面：①每个索引都将占用一定的存储空间，如果建立聚簇索引(会改变数据物理存储位置的一种索引)，那么占用需要的空间就会更大；②当对表中的数据进行增加、删除和修改的时候，索引也要动态维护，这样就降低了数据的更新速度。

在创建索引的时候，一般遵循以下一些经验性的原则：

- 在经常需要搜索的列上建立索引。
- 在主关键字上建立索引。
- 在经常用于连接的列上建立索引，也就是说，在外键上建立索引。
- 在经常需要根据范围进行搜索的列上创建索引，因为索引已经排序，其指定的范围是连续的。
- 在经常需要排序的列上建立索引，因为索引已经排序，这样查询可以利用索引的排序，加快排序查询的时间。
- 在经常成为查询条件的列上建立索引。也就是说，在经常使用在 WHERE 子句中的列上面建立索引。

同样，对于某些列不应该创建索引。这时候应该考虑下面的指导原则：

- 对于那些在查询中很少使用和参考的列不应该创建索引。这是因为，既然这些列很少使用到，因此有无索引，并不能提高查询的速度。相反，由于增加了索引，反而降低了系统的维护速度和增大了空间需求。
- 对于那些只有很少值的列不应该建立索引。例如，人事表中的“性别”列，取值范围只有两项，或“男”或“女”。若在其上建立索引，则平均起来，每个属性值对应一半的元组，用索引检索，并不能明显加快检索的速度。
- 属性值分布严重不均的属性。例如学生的年龄往往集中在几个属性值上，若在年龄属性上建立索引，则在检索某个年龄的学生时，会涉及相当多的学生。
- 过长的属性。例如超过 30 个字节。因为在过长的属性上建立索引，索引所占的存储空间较大，而索引的级数也随之增加，有诸多不利之处。如果实在需要在其上建立索引，必须采取索引属性压缩的措施。

- 经常更新的属性或表。因为在更新时有关的索引需要做相应的修改。

最后举个简单的例子，说明究竟哪些情况下需要建立索引以提高效率。假设，某个大学需要建立一个学生成绩的数据库系统，整个系统包括三个数据表：课程信息表、学生信息表和学生成绩表。数据库的结构如下：

- 学生(学号、姓名、出生日期、性别、系名、班号)
- 课程(课程号、课程名、教师、学分)
- 成绩(学号、课程号、成绩)

整个系统需要统计学生的平均分、某课程的平均分等，所以学生表中的属性"学号"，课程表中的属性"课程号"，成绩表中的属性"学号"、"课程号"将经常出现在查询条件中，可以考虑在上面建立索引以提高效率。

4.5.3 确定数据库的存储结构

确定数据库的存储结构主要指确定数据的存放位置和存储结构，包括确定关系、索引、日志、备份等的存储安排及存储结构，以及确定系统存储参数的配置。

1. 确定数据存放位置

确定数据存放位置是按照数据应用的不同将数据库的数据划分为若干类，并确定各类数据的大小和存放位置。数据的分类可依据数据的稳定性、存取响应速度、存取频度、数据共享程度、数据保密程度、数据生命周期的长短、数据使用的频度等因素加以区别。

确定数据存放的位置主要是从提高系统性能的角度考虑。由于不同的系统和不同应用环境有不同的应用需求，所以在此只给出一些启发性的规则。

- 在大型系统中，数据库的数据备份、日志文件备份等数据只在故障恢复时才使用，而且数据量很大，可以考虑放在磁带上。
- 对于拥有多个磁盘驱动器或磁盘阵列的系统，可以考虑将表和索引分别存放在不同的磁盘上，在查询时，由于两个磁盘驱动器分别工作，因而可以保证物理读写速度比较快。
- 将比较大的表分别存放在不同的磁盘上，可以加快存取的速度，特别是在多用户的环境下。
- 将日志文件和数据库对象(表、索引等)分别放在不同的磁盘可以改进系统的性能。

由于各个系统所能提供的对数据进行物理安排的手段、方法差异很大，因此设计人员应该在仔细了解给定的DBMS在这方面提供的方法、系统的实际应用环境的基础上进行物理安排。

2. 确定系统存储参数的配置

现行的许多DBMS都设置了一些系统的配置变量，供设计人员和DBA(数据库管理员)进行物理的优化。在初始情况下，系统都为这些变量赋予了合理的初值，但是这些值只是从产品本身特性出发，不一定能适应每一种应用环境，在进行物理设计时，可以重新对这些变量赋值以改善系统的性能。以 Microsoft 的 SQL Server 2014 为例，它为用户提供了的配置变量包括：同时使用数据库的用户数，同时打开的数据库对象数，使用的缓冲区长度、个数，数据库的大小，索引文件的大小，装填因子，锁的数目等。

应该指出，在物理设计对系统配置变量的调整只是初步的。在系统运行时还需要根据系统实际的运行情况进一步调整，以获得最佳的系统性能。

4.6 数据库的实施、运行和维护

在进行概念设计和物理设计之后，设计者对目标系统的结构、功能已经分析得较为清楚了，但这还只是停留在文档阶段。数据系统设计的根本目的是为用户提供一个能够实际运行的系统，并保证该系统的稳定和高效。要做到这一点，还有两项工作就是数据库的实施和运行维护。

4.6.1 数据库的实施

数据库的实施主要是根据逻辑设计和物理设计的结果，在计算机系统上建立实际的数据库结构、装入数据并进行程序的调试。它相当于软件工程中的代码编写和程序调试的阶段。

1. 建立数据库结构

用具体的 DBMS 提供的数据定义语言(DDL)，把数据库的逻辑设计和物理设计的结果转化为程序语句，然后经 DBMS 编译处理和运行后，实际的数据库便建立起来了。目前很多 DBMS 系统除了提供传统的命令行方式外，还提供了数据库结构的图形化定义方式，如本书介绍的 SQL Server 数据库管理系统，可极大地提高工作效率。

具体地说，建立数据库结构应包括以下几个方面：

- 数据库模式与子模式，以及数据库空间的描述。
- 数据完整性的描述。
- 数据安全性描述。
- 数据库物理存储参数的描述。

此时的数据库系统就如同刚竣工的大楼，内部空空如也。要真正发挥它的作用，还必须装入各种实际的数据。

2. 装入实验数据，调试应用程序

数据库的设计是一个反复的过程，特别是应用程序的调试更不是一朝一夕能完成的。如果在进行程序的调试时便贸然载入全部的实际数据，则很可能造成不必要的损失，且增添了调试的难度。合理的做法是分批装入小量的实验数据做调试用。

实验数据可以是实际的数据，也可以是随机的数据，但测试数据应尽可能充分反映

实际应用中的各种情况,这样才能确定应用程序的功能是否满足设计的要求。

3. 装入实际数据

在数据加载前,必须对数据进行整理。这是由于数据库作为共享的资源,面对的是不同的用户、不同的应用,因此数据来自各个方面,难免在数据的结构、格式与新设计的数据库系统存在相当的差距。在数据加载前,要建立严格的数据登录和校验规范,设计完善的数据校验与校正程序,排除不合格的数据。

数据的加载分为手工录入和使用数据转换工具两种。现有的DBMS都提供了DBMS之间数据转换工具,如SQL Server中的DTS。如果用户原来就使用数据库系统,可以利用新系统的数据转换工具。先将原系统中的表转换成新系统中相同结构的临时表,然后对临时表中的数据进行处理后插入到相应的表中。

4.6.2 数据库的试运行

当有部分数据装入数据库以后,就可以进入数据库的试运行阶段,数据库的试运行也称为联合调试。数据库的试运行对于系统设计的性能检测和评价是十分重要的,因为某些DBMS参数的最佳值只有在试运行中才能确定。

由于在数据库设计阶段,设计者对数据库的评价多是在简化了的环境条件下进行的,因此设计结果未必是最佳的。在试运行阶段,除了对应用程序做进一步的测试之外,重点执行对数据库的各种操作,实际测量系统的各种性能,检测是否达到设计要求。如果在数据库试运行时,所产生的实际结果不理想,则应回过来修改物理结构,甚至修改逻辑结构。

4.6.3 数据库的运行和维护

数据库系统投入正式运行,意味着数据库的设计与开发阶段的基本结束,运行与维护阶段的开始。数据库的运行和维护是个长期的工作,是数据库设计工作的延续和提高。

在数据库运行阶段,完成对数据库的日常维护,工作人员需要掌握DBMS的存储、控制和数据恢复等基本操作,而且要经常性地涉及物理数据库、甚至逻辑数据库的再设计,因此数据库的维护工作仍然需要具有丰富经验的专业技术人员(主要是数据库管理员)来完成。

数据库的运行和维护阶段的主要工作有如下几项。

1. 对数据库性能的监测、分析和改善

由于数据库应用环境、物理存储的变化,特别是用户和数据量的不断增加,数据库系统的运行性能会发生变化。所以,数据库管理员必须利用系统提供的性能监控和分析工具,经常对数据库的运行、存储空间及响应时间进行分析,确定改进措施。

目前的DBMS大多提供了一些系统监控和分析的工具。如,在普遍使用的SQL

Server 2000 中可以使用以下组件进行系统监测和分析：SQL Server Profiler 组件、Transaction-SQL 组件、Query Analyzer 组件等。

2. 数据库的转储和恢复

所谓的转储就是定期地把整个数据库复制到磁带或另外的磁盘上保护起来的过程。作为数据库的管理者，数据库管理员应根据应用的要求，制定不同的备份方案，保证一旦发生事故，能很快将数据库恢复到某种一致性的状态，尽量减少损失。

数据库的备份和故障恢复方案，一般基于具体 DBMS 提供的工具。

3. 维持数据库的安全性和完整性

数据库是企业或组织的一种资源。所以，在数据库运行阶段，数据库管理员应该保证数据的安全，使数据库不受某些有意或无意的侵犯。

数据库的安全措施与所使用的操作系统和 DBMS 有密切的联系。在日常维护中，数据库管理员应当在充分掌握系统特点(包括硬件特点和软件特点)的基础上，采取合理的安全策略，使数据库系统在满足不同使用要求的同时，具有良好的安全性和完整性。

4. 数据库的重组和重构

数据库在运行一段时间以后，由于不断进行插入、删除和修改，会使数据库的物理存储情况变差，数据的存取效率降低，数据库的性能下降。这时应对数据库进行重组，以提高系统性能。

如果数据库应用环境、用户需求有所改变，需要增加某些属性或实体集，需要删除某些属性或实体集，或者需要修改某些实体集之间的联系，从而需要对数据库系统的逻辑模式和内模式做局部修改，也就是要重构数据库。比如，新建或撤销某些表，新建或撤销某些索引等。

重组和重构的区别在于：重组并不改变数据库原有的逻辑模式和内模式，而重构则会部分修改原有的逻辑模式或内模式。

如果应用环境、用户需求变化太大，重构也无力回天时，原有的系统也就结束了它的生命周期，需要从头设计新的数据库应用系统。

思考练习题

(1) 试述数据库的设计过程。

(2) 简述数据库设计过程的各阶段的工作重点。

(3) 试述数据库设计的特点。

(4) 简述需求分析的设计目标、调查的主要内容。

(5) 简述数据库的概念结构及数据库概念设计的重要性和设计步骤。

(6) 简述为何需要进行视图集成及视图集成的方法。

(7) 试述把 E-R 图转换为关系模型的规则。

(8) 简述规范化理论对数据库设计的指导意义。

(9) 结合 SQL Server 系统简述数据库物理设计的内容和步骤。

(10) 简述在数据库运行和维护阶段，数据库管理员的主要工作内容。

(11) 设某销售公司的数据库需要进行如下数据处理：

- 每月造一张月报表，表中包括信息：
  顾客订单号、订货日期、交货日期、产品号、产品名、产品类型、订购数量、单价、金额、顾客号、顾客姓名、地址。
- 订货产品要组织货源，需要在终端上查询：
  输入：产品号；
  输出：产品号、产品名、生产厂家、出厂价、交货日期、交货数量。
- 经理要了解某段时间的业务情况：
  输入：交货日期范围；
  输出：客户所订货物的总数量、总金额。
- 经理还要了解某段时间不同类型产品的订货情况：
  输入：订货日期范围；
  输出：产品类型、订货数量、订货金额。

根据上述数据处理要求，进行数据库的概念设计和逻辑设计。

要求：

- 画出 E-R 图；
- 导出数据库的关系模型；
- 用 SQL 语句实现上面的 4 项设计处理（关于 SQL 语句的内容，请参见第 5 章）。

提示：一张订单可以订多种产品，一个产品可由多个厂家供货，一个产品类别有多种产品。

第 5 章 chapter 5

结构化查询语言 SQL

结构化查询语言(Structured Query Language,SQL)目前是数据库的标准主流语言。SQL 语言是在 1974 年由 Boyce 和 Chamberlin 提出的,并在 IBM 公司的关系数据库系统 System R 上得到实现。SQL 语言的前身是 1972 年提出的 SQUARE(Specifying Queries As Relational Expression)语言,1974 年将其做了修改,称为 SEQUEL(Structured English Query Language)语言,后来简称 SQL 语言。

由于 SQL 语言具有使用方式灵活、功能强大、简单易学等突出优点,许多关系数据库如 DB2、ORACLE、SQL Server 等都实现了 SQL 语言,同时数据库产品厂商也纷纷推出各自的支持 SQL 的软件或与 SQL 的接口软件,很快 SQL 语言就得到了整个计算机界的认可。1986 年美国国家标准局(ANSI)首先颁布了 SQL 语言的美国标准,1987 年国际标准组织(ISO)也把这个标准纳入国际标准,经修订后,1989 年 4 月颁布了增强完整性特征的 SQL89 版本,1992 年再次修订后颁布了 SQL92 版本,也就是我们今天所说的 SQL 标准。当前最新的 SQL 语言是 ANSI SQL-99。我国的 SQL 国家标准类似于 SQL89 版本。

现在,SQL 语言已经成了关系数据库王国的通用语言。本章我们就来深入学习 SQL 语言。在实际系统中使用的 SQL 语言的标准文本对 SQL99 有许多扩充,如 SQL Server 扩充使用的是 Transact-SQL,对此我们将在第 8 章详尽描述。本章介绍标准的 SQL 语言。

5.1 SQL 结构化查询语言

虽然在命名 SQL 语言时,使用了“结构化查询语言”,但是实际上 SQL 语言有四大功能:查询(Query)、操纵(Manipulation)、定义(Definition)和控制(Control)。这四大功能使 SQL 语言成为一个综合的、通用的、功能强大的关系数据库语言。

5.1.1 SQL 语言的特点

1. 一体化的特点

SQL 语言一体化的特点主要表现在 SQL 语言的功能和操作符上。SQL 语言能完成定义关系模式，录入数据以建立数据库，查询、更新、维护、重构数据库，数据库安全性控制等一系列操作要求，具有集DDL、DML、DCL为一体的特点。用SQL语言可以实现数据库生命期中的全部活动。

因为在关系模型中实体以及实体间的联系都用关系来表示，这种单一的数据结构带来了数据操纵符的统一性，因此要想操作仅以一种方式表示的信息，只需要一种操作符。

2. 两种使用方式，统一的语法结构

SQL语言有两种使用方式：联机交互使用方式和嵌入某种高级程序设计语言中进行数据库操作的方式。在联机交互使用方式下，SQL语言为自含式语言，可以独立使用，这种方式适合非计算机专业人员使用；在嵌入某种高级语言的使用方式下，SQL语言为嵌入式语言，它依附于主语言，这种方式适合程序员使用。

尽管用户使用SQL语言的方式可能不同，但是SQL语言的语法结构是基本一致的。这就大大改善了最终用户和程序设计人员之间的通信。

3. 高度非过程化

在使用SQL语言时，无论在哪种使用方式下，用户都不必了解文件的存取路径。存取路径的选择和SQL语句操作的过程由系统自动完成。也就是说，只要求用户提出“干什么”，而无须指出“怎么干”。

4. 语言简洁、易学易用

虽然SQL语言的功能非常强大，但是它的语法一点都不复杂，十分简洁。标准SQL语言完成核心功能一共用了6个动词，其他的扩充SQL语言一般又在数据定义部分加了DROP，在数据控制部分加了REVOKE。SQL语言的语法接近英语口语，因此易学易用。

在表5.1中所列出的SQL语言能够实现的各个功能和使用的语法，将在本章的后续章节介绍。

表5.1 SQL语言使用的动词

SQL语言的功能	动　词	SQL语言的功能	动　词
数据库查询	SELECT	数据操纵	INSERT、UPDATE、DELETE
数据定义	CREATE、DROP	数据控制	GRANT、REVOKE

5.1.2 SQL数据库的三级模式结构

SQL语言支持关系数据库的三级模式的结构。但是在SQL语言中，有些术语与传统的关系数据库术语有所不同。例如：关系模式在SQL语言中称为“基本表”；存储模式称为“存储文件”；子模式称为“视图”；元组称为“行”，属性称为“列”等。图5.1是SQL数据库的三级模式结构。

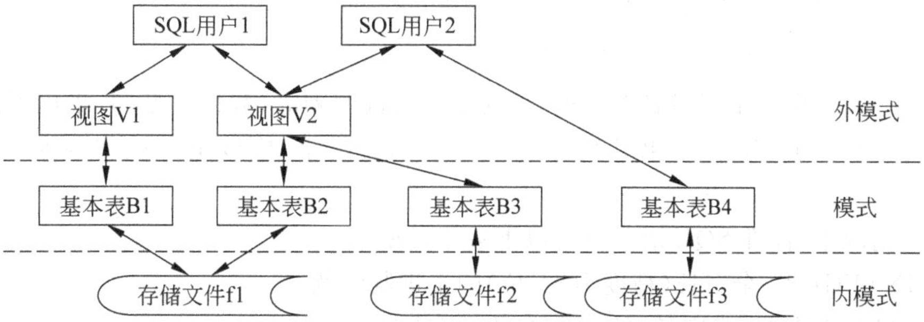

SQL用户1 SQL用户2
视图V1 视图V2 外模式
基本表B1 基本表B2 基本表B3 基本表B4 模式
存储文件f1 存储文件f2 存储文件f3 内模式

图 5.1 SQL 数据库的三级模式结构

对图 5.1 的几点说明：

(1) 用户可以用 SQL 语言对视图(view)和基本表(base table)进行查询等操作。在用户观点里,视图和基本表一样都是关系。

(2) 视图是从一个或几个基本表导出的表,它本身不独立存储在数据库中,即数据库中只存储视图的定义,不存储对应的数据,视图的数据基于基本表的数据。因此,视图是一张虚拟表。

(3) 基本表是本身独立存在的表,每个基本表都有与之对应的存储文件。一个表可以跨越若干个存储文件,一个存储文件也可存放若干个基本表。一个存储文件对应外部存储器上的一个物理文件。一个表可以带若干索引。存储文件和索引组成了关系数据库的内模式。存储文件和索引文件的文件结构是任意的。

(4) SQL 用户可以是应用程序,也可以是最终用户。目前 SQL 标准允许使用的主语言主要有：FORTRAN,COBOL,PASCAL,PL/L 和 C 语言等。SQL 用户也可以作为独立的用户接口,供交互环境下的终端用户使用。

5.2 SQL 的数据描述与操作

SQL 语言的数据定义(DDL)功能包括三部分：定义基表、定义视图和定义索引。其中定义基表中又包括建立基表、修改基表和删除基表;定义视图中包括建立视图和删除视图;定义索引中包括建立索引和删除索引。它们的语句分别为：CREATE TABLE、ALTER TABLE、DROP TABLE;CREATE VIEW、DROP VIEW;CREATE INDEX、DROP INDEX。本节我们分别介绍定义基表和定义索引两部分功能,有关 SQL 语言定义视图的功能我们将在学完 SQL 语言的数据操纵功能后再来介绍。

5.2.1 定义基表

1. 建立基表

建立基表的格式如下：

```
CREATE TABLE 表名 (列名 1  数据类型 1[NOT NULL]
```

```
[,列名 2  数据类型 2[NOT NULL]]…)
[IN  数据库空间名];
```

一个表可以由一个列或者多个列,列的定义要说明列名、数据类型,并指出列的值是否允许为空值(NULL)。如果某列作为该基表的关键字,应该定义该列为非空(NOT NULL)。

一般情况下,标准 SQL 语言支持以下数据类型:

- INTEGER:全字长(精度为 31 位)的十进制整数。
- SMALLINT:半字长(精度为 15 位)的十进制整数。
- DECIMAL(p[,Q]):压缩十进制数,共 p 位,小数点后有 q 位;15≥p≥q≥0,q=0 时可省略。
- FLOAT:双字长的浮点数。
- CHAR(n):长度为 n 的定长字符串。
- VARCHAR(n):变长字符串,最大长度为 n。

一般的 SQL 语言版本都支持空值(NULL)的概念。空值就是不存在的值,即未知的或者不可用的。空值也可以参加真值运算,如表 5.2 所示("?"代表空值)。

表 5.2 空值运算表

AND	T F ?	OR	T F ?	NOT	—
T	T F ?	T	F F F	T	F
F	F F F	F	T F ?	F	T
?	? F ?	?	T ? ?	?	?

在算术表达式中,如果任一运算分量为空值,则表达式的值为空值。如 x+y * z 中,如果 y 为空值,则 x+y * z 的值为空。

在逻辑表达式中,如果有一个值为空值,则整个逻辑表达式的值为空值。如 x+y * z>0 AND SEX=MALE,如果y 为空值,则 x+y * z>0 的值为空,整个逻辑表达式的值也为空。

在建立基表的格式中,还有一个"数据库空间名"选项,这个参数与物理存储有关,随具体系统的不同而不同。

例 5.1 建立一个学生基表 Student。

```
CREATE TABLE Student(ID_Card CHAR(18) NOT NULL,
                     Sname CHAR(8),
                     Sage SMALLINT,
                     Sschool_number CHAR(6));
```

执行上述语句就在数据库中建立了一个新的学生表 Student,该表有 4 列,分别是:身份证号(ID_Card),数据类型 (CHAR(18)),不允许有空值(NOT NULL);姓名(Sname),数据类型(CHAR(8));年龄(Sage),数据类型(SMALLINT);所属学校代号(Sschool_number),数据类型(CHAR(6))。

2. 修改基表

修改基表的格式如下：

```
ALTER TABLE 表名 ADD 列名  数据类型;
```

上述语句的功能是在已经存在的表中增加一列。

例 5.2 修改学生表 Student，在其中增加一个新列性别(Ssex)，数据类型(CHAR(2))。

```
ALTER TABLE Student ADD Ssex char(2);
```

3. 删除基表

删除基表的格式如下：

```
DROP TABLE 表名;
```

该语句把一个基表的定义，连同表中的所有数据记录、索引以及由此表导出的所有视图全部删除，并释放相应的存储空间。

例 5.3 删除学生表 Student。

```
DROP TABLE Student;
```

5.2.2 定义索引

索引就是针对一个基表根据应用环境的不同需要建立的能够提供多种存取路径的文件。通常情况下，只有 DBA 或建表的人负责索引的建立和删除，用户不必也不能在存取数据时选择索引，存取路径的选择由系统自动进行。

1. 建立索引

建立索引的格式如下：

```
CREATE [UNIQUE] INDEX 索引名 ON 基表名
    (列名 1[ASC/DESC][,列名 2[ASC/DESC]]…)
    [PCTFREE={10/整数}];
```

该语句允许在基表的一列或者多列上建立索引，最多不超过 16 列。索引可按升序(ASC)或者降序(DESC)排列，缺省时为升序。UNIQUE 表示每一索引值只对应唯一的数据记录。

选项 PCTFREE 指明在建立索引时，索引页中为以后插入或者更新索引想保留的自由空间的百分比，缺省值为 10%。

在一个基表上可以建立多个索引，以提供多种存取路径。索引一旦建立，在它被删除前一直有效。系统能够自动提供最优存取路径，使存取代价为最小。

例 5.4 在学生表 Student 中按身份证号(ID_Card)降序建立索引 XID_Card。

```
CREATE UNIQUE INDEX XID_Card ON Student(ID_Card DESC);
```

例 5.5 在学生表 Student 中同时按身份证号(ID_Card)降序和所属学校代号(Sschool_number)建立索引 XID_SN。

```
CREATE UNIQUE INDEX XID_SN ON Student(ID_Card DESC,Sschool_number ASC);
```

2. 删除索引

删除索引的格式如下：

```
DROP INDEX 索引名;
```

该语句可删除基表上建立的索引。在删除索引的同时，系统会自动把有关索引的描述从数据字典中删除。另外，当一个基表被删除时，在此基表上建立的索引也随之被删除。

例 5.6 在学生表 Student 中删除索引 XID_SN。

```
DROP INDEX XID_SN;
```

5.3 SQL 语言的数据检索功能

SQL 语言的数据操纵功能主要包括两个方面：检索和更新(包括增加、修改、删除)。涉及四个语句：查询(SELECT)、插入(INSERT)、删除(DELETE)和更新(UPDATE)。本节我们主要讨论 SQL 语言的检索功能。

SQL 语言的核心是数据库查询语句。查询语句的格式如下：

```
SELECT [ALL/DISTINCT]                    * /目标列
FROM 基表(或视图)
[WHERE 条件表达式]
[GROUP BY 列名 1[HAVING 内部函数表达式]]
[ORDER BY 列名 2 ASC/DESC];
```

该语句的功能是：根据 WHERE 子句中的条件表达式，从 FROM 后给出的基表或视图中找出满足条件的元组，按 SELECT 子句中的目标列，选出元组中的分量形成结果表。GROUP 子句将结果按列名 1 分组，每个组产生结果表中的一个元组；有 HAVING 短语时，列名 1 按 HAVING 后的条件分组。如果有 ORDER 子句，则结果表要根据指定的列名 2 按升序或降序排序。

在上述格式中，SELECT 后是查询目标表，其中参数：

- ALL：检索所有符合条件的元组。
- DISTINCT：检索去掉重复组的所有元组，缺省值为 ALL。
- *：检索结果为整个元组，即包括所有的列。

• 目标列是由“,”分开的多个项,可以是列名、常数或系统内部函数。

通常 SQL 语言为了增强检索功能,提供了一些内部函数来方便用户的检索,称为库函数。这些库函数有如下几种:

• COUNT:对一列中的值计算个数。
• COUNT(*):计算元组个数。
• SUM:求某一列值的总和(此列的值必须是数值)。
• AVG:求某一列值的平均值(此列的值必须是数值)。
• MAX:求某一列中的最大值。
• MIN:求某一列中的最小值。

在求内部函数时,空值被忽略,如果所有值为空,则结果也为空,但 COUNT 函数返回值为 0。

一般情况下,各种关系数据库系统产品都会提供以上所列出的库函数,但又会在此基础上进行扩展,所以不同的数据库系统的内部函数可能会有所不同,在这里我们就不详细讨论了,在本书的第 8 章我们会进一步学习 Transact-SQL 语言和内部函数。

在上述格式中,条件表达式可以有多种形式,例如可以含有算术运算符(+、-、*、/)、逻辑运算符(AND、OR、NOT)和比较运算符(=、＞、＞=、＜、＜=、＜＞)。还有以下几种形式:

• ＜列名＞ IS [NOT] NULL:列值是否为空。
• ＜表达式 1＞ [NOT] BETWEEN ＜表达式 2＞ AND ＜表达式 3＞:表达式 1 的值是否在表达式 2 和表达式 3 的值之间。
• ＜表达式＞ [NOT] IN(目标表列):表达式的值是否是目标表列中的一个值。
• ＜列名＞ [NOT] LIKE ＜'字符串'＞ 列值是否包含在'字符串'中。字符串中可用通配符“?”、“_”和“*”、“%”。“?”和“_”表示任一字符,“*”和“%”表示任一串字符。

下面我们用一些实例来分别讲述 SQL 语言检索功能中的简单查询、连接查询和嵌套查询。我们以 test 数据库中的三张表(如表 5.3～表 5.5 所示)为基础举例说明。

表 5.3 学生表(Student)

ID_Card	Sname	Sage	Ssex	Sschool_number
11010519840506001	刘志刚	28	男	A_15
11010719870304002	蒋辉	25	女	A_01
11013019881008004	许静	24	女	B_19
12109619910706001	王军	21	男	C_82
13070519850215002	程红	27	女	B_57
32605619900318004	王言	22	女	
40507819901124003	李赞	22	男	B_19

表 5.4 贷款额度表(Loan)

Loan_number	Amount
L_04	¥15 000.00
L_11	¥20 000.00
L_16	¥35 000.00
L_25	¥10 000.00
L_28	¥15 000.00
L_30	¥10 000.00
L_33	¥15 000.00

表 5.5 学生贷款表(Borrower)

ID_Card	Loan_number
11010519840506001	L_33
11010719870304002	L_16
11013019881008004	L_28
13070519850215002	L_25
13070519850215002	L_30
40507819901124003	L_11

1. 简单查询

例 5.7 查询全体学生的详细信息。

```
SELECT * FROM Student;
```

例 5.8 查询所属学校代号是 B_19 的学生的姓名和年龄。

```
SELECT Sname, Sage
FROM Student
WHERE Sschool_number='B_19';
```

结果列出“许静”和“李赞”的姓名和年龄。

例 5.9 查询所有贷款的学生的身份证号。

```
SELECT DISTINCT ID_Card
FROM Borrower;
```

结果列出所有贷款的学生和身份证号。

本例中，由于一个学生可能多次贷款，因此在学生贷款表(Borrower)中可能有多条身份证号的值相同的元组，在进行选择查询时，我们只想知道有哪个同学贷款，而不关心他的贷款次数，所以在查询语句中采用 DISTINCT 来去掉结果集中重复的元组。

例 5.10 查询所属学校代号是 B_57 的学生中年龄大于 24 的学生姓名、年龄和性别。

```
SELECT Sname,Sage,Ssex
FROM Student
WHERE Sschool_number='B_57' AND Sage>24;
```

结果为“程红”的有关信息。

例 5.11 查询所属学校代号为 B_19 的学生姓名、年龄和性别，并按年龄降序排序。

```
SELECT Sname,Sage,Ssex
FROM Student
WHERE Sschool_number='B_19'
ORDER BY Sage DESC;
```

例 5.12 查询贷款金额为 15 000 元的学生的贷款单号。

```
SELECT Loan_number
FROM Loan
WHERE amount=15000;
```

例 5.13 查询贷款金额在 15000～20000 元之间的贷款单号，并按贷款金额升序排序。

```
SELECT Loan_number,amount
FROM Loan
WHERE amount BETWEEN 15000 AND 20000
ORDER BY amount;
```

例 5.14 查询所属学校代号是 B_57、A_01 和 C_82 的所有学生身份证号、姓名和所属学校代号，并按学校代号升序排序。

```
SELECT ID_Card,Sname,Sschool_number
FROM Student
WHERE Sschool_number IN ('B_57','A_01','C_82')
ORDER BY Sschool_number;
```

IN 等价于用多个 OR 连接起来的复合条件。如果想查询所属学校代号不是 B_57、A_01 和 C_82 的所有学生身份证号、姓名和所属学校代号，并按学校代号升序排序，则只需在 IN 前加上 NOT。

```
SELECT ID_Card,Sname,Sschool_number
FROM Student
WHERE Sschool_number NOT IN ('B_57','A_01','C_82')
ORDER BY Sschool_number;
```

请读者自己验证。

例 5.15 查询身份证号以"110"开始的学生的所有信息。

```
SELECT *
FROM Student
WHERE ID_Card LIKE '110*';
```

例 5.16 查询最高和最低的贷款金额。

```
SELECT Min (amount) AS AMOUNTOfMin, Max
(amount) AS AMOUNTOfMax
FROM Loan;
```

结果如表 5.6 所示。

表 5.6 例 5.16 执行结果

AMOUNTOfMin	AMOUNTOfMax
￥10000.00	￥35000.00

2. 连接查询

当查询涉及两个或两个以上的基表时，就称之为连接查询。连接查询是关系数据库中最主要的查询功能。

例 5.17 查询已参加贷款的学生的全部信息和其贷款单号。

```
SELECT S.*,B.Loan_number
FROM Student AS S,Borrower AS B
WHERE S.ID_Card=B.ID_Card;
```

在本查询中,为了简化语句的书写,用到了表的别名,如 Student AS S,S 就是 Student 的别名。如果要选择的列名在多个表中是唯一的,则其前的表名可以省略,如本例中的 B.Loan_number 也可以直接写成 Loan_number。WHERE 后为多表查询的连接条件,在后面的例子中会看到各种形式的连接条件。

例 5.18 查询贷款号为 L_33 的学生信息。

```
SELECT S.*
FROM Student AS S,Borrower AS B
WHERE S.ID_Card=B.ID_Card AND B.Loan_number='L_33';
```

例 5.19 查询贷款金额为 15 000 元的学生信息。

```
SELECT S.*,L.Loan_number
FROM Student AS S,Borrower AS B,Loan AS L
WHERE S.ID_Card=B.ID_Card AND B.Loan_number=L.Loan_number AND L.amount=15000;
```

另外,还有一种使用 INNER JOIN-ON 语句的自然连接查询。例如本例可以写成如下的形式:

```
SELECT S.*, L.Loan_number
FROM (Student AS S INNER JOIN Borrower AS B ON S.ID_Card=B.ID_Card) INNER JOIN
Loan AS L ON B.Loan_number=L.Loan_number
WHERE L.amount=15000;
```

执行结果请读者自己验证。

例 5.20 查询多次参加贷款的学生的身份证号及其贷款单号。

```
SELECT DISTINCT B1.ID_Card,B1.Loan_number,B2.Loan_number
FROM Borrower AS B1,Borrower AS B2
WHERE B1.ID_Card=B2.ID_Card AND B1.Loan_number<B2.Loan_number;
```

连接也可以是一个表自身的连接。在连接时,实际上是将一个表作为两个表来处理的。为了区分开,在查询语句中要使用表的别名。本例中,表 Borrower 用 B1 和 B2 分别表示两个表,然后再根据连接条件进行连接。本例中的连接条件有如下语句:B1.Loan_number<B2.Loan_number,为什么没有写成 B1.Loan_number<>B2.Loan_number 的形式呢?请读者自己思考并验证之。

3. 嵌套查询

嵌套查询也称为子查询,是指一个查询块(SELECT-FROM-WHERE)可以嵌入另一个查询块之中。SQL 语言允许多层嵌套。有时人们将自查询分为无关联子查询和关联子查询，二者的区别将在以下的例题中讲解。

例 5.21 查询年龄大于 23 岁的学生的贷款单号和贷款金额。

```
SELECT *
FROM Loan WHERE Loan_number IN
(SELECT Loan_number
FROM Borrower WHERE Borrower.ID_Card IN
(SELECT ID_Card
FROM Student WHERE Sage>23));
```

本查询是一个无关联子查询的例子，无关联子查询使用“IN”。查询中用了两次子查询，执行时先得到最内层的查询结果，逐层向外求值，最后得到要查询的值。无关联子查询的内、外层查询的返回结果均为二维表。使用子查询层次清楚，容易表示，易于理解。当然本例也可以用连接查询实现。

例 5.22 查询多次贷款的学生的身份证号。

```
SELECT ID_Card
FROM Borrower AS B1
WHERE ID_Card IN
(SELECT ID_Card FROM Borrower AS B2
WHERE B1.Loan_number<B2.Loan_number);
```

例 5.23 查询贷款金额为 15 000 元的学生的身份证号。

```
SELECT ID_Card FROM Borrower
WHERE EXISTS
(SELECT * FROM Loan
WHERE Borrower. Loan _ number = Loan.
Loan_number AND Loan.amount=15000);
```

表 5.7 例 5.23 的执行结果

ID_Card	ID_Card
110105198405060001	110130198810080004

结果如表 5.7 所示。

本查询是一个关联子查询的例子，关联子查询使用量词“EXISTS”。在执行关联子查询的语句时，当且仅当子查询的值不为空时存在量词的值为真。也就是说，关联子查询中的子查询返回的是布尔值，不是二维表。如果子查询的返回值为真，则在结果集中保留该元组的值，否则就不保留该元组。

如果需要正好相反的结果集，则使用 NOT EXISTS。请读者自己验证。

例 5.24 查询身份证号为 130705197502150002 或者贷款金额为 20000 元的贷款单号。

SQL 中提供了并运算(UNION)。如果两个查询是并兼容的，则可以并为一个查询结果，也就是说，如果两个查询的结果集有相同的列，则二者相容，此时可以做并运算。UNION 运算可以自动消去重复元组。本例就是一个使用并运算的例子。

```
SELECT Loan_number FROM Borrower
WHERE ID_Card='130705198502150002'
```

```
UNION
SELECT Loan_number FROM Loan
WHERE amount=35000;
```

结果如表 5.8 所示。

表 5.8 例 5.24 执行结果

Loan_number	Loan_number	Loan_number
L_16	L_25	L_30

5.4 SQL 语言的数据更新功能

SQL 语言的数据更新功能保证了 DBA 或数据库用户可以对已经建好的数据库进行数据维护。SQL 语言的更新语句包括修改、删除和插入三类语句。下面分别介绍这三类语句的使用。

5.4.1 修改语句

修改语句也称为更新语句，它的一般格式如下：

```
UPDATE 表名
SET 列名 1=表达式 1[,列名 2=表达式 2] …
[WHERE 条件表达式];
```

该语句的功能是修改指定表中满足条件表达式的元组，把这些元组按 SET 子句中的表达式修改相应列上的值。

例 5.25 修改贷款单号为 L-33 的贷款金额为 20000 元。

```
UPDATE Loan SET amount=20000
WHERE Loan_number='L_33';
```

例 5.26 把身份证号为 11010519840506001 的学生的贷款金额修改为 20000 元。

```
UPDATE Loan SET amount=20000
WHERE Loan_number=
(SELECT Loan_number FROM Borrower
WHERE ID_Card='11010519840506001');
```

这里如果确定子查询的结果唯一，则可以使用“=”，否则应使用“IN”。

5.4.2 插入语句

插入语句的一般格式如下：

```
INSERT INTO 表名[(列名 1[,列名 2] …)]
VALUES (常量 1[,常量 2] …);
```

或者

```
INSERT INTO 表名[(列名 1[,列名 2] …)]
嵌套查询;
```

第一种格式一次可以插入一个新元组,也可以插入一个元组的几列的值。第二种格式是把嵌套查询得到的结果插入表中。如果表中的某些列没有在插入语句中出现,则这些列上的值取空值NULL。如果在定义基表时说明了某个列的值非空,则该列在插入时不能取空值。

例5.27 在学生表中插入一个新元组(11015019921228003,孙晓明,20,男,C_20)。

```
INSERT INTO Student
VALUES('11015019921228003','孙晓明',20,'男','C_20');
```

如果某一允许空的列的值暂时不知道,可以不写在列表中。如本例中暂不知道学校代号,可以写成如下语句:

```
INSERT INTO Student
VALUES('11015019921228003','孙晓明',20,'男');
```

例5.28 建立一张新表B_A(ID_Card,Loan_number,amount),并在其中插入贷款金额为15 000元的学生贷款信息。

```
INSERT INTO B_A
SELECT Borrower.ID_Card,Borrower.Loan_number,Loan.amount
FROM Borrower INNER JOIN Loan ON Borrower.Loan_number=Loan.Loan_number
WHERE Loan.amount=15000;
```

5.4.3 删除语句

删除语句的一般格式如下:

```
DELETE FROM 表名
[WHERE 条件表达式];
```

该语句的功能是从指定基表中删除满足条件表达式的元组。如果没有WHERE子句,则删除所有元组,删除后该基表成为空表,但是该表的定义仍保存在数据字典中。

例5.29 删除年龄为25岁的学生记录。

```
DELETE FROM Student
WHERE Sage=25;
```

用SQL语言对数据库中的数据进行更新、插入或删除时,都是对单个表进行的,如果表之间没有定义完整性约束,则可能导致多个表之间的数据不一致。

5.4.4 SQL语言对视图的操纵

视图(View)是从一个或几个基表(或视图)导出的表。一个用户可以定义若干个视图,因此,对于某一用户而言,它的外模式是由若干基表和若干视图组成的。

前面讲过,视图是一张虚拟表,即视图所对应的数据不实际存储在数据库中。数据库中只存储视图的定义,只有对视图进行操作时才根据定义从基表中形成实际数据供用户使用。本节介绍视图的定义。

1. 建立视图

建立视图的格式如下：

```
CREATE VIEW 视图名 [(字段名[,字段名…])
          AS 查询语句
          [WITH CHECK OPTION];
```

该语句执行的结果就是把视图的定义存入数据字典中，定义该视图的查询语句并不执行。选项 WITH CHECK OPTION 表示对视图进行更新(UPDATE)和插入(INSERT)操作时要保证更新或插入的行满足视图定义中的谓词条件。另外，在上述格式的查询语句中，不能有 UNION 和 ORDER BY 子句。

例 5.30 建立学校代号为 B_19 的学生信息视图。

```
CREATE VIEW Stu_B_19
AS SELECT *
    FROM Student
    WHERE Sschool_number='B_19';
```

视图 Stu_B_19 的字段名都省略了，隐含是子查询中 SELECT 子句目标列中的诸字段。但是当目标列中是库函数或字段表达式，或者多表连接时选出了几个同名字段作视图的字段时，则在试图定义中必须指出它的诸字段的名字。

例 5.31 把学生的身份证号和贷款金额定义成一个视图。

```
CREATE VIEW Stu_Amount(ID_Card,amount)
AS SELECT ID_Card,amount
    FROM Borrower,Loan
    WHERE Borrower.Loan_number= Loan.Loan_number;
```

2. 删除视图

删除视图的格式如下：

```
DROP VIEW 视图名;
```

该语句的执行结果就是从数据字典中删除某个视图的定义，由此视图导出的其他视图通常不能被自动删除，但是已经不能使用了。若导出此视图的基表被删除了，则此视图也将被自动删除。

例 5.32 删除视图 Stu_B_19。

```
DROP VIEW Stu_B_19;
```

3. 视图的查询

我们前面讲过，视图也是二维表，因此视图定义以后，用户可以如同操作基表那样对视图进行操作。但视图是一个虚拟表,在视图上不能建立索引。本节先来介绍视图的查询。

对基表的各种查询形式对视图同样有效,如连接查询、分组、排序和嵌套查询等等,但在有些情况下对视图的查询要受到限制。如果视图中的列是使用内部函数定义的,则该列名不能在查询条件中出现,也不能作为内部函数的参数。用GROUP BY定义的视图不能进行连接查询,即不能同其他视图或基表连接。

例5.33 在视图Stu_B_19中查询年龄大于23岁的学生信息,并按年龄排序。

```
SELECT * FROM Stu_B_19
WHERE Sage>23
ORDER BY Sage;
```

系统执行此查询时,首先把它转换成等价的对基表的查询,然后执行修改了的查询。即当查询是针对视图时,系统首先从数据字典中取出该视图的定义,然后把定义中的子查询和视图查询语句结合起来,形成一个修正的查询语句。本例修正后的查询语句为:

```
SELECT * FROM Student
WHERE Sage>23 AND Sschool_number='B_19'
ORDER BY Sage;
```

对视图的查询实质上是对基表的查询,因此基表的变化可以反映到视图上。视图就如同"窗口"一样,通过视图可以看到基表动态的变化。通常视图查询的转换是直截了当的,但有时也会产生一些问题。如下面的例子。

例5.34 建立一个学校学生的平均年龄的视图Sch_AVGOfAge。

```
CREATE VIEW Sch_AVGOfAge(Sschool_number, AVGOfAge)
AS SELECT Sschool_number,AVG(Sage)
    FROM Student
    GROUP BY Sschool_number;
```

在该视图中查询平均年龄大于22岁的学校代号和平均年龄:

```
SELECT * FROM Sch_AVGOfAge
WHERE AVGOfAge>22;
```

执行查询转换后得到一个不正确的查询语句:

```
SELECT Sschool_number,AVG(Sage)
FROM Student
WHERE AVG(Sage)>22
GROUP BY Sschool_number;
```

WHERE子句中不能用库函数作为条件表达式,正确的转换语句如下:

```
SELECT Sschool_number,AVG(Sage)
FROM Student
GROUP BY Sschool_number HAVING AVG(Sage)>22;
```

4. 视图的更新

视图的更新是指 INSERT、UPDATE、DELETE 三类操作。视图的更新最终要转换成对基表的更新。

例 5.35 给视图 Stu_B_19 中所有学生的年龄加一。

```
UPDATE Stu_B_19
SET Sage=Sage+1
```

将其转换为对基表 Student 的更新:

```
UPDATE Student
SET Sage=Sage+1
WHERE Sschool_number='B_19';
```

例 5.36 在视图 Stu_B_19 中插入一个学生(11016019920609001,王晓波,23,男,B_19)。

```
INSERT INTO Stu_B_19
VALUES('11016019920609001','王晓波',23,'男','B_19');
```

转换成对基表的插入:

```
INSERT INTO Student
VALUES('11016019920609001','王晓波',23,'男','B_19');
```

若一个视图是由单个基表导出的,并且只是去掉了基表的某些行和某些列(不包括键),如视图 Stu_B_19,我们称这类视图为行列子集视图。行列子集视图是可更新的。有些视图虽然不是行列子集视图,但是理论上讲仍是可更新的,而有些视图则是不可更新的。

例 5.37 在视图 Sch_AVGOfAge 中,将学校代号为 B_19 的学校学生平均年龄改为 24。

```
UPDATE Sch_AVGOfAge
SET AVGOfAge=24
WHERE Sschool_number='B_19';
```

由于视图 Sch_AVGOfAge 中的一个元组是由基表 Student 中若干行经过分组求平均得到的,因此对视图 Sch_AVGOfAge 的更新就无法转换成对 Student 的更新。所以视图 Sch_AVGOfAge 是不可更新的。

在关系数据库中,并非所有的视图都是允许更新的。也就是说,有些视图的更新不能有意义地唯一转换成对基表的更新。一般的数据库管理系统都有如下几种情况:

- 若视图的字段来自字段表达式或常数,则不允许对此视图执行 INSERT 和 UPDATE,但允许执行 DELETE 操作。
- 若视图的字段是来自库函数,则此视图不允许更新。

- 若视图的定义中有 GROUP BY 子句，则此视图不允许更新。
- 若视图的定义中有 DISTINCT 选项，则此视图不允许更新。
- 若视图的定义中有嵌套查询，并且嵌套查询的 FROM 子句中涉及的表也是导出该视图的基表，则此视图不允许更新。
- 若视图是由两个以上基表导出的，则此视图不允许更新。
- 一个不允许更新的视图上定义的视图也不允许更新。

那么不可更新视图和不允许更新视图有什么区别呢？不可更新视图是指在理论上已经证明了的不可更新的视图；不允许更新视图是指在实际的系统中不支持更新的视图，这里既包括不可更新视图，也可能包括理论上可更新的视图，只是系统不允许对其执行更新操作罢了。

5. 视图的优点

SQL 中提供视图的概念，使用户操作数据更加灵活、方便，从而提高了数据库的性能。它的主要优点如下：

1）视图对于数据库的重构造提供了一定程度的逻辑独立性

数据的物理独立性是指用户和用户程序不依赖于数据库的物理结构；数据的逻辑独立性是指当数据库重构造时，用户和用户程序不会受影响。一般的数据库都能很好地支持数据的物理独立性，但对于逻辑独立性则不能完全支持。

有了数据的逻辑独立性，即使数据库的逻辑结构发生了改变，用户程序也不必作修改。这是因为视图定义了用户原来的关系，使用户的外模式不变，原来的应用程序仍能通过视图查找数据，但由于视图更新的条件性，更新操作会受到影响。

2）简化了用户观点

视图机制使用户把注意力集中在所关心的数据上，简化了用户的数据结构。同时一些需要通过若干表连接才能得到的数据，以简单表的形式提供给用户，把从表到表所需要的连接操作向用户隐藏起来。

3）使用户以不同的方式看待同一数据

例如某些用户关心某学校学生的贷款金额，而另一些用户则关心所有学生的平均贷款金额。当许多不同种类的用户使用同一集成的数据库时，这种灵活的使用方式显然是很重要的。

4）对机密数据提供了自动的安全保护功能

视图机制可以把机密数据从公共的数据视图中分离出去，即针对不同用户定义不同的视图，在用户视图中不包括机密数据的字段。这样，用户通过视图只能操作他应该操作的数据，其他数据被隐藏起来，从而达到对机密数据保密的目的。

5.5 SQL 的数据控制功能

SQL 语言的数据控制功能是指控制数据库用户对数据的存取权力。实际上数据库中的数据控制包括数据的安全性、完整性、并发控制和数据恢复。我们在这里仅讨论数据的安全性控制功能。

某个用户对数据库中某类数据具有何种操作权限是由 DBA 决定的。这是个政策问题而不是技术问题。DBMS 的功能是保证这些决定的执行，因此它必须具有以下功能：

- 把授权的决定告知系统，这是由 SQL 的 GRANT 和 REVOKE 语句完成的。
- 把授权的结果存入数据字典。
- 当用户提出操作请求时，根据授权情况进行检查，以决定是执行操作请求还是拒绝它。

5.5.1 SQL 的数据控制方法

1. 授权语句

SQL 语言中授权语句的一般格式如下：

```
GRANT 权力 1[,权力 2,…][ON 对象类型 对象名]TO 用户 1[,用户 2,…]
[WITH GRANT OPTION];
```

对不同类型的操作对象可有不同的操作权限，如表 5.9 所示。

表 5.9 对象类型和操作权限

对象类型	操作权限
表、视图、列(TABLE)	SELECT,INSERT,UPDATE,DELETE,ALL PRIVILEGE
基表(TABLE)	ALTER,INDEX
数据库(DATABASE)	CREATETAB
表空间(TABLESPACE)	USE
系统	CREATEDBC

对表 5.9 说明如下：

- 对于基表、视图及表中的列，其操作权限有查询、插入、更新、删除以及它们的总和 ALL PRIVILEGE。
- 对于基表还有修改和建立索引的操作权限。
- 对于数据库有建立基表(CREATETAB)的操作权限，用户有了此权限就可以建立基表，被称为表的主人，拥有对此基表的一切操作权限。
- 对于表空间有使用(USE)数据库空间存储基表的权限。
- 系统权限有建立新数据库(CREATEDBC)的权限。

SQL 授权语句中的 WITH GRANT OPTION 选项的作用是使获得某种权限的用户可以把权限再授予别的用户。

下面通过例子来理解 SQL 语言的数据控制功能。

例 5.38 把修改学生表中的身份证号和查询学生表的权利授予用户 1(USER1)。

```
GRANT UPDATE(ID_Card),SELECT ON TABLE Student TO USER1;
```

例 5.39 把对表 Student，Borrower，Loan 的查询、修改、插入和删除等全部权限授予用户 1 和用户 2。

```
GRANT ALL PRIVILIGES ON TABLE Studeng,Borrower,Loan TO USER1,USER2;
```

例 5.40 把对表 Loan 的查询权限授予所有用户。

```
GRANT SELECT ON TABLE Loan TO PUBLIC;
```

例 5.41 把在数据库 TEST 中建立表的权限授予用户 2。

```
GRANT CREATETAB ON DATABASE TEST TO USER2;
```

例 5.42 把对表 Borrower 的查询权限授予用户 3,并给用户 3 有再授予的权限。

```
GRANT SELECT ON TABLE Borrower TO USER3
WITH GRANT OPTION;
```

例 5.43 用户 3 把查询 Borrower 表的权限授予用户 4。

```
GRANT SELECT ON TABLE Borrower TO USER4;
```

2. 回收语句

已经授予用户的权限可用 REVOKE 语句收回,格式如下:

```
REVOKE 权限 1[,权限 2…] [ON 对象类型 对象名]
FROM 用户 1[,用户 2…];
```

例 5.44 把用户 1 修改学生身份证号的权限收回。

```
REVOKE UPDATE(ID_Card) ON TABLE Student FROM USER1;
```

例 5.45 把用户 3 查询 Borrower 表的权限收回。

```
REVOKE SELECT ON TABLE Borrower FROM USER3;
```

由于在例 5.42 中授予用户 3 权限再授予的权限,而且用户 3 在例 5.43 中将对 Borrower 表的查询权限又授予了用户 4,因此,当在例 5.45 中把用户 3 的查询权限收回时,系统将自动地收回用户 4 对 Borrower 表的查询权限。注意,系统只收回由用户 3 授予用户 4 的那些权限,而用户 4 仍然具有从其他用户那里获得的权限。

SQL 的授权机制十分灵活,用户对自己建立的基表和视图拥有全部的操作权限,还可以用 GRANT 语句把某些操作权限授予其他用户,包括"授权"的权限。拥有"授权"权限的用户还可以把获得的权限再授予其他用户。如果用户不想再让其他用户使用某些权限,还可以用 REVOKE 语句收回。

5.5.2 SQL Server 数据操作

目前,SQL 语言是国际标准化组织采纳的标准数据库语言,其最新标准是 ISO SQL-99。微软公司在关系型数据库管理系统 Microsoft SQL Server 中对 ISO SQL-99 的实现就是我们前面提到的 Transact-SQL 语言。在 Microsoft SQL Server 中，通过使用各种 Transact-SQL 语言，可以完成数据库中的各种操作。

Transact-SQL 语言是微软公司对 SQL 语言的扩展。它同 SQL 语言一样是一种交互式查询语言，具有功能强大、简单易学的特点；它既允许用户联机交互使用，也可以嵌入到某种高级程序语言中使用；它有自己的数据类型、表达式、关键字和语句结构，而且相对其他语言要简单得多。

Transact-SQL 语言有四部分功能：数据控制语言（DCL），用来进行安全性管理，确定哪些用户可以查看或者修改数据或执行操作，包括 GRANT、DENY、REVOKE 等语句；数据定义语言（DDL），用来执行数据库的任务，创建数据库以及数据库中的各种对象，包括 GREATE、ALTER、DROP 等语句；数据操纵语言（DML），用来在数据库中操纵各种对象以及检索和修改数据，包括 SELECT、INSERT、UPDATE、DELETE 等语句；另外还有 Transact-SQL 语言的一些附加语言元素，包括变量、运算符、函数、流程控制语言等。

思考练习题

（1）什么是基本表？什么是视图？试述二者的区别和联系。

（2）简述 SQL 标准数据库语言的特点。

（3）视图是否可以更新？哪类视图可以更新？哪类视图不可以更新？

（4）简述数据库视图操作的优点。

（5）简述 DCL、DDL、DML 等的意义。

（6）建立如表 5.10～表 5.12 所示的三个数据表：科研课题表 KYKT、科研情况表 KYQK 和科研人员表 KYRY，然后完成以下各题。

表 5.10　科研课题表 KYKT

KYID(课题编号)	KTNAME(课题名称)	KTJF(课题经费)(万元)
101	CAD	150
102	CAM	30
105	CAPP	50
203	CIMS	300
207	GT	12
215	ERP	130

表 5.11　科研情况表 KYQK

RYID	KTID	SBF(设备费)	GZL(工作量：日)	SYJF(使用经费)
51	101	15	400	80
51	105	5	180	25
52	101	10	400	70
52	203	40	600	200

续表

RYID	KTID	SBF(设备费)	GZL(工作量:日)	SYJF(使用经费)
58	102	30	5	200
67	207	1	90	12
67	215	25	700	130
69	105	4	200	25
69	203	15	600	100

表 5.12 科研人员表 KYRY

RYID	RYNAME	ZC	SEX	ADDR
51	ZHANGSAN	ENGEENER	FEMAIL	BEIJING
52	LISI	PROFESSOR	MAIL	TIANJIN
58	WANGWU	DOCTOR	MAIL	BEIJING
67	ZHAOLIU	MASTER	MAIL	SHANGHAI
69	LIUHONG	ENGEENER	MAIL	SHANGHAI
75	YANGDA	PROFESSOR	FEMAIL	BEIJING

按要求写出 SQL 查询语句:

- 查询课题经费大于 100 万元的课题编号及其名称。
- 查询同时参加编号为 101 和 105 课题的科研人员的编号。
- 查询科研情况表中所有科研人员的编号。
- 检索 69 号科研人员的信息。
- 检索 105 号课题的平均工作量。
- 检索工作量在 200～400 日的课题编号、人员编号及工作量,并按工作量降序排序。在科研人员表中追加一个科研人员(53,DAIHONG,DOCTOR,MAIL,TIANJIN)。
- 删除 52 号科研人员的所有科研课题。
- 修改 203 号课题的课题经费为 120 万元。
- 把 67 号科研人员的工作量减少 10%。

第6章 chapter 6

SQL Server 数据库系统

SQL Server 是由 Microsoft 开发和推广的关系数据库管理系统(DBMS),是真正的客户机/服务器体系结构,市场占有率高、应用广泛。SQL 是英文 Structured Query Language 的缩写,意为结构化查询语言。按美国国家标准协会（ANSI)规定,SQL 被作为关系型数据库管理系统的标准语言一直广为使用。SQL Server 2014 版本是目前使用的版本,其后推出的 SQL Server 产品增加了新的功能和技术支持,如为企业提供了云备份以及云灾难恢复等混合云应用和无缝迁移关键数据等技术支持,提供了大型电子商务、数据仓库、数据库管理和云计算服务等很好的解决方案。

6.1 SQL Server 系统概述

SQL Server 具有强大的数据管理功能,提供了丰富的管理工具支持数据的完整性管理、安全性管理和作业管理等。SQL Server 支持标准 ANSI SQL,把标准 SQL 扩展成为更为实用的 Transact-SQL。SQL Server 具有分布式数据库和数据仓库功能,能进行分布式事务处理和联机分析处理,支持客户机/服务器结构;另外 SQL Server 还具有强大的网络功能,支持发布 Web 页面以及接收电子邮件。SQL Server 2014 主要有标准版、企业版和商业智能版三个版本,根据数据库版本的不同,提供了数据管理服务、分析服务、集成服务、报告服务,以及数据质量服务等技术支持,可用于构建部署和管理本地或云端应用程序。

SQL Server 数据平台为应对网络大数据信息资源急剧增长、数据处理急剧膨胀等实际应用,提供了相应的解决方案,例如可以管理、存储许多数据类型,包括电子邮件、时间日历、文件文档、多媒体信息和 XML 数据等,同时提供多种服务实现数据交互,如查询、搜索、数据分析、数据整合和强大的同步功能等。SQL Server 2014 增强的功能包括数据库引擎功能、Transact-SQL 功能、系统检测表功能、安全性功能、数据库部署功能等。SQL Server 的主要功能如下。

1. 数据仓库

1) 分析服务

Microsoft SQL Server 数据挖掘的功能包括多维数据集处理、维度增强处理、安全性自增强处理、虚拟多维数据集编辑器等。

2）数据转换服务(DTS)

DTS的新特性包括：简化了使用OLE DB、ODBC(开放式数据库连接)或文本文件的异类数据提取、转换和加载到任意受支持的OLE DB数据库或多维存储中的操作；允许用户定期导入或变换数据，以实现数据转换的自动化；可以通过一些允许程序在数据转换过程中以多点方式进行交互的接口，访问并操纵多项数据库提取(pump)的操作；允许用户利用新的参数化源选择语句和改良的错误日志将“重新启动”内置于DTS程序包中；与Visual SourceSafe版本控制系统组合使用时，DTS还提供了程序包版本控制和备份的替代方法。

3）数据挖掘

数据挖掘技术可以自动从大量信息中进行筛选，找出对用户有用而未被发觉的有用信息。Microsoft已经把数据挖掘引擎集成到SQL Server分析服务中，能够在OLAP多维数据集和关系数据库中发现信息。可以使用数据挖掘的结果创建维度，将该维度添加到多维数据集中，以对数据进行进一步分析。

4）索引化的视图

数据仓库应用程序经常需要处理复杂报表，会有大量的查询请求，而查询访问视图时，数据库需要建立视图结果集，而结果集不会永久存放在数据库中，所以，以后每次执行查询时都可能建立结果集，这将严重浪费系统资源，尤其是执行连接或聚合操作的查询。

SQL Server允许为视图创建独特的聚簇索引。创建了聚簇索引后，视图将被执行，结果集将被存放在数据库中，存放的方式与带有聚簇索引的表的存放方式相同，这就在数据库中有效地实现了查询结果。创建聚簇索引后，查询可以从索引视图中检索数据而不必重新编写程序代码。这样，效率将大大提高，对于某些特定类型的视图，甚至可以获得指数级的性能改善。

2. 电子商务

SQL Server是Web上广泛用于存储数据的数据库系统。它提供了更多的Web和电子商务功能，其中包括：

1）对XML支持的增强

使用XML简化了对后端系统和数据转换的整合。SQL Server允许使用XML来配置系统以宽松地交换数据。XML可插入、更新、删除数据库中的值，关系数据库引擎可以返回XML文档格式的数据，可使用SQL Server生成一个XML并且通过XML得到客户端的返回值。

2）Web数据访问

通过Web可轻松安全地访问数据。SQL Server提供了从浏览器通过防火墙安全访问数据的能力，也提供了对格式化文档的快速全文索引。使用SQL Server能够分析和链接现存的在线分析处理(OLAP)管道。

3）分布式分区视图

SQL Server提供分布式分区视图的功能。用户可以跨多个服务器水平分区表，通过对 SQL Server 数据进行水平分区，可以让一组服务器共同承担数据处理负荷。这些服务器虽然共同管理分区数据，但其本身的运行是自主的。数据分区对于访问数据库的应用程序是透明的。应用程序可以"看到"所有的表，无论它访问了组中的哪台服务器，所有服务器都接受连接并处理查询和更新，同时按照需要分发扫描和更新。

4）安全性

Microsoft SQL Server 不断增强的安全性能不仅提供了业界高等级的安全性，还简化了达到相应安全等级的操作。

5）简化数据库管理

数据库的使用模式经常在新工具或新用户以不同方式访问数据时发生改变，这需要数据库管理员经常连续微调，以长期维持数据库的调谐状态。

6）数据库复制

SQL Server 提供了三种类型的复制。

- 快照：将数据的完整视图复制到另一台计算机上。快照复制分发特定时刻的数据，并且不监视数据更新。快照复制适用于复制经常改变的数据或不需要更新的数据。快照被创建后发往订阅服务器。
- 事务：事务是在一台计算机上执行的插入、更新或删除语句。这种类型的复制将作为复制标记发布者数据事务日志中的选定事务，然后以异步方式把这些事务发送给订户作为增量变化，同时维持事务的连贯性。利用事务复制，最初的数据快照将在订阅服务器那里得到应用，并在订阅服务器上进行数据修改，个体事务被捕捉并传播给订阅服务器。事务复制适用于以下场合：
  - 增量改变需要在发生时传播到订阅服务器。
  - 事务需要坚持其 ACID 属性（原子性、一致性、隔离性、持久性）。
  - 订阅服务器以可靠的方式频繁连接到发布服务器上。
- 合并：合并复制允许站点为复制数据做自洽变化，稍后将合并在所有站点上的变化。合并复制是从发布服务器向订阅服务器分发数据的过程，允许发布服务器和订阅服务器在连接或非连接状态下进行更新，然后在站点连接状态下合并这些更新。合并复制不能保证事务的连贯性。合并复制让各站点以自主方式运行，然后合并更新产生统一形式的结果。合并复制适用于以下场合：
  - 多个订阅服务器需要在不同时间更新数据并将数据改变传播到发布服务器和其他订阅服务器。
  - 订阅服务器需要接收数据并脱机更改数据，然后与发布服务器及其他订阅服务器同步这些改变。

6.2 SQL Server 数据库结构

数据库主要用来描述一系列对象和数据。在 SQL Server 中，数据可以被组织到用户可以看见的逻辑组件中，也可以按物理方式在磁盘上作为两个或多个文件实现。使用数据库时主要使用的是逻辑组件。逻辑组件和物理实现的关系如图 6.1 所示。

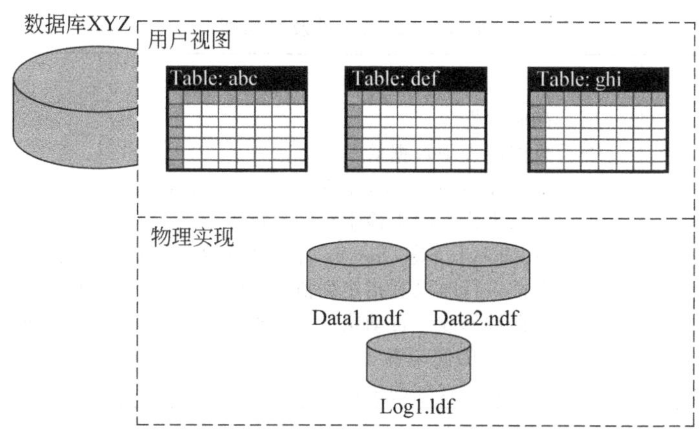

图6.1 逻辑组件和物理实现的关系

6.2.1 数据库逻辑体系结构

数据库的逻辑组件主要包括：约束、默认值、索引、表、触发器、存储过程等。

1. 表

在数据库中，所有数据都存放在表中。SQL Server采用的数据库模型是关系模型，在这个模型中数据被组织成二维表的形式，相应SQL Server中的表有行和列两个组件，其中每一行描述一个对象，每一列描述对象的某一属性。

2. 视图

视图同表一样具有显示数据的功能，但本身并不保存数据。SELECT语句结果集构成视图所返回的虚拟表。视图的功能包括：

- 将用户限定在表中的特定行或特定列上。
- 通过连接多个表中的列把这些表连接起来。
- 聚合信息。
- 在多个数据库或Microsoft SQL Server实例间对数据进行分区，以实现分区视图在整个服务器组内的分布数据库处理。

3. 存储过程

存储过程是一组在SQL Server服务器端被编译后可以反复执行的T-SQL语句集合，主要用在不同应用程序间实现逻辑一致性。除常用逻辑组件外，索引、触发器等组件也很重要。逻辑组件及其功能如表6.1所示。

6.2.2 数据库物理体系结构

数据库物理体系结构所涉及的内容包括：页和扩展盘区、物理数据库文件和文件组、聚簇索引和非聚簇索引、文本和图像的存储、事务日志等。

表 6.1 逻辑组件及其功能

组 件	功 能
表	用于存储数据
视图	查看数据库表中数据的一种方法
存储过程	预定义的 T-SQL 语句,完成需要重复实现的功能
索引	可加快从表或视图中检索行的速度
约束	定义 Microsoft SQL Server 自动强制数据库完整性的方式
默认值	如果在插入行时没有指定列值,默认值将指定列中所使用的值
触发器	表中数据被修改时自动执行的操作,还可以实施更为复杂的完整性约束
用户	SQL Server 的使用者
角色	具有一组相同权限的用户

1. 页和扩展盘区

页是 SQL Server 中数据存储的基本单位,大小为 8 KB,每页的页首是 96B(字节),包括页的类型、页的可用空间量、拥有页的对象的标识符等。数据文件中的页类型如表 6.2 所示。

表 6.2 数据文件中的页类型

页 类 型	内 容
数据	包含数据行中除 text、ntext 和 image 数据外的所有数据
索引	索引项
文本/图像	text、ntext 和 image 数据
全局分配映射表、辅助全局分配映射表	有关已分配的扩展盘区的信息
页的可用空间	有关页上可用空间的信息
索引分配映射表	有关表或索引所使用的扩展盘区的信息
大容量更改映射表	有关自上次执行 BACKUP LOG 语句后大容量操作所修改的扩展盘区的信息
差异更改映射表	有关自上次执行 BACKUP DATEBASE 语句后更改的扩展盘区的信息

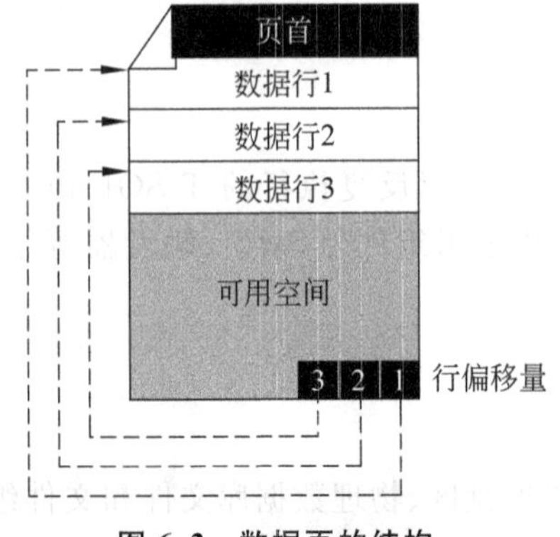

图 6.2 数据页的结构

在 SQL Server 中,通常行不跨页,一行内如不包括 text、ntext 和 image 数据所包含的最多数据量是 8060 字节。数据页的结构如图 6.2 所示。

扩展盘区中的空间可以分配给表和索引,一个扩展盘区是 8 个相邻的页(或 64KB)。SQL Server 只对含大量数据的表分配完整的扩展盘区,使空间分配更为有效。SQL Server 支持单个对象所有的单一扩展盘区和混合扩展盘区两种类型的扩展盘区。通常从混合扩展盘区中向新表或新索引分配页。当表或索引增长到 8 页时,就变成单一扩展盘区。

单一扩展盘区和混合扩展盘区的结构如图 6.3 所示。

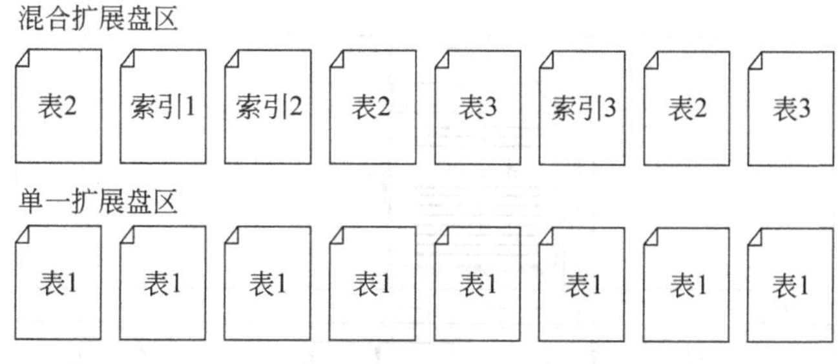

图 6.3 扩展盘区结构示意

2. 物理数据库文件和文件组

SQL Server 数据库文件有主要数据文件(.mdf)、次要数据文件(.ndf)、日志文件(.ldf)等类型。每个数据库都必须有一个主要数据文件;对次要数据文件不作要求,可以没有,也可以有多个;每个数据库必须至少有一个日志文件,但可以不止一个。

注意:

- SQL Server 系统不强制使用 .mdf、.ndf 和 .ldf 文件扩展名,但建议使用这些扩展名以帮助标识文件的用途。
- SQL Server 数据和日志文件可以放置在 FAT 或 NTFS 文件系统中,但不能放在压缩文件系统中。

为了加强对数据库的管理,可以将数据库文件分成不同的文件组。文件组可以帮助一些系统通过控制在特定磁盘驱动器上放置的数据和索引来提高系统自身的性能。文件组有两种类型:主要文件组和用户自定义文件组。

注意:由于在 SQL Server 中日志空间与数据空间分开管理,因此日志文件不能作为文件组的一部分。

3. 聚簇索引和非聚簇索引

根据索引的顺序与数据表的物理顺序是否相同,可以把索引分为聚簇索引和非聚簇索引。聚簇索引的顺序和数据表的物理顺序相同,非聚簇索引的顺序和数据表的物理顺序不同。

SQL Server 采用 B 树来管理聚簇索引。每当用户插入新的记录的时候,SQL Server 首先取得根节点指针,再遍历整个 B 树,然后把相应的记录插入到符合索引排序规则的位置。当用户检索数据时,同样也遍历整个 B 树迅速定位。聚簇索引的结构如图 6.4 所示。

聚簇索引中,页的顺序总是升序。聚簇索引尤其适用于建立在表中需要经常搜索的列或按顺序访问的列上。创立聚簇索引时应当注意以下问题:

- 每张表只能有一个聚簇索引。
- 先创建聚簇索引再创建非聚簇索引。

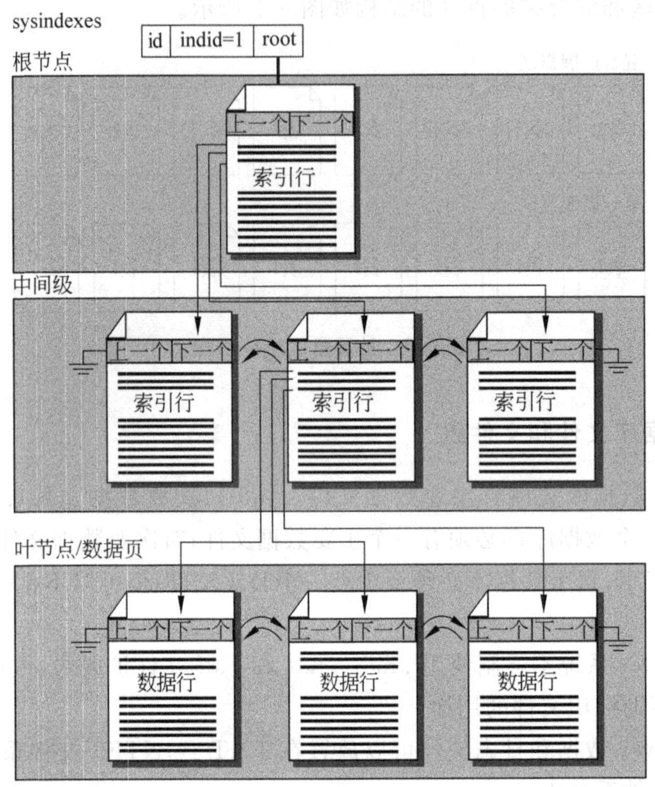

图 6.4 聚簇索引结构

非聚簇索引也有一个和聚簇索引类似的 B 树结构，B 树的根节点也是保存在 sysindexes 的 indid＝0 的记录中。但它和聚簇索引相比有两方面显著不同：页级仅包含关键值，不包含数据行；数据记录不按非聚簇索引进行排序操作。非聚簇索引的结构如图 6.5 所示。

非聚簇索引尤其适用于需要以多种方式检索数据时。创建非聚簇索引时我们应当注意以下问题：

- 默认情况下创建的是非聚簇索引；
- 每张表上所允许创建的索引数不多于 249 个；
- 索引页的页级只包含索引的关键字，不包含实际的数据。

4. text、ntext 或 image 的存储

在 SQL Server 中，小的 text、ntext 或 image 值可以直接存储在行中，大的 text、ntext 或 image 值被存储在页集合中。每个表只有一个保存 text、ntext 和 image 数据的页集合，text、ntext 和 image 数据可以保存在同一页中。在 sysindexes 中 indid＝255 的记录保存了这个页集合的起始位置。

数据库管理员使用 sp_tableoption 中的 text in row 选项，指定小的 text、ntext 或 image 值是否直接存储在行中。

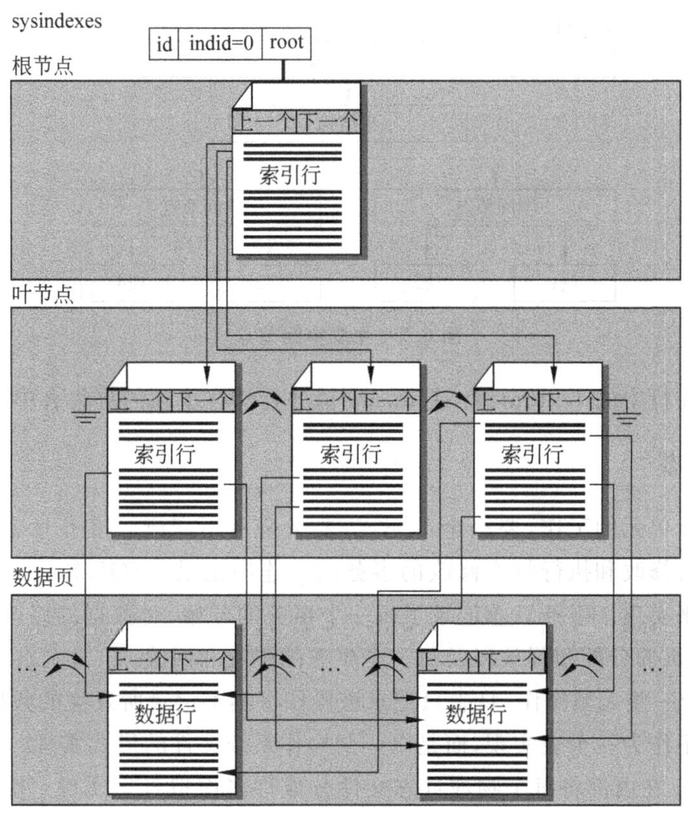

图 6.5 非聚簇索引的结构

当 text in row 是 OFF 时，在数据记录的相应列中将存放一个 16 位的指针来代替 text、ntext 或 image 的信息。数据少于 32KB 与多于 32KB 时用于存储 text、ntext 或 image 数据的 B 树结构又略有不同：数据少于 32KB 时，数据记录中的指针指向 84 位的结构体，形成 B 树结构的根节点。根节点指向 text、ntext 或 image 数据块，其结构如图 6.6 所示。

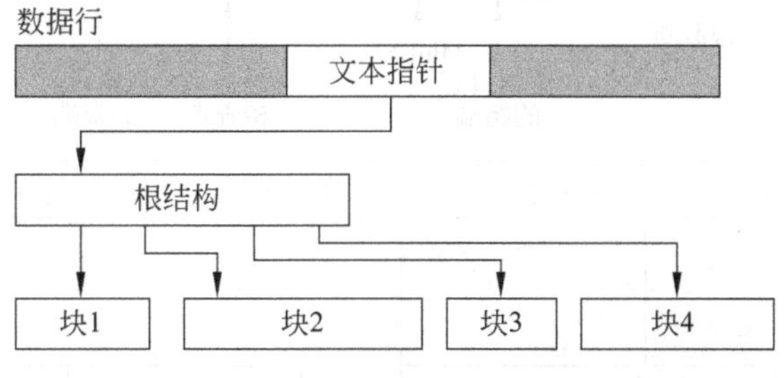

图 6.6 根节点指向数据块

数据多于 32KB 时，SQL Server 将在数据块和根节点之间生成中间节点。其结构如图 6.7 所示。

当 text in row 是 ON 时，SQL Server 在数据行中存储小的 text、ntext 和 image 值。

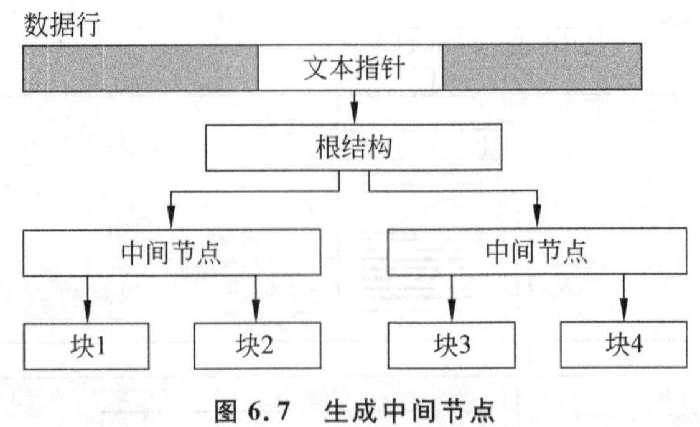

图 6.7 生成中间节点

只有不能存储在行中的 text、ntext 或 image 值才存储在单独的页集合中。

5. 事务日志

事务是一个单元的工作，要么全部完成，要么全部不完成。事务日志是数据库中关于已发生的所有修改和执行每次修改的事务的一连串记录。SQL Server 中事务的功能通过事务日志来实现。事务日志记录了每一个事务的开始、对数据的修改和取消修改的足够信息、数据页的分配和释放以及每一个事务的提交和回滚。

注意：对于一些大型操作，日志只记录该操作事实不记录所发生的数据。

事务日志不作为一个表实现，而是以一个操作系统文件的形式实现。

SQL Server 在内部将每个物理日志文件分成许多虚拟日志文件。虚拟日志文件没有固定大小，且物理日志文件所包含的虚拟日志文件数不固定。在创建或扩展日志文件时，SQL Server 动态地选择虚拟日志文件的大小。虚拟日志文件的大小或数量不能由管理员配置或设置，而是由 SQL Server 代码动态确定。创建数据库时，事务日志的工作情况如图 6.8 所示。

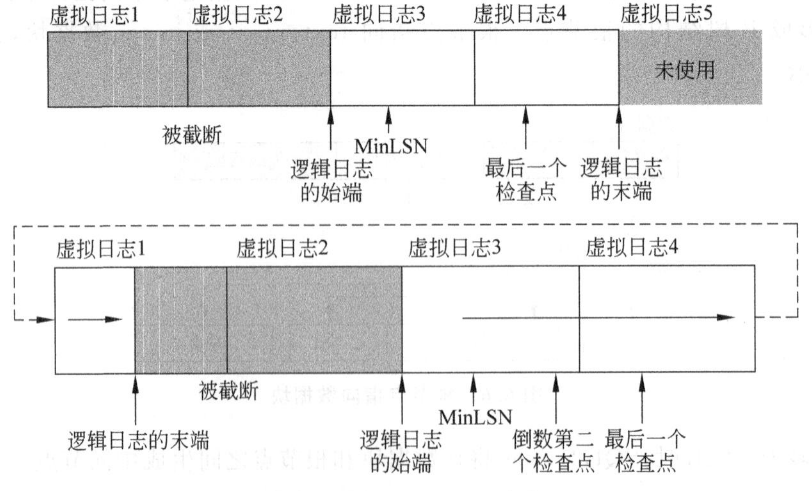

图 6.8 事务日志工作情况

6.2.3 客户机和服务器的交互方式

客户机程序与 SQL Server 交互，可使用 TDS 协议、目录存储过程和虚拟系统存储过程。

1. TDS 协议

TDS 协议的全称是 tabular data stream，即表格数据流协议，它是 SQL Server 内部客户机/服务器数据的传输协议。TDS 允许客户端和服务器产品通信，而与操作系统平台、服务器版本或网络传送无关。实际上，客户机程序代码本身是单独的运行在客户机应用程序内部的 DLL，与 SQL Server 的实际接口是在客户机和服务器之间对话的 TDS 协议。

当 SQL Server 接收到一条消息时，可以认为是发生了一个事件。首先，客户机在一个连接上发送登录消息（或事件），并得到返回响应。希望发送 SQL 语句时，客户机可以把 SQL 语言消息打包发送给 SQL Server。另外，希望调用存储过程、系统过程或虚拟系统存储过程时，客户机可以发送 RPC 消息，这种消息相当于 SQL Server 上的一个 RPC 事件。对于上面的后两种情况，服务器会以数据令牌流的形式送回结果。

2. 目录存储过程

目录存储过程是另一类关键的客户机/服务器的交互部分。这些存储过程首先在 ODBC 的 SQL Server 6.0 中出现，包括诸如 sp_tables 和 sp_columns 等存储过程。ODBC 和 OLE-DB API 定义了描述有关数据库对象的元数据的标准方法，这些标准需要适用于所有类型的 RDBMS 服务器，而不必调整为 SQL Server 自己的系统表。客户机不是向服务器发送对系统表的多个查询，并在客户机端建立标准的元数据视图；而是创建一组存储在服务器上的系统存储过程，并对 API 返回适当格式的信息。

3. 虚拟系统存储过程

客户机与服务器的交互的第三个重要方面是虚拟系统存储过程。系统存储过程的服务器端游标，实际上是指向 SQL Server 代码的入口存储过程，被客户机应用程序使用标准的 RPC TDS 消息来调用，称为虚拟系统存储过程。在客户机上，它像其他存储过程那样被调用；和其他存储过程不同的是，它不是由简单的 SQL 语句组成的。

6.2.4 SQL Server 分布式查询

基于 Internet 的应用最重要的特点就是数据可以分布在多台计算机上。当所需要的数据不是都位于同一台计算机上时就需用到分布式查询技术。分布式查询使用户以最佳路径或可满足要求的最优资源对远程站点进行查询。SQL Server 中的查询功能内置在以 OLE DB 为外部数据接口的 SQL Server 中。

分布式查询可以查询存储在多个 SQL Server 实例中的分布式数据或存储在各种可使用 OLE DB 提供程序访问的关系和非关系数据源中的异类数据。分布式查询技术的实现原理如图 6.9 所示。

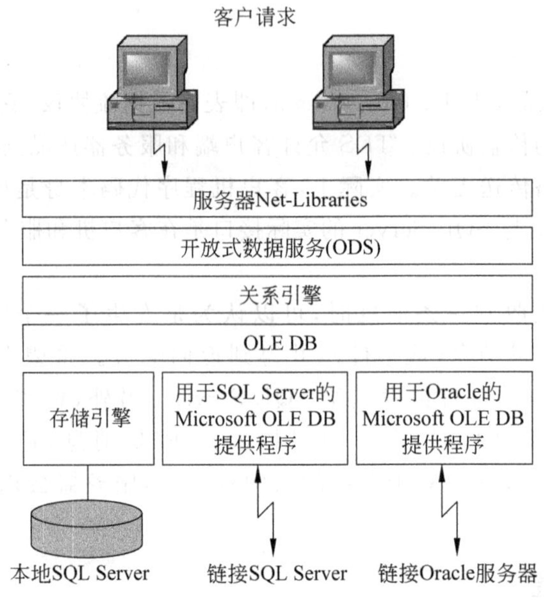

图 6.9 分布式查询技术的实现原理

6.3 SQL Server 客户机/服务器体系结构

客户机/服务器体系结构有利于数据库系统把数据集中保存在中央服务器上，从而实现了多用户共享数据的目的。根据物理结构的不同，客户机/服务器体系结构可以分成两层的客户机/服务器体系结构和三层(多层)的客户机/服务器体系结构。

在两层的客户机/服务器体系结构中，用户在本地计算机上运行 SQL Server 的客户端软件，该软件通过网络访问服务器上的 SQL Server 实例。这样一来，一方面网络上有大量数据在传输，从而造成网络瓶颈；另一方面，客户端也会变得越来越“胖”，因而不堪重负，也被称为胖客户机。而在三层(多层)的客户机/服务器体系结构中引入了 Web 数据库，客户端位于最上层，仅需安装用户界面软件(如 Web 浏览器)用于交互处理；数据部分被放置在最底层的数据库服务器中；而大量的商业规则被封装起来存放至中间层。这时本地计算机执行的操作会大大减少，所以这时的客户端又被称为瘦客户机。SQL Server 的客户机/服务器体系结构如图 6.10 所示。

SQL Server 不仅能作为一个功能强大的数据库服务器有效地工作，也可用于桌面计算机系统，这时 SQL Server 可动态地自行配置，结构如图 6.11 所示。

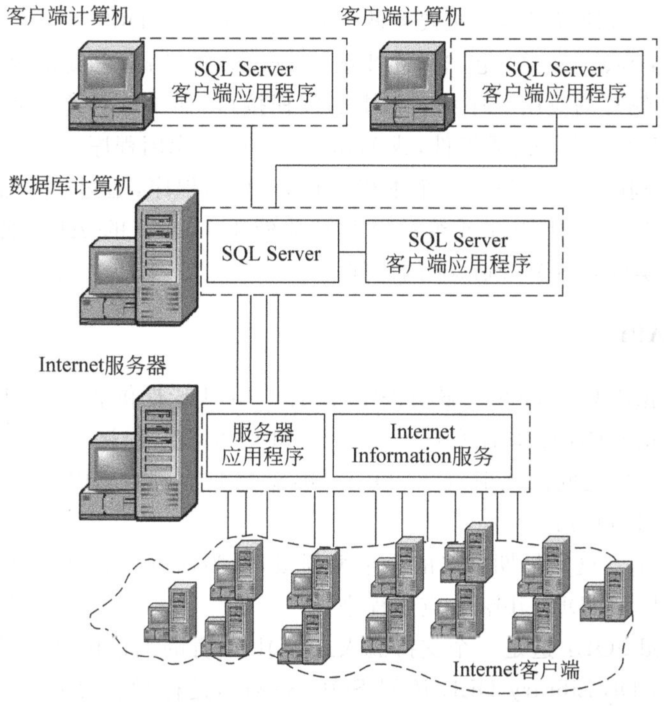

图 6.10 SQL Server 的客户机/服务器体系结构

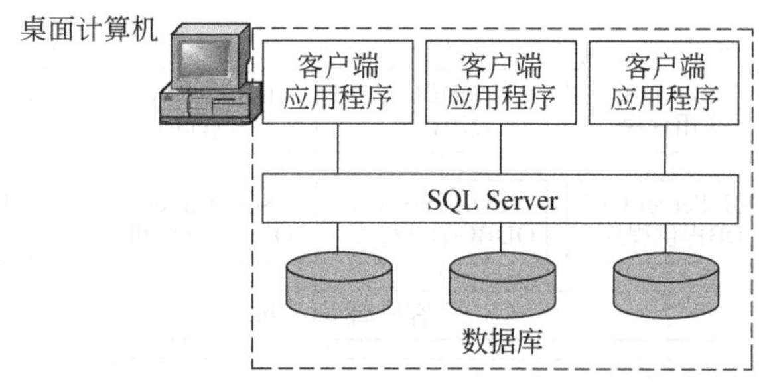

图 6.11 配置结构

6.3.1 SQL Server 客户端组件

客户端为访问 SQL Server 中的数据，可编写应用程序访问 Microsoft SQL Server，由第三方开发商开发的软件也可访问 SQL Server。

用于访问 SQL Server 客户端的应用程序一般包括传送给数据库引擎的 Transact-SQL 语句、用于传送 Transact-SQL 语句及处理结果集的接口。

访问 SQL Server 关系数据库应用程序需编写数据库应用程序接口(API)，根据和网络协议交互情况的不同可分为本地型和非本地型两种。

1. 本地 API

本地 API 是指将 API 函数调用直接映射送往服务器的网络协议，不需要另一个

API 的中间转换。这种编程接口主要有两类：OLE DB 和 ODBC。

- OLE DB：SQL Server 包含一个本机 OLE DB 提供者，它支持两方面的应用：用 OLE DB 编写的应用程序和其衍生的编程接口，如 ActiveX 数据对象（ADO）和使用 OLE DB 的对象或组件，或 Windows DNA 应用程序。
- ODBC：SQL Server 包含一个本机 ODBC 驱动程序，通过这些驱动程序支持用 ODBC 编写的应用程序或组件以及其他使用 ODBC 的 API（如 DAO、RDO 和 MFC）来实现对 SQL Server 的访问。

2. 非本地 API

如果一个数据库只有 ODBC 驱动程序，没有 OLE DB 提供者，这时应用程序就需要针对 ODBC 的 OLE DB 提供者实现 OLE DB 和 ODBC 编程接口之间的映射，再通过 ODBC 实现和网络库之间的映射，这时 OLE DB 就是非本地的 API。除这几种编程接口外，还支持的编程接口有：

- DB_Library：这是早期推出的一个编程接口，为保持兼容性，SQL Server 支持用 C 语言编写的 DB-Library 应用程序。
- Embedded SQL：这是一个支持嵌入式 SQL 语言的编程接口。嵌入式 SQL 应用程序使用 DB-Library DLL 访问 SQL Server，运行时需要 C 语言预编译器。客户端编程接口和 SQL Server 应用的关系如图 6.12 所示。

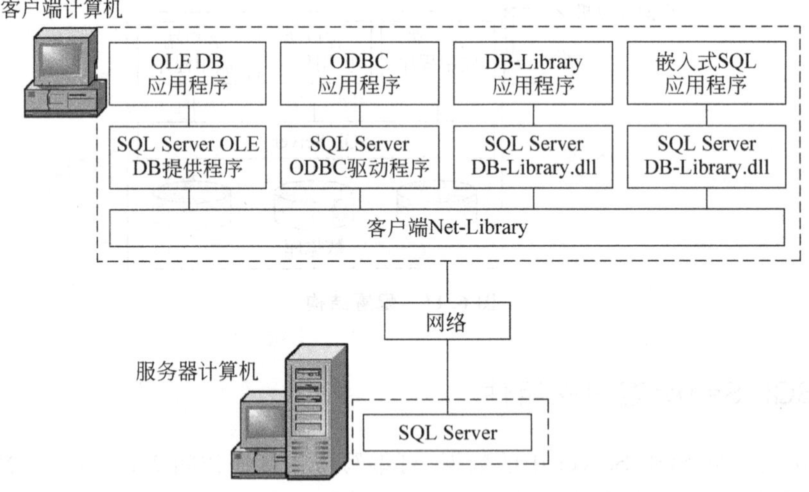

图 6.12　客户端编程接口与 SQL Server 应用的关系

6.3.2 SQL Server 服务器端组件

由于大多数功能是在服务器端完成的，因此如果对服务器端组件选择不当可能会导致一些问题，包括希望实现的功能无法实现，速度的明显下降，安全漏洞或者其他更恶劣的问题。SQL Server 服务器组件主要提供：

- SQL Server 数据库引擎（MS SQL Server 服务）。

- SQL Server 代理服务(SQL Server Agent 服务)。
- Microsoft 搜索服务。
- Microsoft 分布式事务处理协调器(MS DTC 服务)。

SQL Server 支持在同一台计算机上同时运行多个 SQL Server 数据库引擎实例。每个 SQL Server 数据库引擎实例都有自己的一套系统及用户数据库,这套系统及用户数据库是不被其他实例共享的。这样,可在配置服务器时安装 SQL Server,而在客户端运行 SQL Server 的实例即可。

1. SQL Server 数据库引擎(MSSQLServer 服务)

MSSQLServer 服务管理 SQL Server 实例拥有的数据库的所有文件。功能包括处理所有发自 SQL Server 客户端应用程序的 Transact-SQL 语句;处理存储过程,将执行结果发给客户端;支持分布式查询以检索其他数据源的数据。

MSSQLServer 服务还可自动优化并发用户之间的资源配置,并强制实施在存储过程和触发器中定义的规则,检查数据的一致性并实现对数据库的加锁,防止逻辑问题的产生等。

2. SQL Server 代理服务(SQLServerAgent 服务)

SQLServerAgent 服务主要用于管理需要频繁重复执行的活动,如数据库定时备份等。SQL Server 代理服务能够自动执行预先安排的管理任务,监视 SQL Server 事件,并根据事件触发警报;还能够集中管理在企业范围内分布的多个 SQL Server 服务器。管理员在主服务器上定义的任务可以通过网络下达给目标服务器执行,目标服务器产生的事件又可转发给主服务器集中处理。代理服务功能的主要组件如图 6.13 所示。

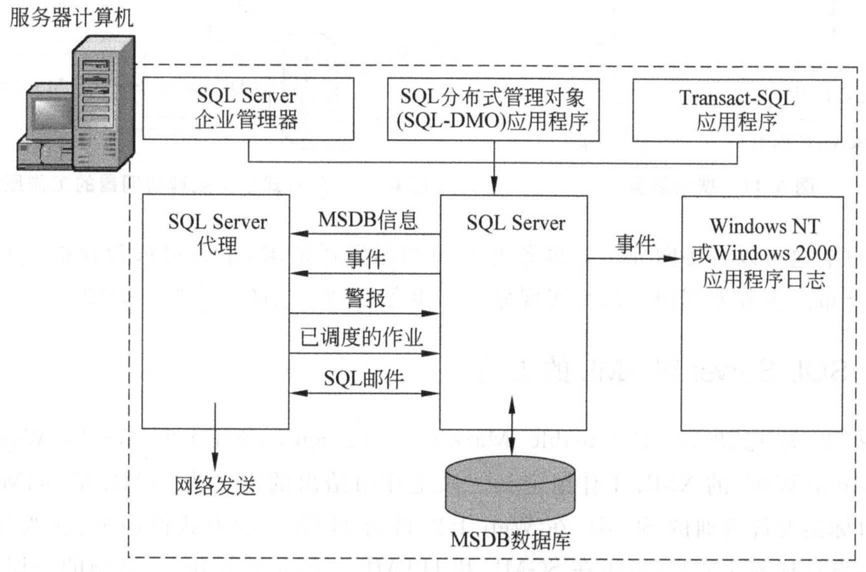

图 6.13 代理服务功能的主要组件

3. Microsoft 搜索服务

SQL Server 在搜索服务上不仅能支持在字符串列上进行搜索，还能进行更为复杂的搜索。Microsoft 搜索服务包括：

- 索引支持：建立数据库的全文目录和索引。全文目录和索引并不存储在 SQL Server 数据库内，而是存储在由搜索服务单独管理的文件中。只有搜索服务和 Windows NT 或 Windows 系统管理员可以访问这些文件。
- 查询支持：针对支持全文的检索。它支持检索词、短语、近义词、动词和名词等检索形式。SQL Server 体系中的搜索服务如图 6.14 所示。

4. Microsoft 分布式事务处理协调器（MS DTC 服务）

分布式事务处理协调器的功能是协调完成分布式事务，以确保所有服务器上的全部更新为永久性的，或在发生错误时删除所有更新，恢复提交前的状态。它允许在一个事务中访问不同服务器上的数据库。

分布式事务处理协调器的工作原理如图 6.15 所示。

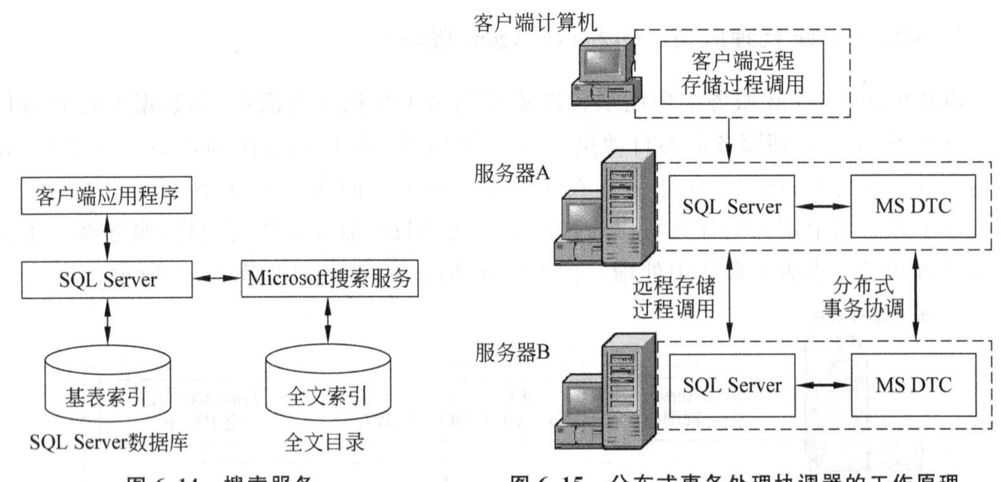

图 6.14 搜索服务

图 6.15 分布式事务处理协调器的工作原理

客户端也可以直接向分布式事务处理协调器发送请求，不通过远程存储过程调用，直接由分布式事务处理协调器来实现分布式事务处理。它的工作原理如图 6.16 所示。

6.3.3 SQL Server 对 XML 的支持

可扩展标记语言（Extensible Markup Language，XML）由 World Wide Web Consortium（W3C）的 XML 工作组定义。该工作组给出的定义为“XML 是 SGML 的子集，其目标是允许普通的 SGML 在 Web 上以目前 HTML 的方式被服务、接收和处理。XML 被设计成易于实现，且可在 SGML 和 HTML 之间相互操作”。典型的三层系统构架中 XML 技术的实现方式如图 6.17 所示。支持 XML 是 SQL Server 的重要特性之一。

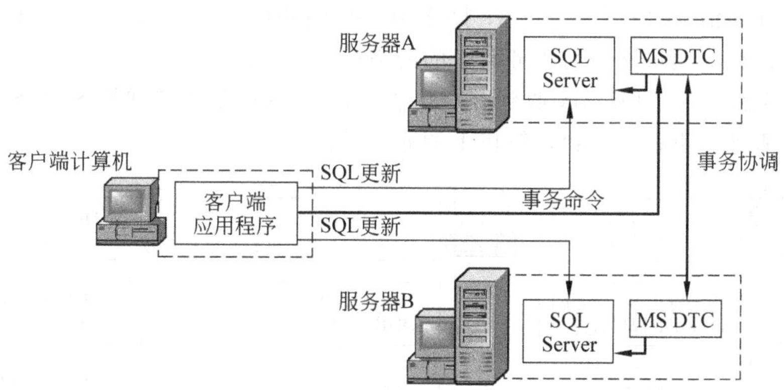

图 6.16 分布式事务处理工作原理

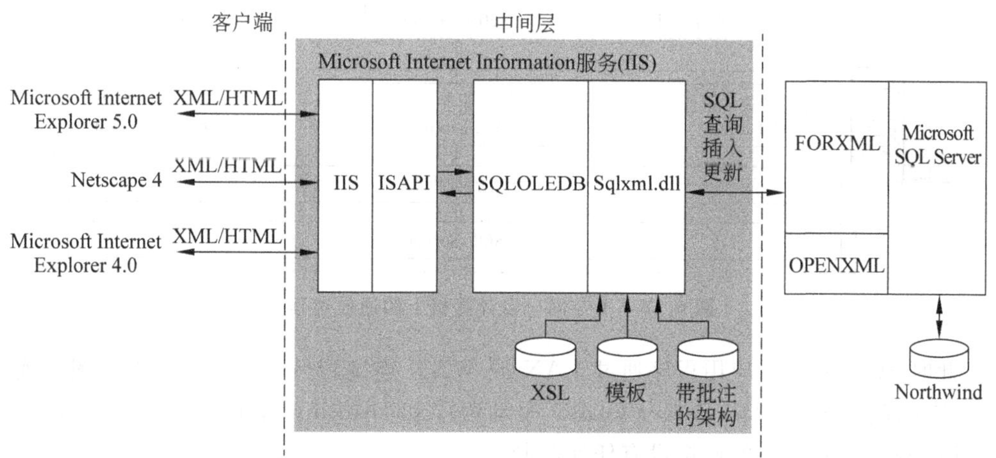

图 6.17 XML 技术的实现方式

6.3.4 SQL Server 传输组件

SQL Server 根据客户端和服务器端是否位于同一台计算机上，采取不同的传输方法。客户端和服务器端位于同一计算机上时，采用 Windows 中提供的本地命名管道、共享内存等进程间通信技术(InterProcess Communication，IPC)来实现客户端和服务器端的通信。当客户端和服务器端位于不同一台计算机上时，SQL Server 将采用网络间的进程通信。

在客户机/服务器体系结构下，SQL Server 通信步骤如下：

(1) 客户端应用程序调用 OLE DB、ODBC、DB-Library 或嵌入式 SQL API，使相应的动态链接库链接到通信中。

(2) 相应的动态链接库调用客户端 Net-Library，客户端 Net-Library 调用进程间通信函数以建立进程间通信。

(3) 通过基础 IPC 将客户端对 IPC API 的调用传输给服务器 Net-Library。如果采用本地进程间通信，将使用 Windows 操作 IPC 传输调用。如果基于网络进程间通信，客户端网络协议栈将通过网络与服务器上的网络协议栈通信。

(4) 服务器端 Net-Library 收到客户端请求后，将这些请求传递给 SQL Server 实例。客户端和其服务器不在同一台计算机上的通信过程如图 6.18 所示。

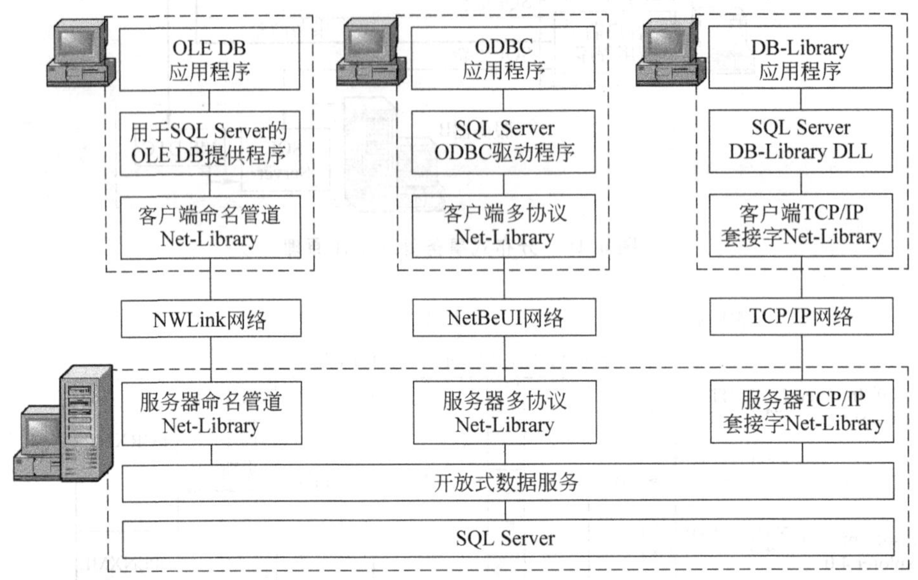

图 6.18　不在同一台计算机上的通信过程

此时 SQL Server 应用程序通过 LAN 或 WAN 连接到另一台计算机上。图中连接 OLE DB 提供程序、SQL Server ODBC 驱动程序和 DB-Library DLL 时使用了特定的 Net-Library，但实际中的连接没有任何限制。

6.4 SQL Server 系统管理与开发

SQL Server 提供了强大的管理功能，是一种功能完善的分布式关系型数据库管理系统。这些功能是通过 SQL Server 提供的管理工具来实现的。

6.4.1 分布式管理

SQL 分布式管理框架（SQL-DMF）是集成了对象、服务和组件的框架，用于管理 SQL Server。SQL 分布式管理框架提供了一套灵活的可伸缩的管理工具来满足用户的需求。SQL-DMF 主要包括三个部分：SQL-DMF 应用程序、SQL-DMF 编程接口、SQL Server 代理。

1. SQL-DMF 应用程序

其主要功能是提供了图形化的界面帮助用户实现对数据库的管理，主要有三类：

- SQL Server 工具，包括 SQL_DMO API、SQL Server 企业管理器、SQL 查询分析器。
- COM+应用程序和 Active Server Pages。
- 应用程序和 ISV(独立软件开发商)工具。

2. SQL-DMF 编程接口

SQL-DMF 编程接口分为四类：

- SQL 分布式管理对象。
- 数据转换服务。
- Windows 管理规范。
- SQL 命名空间。

3. SQL Server 代理

SQL Server 代理的主要功能有：运行在特定的时间或间隔调度发生的 SQL Server 任务，检测管理员定义的特定情况以及相应的操作，运行管理员定义的复制任务。SQL-DMF 的主要组件如图 6.19 所示。

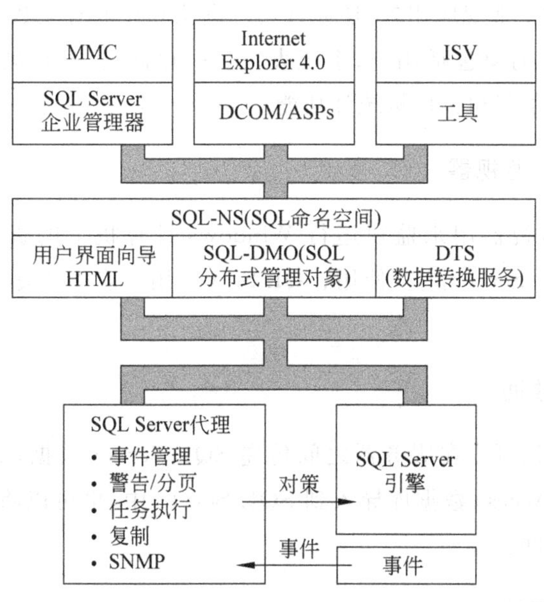

图 6.19　SQL-DMF 的主要组件

这些组件可以完成的功能主要包括：设定所有 SQL Server 对象及其权限，在指定时间自动进行例行管理，自动对检测到的异常情况进行修复。

6.4.2 管理工具

为用户易于管理和配置 SQL Server，确定复本中的目录信息，设计和测试用于检索数据的查询，SQL Server 提供了大量的图形界面管理工具。

1. SQL Server 集成管理

SQL Server 提供了访问全部 SQL Server 服务器和数据库配置选项的能力，可完成以下任务：

- 管理登录和用户权限。
- 创建脚本。
- 管理 SQL Server 对象的备份。
- 备份数据库和事务日志。
- 管理表、视图、存储过程、触发器、索引、规则、默认值和用户定义的数据类型。
- 创建全文索引、数据库图表和数据库维护计划。
- 导入和导出数据。
- 转换数据。
- 执行各类 Web 管理任务。

2. SQL 查询分析

SQL 查询分析除了常规应用外，还允许用户浏览和获取有关数据库对象的参数和依赖性信息，其中数据库对象包括用户、系统表、视图、存储过程、扩展存储过程和函数等，此外还增加了服务器跟踪和客户机统计功能。

3. Windows 系统监视器

Windows 系统监视器用来监视运行 Windows 计算机上的资源使用情况，也可对 SQL Server I/O、SQL Server 内存使用、SQL Server 用户连接、SQL Server 锁定、复制等进行跟踪。

4. 导入和导出数据

数据传递工具不仅可以在服务器之间传递 SQL Server 数据，而且可以传递异构系统数据，例如可以将 Access 数据库导入到 SQL Server 中，也可以将 SQL Server 中的数据导出到一个文本文件。

5. SQL 事件探查器

SQL 事件探查器可以实时地捕获连续的服务器活动记录，允许监视 SQL Server 产生的事件，根据用户指定的准则筛选事件，以及将跟踪输出引导到屏幕、文件或表。

6. SQL Server 服务管理

SQL Server 服务管理用于启动、停止和暂停服务器上的查看服务状态组件，包括 SQL Server 服务、SQL Server 代理服务、Microsoft 搜索服务等。

7. 客户端网络实用工具

客户端网络工具用于管理客户端网络库及定义服务器别名，还可以用来设置应用程序所使用的默认选项。

8. 服务器网络实用工具

服务器网络实用工具用于管理服务器 Net-Library。该实用工具用于指定：

- Microsoft SQL Server 实例在其上监听客户端请求的网络协议栈；
- 应用程序建立连接时考虑使用的服务器 Net-Library 顺序；
- Microsoft SQL Server 实例监听的新网络地址。

6.4.3 语言与编程接口

1. T_SQL 语言

T_SQL 语言是结构化查询语言 SQL 的扩展，只有它才能够直接和数据库引擎进行交互。与 SQL Server 通信的所有应用程序都是通过向服务器发送 Transact-SQL 语句来进行通信的，与应用程序的用户界面无关。T_SQL 语言对数据库的管理根据其实现方式又可以分成如下四个部分：数据定义语言、数据操纵语言、数据控制语言和嵌入式 SQL 语言。它们的功能如下：

- 数据定义语言(Data Definition Language，DDL)：主要用于定义数据库的逻辑结构，包括定义基本表、视图和索引等。基本的 DLL 包括 3 类语言，即定义、修改和删除。
- 数据操纵语言(Data Manipulation Language，DML)：用于对数据进行检索、插入、删除和修改操作。
- 数据控制语言(Data Control Language，DCL)：包括基本表和视图等对象的授权、完整性规则的描述以及事务开始和结束等控制语句等。
- 嵌入式 SQL 语言：规定了 SQL 语句在宿主语言程序中使用的各种规则。

2. 编程接口

SQL Server 提供给用户 T-SQL 语言，用于编写在服务器端运行的程序，主要是编写存储过程和触发器。在 T-SQL 语言中，不提供直接调用外部函数的机制，为实现服务器调用外部函数，SQL Server 支持多种应用程序编程接口。

1) ADO(Microsoft ActiveX Data Objects)

ADO 建立了基于 Web 方式访问数据库的脚本编写模型，它不仅支持任何大型数据库的核心功能，而且支持许多数据库所专有的特性。允许企业程序员在 OLE DB 上用任何语言(如 Microsoft Visual Basic、Microsoft Visual C++、Microsoft Visual J++ 和 Microsoft Visual FoxPro)编写数据库应用程序。

ADO 提供了一个熟悉的、高层的对 OLE DB 的 Automation 封装接口。ADO 在很大程度上兼容了 OLE DB 接口，但是它不支持针对特定数据库的 OLE DB 提供者级的附加功能。它适用于商业应用程序开发，如财务、人力资源、市场营销等管理系统。

2）ODBC(Open Database Connectivity，开放式数据库互联)

它是微软推出的一种工业标准，是一种开放的独立于厂商的 API 应用程序接口，可以跨平台访问各种个人计算机、小型机以及主机系统。SQL Server 支持 ODBC 作为一个 API 来使 C、C++ 以及 Visual Basic 应用程序与 SQL Server 通信。

尽管 C、C++ 以及 Visual Basic 应用程序可以直接调用 ODBC 进行编程，微软还是另外提供了一些 API 来包容 ODBC。这些 API 与 ODBC 本身很类似，并提供了与各种编程语言的有效集成。这些 API 包括：

- 远程数据对象（RDO）。
- 数据访问对象（DAO）。
- Microsoft 基础类（MFC）数据库类。

3）OLE DB

OLE DB 是一组适用于各种数据源的系统级程序设计接口，它封装或隐藏了各种数据库管理系统的服务。OLE DB 设计用于不同平台上的非关系型和关系型数据源，这些数据源包括电子邮件和文件存储系统，文本、图像和地理信息数据，以及定制事务对象。

思考练习题

(1) 简述 SQL Server 的新特性。
(2) 简述 SQL Server 产品的家族成员。
(3) 简述数据库的逻辑组件和物理组件的主要功能。
(4) 简述 SQL Server 数据库文件的区别与联系。
(5) 简述聚簇索引和非聚簇索引的区别、联系以及适用范围。
(6) 简述事务日志的应用特点。
(7) 简述 SQL Server 分布式查询的实现原理。
(8) 简述三层(多层)客户机/服务器的体系结构及工作原理。
(9) 简述 SQL Server 的服务器端组件和客户端组件实现的主要功能。
(10) XML 是什么？简述其实现方式。
(11) 简述在客户机/服务器体系结构下，SQL Server 的通信机制。
(12) 简述 SQL Server 的管理工具及其主要功能。
(13) 简述常见编程接口及其特点。
(14) 简述 SQL Server 新增加的更为方便的信息管理功能。

第7章 chapter 7

SQL Server 系统应用与管理

SQL Server 提供了丰富的、功能完善的数据库应用和管理工具，使用方便，用户可以快速、准确地实现 SQL Server 提供的各种应用与管理功能。SQL Server 的操作界面前后版本有很好的一致性，安装和使用都很方便。

7.1 SQL Server 2014 的数据库类型

SQL Server 2014 于 2014 年 4 月 10 日发布，延续了 SQL Server 2012 的特点，仍然有企业版、标准版以及商业智能版，但 SQL Server 2014 是微软数据平台"走向云端"的重要基础。SQL Server 2014 是部署最为广泛的数据库之一，其新版本内建的 in-memory 技术改进了实时性能，Microsoft Azure 公有云提供了优异的伸缩性和增强的系统恢复性能。

SQL Server 2014 支持的操作系统有 Windows Server 2014、Windows Server 2014 R2、Windows Server 2012、Windows Server 2012 R2。标准版还支持 Windows 7、Windows 8、Windows 8.1 操作系统。

SQL Server 2014 作为典型的关系型数据库，由表、视图、索引、用户、存储过程和触发器等对象组成。SQL Server 2014 中的数据库，可分为系统数据库和用户数据库。

1. 系统数据库

系统数据库是在 SQL Server 2014 的每个实例中都存在的标准数据库，用于存储有关 SQL Server 的信息，是管理和维护 SQL Server 必需的数据库。SQL Server 2014 的系统数据库包括 master、model、msdb 和 tempdb，对应的数据库功能如表 7.1 所示。

2. 用户数据库

用户数据库是由数据库用户自行创建的数据库，是用户根据自己需要建立的数据库。SQL Server 2014 可以包含一个或多个用户数据库。例如，在 SQL Server 2014 中可以创建存放仓储物流信息的数据库 storagedb、存放商品销售信息的数据库 salesdb，或创建学籍信息管理数据库 studentdb 等。

表 7.1 SQL Server 2014 的系统数据库

系统数据库	功能说明
master 数据库	master 数据库是 SQL Server 2014 的主数据库,是整个数据库服务器的核心。安装 SQL Server 2014 时,系统首先建立一个 master 数据库,用来记录系统有关登录账户、系统配置、所有其他数据库及数据库文件的位置,以及 SQL Server 的初始化信息等,记录 SQL Server 实例的所有系统级信息。 例如,用户在 SQL Server 系统中建立一个用户自己的数据库,系统会立即将用户数据库有关用户管理、数据库属性和文件配置等信息写入 master 数据库。SQL Server 系统正是根据 master 数据库信息来管理系统和其他数据库的。如果 master 数据库中的信息遭到破坏,则整个 SQL Server 服务器将不能正常工作。使用时要注意一般用户不能直接修改 master 数据库,数据库管理员应定期备份 master 数据库。
msdb 数据库	msdb 数据库主要是支持 SQL Server 代理服务。当代理程序调度作业或记录操作时,系统会实时产生或用到很多相关信息,这些信息通常都存储在 msdb 数据库中,用于 SQL Server 代理计划警报和作业记录信息的存储。例如,当一个数据库有多个用户使用时,往往会出现多个用户对同一数据进行修改而造成数据不一致的现象,或者用户对某些数据或对象进行非法操作等错误。SQL Server 为防止这类情况发生,使用了一套代理程序,能按照系统管理员的设定来监控此类现象的发生,及时向系统管理员发出警告提示。
model 数据库	model 数据库是模板数据库,可为用户建立新数据库提供模板和原型,用于在 SQL Server 实例上创建所有数据库的模板,包含了复制到每个新建数据库中的系统表。当用户创建数据库时,系统会自动把 model 数据库中的内容复制到新建的用户数据库中。用户可以对 model 数据库进行修改,如数据库大小、排序规则、恢复模式和其他数据库选项等,并应用于以后创建的所有数据库。 例如,如果用户需要创建的数据库初始文件大小相同,就可在 model 数据库中设置保存文件大小信息,使每个新数据库包含特定的数据库对象,将该数据库对象添加到 model 数据库中。这样之后创建的数据库就会以 model 数据库中的数据为模板,所以在修改 model 数据库之前,要考虑任何对 model 数据库中数据的修改,都将影响所有使用 model 数据库模板创建的数据库。
tempdb 数据库	tempdb 数据库是一个临时数据库,由整个系统所有数据库使用。tempdb 数据库提供了临时空间,保存所有的临时表、临时数据以及临时创建的存储过程等临时对象或中间结果,但存储的对象不会永远保存。用户无论使用哪个数据库,所建立的所有临时表和临时存储过程都会存储在 tempdb 数据库中。由于 tempdb 数据库中所记录的信息都是临时的,所以每当连接断开时,所有临时表和临时存储过程都将自动释放。因此每次启动 SQL Server 时,tempdb 数据库总是空的。 在 SQL Server 2014 运行时,tempdb 数据库在默认情况下会根据实际需要自动增加。当 SQL Server 2014 关闭时,tempdb 数据库中的所有对象都会被系统自动删除。

7.2 SQL Server 数据管理

SQL Server 主要使用 Transact-SQL 命令语言对数据进行管理。Transact-SQL 语言主要有两种子语言:一种是数据定义语言(DDL),用于定义和管理 SQL 数据库中的所有对象;另一种是数据操纵语言(DML),用于选择、插入、更新和删除用 DDL 定义的对象。

7.2.1 SQL Server 的数据定义语言

数据定义语言(Data Definition Language,DDL)用来执行数据库的任务,包括 CREATE、ALTER、DROP 等语句,具体有以下几种:

- CREATE DATABASE:创建数据库。
- ALTER DATABASE:修改数据库。
- DROP DATABASE:删除数据库。
- CREATE TABLE:创建一个数据库表。
- DROP TABLE:从数据库中删除表。
- ALTER TABLE:修改数据表的结构。
- CREATE VIEW:创建一个视图。
- DROP VIEW:从数据库中删除视图。
- CREATE INDEX:为数据库中的表创建一个索引。
- DROP INDEX:从数据库中删除索引。
- CREATE PROCEDURE:创建一个存储过程。
- DROP PROCEDURE:从数据库中删除存储过程。
- CREATE TRIGGER:创建一个触发器。
- DROP TRIGGER:从数据库中删除触发器。
- CREATE SCHEMA:向数据库中添加一个新模式。
- DROP SCHEMA:从数据库中删除一个模式。
- CREATE DOMAIN:创建一个数据值域。
- ALTER DOMAIN:改变域定义。
- DROP DOMAIN:从数据库中删除一个域。

注意:任何数据定义查询都不支持以图形方式显示 CREATE VIEW 和 ALTER VIEW 查询,但可以使用视图设计器创建和编辑视图。

数据定义语言总的来说可以分为三类:创建数据库对象,修改数据库对象和删除数据库对象。数据库对象包括数据库、表、视图、索引、触发器以及存储过程等。表、视图、索引、触发器以及存储过程的创建、修改和删除将在后两章详细描述,这里以数据库对象为例来介绍数据定义语言。

1. 创建数据库对象

创建数据库可以使用 CREATE DATABASE 语句,它的语法形式如下:

```
CREATE DATABASE database_name
[ON[PRIMARY][<filespec>[,...n]]]
[LOG ON<filespec>[,...n]]
[COLLATE collation_name]
[FOR LOAD|FOR ATTACH]
```

```
<filespec>::=
[ PRIMARY ]
( [ NAME=logical_file_name,]
    FILENAME='os_file_name'
    [,SIZE=size ]
    [,MAXSIZE={ max_size|UNLIMITED } ]
    [,FILEGROWTH=growth_increment ] ) [,...n ]
<filegroup>::=
FILEGROUP filegroup_name <filespec>[,...n ]
```

有关的语句成分说明如下：

- database_name：所要创建的数据库名。
- PRIMARY：指定主文件组中的文件，默认情况下，位于 CREATE DATABASE 语句中的第一个文件就是主文件。
- <filespec>[,... n]：文件说明，指定数据库所在文件的操作系统文件名称和路径。
- LOG ON：定义 1 个或多个文件作为数据库事务日志的物理地点。
- COLLATE：指定数据库的默认字符排列规则，如不指定该项，则使用 SQL Server 的字符排序规则为默认的排列规则。
- FOR LOAD：表示所创建的数据库处于恢复状态。
- FOR ATTACH：指定所创建的数据库来自已经存在的一组操作系统文件。
- logical_file_name：用来在创建数据库后执行的 Transact-SQL 语句中引用文件的名称。
- FILENAME：为<filespec>定义的文件指定操作系统文件名。
- 'os_file_name'：操作系统创建<filespec>定义的物理文件时使用的路径名和文件名。
- SIZE：指定数据库操作系统文件的大小。默认情况下，数据库数据文件和日志文件大小都是 1MB。
- MAXSIZE：指定操作系统文件可以增长的最大尺寸。
- UNLIMITED：指定操作系统文件可以增长到磁盘变满为止。
- FILEGROWTH：指定文件的增量，单位可以是 KB、GB、TB 等，默认值是 KB。

例 7.1 创建 student 数据库。

```
CREATE DATABASE student
ON PRIMARY (NAME=student_data,
FILENAME='D:\sql2008\MSSQL\Data\student.mdf',
SIZE=10MB,
MAXSIZE=20MB,
FILEGROWTH=10%)
LOG ON (NAME=student_log,
FILENAME='D:\sql2008\MSSQL\Data\student.ldf',
```

```
SIZE=2MB,
MAXSIZE=6MB,
FILEGROWTH=1MB)
```

2. 修改数据库对象

SQL Server 支持以下数据库对象结构的修改：数据库、表、存储过程、视图和触发器。修改数据库包括两方面：扩大数据库和压缩数据库。

1）扩大数据库 ALTER DATABASE

ALTER DATABASE 语句的语法形式如下：

```
ALTER DATABASE database_name
{ADD FILE<filespec>[,...n][TO FILEGROUP filegroup_name]
|ADD LOG FILE<filespec>[,...n]
|REMOVE FILE logical_file_name[WITH DELETE]
|ADD FILEGROUP filegroup_name
|REMOVE FILEGROUP filegroup_name
|MODIFY FILE<filespec>
|MODIFY NAME=new_dbname
|MODIFYFILEGROUPfilegroup_name
{filegroup_property|NAME=new_filegroup_name}
|SET<optionspec>[,n][WITH<termination>]
|COLLATE<collation_name>}
```

有关的语句成分说明如下：

- database_name：要修改的数据库名称。
- ADD FILE：添加数据文件。
- TO FILEGROUP：把要添加的数据文件添加到指定的文件组中。
- ADD LOG FILE：添加事务日志文件。
- REMOVE FILE：从数据库中删除指定的文件。
- ADD FILEGROUP：添加文件组。
- REMOVE FILEGROUP：删除文件组以及该文件组中的所有文件。

注意：只有在文件组为空时才能删除。

- MODIFY FILE：修改数据文件，可修改的选项包括 FILENAME、SIZE、FILEGROWTH 和 MAXSIZE。
- MODIFY NAME：修改数据库的名称。
- MODIFY FILEGROUP：修改文件组的名称。
- SET：指定数据库从一种状态转变为另一种状态时，何时取消不完整的事务。
- COLLATE：指定数据库的默认字符排列规则。如不指定该项，则使用 SQL Server 的字符排序规则为默认的排列规则。

2）压缩数据库

压缩数据库通过使用数据库一致性检查器 DBCC 命令实现，它的具体语法格式

如下:

```
DBCC SHRINKD ATABASE
(database_name[,target_percent][,{NOTRUNCATE|RUNCATEONLY}])
```

有关的语句成分说明如下:

- database_name:表示将要压缩的数据库名称。
- target_percent:表示数据库压缩之后该数据库的自由空间在数据库整个尺寸中的百分比。
- NOTRUNCATE:表示在数据库文件中保留所释放的文件空间。
- TRUNCATEONLY:表示将数据文件中的任何未使用的空间释放给操作系统,这是默认情况。

注意:压缩仅限于数据库增长的部分,压缩后的数据库不能小于创建时的大小。

3. 删除数据库对象

删除数据库有两种方法:一是使用企业管理器,但这种方法一次只能删除一个数据库;第二种方法是使用DROP DATABASE语句,它既可以用来删除一个数据库,又能够一次删除多个数据库。其具体语法格式如下:

```
DROP DATABASE database_name
```

其中的参数如下:

database_name:要删除的数据库名。一次删除多个数据库时,数据库名要用逗号隔开。

例7.2 删除数据库student(一次删除一个数据库)。

```
DROP DATABASE student
```

例7.3 删除数据库student和loan(一次删除多个数据库)。

```
DROP DATABASE student,loan
```

7.2.2 SQL Server的数据操作语言

数据操作语言(Data Manipulation Language,DML)用来在数据库中对各种数据进行操作,可检索、插入、删除和修改数据。这些语句包括INSERT、UPDATE、DELETE和SELECT等。

1. INSERT语句

向数据库表添加新的数据行,使用INSERT语句一次只能插入一行数据,它的基本语法格式如下:

```
INSERT table_name(column_list)VALUES(expression)
```

有关语句成分说明如下：

- table_name：表示要插入的表名。
- column_list：表示要在其中插入数据的一列或多列的列表。
- VALUES：指定要插入的数据。
- expression：常量、变量或不包含 SELECT 或 EXECUTE 语句的表达式。

2. UPDATE 语句

更新数据库表中的数据。使用 UPDATE 语句既可以一次修改一行数据，也可以一次修改多行数据。它的基本语法格式如下：

```
UPDATE table_name
    SET column_name=expression,...
    WHERE search_condition
```

有关的语句成分说明如下：

- table_name：表示需要更新数据的表名。
- SET：指定要更新的列或变量名称的列表。
- column_name：表示含有要修改数据的列的名称。
- WHERE：指定要修改的行，如无此子句表示对表中所有的行进行修改。
- search_condition：指定连接所需要的条件。

3. DELETE 语句

删除数据库表中的数据行，使用 DELETE 语句可以实现删除一行或多行数据，它的基本语法格式如下：

```
DELETE FROM table_name WHERE search_condition
```

有关的语句成分说明如下：

- table_name：表示将要删除行的表名。
- WHERE：指定删除行的条件，如无此子句则删除表中所有的行。

4. SELECT 语句

从数据库表中检索数据行和列，使用 SELECT 语句用于检索数据，它的基本语法格式如下：

```
SELECT select_list
[INTO new_table]
FROM table_source
[WHERE search_condition]
[GROUP BY group_by_expression]
[HAVING search_condition]
[ORDER BY order_expression [ ASC|DESC ]]
```

有关的语句成分说明如下：

- select_list：选择列表，它指出查询结果集中的列数和属性。
- INTO：用查询结果集合构造一个新表。
- new_table：表示 INTO 语句构造的新表的表名。
- FROM：指出所查询的表名以及各表之间的逻辑关系。
- table_source：指定用于 SELECT 语句的表、视图、派生表和连接表。
- WHERE：指出查询条件，它说明将表中哪些数据行返回到结果集合中。
- search_condition：通过使用谓词限制结果集内返回的行。
- GROUP BY：指定查询结果集合中各行的排列顺序。
- zgroup_by_expression：指定进行分组所依据的表达式。
- HAVING：通常和 GROUP BY 一起使用，指定组或聚合的搜索条件。
- search_condition：指定组或聚合应满足的搜索条件。
- ORDER BY：指定查询结果集合中各行的排列顺序。

注意：ntext、text 或 image 列不能用于 ORDER BY 子句。

- order_expression：指定要排序的列，可以指定多个列。

7.3 SQL Server 2014 数据库操作

SQL Server 内置微软管理控制台（Microsoft Management Console）程序具有所有 Windows 管理工具的标准用户界面。用户可以从创建数据库开始逐渐了解 SQL Server 内置管理软件的强大功能和其方便易用的操作。

7.3.1 创建用户数据库

创建 SQL Server 用户应用数据库可以使用两种方式，一种是以图形方式创建用户信息数据库，另一种方式是使用语言命令程序方式，可以根据实际需要进行选择。

创建数据库首先要明确数据库命名、数据库大小和数据库文件的存储位置，这里以一个学生信息管理数据库为例，介绍相关操作。假设需要创建用户数据库是一个学生信息管理数据库，名称命为 StudentInfo。在创建 StudentInfo 数据库时，SQL Server 为了保存学生的基本信息，将会有一个数据文件和一个日志文件，其中数据文件主要用于存放数据库中的文件，日志文件主要用于存放日志信息。存放数据库的文件可以使用多个数据文件，为便于案例叙述，此 StudentInfo 数据库只存放一个数据文件，StudentInfo 数据库的数据文件名称定义为：StudentInfo. mdf，日志文件名称定义为：StudentInfo. ldf。

通常情况下，数据库中的数据量随着数据库应用系统的使用，是不断增加的，因此数据库的大小也是不断增加的，因此可以首先对数据库文件定义一个初始大小的容量。当数据库中的数据量超出初始值大小时，可通过设置增长方式来增加数据文件的大小。如果需要限制数据文件的大小，可以设置最大值。StudentInfo 数据库的数据文件初始大小为 10MB，最大值为 100MB，允许以 5MB 的增量自动增长。日志文件的初始大小为 2MB，不限制最大值，允许日志文件自动按照 10％的比例增长。

1. 图形界面方式下创建数据库

利用图形界面程序可很方便地创建数据库 StudentInfo，具体操作步骤如下：

（1）首先以系统管理员身份登录计算机，单击“开始”|“所有程序”|“Microsoft SQL Server 2014”|“SQL Server Management Studio”，弹出“连接到服务器”对话框，如图 7.1 所示。

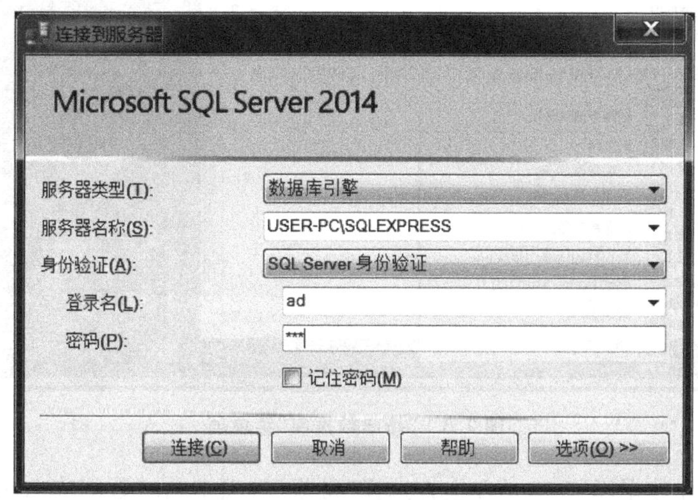

图 7.1 “连接到服务器”对话框

其中“服务器类型”选择“数据库引擎”，“服务器名称”为安装 SQL Server 2014 时的实例名，“身份验证”选项选择“Windows 身份验证”模式或者“SQL Server 身份验证”模式。如果选择“SQL Server 身份验证”模式登录，需要输入登录名和密码。单击“连接”按钮即可连接到 SQL Server 2014 数据库。

（2）进入“SQL Server Management Studio”主窗体，如图 7.2 所示。

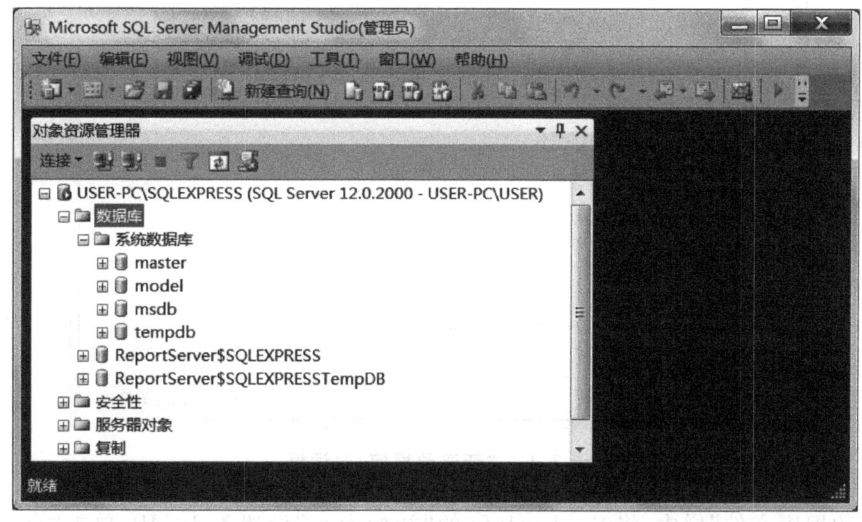

图 7.2 “SQL Server Management Studio”主窗体

在窗口左边"对象资源管理器"窗口中，右键单击"数据库"目录，在弹出的快捷菜单中选择"新建数据库"菜单项，打开"新建数据库"窗口，如图7.3所示。

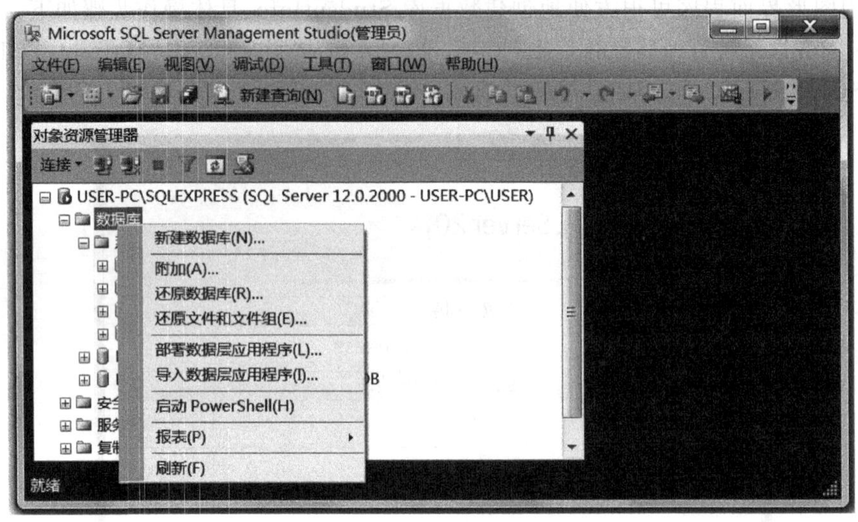

图 7.3 "新建数据库"菜单项

(3) 在"新建数据库"窗口的左上方选择"常规"选项卡，在"数据库名称"文本框中填写要创建的学生基本信息数据库的名称"StudentInfo"，"所有者"使用默认值，如图7.4所示。

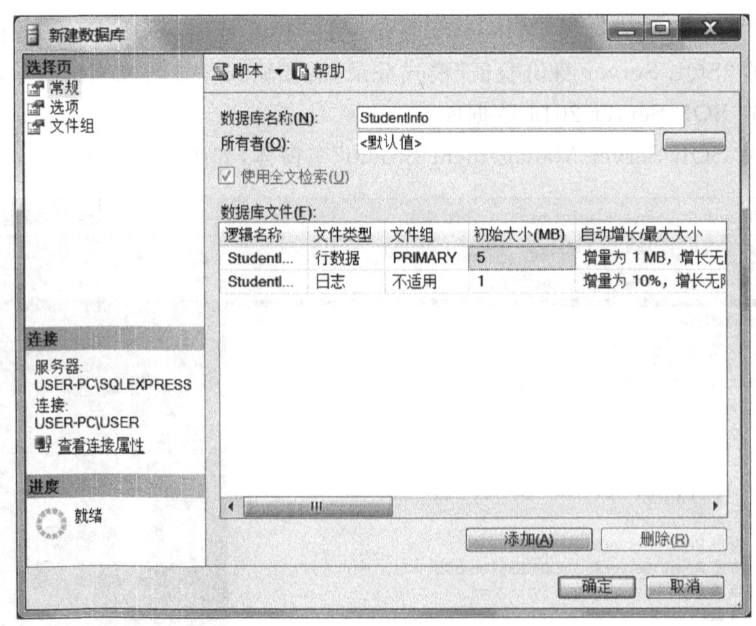

图 7.4 "新建数据库"对话框

在"数据库文件"栏中，将 StudentInfo 的"初始大小"设置为 10MB，单击"自动增长"

标签下的“...”按钮，弹出“更改 StudentInfo 的自动增长设置”对话框，如图 7.5 所示。

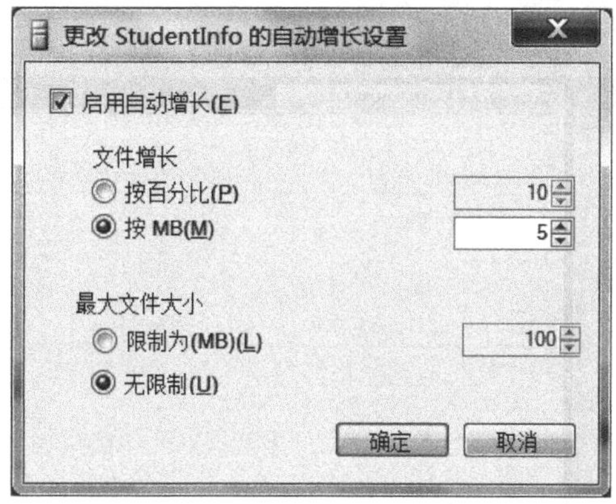

图 7.5 “更改 StudentInfo 的自动增长设置”对话框

(4) 数据库创建完成，展开“对象资源管理器”窗口的“数据库”目录找到“StudentInfo”所对应的位置，如图 7.6 所示。

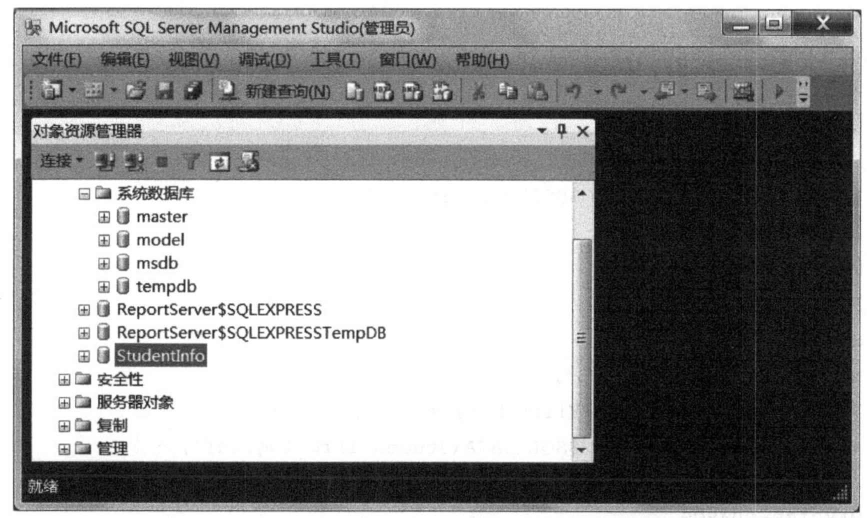

图 7.6 StudentInfo 数据库展示图

表示学生信息数据库 StudentInfo 创建成功。

2. 以命令方式创建数据库

在 SQL Server 2014 中，通过命令方式操作时，可通过 T-SQL 语言来进行。使用 T-SQL 语言创建学生信息数据库 StudentInfo 的步骤如下：

(1) 以管理员身份连接 SQL Server 服务器，进入“SQL Server Management Studio”主窗体，在窗体工具栏上单击“新建查询”按钮，新建一个查询窗口，如图 7.7 所示。

(2) 在查询窗口中输入创建学生信息数据库的 T-SQL 语句。

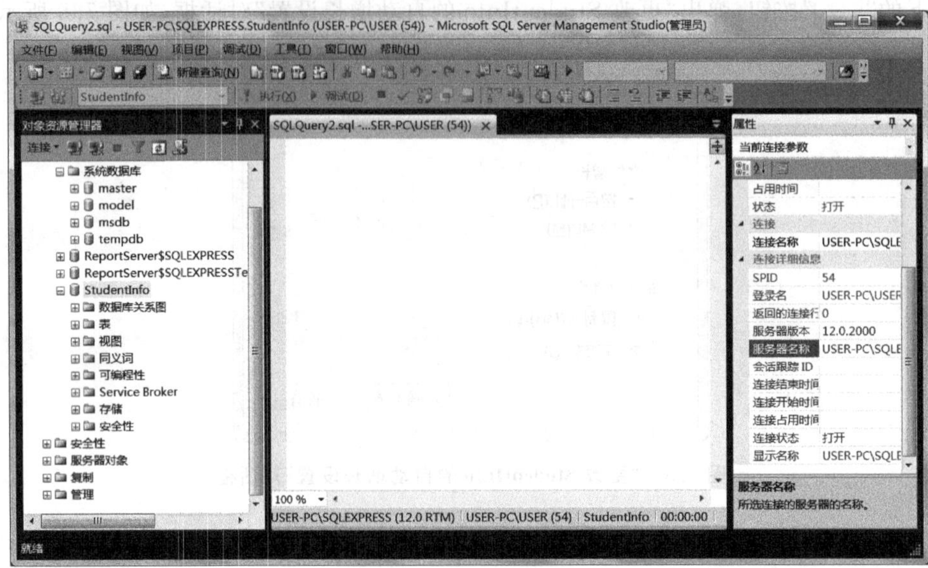

图 7.7 新建查询

```
CREATE DATABASE StudentInfo1 ON
PRIMARY
(   NAME=N'StudentInfo',
    FILENAME=N'C:\Program Files\Microsoft SQL Server
    \MSSQL10.MSSQLSERVER\MSSQL\DATA\StudentInfo.mdf',
    SIZE=10240KB,
    MAXSIZE=102400KB,
    FILEGROWTH=5120KB )
LOG ON
(   NAME=N'StudentInfo_log',
    FILENAME=N'C:\Program Files\Microsoft SQL Server
    \MSSQL10.MSSQLSERVER\MSSQL\DATA\StudentInfo_log.ldf',
    SIZE=2048KB,
    MAXSIZE=2048GB,
    FILEGROWTH=10%);
```

(3) 单击窗口工具栏的“!执行”按钮,执行结果如图 7.8 所示。

说明:

- CREATE DATABASE 语句用于创建数据库。
- “ON”关键字定义数据库中的数据文件。
- “PRIMARY”表示主数据库文件。
- “LOG ON”关键字定义数据库的日志文件。
- “NAME”关键字用于定义数据文件的逻辑文件名,名称为 StudentInfo。
- “FILENAME”关键字用于定义操作系统中文件的完整路径名。
- “SIZE”用于定义数据文件的初始大小,本系统中的学生信息数据库的数据文件

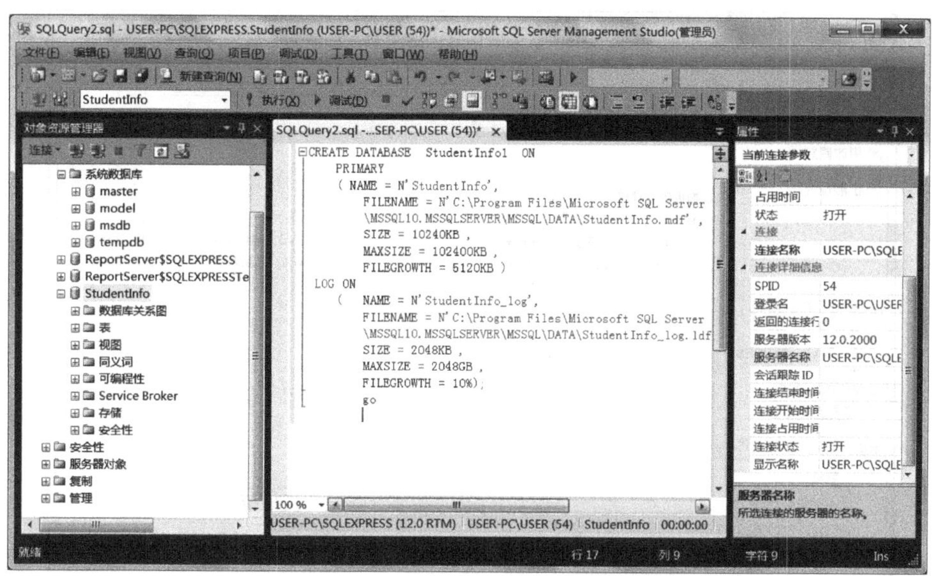

图 7.8 执行 T-SQL 语句的结果

大小为 10240KB，即 10MB。

- “MAXSIZE”用于定义数据文件的最大值，为 102400KB。
- “FILEGROWTH”用于定义数据文件的增长量，为 5120KB，即 5MB。

对于日志文件来说，各个选项的意义与数据文件相同，其中“FILEGROWTH＝10％”表示学生信息数据库 StudentInfo 日志文件按 10％的比例增长。

7.3.2 修改用户数据库

修改 SQL Server 用户应用数据库也可以使用两种方式，一种是在图形方式下修改数据库，另一种方式是使用语言命令程序方式。

1. 在图形界面方式下修改数据库

数据库创建完成之后，如需修改相关属性，比如大小、名称等，可以用鼠标右键单击需要修改的数据库，选择“属性”菜单项，进入“数据库属性”窗口，如图 7.9 所示。

可以改变数据文件或者日志文件的大小和增长方式，增加或删除日志文件，进行数据库重命名等操作。

(1) 数据库重命名。

通常情况下，数据库名称一般不需要再更改。在实际应用中如果需要更改数据库名称，方法很多，其中使用图形界面方式最为简单。

在“对象资源管理器”窗口中，选中要修改的数据库，单击鼠标右键，选中“重命名”命令菜单，即可直接改名。

(2) 修改数据库属性。

利用 SQL Server 2014 管理控制台修改数据库属性的步骤如下：

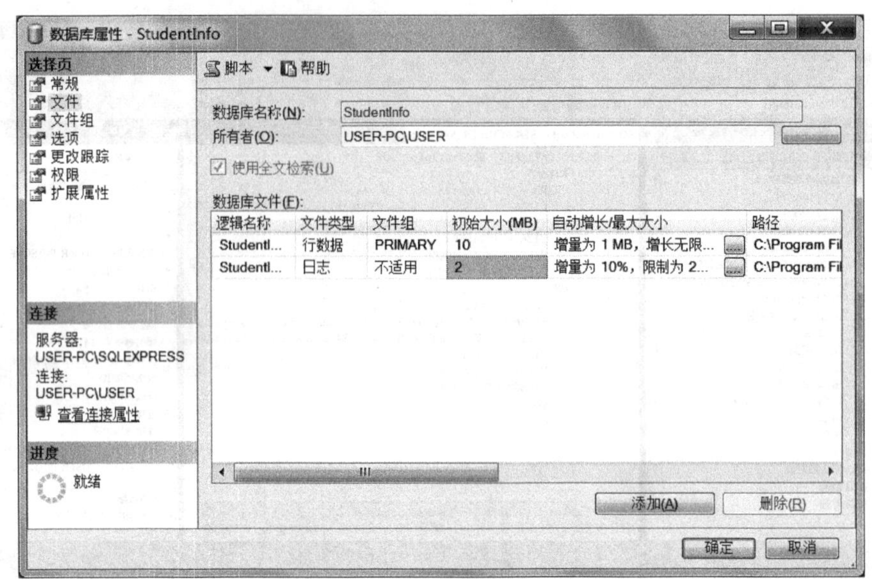

图 7.9 “数据库属性”对话框

① 在“对象资源管理器”窗口中，右击要修改的数据库，选中“属性”命令。

② 在“数据库属性”对话框的“选择”页下选择“文件”选项。

③ 在要修改的数据库文件的“初始大小”列中，输入要修改的值；同样在日志文件行的“初始大小”列中，输入要修改的值。

④ 单击“自动增长”列中的按钮，打开“自动增长设置”对话框，可以设置自动增长的方式及大小。

⑤ 完成修改后，单击“确定”按钮完成对数据库的修改。

2. 使用 ALTER DATABASE 命令修改数据库

在 T-SQL 语句中，使用 ALTER DATABASE 语句修改数据库名称的语法形式如下：

```
ALTER DATABASE old_databasename MODIFY NAME=new_databasename
```

例如，将“StudentInfo”数据库名修改为“StudentInformation”。

```
ALTER DATABASE StudentInfo MODIFY NAME=StudentInformation
```

7.3.3 删除用户数据库

1. 在图形界面方式删除数据库

删除数据库就是从 SQL Server 2014 系统中删除不再使用的数据库。使用图形界面删除数据库的具体步骤如下：

(1) 在“对象资源管理器”窗口中选择要删除的数据库，单击鼠标右键，在弹出的菜单中单击“删除”命令，如图 7.10 所示。

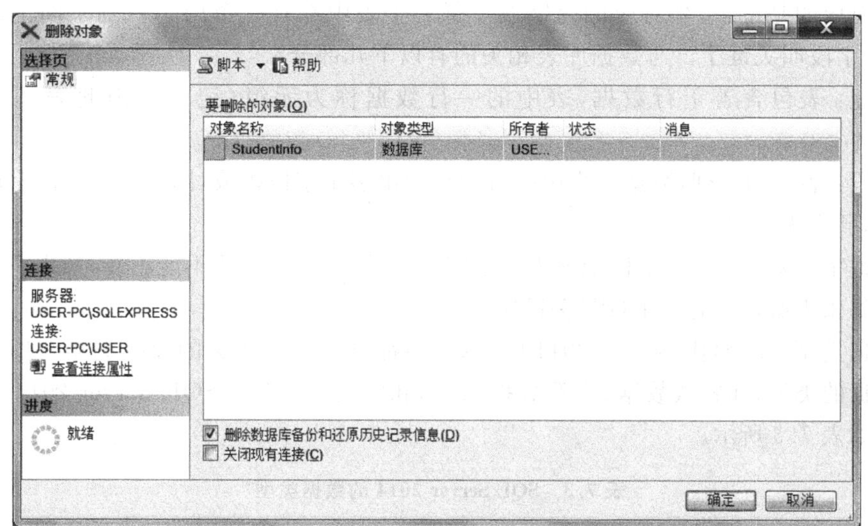

图 7.10 删除对象窗口

(2) 在弹出的“删除对象”对话框中,单击“确定”按钮,确认删除。删除操作完成后会自动返回“SQL Server Management Studio”主窗体。

2. 使用 DROP DATABASE 命令删除数据库

在 T-SQL 语句中,使用 DROP DATABASE 语句删除数据库的语法形式如下:

```
DROP DATABASE database_name[,...n]
```

其中,database_name 为要删除的数据库名,[,...n]表示可以有多于一个数据库名。

例如,要删除“StudentInfo”数据库,可使用 DROP DATABASE 语句。

```
DROP DATABASE StudentInfo
```

7.3.4 数据库表应用操作

数据库是由各种数据库表组成的。数据库表是 SQL Server 2014 数据库中最重要的操作对象,是用于存储和操作数据的逻辑结构。数据库基本表由行和列组成,行是表数据的实例,列是表数据的描述。

例如,某个数据库中的学生信息表通常由行和列组成,称为二维表,如表 7.2 所示。

表 7.2 学生信息表

学号	姓名	性别	年龄	所在系
2011001	王小勇	男	20	计算机系
2011002	李一晨	女	19	会计系
2011003	王晓敏	女	18	工商系
2011004	张宏立	男	19	计算机系

行对应的是记录，列对应的是字段。每一个表中都有一个用于识别不同记录的字段，这个字段叫关键字。与数据库表相关的有以下几部分：

元组：表包含若干行数据，表中的一行数据称为元组（记录），因此表是记录的集合。

字段：表中的一列，数据库表中的每个记录由多个字段组成，同一个表中的字段名不能重名，顺序无所谓。

关键字：关键字是用于标记该表记录唯一性的字段，即其值不能重复，如表7.2中的学号。每张表必须具有一个（组）关键字。

数据类型：在SQL Server 2014中，每个列都具有一个相关的数据类型。用于指定保存数据的类型，如整数数据、字符数据、日期和时间数据等。SQL Server 2014中的数据类型如表7.3所示。

表7.3 SQL Server 2014的数据类型

数据类型	类型举例
精确数字	bigint、numeric、bit 、smallint、decimal、smallmoney、int、tinyint、money
近似数字	float、real
日期和时间	date、datetimeoffset、datetime2、smalldatetime、datetime、time
字符串	char、varchar、text
Unicode 字符串	nchar、nvarchar、ntext
二进制字符串	binary、varbinary、image
其他数据类型	cursor、timestamp、hierarchyid、uniqueidentifier、sql_variant、xml、table

7.3.5 数据库表的创建

用户数据库表是数据库的基本表，其创建可以使用两种基本方式：一种是图形界面操作方式，另一种是命令操作方式。

1. 在图形界面方式下创建基本表

首先按需求设计学生信息数据库的数据表结构，数据库表对象命名为“学生”，各定义参数如表7.4所示。

表7.4 “学生”表结构

字段名称	字段类型	字段大小	主键
学号	char	10	是
姓名	char	8	
性别	char	2	
年龄	Int		
所在系	char	10	

创建步骤如下：

(1) 启动“SQL Server Management Studio”，在“对象资源管理器”中，展开“数据库”，用鼠标右键单击“StudentInfo”数据库菜单下的“表”选项，在弹出的快捷菜单中，选择“新建表(N)...”菜单项，打开“表设计器”窗口，如图7.11所示。

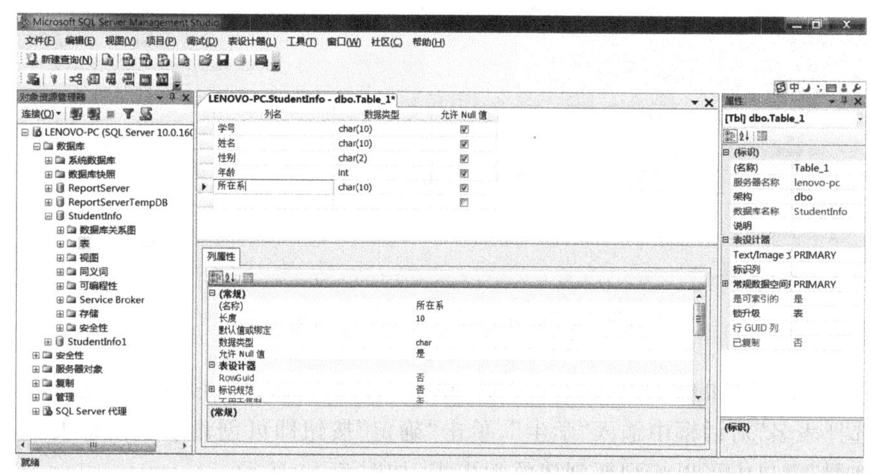

图7.11 “表设计器”窗口

(2) 在“表设计器”窗口中，根据已经设计好的学生表的结构分别输入或选择各列的名称、数据类型以及是否允许为空等属性。根据需要，可以在列属性表格的“常规”选项的“默认值或绑定”栏内输入默认值。

(3) 在“学号”列上用鼠标右键单击，选择“设置主键”菜单项，选择“设为主键”菜单命令，如图7.12所示。

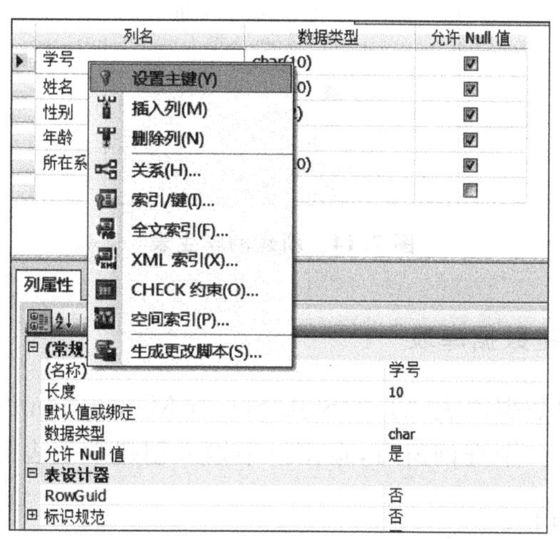

图7.12 设置“学生”表的主键

在属性窗口中的“默认值或绑定”项中填写各列的默认值和说明。“学生”表结构设计完成后的结果如图7.13所示。

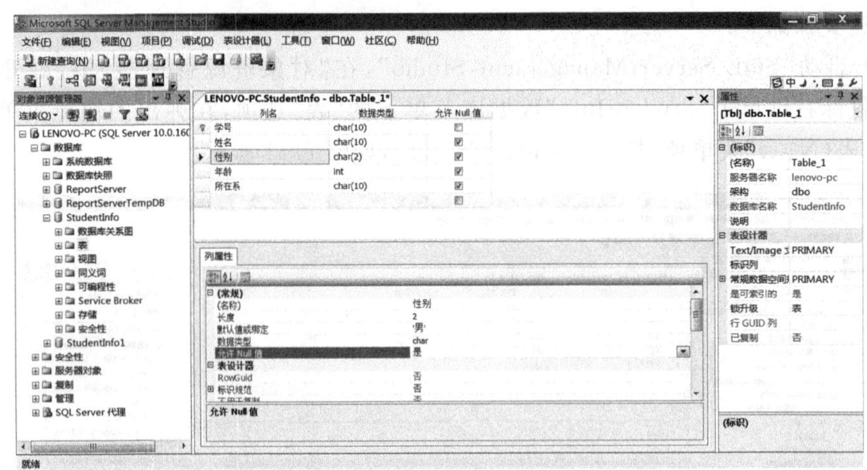

图 7.13　学生表属性编辑完成结果界面

(4) 在表的各列的属性均编辑完成后，单击工具栏的保存按钮，出现“选择表名”对话框，在“选择表名”对话框中输入“学生”，单击“确定”按钮即可创建学生信息表。在“对象资源管理器”窗口中可以找到新创建的学生表，如图 7.14 所示。

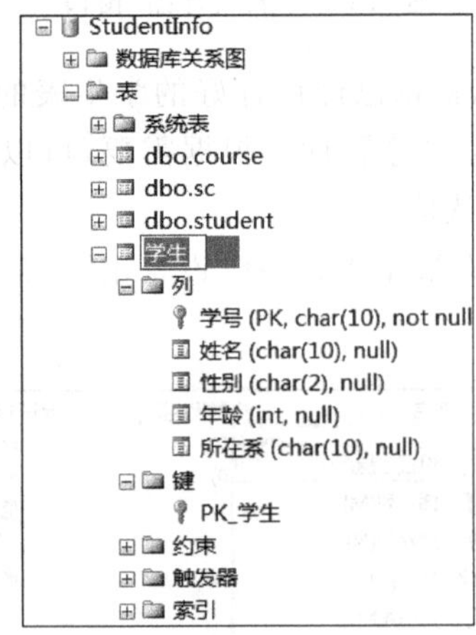

图 7.14　新建的学生表

2. 以命令方式创建数据库表

使用命令方式创建数据库表，启动“SQL Server Management Studio”，在主界面上单击“新建查询”按钮新建一个查询窗口，在窗口中输入创建学生表的语句：

```
    USE [StudentInfo]
GO
CREATE TABLE [dbo].[学生](
    [学号] [char](10) NOT NULL PRIMARY KEY,
    [姓名] [char](10) NULL,
    [性别] [char](2) NULL,
```

```
    [年龄] [int] NULL,
    [所在系] [char](10) NULL,
)
```

单击工具栏上的 ! 执行(X) 按钮执行以上语句，结果如图 7.15 所示。

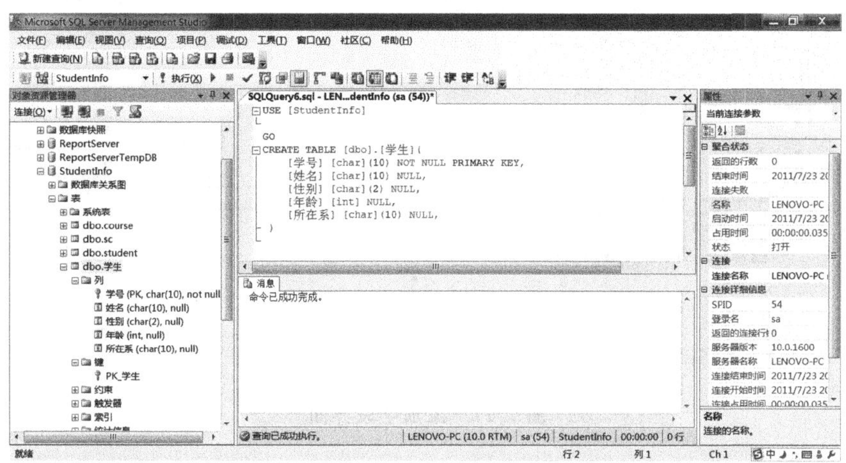

图 7.15 使用命令方式创建学生信息表

7.3.6 数据库表的修改

用户数据库表修改也可以使用两种基本方式，即图形界面操作方式和命令操作方式。

1. 在图形界面方式下修改数据库表

使用 SQL Server 2014 管理控制台修改表的具体操作步骤如下：

(1) 在“对象资源管理器”中，选择数据库“StudentInfo”，在“表”中选择“学生”表，并单击鼠标右键。在弹出的快捷菜单中选择“设计”命令，打开表“学生”表，如图 7.16 所示。

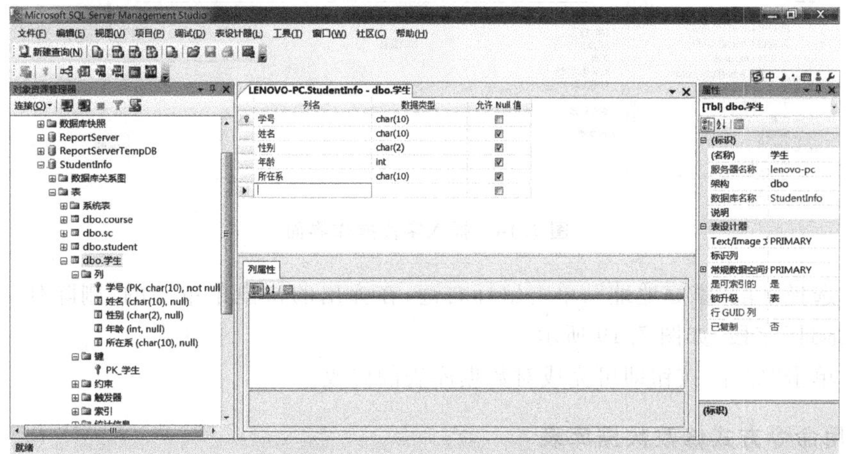

图 7.16 修改学生表界面

(2) 在表设计器窗口中“所在系”字段后添加“家庭住址”字段,如图 7.17 所示。

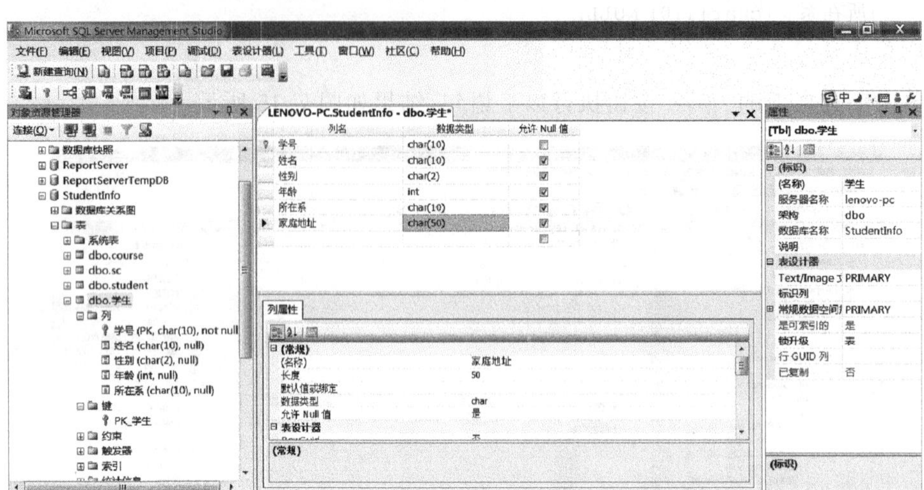

图 7.17　添加字段界面

(3) 也可在别的列之前插入列,比如选择“所在系”,单击鼠标右键,在弹出的快捷菜单中选择“插入列”命令,插入一个空行。在插入的空行中的“列名”处输入“政治面貌”,并设置其属性,如图 7.18 所示。

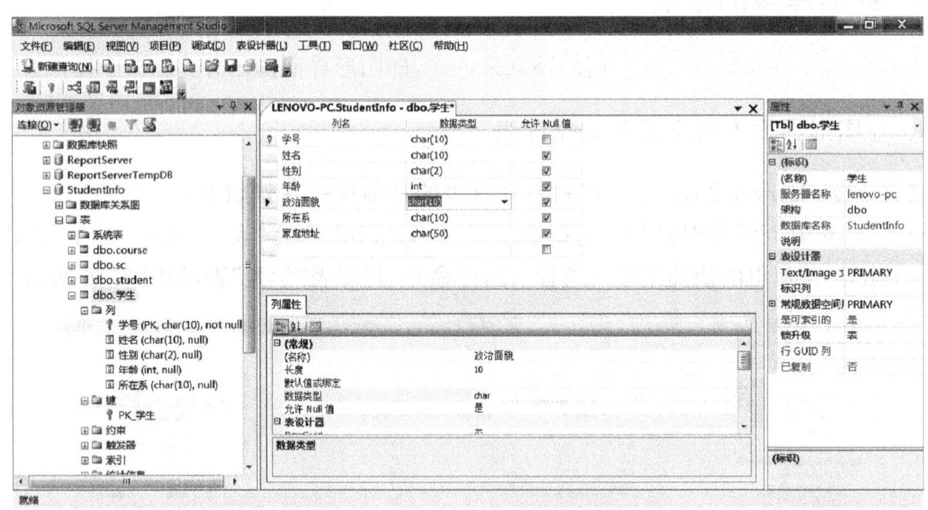

图 7.18　插入字段操作界面

(4) 选择字段“家庭地址”,单击鼠标右键,在弹出的快捷菜单中的“删除列”命令,删除“家庭地址”字段,如图 7.19 所示。

(5) 单击“保存”按钮即可完成对数据库表的修改。

2. 用命令方式修改数据库表

在实际使用中,基本表的结构一旦建好就不应轻易变动,但由于应用环境和应用需求的变化，往往对建立好的基本表需要修改。ALTER TABLE 语句用于更改原有的表结构。例如：可以增加或减少列，更改原有列的类型，修改列的选项等。其一般结构格式为：

```
alter table <表名>add <新列名><数据类型>
[<列级完整性约束条件>] [,…n]
[DROP <完整性约束名>]
[MODIFY(<列名><数据类型>)];
```

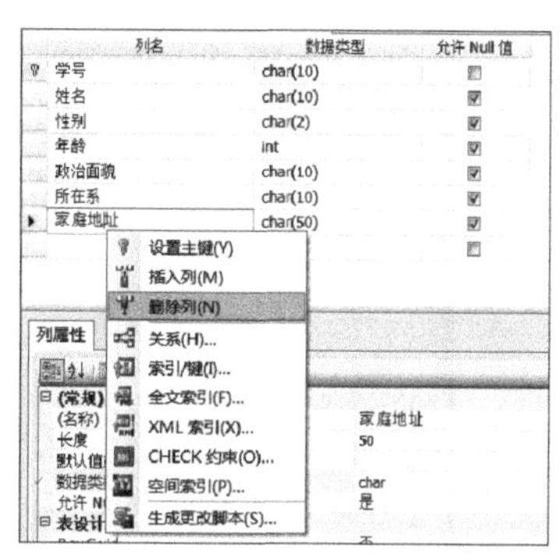

图 7.19 删除列操作界面

由此看出，ALTER TABLE 语句提供以下三种基本表的修改功能。

(1) 用 ADD 子句增加新列。当需要向表中增加新列和新的完整性约束时，使用 ADD 子句对表结构进行修改操作。

(2) 用 MODIFY 子句修改关系列的原定义。MODIFY 子句主要用于加宽原列的宽度。尽管有些系统允许对列名和数据类型进行修改，但建议不这样做，以免丢失原表中的数据。

(3) 用 DROP 子句删除指定的完整性约束。

例如，向学生表中增加“家庭地址”和“电话”。

```
alter table 学生 add 家庭地址 char(30),电话 char(12)
```

例如，在学生表中删除“家庭地址”和“电话”。

```
alter table 学生 drop column 家庭地址,电话
```

说明：不允许删除已定义列级完整性约束或表级完整性约束的属性，NOT NULL 约束除外。要删除这些属性必须先删除该属性上的约束条件。

7.3.7 数据库表的删除

数据库表的删除操作也有图形界面操作方式和命令操作方式两种基本方法。

1. 在图形界面方式下删除数据库表

使用 SQL Server 管理控制台删除表的具体操作步骤如下：

(1) 在“对象资源管理器”中选择要删除的表，然后按 DEL 键或者选择“编辑”|“删除”命令，或者单击鼠标右键，在弹出的快捷菜单中选择“删除”命令，打开“删除对象”对话框，如图 7.20 所示。

(2) 在该对话框中选择要删除的对象，单击“确定”按钮即可。

2. 以命令方式删除数据库表

不再需要某个基本表时，使用 T-SQL 语句 DROP TABLE 语句删除它。SQL 的删除语句的语法格式为：

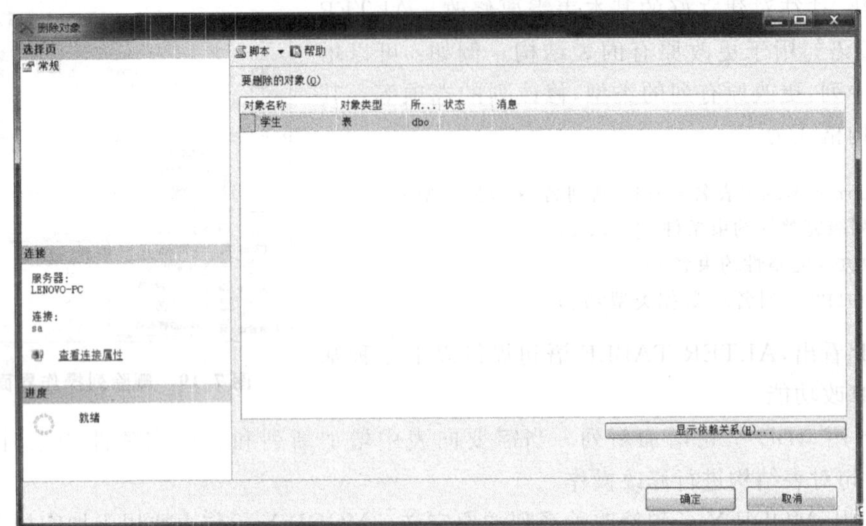

图 7.20　删除表界面

```
DROP TABLE <表名>;
```

SQL 的删除语句一次只能删除一个表，基本表一旦被删除，表中的数据也会同时被删除。删除语句执行后，与被删除基本表相关的索引、视图也将自动全部被删除掉。因此，执行删除基本表的操作一定要格外小心。

例如，要删除数据库“StudentInfo”中的数据表“student”，具体操作如下：

(1) 在查询分析器中输入如下语句：

```
DROP TABLE student
```

(2) 单击 ! 执行(X) 按钮执行 T-SQL 语句，即可删除“student”表。

7.4　其他数据库应用操作

SQL Server 数据库创建完成后，有许多例行常规应用与维护。在此简单列举几种相关应用操作。

7.4.1　创建数据库视图

创建视图也有用图形界面和 T-SQL 的 CREATE VIEW 命令语句两种操作方式，或者使用视图创建向导程序进行操作。

使用视图创建向导创建视图的过程如下：

(1) 单击“开始”|“所有程序”|“Microsoft SQL Server 2014”|“SQL Server Management Studio”，选择“数据库”。选择“创建视图向导”命令，单击“确定”按钮。单击“下一步”按钮，开始使用视图向导创建视图。

（2）单击“下一步”按钮进入“选择数据库”对话框。在“数据库名称”下拉列表框中列出了创建该视图将引用的数据库名称。选好后，单击“下一步”按钮，进入“选择对象”对话框。

（3）选择创建视图将引用的数据库表，如本案例的“学生”表。单击“下一步”按钮，进入“选择列”对话框，对视图选用列进行选择。

（4）选好将被视图显示的列后，单击“下一步”按钮，进入“定义限制”对话框。

（5）在“定义限制”对话框的文本框中可以输入Transact-SQL语句对将来视图显示的信息进行限制。单击“下一步”按钮，进入“命名视图”对话框。文本框中给出的是默认名称，根据命名需要可以修改视图名称。

（6）填好视图名称后单击“下一步”按钮，进入“正在完成创建视图向导”对话框。这是创建视图的最后一步，单击“确定”按钮即完成视图的创建工作。

7.4.2 用工具和向导创建数据库图表

用工具和向导创建数据库图表的具体操作步骤如下：

（1）单击“开始”|“所有程序”|“Microsoft SQL Server 2014”|“SQL Server Management Studio”，展开需要创建视图的数据库。选择数据库对象“关系图”，选择“新建数据库关系图”命令，将弹出创建数据库关系图向导对话框。

（2）单击“下一步”按钮，正式进入创建数据库关系图向导。第一个显示的界面将是“选择要添加的表”对话框，在这里选择创建关系图需要的数据表。

（3）选好需要的数据表后，单击“下一步”按钮，进入“正在完成数据库关系图向导”对话框。这时，若对以前的设置有任何不满意都可以单击“上一步”按钮返回进行重新设置。

（4）单击“完成”按钮后，会弹出刚建好的数据库关系图。需要对该关系图编辑时，直接单击菜单栏中的属性图标，会弹出属性对话框。可以再次对表、列、关系、索引/键以及CHECK约束进行编辑。

（5）单击存盘图标，弹出“另存为”对话框，填好关系图名称后单击“确定”按钮，关系图的创建工作就完成了。

7.4.3 创建存储过程和触发器

存储过程是SQL Server服务器上一组预先定义并编译好的Transact_SQL语句，能改善程序运行性能，提高执行效率。可以用向导方式、命令方式和集成环境方式创建存储过程。

触发器是一种特殊的存储过程，不允许带参数，也不能被直接调用，只能由系统自动激活。

1. 使用向导方式创建存储过程

（1）单击“开始”|“所有程序”|“Microsoft SQL Server 2014”|“SQL Server

Management Studio”，选择“向导”命令，在弹出的对话框中选择“创建存储过程向导”选项。单击“确定”按钮。

（2）单击“下一步”按钮，进入“选择数据库”对话框。

（3）从下拉列表中选好将要建立存储过程的数据库后，单击“下一步”按钮，进入“选择存储过程”对话框。

（4）插入、删除和更新是针对数据库基本表的操作。所建立的存储过程需要哪些操作，就选中相应表后的复选框，单击“下一步”按钮，进入“正在完成创建存储过程向导”对话框。

这时应仔细检查这些存储过程是否是所需要的，是否还有遗漏。单击“编辑”按钮可以对存储过程再次编辑。在“编辑存储过程属性”对话框中，单击“编辑 SQL”按钮可以对存储过程的 SQL 语句进一步进行编辑。在“编辑存储过程 SQL”对话框中，单击“分析”按钮可以对 Transact-SQL 语法进行分析。

（5）确定正确无误后，单击“确定”按钮，进入最后一个对话框。再单击“确定”按钮，新的存储过程就创建好了。

2. 使用命令方式创建存储过程

（1）单击“开始”|“所有程序”|“Microsoft SQL Server 2014”|“SQL Server Management Studio”，在数据库的下属数据库对象中右击“存储过程”，在快捷菜单中选择“新建存储过程”。

（2）在“文本”框中输入 CREATE PROCEDURE 语句。它具体的语法格式如下：

```
CREATE PROCEDURE procedure_name
@parameter data_type
WITH {RECOMPILE|ENCRYPTION|RECOMPILE,ENCRYPTION}
AS sql_statement
```

有关的语句成分说明如下：

- procedure_name：将要创建的存储过程的名字。
- RECOMPILE：表示执行存储过程时重新编译存储过程。
- ENCRYPTION：表示加密存储过程的文本。
- sql_statement：定义当存储过程被激活时，存储过程所要执行操作的 Transact_SQL 语句。

（3）填好后，单击“检查语法”按钮，将对文本框中的内容进行语法检查。

（4）语法检查正确无误后，单击“确定”，完成存储过程的创建工作。

3. 在集成化环境下使用命令创建触发器

触发器是一种特殊的存储过程，它不允许带参数，也不能被直接调用，只能由系统自动激活。

（1）单击“开始”|“所有程序”|“Microsoft SQL Server 2014”|“SQL Server Management Studio”，单击鼠标展开将创建触发器的数据库基本表所属的数据库。单击

展开表，右击将在其上创建触发器的表，弹出快捷菜单。

(2) 在快捷菜单的级联菜单中选择“管理触发器”命令，打开“触发器属性”对话框。

(3) “文本”框中用来输入触发器的定义语句，它的具体定义格式如下：

```
CREATE TRIGGER trigger_name
ON [owner.]{table|view}
[WITH ENCRYPTION]
{FOR|AFTER|INSTEAD OF}{[DELETE][,][INSERT][,][UPDATE]}
[WITH APPEND][NOT FOR REPLICATION]
AS
Sql_statement[...n]
```

有关的语句成分说明如下：

- trigger_name：即将创建的触发器的名字，在当前数据库中它是唯一的。
- table|view：与创建的触发器相关联的表或视图的名字。
- WITH ENCRYPTION：要求 SQL Server 对触发器定义文本加密后储存。
- AFTER：表示只有在执行了指定的操作之后，触发器才被激活，仅指定 FOR 为关键字时，AFTER 是默认值。
- INSTEAD OF：执行相应操作时，虽然触发器被触发，但并不执行相应的操作，只执行触发器本身的 SQL 语句。这样，可使不可修改的视图支持修改。
- [DELETE][,][INSERT][,][UPDATE]：将激活触发器的操作。三项任选，顺序不受限制。
- WITH APPEND：表明增加另外一个已经存在的触发器。
- NOT FOR REPLICATION：表明当复制进程修改触发表(与创建的触发器相关联的表)中的数据时，不激活所建立的触发器。
- AS：表示触发器将要执行的动作。
- Sql_statement：定义当触发器被激活时，触发器所要执行操作的 Transact_SQL 语句。

(4) 文本输入完毕后，单击“检查语法”按钮，可以检查所输入文本的语法是否正确。

(5) 确定语法正确无误后，单击“确定”按钮，完成触发器的创建。

注意：每个触发器只能作用在一个表上，一个表上可以有多个具有不同名称的各种类型的触发器。

若创建的新触发器用了原有触发器的名称，则原有触发器被新触发器所覆盖。有关触发器的信息被保存在 sysobjects 系统表和 syscomments 系统表中。也可以在视图上建立触发器，但通常不能为系统表创建触发器。

7.4.4 数据库的安全管理

SQL Server 为确保用户的利益，提供了一套完整的安全机制，包括选择认证模式和认证进程，登录账号管理，角色管理，用户管理和许可设置等。

1. 创建设置数据库用户角色

角色是数据库访问许可的管理单位，其成员继承角色所拥有的访问许可。管理员在设置访问许可时，建议首先建立角色，并将访问许可集中授予角色，之后可以将需要拥有这一许可的用户加入到角色中，这些用户即继承了角色的访问许可。需要撤销用户的访问许可时，将角色从用户中删除即可。

（1）单击“开始”|“所有程序”|“Microsoft SQL Server 2014”|“SQL Server Management Studio”，选择需要创建角色的数据库，右击弹出快捷菜单。选择“新建”|“数据库角色”命令，弹出“新建角色”对话框；或单击展开要创建角色的数据库，找到子数据库对象角色，右击“角色”，在弹出的快捷菜单中选择“新建数据库角色”也会弹出同样的对话框。

（2）需要添加标准角色时，单击“添加”按钮，弹出“添加角色成员”对话框。

（3）选择要添加的一个或多个用户，单击“确定”按钮，返回对应操作的对话框，在“名称”文本框中输入一个名称，单击“确定”按钮，完成“角色”的创建工作。

（4）回到主界面，选中刚创建好的角色。右击在快捷菜单中选择“属性”按钮，单击“权限”按钮可进行角色权限的设置。

2. 创建设置数据库用户

每个数据库中都有一个系统表，专门用来记录数据库用户的账号信息。打开系统表可以看到用户账号、登录账号、SQL Server角色等信息。

在SQL Server系统的每一个数据库中，都有两个默认的用户账号：dbo和guest。dbo用户是数据库所有者，拥有在数据库中执行所有操作的权限。sa登录账号和sysadmin角色的成员会自动映射成数据库的dbo，系统管理员所创建的任何对象都属于dbo用户。guest用户是一个特殊的用户账号，它可以与任意在该数据库中没有对应用户账号的登录账号所对应。

（1）单击“开始”|“所有程序”|“Microsoft SQL Server 2014”|“SQL Server Management Studio”，选择需要创建角色的数据库。单击右键，弹出快捷菜单。选择“新建”|“数据库用户”，弹出“新建用户”对话框；或单击展开要创建用户的数据库，找到子数据库对象用户。右击“用户”，在弹出的快捷菜单中选择“新建数据库用户”也可以弹出“新建用户”对话框。

（2）如果要新建一个登录名，可选择“新建”将弹出“新建登录”对话框。

（3）单击“确定”按钮即完成用户的创建工作。

除了可以使用角色赋予数据库用户权限外，还可以使用企业管理器给用户指定权限。右击刚创建好的用户，在快捷菜单中选择“属性”，此时的“权限”按钮处于激活状态，在其中可设定用户的权限。

思考练习题

（1）简述安装SQL Server 2014时应满足的软、硬件环境的基本要求。

（2）SQL Server的常用版本有哪些？如何选择适合操作系统环境的版本？

（3）SQL Server安装或升级后，如何启动数据库服务器？

(4) 如何使用 SQL Server 2014 集成环境创建视图?
(5) 如何使用 SQL Server 2014 集成环境创建存储过程?
(6) 什么是触发器? 创建触发器后能否被用户直接调用?
(7) SQL Server 如何创建数据库角色?
(8) 如何使用 SQL Server 2014 集成环境完成数据库的创建管理等基本操作?
(9) 简述创建数据库用户的方式。

第 8 章 chapter 8

Transact-SQL 语言结构

Transact-SQL 语言（简称为 T-SQL 语言）是微软公司对标准 SQL 语言的扩展，提供了声明参照完整性（Declarative Referential Integrity，DRI）支持和基于服务器的游标支持，而且增加了流程控制语句，使程序员能够控制命令的执行顺序。

不同的数据库供应商一般会对 SQL 语言进行不同程度的扩展。相对其他数据库产品对 SQL 语言的扩展程度，Transact-SQL 语言只含有较少的非标准语法，因此将用 Transact-SQL 语言编写的程序在不同数据库平台之间移植时，不会遇到太多的困难。本章介绍如何使用 Transact-SQL 语言对数据库进行操作。

8.1 T-SQL 语言概述

尽管 SQL Server 提供了使用方便的图形化用户界面，但各种数据库功能的实现基础是 Transact-SQL 语言，只有 Transact-SQL 语言可以直接和数据库引擎进行交互。Transact-SQL 语言是基于商业应用的结构化查询语言，是标准 SQL 语言的增强版本。

8.1.1 T-SQL 语言特点

由于 Transact-SQL 语言直接来源于 SQL 语言，因此它也具有 SQL 语言的几个特点。

- 一体化。Transact-SQL 语言集数据定义语言、数据操纵语言、数据控制语言和附加语言元素为一体。其中附加语言元素不是标准 SQL 语言的内容，但是它增强了用户对数据库操作的灵活性和简便性，从而增强了程序的功能。
- 两种使用方式、统一的语法结构。两种使用方式即联机交互式和嵌入高级语言的使用方式。统一的语法结构使得 Transact-SQL 语言可用于所有用户的数据库活动模型，包括系统管理员、数据库管理员、应用程序员、决策支持系统管理人员以及许多其他类型的终端用户。
- 高度非过程化。Transact-SQL 语言一次处理一个记录，对数据提供自动导航；允许用户在高层的数据结构上工作，可操作记录集，而不是对单个记录进行操作；所有的SQL语句接受集合作为输入，返回集合作为输出，并允许一条SQL语句的结果作为另一条SQL语句的输入。另外，Transact-SQL语言不要求用户指定对数据的存放方法，所有的Transact-SQL语句使用查询优化器，用以指定数据以最快速度存取的手段。

- 类似于人的思维习惯，容易理解和掌握。我们都知道SQL语言具有易学易用性，而Transact-SQL语言是对SQL语言的扩展，因此也是非常容易理解和掌握的。如果对SQL语言比较了解，那么在学习和掌握Transact-SQL语言及其高级特性时就会游刃有余了。

Transact-SQL语言对使用Microsoft SQL Server非常重要。与SQL Server通信的所有应用程序都通过向服务器发送Transact-SQL语句来进行通信，而与应用程序的用户界面无关。因此，对SQL Server系统的用户来讲，Transact-SQL语言是必不可少的工具，学好Transact-SQL语言是非常必要的。

8.1.2 T-SQL附加语言

Transact-SQL附加语言元素不是SQL的标准内容，而是Transact-SQL语言为了编程方便而增加的语言元素。这些语言元素包括变量、运算符、函数、流程控制语句和注释等内容。有关运算符和函数部分的内容我们在后面的章节会详细介绍，本节主要介绍变量、流程控制语句和注释。

1. 变量

变量对于一种语言来说是必不可少的组成部分。Transact-SQL语言允许使用两种变量：一种是用户自己定义的局部变量(local variable)，另一种是系统提供的全局变量(global variable)。

1) 局部变量

局部变量是用户自己定义的变量，它的作用范围都在程序内部。通常只能在一个批处理中或存储过程中使用，用来存储从表中查询到的数据，或作为程序执行过程中的暂存变量使用。局部变量使用DECLARE语句定义，并且指定变量的数据类型，然后可以使用SET或SELECT语句为变量初始化；局部变量必须以“@”开头，而且必须先声明后使用。其声明格式如下：

```
DECLARE @变量名 变量类型[,@变量名 变量类型…]
```

其中变量类型可以是SQL Server支持的所有数据类型，也可以是用户自定义的数据类型。

局部变量不能使用“变量＝变量值”的格式进行初始化，必须使用SELECT或SET语句来设定其初始值。初始化格式如下：

```
SELECT @局部变量=变量值
SET @局部变量=变量值
```

例 8.1 声明一个长度为 10 的字符型变量“name”，并赋初值。

```
DECLARE @name char(10)
SET @name='张三'
PRINT @name
```

执行结果：

```
张三
```

例 8.2 在系统 pubs 数据库中使用名为@find 的局部变量检索所有以 Ring 姓氏开头的作者信息。

```
USE pubs
DECLARE @find varchar(30)
SET @find='Ring%'
SELECT au_lname,au_fname,phone
FROM authors
WHERE au_lname LIKE @find
```

执行结果：

```
au_lname              au_fname              phone
--------------------- ---------------------------
Ringer                Albert                801 826-0752
Ringer                Anne                  801 826-0752
```

注意：如果声明字符型的局部变量，则一定要在变量类型中指明其最大长度，否则系统认为其长度为 1。

2) 全局变量

全局变量是 SQL Server 系统内部使用的变量，其作用范围并不局限于某一程序，而是任何程序均可随时调用。全局变量通常存储一些 SQL Server 的配置设定值和性能统计数据。用户可在程序中用全局变量来测试系统的设定值或者 Transact-SQL 命令执行后的状态值。引用全局变量时，全局变量的名字前面要有两个标记符“@@”。不能定义与全局变量同名的局部变量。从 SQL Server 7.0 开始，全局变量就以系统函数的形式使用。全局变量及其功能如表 8.1 所示。

表 8.1　全局变量及其功能

全局变量	功　能
@@CONNECTIONS	自 SQL Server 最近一次启动以来登录或试图登录的次数
@@CPU_BUSY	自 SQL Server 最近一次启动以来 CPU 的工作时间
@@CURRSOR_ROWS	返回在本次连接最新打开的游标中的行数
@@DATEFIRST	返回 SET DATEFIRST 参数的当前值
@@DBTS	数据库的唯一时间标记值

续表

全局变量	功　　能
@@ERROR	系统生成的最后一个错误，若为 0 则成功
@@FETCH_STATUS	最近一条 FETCH 语句的标志
@@IDENTITY	保存最近一次的插入身份值
@@IDLE	自 CPU 最近一次启动以来的累计空闲时间量
@@IO_BUSY	服务器输入输出操作的累计时间
@@LANGID	当前使用语言的 ID
@@LANGUAGE	当前使用语言的名称
@@LOCK_TIMEOUT	返回当前锁的超时设置
@@MAX_CONNECTIONS	同时与 SQL Server 相连的最大连接数量
@@MAX_PRECISION	十进制与数据类型的精度级别
@@NESTLEVEL	当前调用存储过程的嵌套级，为 0～16
@@OPTIONS	返回当前 SET 选项的信息
@@PACK_RECEIVED	所读的输入包数量
@@PACKET_SENT	所写的输出包数量
@@PACKET_ERRORS	读与写数据包的错误数
@@RPOCID	当前存储过程的 ID
@@REMSERVER	返回远程数据库的名称
@@ROWCOUNT	最近一次查询涉及的行数
@@SERVERNAME	本地服务器名称
@@SERVICENAME	当前运行的服务器名称
@@SPID	当前进程的 ID
@@TEXTSIZE	当前最大的文本或图像数据大小
@@TIMETICKS	每一个独立的机器报时信号的间隔毫秒数，报时信号为 31.25 毫秒或 1/32 秒
@@TOTAL_ERRORS	读写过程中的错误数量
@@TOTAL_READ	读磁盘次数(不是高速缓存)
@@TOTAL_WRITE	写磁盘次数
@@TRANCOUNT	当前用户的活动事务处理总数
@@VERSION	当前 SQL Server 的版本号

2. 流程控制语句

Transact-SQL 语言提供了一些可以用于改变语句执行顺序的命令，称为流程控制语句。流程控制语句允许用户更好地组织存储过程中的语句，以便实现程序的功能。流程控制语句与常见的程序设计语言类似，主要包含以下几种：

1) IF…ELSE 语句

语法格式：

```
IF <条件表达式>
    <命令行或程序块>
[ELSE [条件表达式]
    <命令行或程序块>]
```

其中＜条件表达式＞可以是各种表达式的组合,但表达式的值必须是"真"或"假"。ELSE子句是可选的。IF…ELSE语句用来判断当某一条件成立时执行某段程序,条件不成立时执行另一段程序。如果不使用程序块,则IF或ELSE只能执行一条命令。IF…ELSE可以嵌套使用,最多可嵌套32级。

例8.3 比较大小。

```
DECLARE @x int,@y int,@z int
SELECT @x=1,@y=2,@z=3
IF @x>@y
    PRINT 'x>y'
ELSE
    IF @y>@z
        PRINT 'y>z'
    ELSE
      PRINT 'z>y'
```

执行结果:

```
z>y
```

2) BEGIN…END语句

语法格式:

```
BEGIN
    <命令行或程序块>
END
```

BEGIN…END用来设定一个程序块,该程序块可以被视为一个单元执行。BEGIN…END经常在条件语句中使用,如IF…ELSE语句。当IF或ELSE子句为真时,想让程序执行其后的多条语句,就要把多条语句用BEGIN…END括起来使之成为一个语句块。在BEGIN…END中可以嵌套另外的BEGIN…END来定义另一程序块。

3) CASE语句

CASE语句有两种格式:

第一种:

```
CASE<运算式>
    WHEN<运算式>THEN<运算式>
    …
WHEN<运算式>THEN<运算式>
[ELSE<运算式>]
END
```

第二种:

```
CASE<运算式>
    WHEN<条件表达式>THEN<运算式>
```

```
…
WHEN<条件表达式>THEN<运算式>
[ELSE<运算式>]
END
```

CASE 语句可以嵌套到 SQL 命令中。

例 8.4 在 pubs 中查询每个作者所居住州的全名。

```
SELECT au_fname,au_lname,
    CASE state
      WHEN 'CA' THEN 'California'
      WHEN 'KS' THEN 'Kansas'
      WHEN 'TN' THEN 'Tennessee'
      WHEN 'OR' THEN 'Oregon'
      WHEN 'MI' THEN 'Michigan'
      WHEN 'IN' THEN 'Indiana'
      WHEN 'MD' THEN 'Maryland'
      WHEN 'UT' THEN 'Utah'
    END AS StateName
FROM pubs.dbo.authors
ORDER BY au_lname
```

执行结果：

```
au_fname          au_lname                StateName
------------ ------------------------------ -------------------
Abraham           Bennet                  California
Reginald          Blotchet-Halls          Oregon
Cheryl            Carson                  California
Michel            DeFrance                Indiana
Innes             del Castillo            Michigan
Ann               Dull                    California
…
```

4）WHILE…CONTINUE…BREAK 语句

语法格式：

```
WHILE<条件表达式>
BEGIN
    <命令行或程序块>
    [BREAK]
    [CONTINUE]
    [命令行或程序块]
END
```

WHILE 语句在设定的条件为真时会重复执行命令行或程序块。CONTINUE 语句可以让程序跳过 CONTINUE 语句之后的语句，回到 WHILE 循环的第一行。BREAK 语句则让程序完全跳出循环，结束 WHILE 循环的执行。WHILE 语句也可以嵌套使用。

注意：如果嵌套了两个或多个 WHILE 循环，内层的 BREAK 将导致退出到下一个外层循环。首先运行内层循环结束之后的所有语句，然后下一个外层循环重新开始执行。

例 8.5 循环嵌套。

```
DECLARE @x int,@y int,@z int
SELECT @x=1,@y=1
WHILE @y<5
        BEGIN
    PRINT @x
    WHILE @y<5
      BEGIN
        SELECT @z=100*@x+2*@y
          PRINT @z
        SELECT @y=@y+1
      END
    SELECT @x=@x+1
    SELECT @y=1
    IF @x>2
      BREAK
    CONTINUE
  END
```

执行结果：

```
1
102
104
106
108
2
202
204
206
208
```

3. 注释

在 Transact-SQL 语言中可使用两种注释符：行注释和块注释。

行注释符为"--"，这是 ANSI 标准的注释符，用于单行注释。

块注释符为"/*...*/"，"/*"用于注释文字的开头，"*/"用于注释文字的末尾。块注释符可在程序中标识多行文字为注释。

8.1.3 SQL Server查询分析器

SQL Server 提供了一个供用户调试自己的 Transact-SQL 语句的应用程序 Query Analyzer，中文译为查询分析器，它提供以下几项功能：

- 用于输入 Transact-SQL 语句的自由格式文本编辑器。
- 在 Transact-SQL 语句中使用不同的颜色，以提高复杂语句的易读性。
- 对象浏览器和对象搜索工具，可以轻松查找数据库中的对象和对象结构。
- 模板可用于加快创建 SQL Server 对象的 Transact-SQL 语句的开发速度。模板是包含创建数据库对象所需的 Transact-SQL 语句基本结构的文件。
- 用于分析存储过程的交互式调试工具。
- 以网格或自由格式文本窗口的形式显示结果。
- 显示计划信息的图形关系图，用以说明内置在 Transact-SQL 语句执行计划中的逻辑步骤。这使程序员得以确定在性能差的查询中，具体是哪一部分使用了大量资源。之后，程序员可以试着采用不同的方法更改查询，使查询使用的资源减到最少，同时仍返回正确的数据。
- 使用索引优化向导分析 Transact-SQL 语句以及它所引用的表，以了解通过添加其他索引是否可以提高查询的性能。

进入查询分析器主界面窗体，上半部为 SQL 命令的输入窗体，下半部为执行结果输出窗体。用户可以在命令输入窗体中输入 Transact-SQL 应用程序，程序执行后可以在结果输出窗体中看见程序执行的结果或错误信息。

8.2 Transact-SQL 语言基础

SQL 语言是所有关系数据库通用的标准语言，Transact-SQL 语言是在标准 SQL 语言的基础上进行了功能上的扩充。Transact-SQL 语言是由命令语句、基本数据类型、函数和运算符组成的。

在 SQL Server 中每个变量、参数、表达式都有数据类型。所谓数据类型就是以数据的表现方式和存储方式来划分数据的种类。SQL Server 提供多种基本数据类型，如表 8.2 所示。

表 8.2 SQL Server 的基本数据类型

binary	bigint	bit	char	datetime
decimal	float	image	int	money
nchar	ntext	nvarchar	numeric	real
smalldatetime	smallint	smallmoney	sql_variant	sysname
text	timestamp	tinyint	varbinary	varchar
uniqueidentifier				

SQL Server 还有 table 基本数据类型。该数据类型可用于存储 SQL 语句的结果集，不适用于表中的列，而只能用于 Transact-SQL 变量和用户定义函数的返回值。

下面介绍主要数据类型的使用方法。

1. 整数数据类型

整数数据类型包括 bigint 型、int 型、smallint 型和 tinyint 型。

- bigint 型数据的存储大小为 8 个字节，共 64 位。其中 63 位用于表示数值的大小，1 位用于表示符号。bigint 型数据可以存储的数值范围是 $-2^{63} \sim 2^{63}-1$，即：-9 223 372 036 854 775 808～9 223 372 036 854 775 807。
- int 型数据的存储大小为 4 个字节，共 32 位。其中 31 位用于表示数值的大小，1 位用于表示符号。int 型数据存储的数值范围是 $-2^{31} \sim 2^{31}-1$，即：-2 147 483 648～2 147 483 647。
- smallint 型的存储大小为 2 个字节，共 16 位。其中 15 位用于表示数值的大小，1 位用于表示符号。smallint 型数据存储的数值范围是 $-2^{15} \sim 2^{15}-1$，即：-32 768～32 767。
- tinyint 型的存储大小只有 1 个字节，共 8 位，全部用于表示数值的大小。由于没有符号位，所以 tinyint 型的数据只能表示正整数和零。tinyint 型数据存储的数值范围是 $0 \sim 2^{8}-1$，即 0～255。从表 8.3 可以比较清晰地看出整数型中各种数据类型的区别。

表 8.3　整数数据类型

数据类型	存储大小（字节）	是否有符号	数据范围
bigint	8	有	$-2^{63} \sim 2^{63}-1$
int	4	有	$-2^{31} \sim 2^{31}-1$
smallint	2	有	$-2^{15} \sim 2^{15}-1$
tinyint	1	无	$0 \sim 2^{8}-1$

在 SQL Server 中，int 数据类型是主要的整数数据类型。bigint 用于某些特殊的情况，当整数值超过 int 数据类型支持的范围时，就可以采用 bigint。在使用函数时，只有当参数表达式是 bigint 数据类型时，函数才返回 bigint。SQL Server 不会自动将其他整数数据类型（tinyint、smallint 和 int）提升为 bigint。

2. 浮点数据类型

浮点数据类型用于存储十进制小数。SQL Server 中浮点数值的数据采用上舍入（round up）的方式进行存储。也就是说，要舍入的小数部分不论其大小，只要是一个非零的数，就要在该数字的最低有效位上加 1，并进行必要的进位。由于浮点数据为近似值，所以并非数据类型范围内的所有数据都能精确地表示。

浮点数据类型包括 real 型、float 型、decimal 型和 numeric 型。

- real 型的数据存储大小为 4 个字节，可精确到小数点后第 7 位数字。这种数据类型的数据存储范围为－3.40E＋38～1.18E－38，0 和 1.18E－38～3.40E＋38。

- float 型的数据存储大小为 8 个字节，可精确到小数点后第 15 位数字。这种数据类型的数据存储范围为－1.79E＋308～－2.23E－308，0 和 2.23E＋308～1.79E＋308。float 型的数据可写成 float[(*n*)]的形式。其中 *n* 是 1～15 之间的整数值，指定 float 型数据的精度。当 *n* 为 1～7 时，实际上用户定义了一个 real 型的数据，系统用 4 个字节存储它；当 *n* 为 8～15 时，系统认为它是 float 型的数据，用 8 个字节存储它。这样既增强了数据定义的灵活性，又节省了空间。
- decimal 数据类型和 numeric 数据类型的功能完全一样，它们都可以提供小数所需要的实际存储空间，但也有一定的限制，用户可以用 2～17 个字节来存储数据，取值范围为 $-10^{38}+1 \sim 10^{38}-1$。decimal 型数据和 numeric 型数据的定义格式为 decimal[(*p*,[*s*])]和 numeric[(*p*,[*s*])]，其中 *p* 表示可供存储的值的总位数（不包括小数点），缺省值为 18；*s* 表示小数点后的位数，缺省值为 0；参数之间的关系是 $0 \leqslant s \leqslant p$。例如：decimal(15,5)表示共有 15 位数，其中整数 10 位，小数 5 位。decimal型数据的存储字节数与精度的关系如表 8.4 所示。

表 8.4 decimal 数据类型的精度与存储字节数

精 度	存储字节数	精 度	存储字节数
1～9	5	20～28	13
10～19	9	29～38	17

3. 二进制数据类型

二进制数据类型用于存储二进制数据，包括 binary 型、varbinary 型和 image 型。

- binary 型是固定长度的二进制数据类型，其定义形式为 binary(*n*)，其中 *n* 表示数据的长度，取值为 1～8000。在使用时应指定 binary 类型数据的大小，默认值为 1 个字节。binary 类型的数据占用 *n*+4 个字节的存储空间。在输入数据时必须在数据前加上字符"0X"作为二进制标识。例如：要输入"abc"，则应输入"0Xabc"。若输入的数据位数为奇数，则系统会自动在起始符号"0X"的后面添加一个 0。如输入"0Xabc"后，系统会自动变为"0X0abc"。
- varbinary 型是可变长度的二进制数据类型，其定义形式为 varbinary(*n*)，其中 *n* 表示数据的长度，取值为 1～8000。如果输入的数据长度超出 *n* 的范围，则系统会自动截掉超出部分。varbinary 型具有变动长度的特性，因为 varbinary 型数据的存储长度为实际数值长度＋4 个字节。当 binary 型数据允许 null 值时，将被视为 varbinary 型的数据。一般情况下，由于 binary 型的数据长度固定，因此它比 varbinary 型的数据处理速度快。
- image 型的数据也是可变长度的二进制数据，其最大长度为 $2^{31}-1$(2 147 483 647)个字节。关于 image 数据类型，在介绍文本和图形数据类型时再详细介绍。

4. 逻辑数据类型

逻辑数据类型只有一种 bit 型。bit 数据类型只占用 1 个字节的存储空间，其值为 0 和 1。只要输入的值为非 0，系统都会当作 1 处理。另外，bit 型不能定义为 null 值。

5. 字符数据类型

字符数据类型是使用最多的数据类型，它可以用来存储各种字母、数字符号、特殊符号等。一般情况下，使用字符类型数据时，必须在数据前后加上单引号或双引号。字符数据类型包括 char 型、nchar 型、varchar 型和 nvarchar 型。

- char 型是固定长度的非 Unicode 字符数据类型，在存储时每个字符和符号占用一个字节的存储空间。其定义形式为 char[(*n*)]，其中 *n* 表示所有字符所占的存储空间，取值为 1～8000，即可容纳 8000 个 ANSI 字符，默认值为 1。若输入的数据字符数小于 *n* 定义的范围，则系统自动在其后添加空格来填满设定好的空间；若输入的数据字符数超过 *n* 定义的范围，则系统自动截掉超出部分。
- nchar 型的数据是固定长度的 Unicode 字符数据类型。由于 Unicode 标准规定在存储时每个字符和符号占用两个字节的存储空间，因此 nchar 型的数据比 char 型数据多占用一倍的存储空间。其定义形式为 nchar[(*n*)]，其中 *n* 表示所有字符所占的存储空间，取值为 1～4000，即可容纳 4000 个 Unicode 字符，默认值为 1。

  使用 Unicode 标准字符集的好处是由于它使用两个字节作为存储单位，使得一个存储单位的容量就大大增加了，这样就可以将全世界的语言文字都囊括在内。当用户在一个数据列中同时输入不同语言的文字符号时，系统不会出现编码冲突。
- varchar 型是可变长度的非 Unicode 字符数据类型。其定义形式为 varchar[(*n*)]。它与 char 型类似，*n* 的取值范围是 1～8000。由于 varchar 型具有可变长度的特性，所以 varchar 型数据的存储长度为实际数值的长度。如果输入数据的字符数小于 *n* 定义的长度，系统也不会像 char 型那样在数据后面用空格填充；但是如果输入的数据长度大于 *n* 定义的长度，系统就会自动截掉超出部分。一般情况下，由于 char 型的数据长度固定，因此它比 varchar 型数据的处理速度快。
- nvarchar 型是可变长度的 Unicode 字符数据类型，其定义形式为 nvarchar[(*n*)]。由于它采用了 Unicode 标准字符集，因此 *n* 的取值范围是 1～4000。nvarchar 型的其他特性与 varchar 类型相似。

6. 文本和图形数据类型

文本和图形数据类型是用于存储大量非 Unicode 和 Unicode 字符以及二进制数据的固定长度和可变长度数据类型，包括 text 型、ntext 型和 image 型。

- text 型是用于存储大量非 Unicode 文本数据的可变长度数据类型，其容量理论上为 $2^{31}-1$(2 147 483 647)个字节。在实际应用时需要视硬盘的存储空间而定。

SQL Server 以前的版本中，数据库中一个 text 对象存储的实际上是一个指针，它指向以 8KB 为单位的数据页。这些数据页是动态增加并被逻辑连接起来的。

- ntext 型是用于存储大量 Unicode 文本数据的可变长度数据类型，其理论容量为 $2^{30}-1$(1 073 741 823)个字节。ntext 型的其他用法与 text 型基本一样。
- image 型是用于存储大量二进制数据的可变长度数据类型，其理论容量为 $2^{31}-1$(2 147 483 647)个字节。image 型数据的存储模式与 text 型数据相同，通常用来存储图形等 OLE 对象。在输入数据时，与输入二进制数据一样，必须在数据前加上起始符号"0X"作为二进制标识。

7. 日期和时间数据类型

日期和时间数据类型代表日期和一天内的时间，包括 datetime 型和 smalldatetime 型。

- datetime 型是用于存储日期和时间的结合体的数据类型。它可以存储从公元 1753 年 1 月 1 日零时起到公元 9999 年 12 月 31 日 23 时 59 分 59 秒之间的所有日期和时间，其精确度可达百分之三秒。datetime 型数据所占用的存储空间为 8 个字节，其中前 4 个字节用于存储 1900 年 1 月 1 日以前或以后的天数，数值分正负，正数表示在此日期之后的日期，负数表示在此日期之前的日期；后 4 个字节用于存储从此日零时起所指定的时间经过的毫秒数。如果在输入时省略了时间部分，则系统将默认为 12:00:00:000AM；如果省略了日期部分，系统将默认为 1900 年 1 月 1 日。
- smalldatetime 型与 datetime 型相似，但其存储的日期时间范围较小，从 1900 年 1 月 1 日到 2079 年 6 月 6 日。它的精度也较低，只能精确到分钟级，其分钟个位上的值是根据秒数并以 30 秒为界四舍五入得到的。smalldatetime 型数据所占用的存储空间为 4 个字节，其中前两个字节存储从基础日期 1900 年 1 月 1 日开始的天数，后两个字节存储距此日零时起所指定的时间经过的分钟数。

日期和时间的输入格式很多，而且是学习和使用日期和时间数据类型的重点。下面分别介绍日期和时间的输入格式。

日期的输入格式有很多，大致可分为三类：

- 英文+数字格式。此类格式中月份可用英文全名或缩写，且不区分大小写；年和月日之间可不用逗号；年份可为 4 位或 2 位。当写成 2 位时，若该值小于 50，则视为 20xx 年；若该值大于或等于 50，则视为 19xx 年；若省略日期，则默认为当月的 1 日。例如：

```
July 26 2016: 2016年7月26日
Oct 1 1998: 1998年10月1日
1886 February: 1886年2月1日
2016 1 Sep: 2016年9月1日
June 00: 2016年6月1日
```

- 数字＋分隔符格式。在这种格式里，斜杠(/)、连接符(-)和小数点(.)都可以作为数字表示的年、月、日之间的分隔符。例如：

```
YMD: 2016/7/26  2016-7-26  2016.7.26
MDY: 7/26/2016  7-26-2016  7.26.2016
DMY: 26/7/2016  26-7-2016  26.7.2016
```

- 纯数字格式。纯数字格式是以连续的4位、6位或8位数字来表示日期。如果输入的数据为6位或8位，系统将按"年月日"识别，即YMD格式，并且月和日都使用两位数字来表示；如果输入的数据是4位，则系统认为这4位代表年份，其月和日默认为当年的1月1日。例如：

```
20160601:2016年6月1日
991016:1999年10月16日
2016:2016年1月1日
```

时间的输入格式没有日期那么多样化。在输入时间时必须严格按照"小时、分钟、秒、毫秒"的顺序来输入，并在中间用"："隔开。毫秒部分可用小数点"."分隔，其后第一位数字代表十分之一秒，第二位数字代表百分之一秒，第三位数字代表千分之一秒。当使用12小时制时，分别用AM和PM(不区分大小写)指定是上午还是下午，系统默认为AM。例如：

```
3:5:7.2PM: 下午3时5分7秒200毫秒
10:30:4.123am: 上午10时30分4秒123毫秒
```

8. 货币数据类型

货币数据类型用于存储货币或现金值，包括money型和smallmoney型。在使用货币数据类型时，应在数据前加上货币符号，以便系统辨识其为哪种货币。如果不加货币符号，则系统默认为"￥"。货币符号如表8.5所示。

表8.5 货币符号一览表

符号	名称	十六进制值	符号	名称	十六进制值
$	美元符号	0x24	€	欧元货币符号	0x20A2
£	英镑符号	0xA3	₣	法国法郎符号	0x20A3
¥	日元符号	0xA5	₤	里拉符号	0x20A4
৳	孟加拉卢比符号	0x9F3	₦	奈拉符号	0x20A6
฿	泰国铢符号	0xE3F	Rp	卢比符号	0x20A7
₫	盾符号	0x20AA	₩	韩元/朝鲜元符号	0x20A8

- money 型是一个有 4 位小数的 decimal 值，其取值 -2^{63}（$-922\ 337\ 203\ 685\ 477.5808$）～$2^{63}-1$（$+922\ 337\ 203\ 685\ 477.5807$），精确到货币单位的千分之十。存储大小为 8 个字节。
- smallmoney 型货币数据值介于 $-214\ 748.3648$ ～ $+214.748\ 3647$ 之间，精确到货币单位的千分之十。存储大小为 4 个字节。

9. 特定数据类型

SQL Server 中包含了用于数据存储的特殊数据类型，包括 timestamp 型和 uniqueidentifier 型。

- timestamp 数据类型提供数据库范围内的唯一值，它相当于 binary(8) 或 varbinary(8)。当它所定义的列在进行更新或插入数据行操作时，此列的值会自动更新。每个数据库表中只能有一个 timestamp 型数据列。如果数据表中的列名为“timestamp”，则该列的类型将被自动定义为 timestamp 型。
- uniqueidentifier 数据类型用于存储一个 16 位的二进制数据，此数据称为全局唯一标识符(Globally Unique Identifier，GUID)。此数据由 SQL Server 的 NEWID()函数产生，在全球各地的计算机经由此函数产生的数字不会相同。

10. 用户自定义数据类型

sysname 数据类型是系统提供给用户的、便于用户自定义的数据类型。该数据类型被定义为 NVARCHAR(128)，即它可以存储 128 个 Unicode 字符或 256 个一般字符。

11. 其他数据类型

- sql_variant 型是存储 SQL Server 支持的各种数据类型(text、ntext、timestamp 和 sql_variant 除外)值的数据类型。此数据类型大大方便了 SQL Server 的开发工作。
- table 型用于存储对表或视图处理后的结果集。table 数据类型不适用于表中的列，而只能用于 Transact-SQL 变量和用户定义函数的返回值。这一类型使得变量可以存储一个表，从而使函数或过程返回查询结果更加方便快捷。

8.3 Transact-SQL 语言运算符

运算符是一种符号，用来指定要在一个或多个表达式中指定的操作。SQL Server 使用如下几种运算符：算术运算符、赋值运算符、位运算符、比较运算符、逻辑运算符、字符串串联运算符和一元运算符。下面分别讲述这几种运算符的使用。

8.3.1 算术运算符

算术运算符用来在两个表达式上执行数学运算，这两个表达式可以是任意两个数字数据类型的表达式。算术运算符的符号及其含义如表 8.6 所示。

表 8.6 算术运算符

运算符	含 义
+(加)	加法
-(减)	减法
*(乘)	乘法
/(除)	除法
%(模)	返回一个除法的整数余数。例如,12%5=2,这是因为12除以5,余数为2

在Transact-SQL中,"+"包含了三个方面的意义。

- 表示正号,即在数值前添加"+"号表示该数值是一个正数。
- 表示算术运算的加号,能将数值类型的两个数据相加。
- 连接两个字符型或binary型的数据,这时的"+"号叫作字符串串联运算符。

例 8.6 使用加法运算符计算客户可订阅的总单元数。这里,我们将Products表中当前库存产品的数量和当前已定购的所有产品的单元数量相加。

```
USE Northwind
GO
SELECT ProductName,UnitsInStock+UnitsOnOrder
FROM Products
ORDER BY ProductName ASC
GO
```

查询结果如下:

```
ProductName
----------------------------------- -----
Alice Mutton                        0
Aniseed Syrup                       83

Boston Crab Meat                    123
Camembert Pierrot                   19
Carnarvon Tigers                    42
Chai                                39
Chang                               57
...
```

例 8.7 在pubs数据库中,authors表的author_lname和author_fname两个字段组成了作者的全名。下面一段程序将这两个字段的内容连接起来作为作者的全名输出。

```
USE pubs
GO
SELECT(au_lname+','+au_fname) AS Name
FROM authors
ORDER BY au_lname ASC,au_fname ASC
GO
```

查询结果如下：

```
Name
------------------------------------------------------------
Bennet,Abraham
Blotchet-Halls,Reginald
Carson,Cheryl
DeFrance,Michel
del Castillo,Innes
Dull,Ann
Green,Marjorie
...
```

另外，加(+)和减(-)运算符也可用于对 datetime 及 smalldatetime 值执行算术运算。

例 8.8 使用加法运算符将天数加到日期和时间值中。

```
USE master
GO
SET NOCOUNT ON
DECLARE @startdate datetime,@adddays int
SET @startdate='1/10/1900 6:00 AM'
SET @adddays=5
SET NOCOUNT OFF
SELECT @startdate +1.25 AS 'Start Date',
    @startdate +@adddays AS 'Add Date'
GO
```

执行结果如下：

```
Start Date                                  Add Date
-------------------------------------------------------
-------------------------------------------------------
1900-01-11 12:00:00.000                     1900-01-15 06:00:00.000
(所影响的行数为 1 行)
```

8.3.2 赋值运算符

Transact-SQL 有一个赋值运算符，即等号(=)。

例 8.9 创建@MyCounter 变量，赋值运算符将@MyCounter 设置成一个由表达式返回的值。

```
DECLARE @MyCounter INT
SET @MyCounter=1
```

也可以使用赋值运算符在列标题和为列定义值的表达式之间建立关系。

例 8.10 本例显示名为 FirstColumnHeading 和 SecondColumnHeading 的两个列标题。在 FirstColumnHeading 列标题中为所有的行都显示字符串 xyz。然后，在 SecondColumnHeading 列标题中列出来自 Products 表的每个产品的 ID。

```
USE Northwind
GO
SELECT FirstColumnHeading='xyz',
       SecondColumnHeading=ProductID
FROM Products
GO
```

执行结果如下：

```
FirstColumnHeading SecondColumnHeading
------------------------ ----------------------
xyz                      1
xyz                      2
xyz                      3

xyz                      4
xyz                      5
xyz                      65
xyz                      66
...
```

8.3.3 位运算符

位运算符在两个表达式之间执行位操作，这两个表达式可以是任意两个整型数据类型的表达式。位运算符的符号及其定义如表 8.7 所示。

表 8.7 位运算符

运 算 符	含 义	运 算 符	含 义
&(按位 AND)	按位与(两个操作数)	^(按位互斥 OR)	按位异或(两个操作数)
|(按位 OR)	按位或(两个操作数)	～(按位 NOT)	按位取反(一个操作数)

位运算符的操作数可以是整型或二进制字符串数据类型中的任何数据类型（但 image 数据类型除外），此外，两个操作数不能同时是二进制字符串数据类型中的某种数据类型。表 8.8 是位运算符所支持的操作数数据类型。

表 8.8 位运算符所支持的操作数数据类型

左边操作数	右边操作数	左边操作数	右边操作数
binary	int、smallint 或 tinyint	smallint	int、smallint、tinyint、binary 或 varbinary
bit	int、smallint、tinyint 或 bit	tinyint	int、smallint、tinyint、binary 或 varbinary
int	int、smallint、tinyint、binary 或 varbinary	varbinary	int、smallint 或 tinyint

8.3.4 比较运算符

比较运算符用来测试两个表达式是否相同。除了 text、ntext 或 image 数据类型的表达式外，比较运算符可以用于所有的表达式。比较运算符的符号及其含义如表 8.9 所示。

表 8.9 比较运算符

运算符	含义	运算符	含义
=	等于	<>	不等于
>	大于	!=	不等于(非 SQL-92 标准)
<	小于	!<	不小于(非 SQL-92 标准)
>=	大于等于	!>	不大于(非 SQL-92 标准)
<=	小于等于		

比较运算符的结果是布尔数据类型，它有三种值：TRUE、FALSE 和 NULL。返回布尔数据类型的表达式称为布尔表达式。和其他 SQL Server 数据类型不同，不能将布尔数据类型指定为表列或变量的数据类型，也不能在结果集中返回布尔数据类型。

当 SET ANSI_NULLS 为 ON 时，带有一个或两个 NULL 表达式的运算符返回 NULL。当 SET ANSI_NULLS 为 OFF 时，上述规则同样适用，只不过当两个表达式都为 NULL 时，等号运算符返回 TRUE。例如，如果 SET ANSI_NULLS 是 OFF，那么 NULL=NULL 就返回 TRUE。

在 WHERE 子句中使用带有布尔数据类型的表达式，可以筛选出符合搜索条件的行。也可以在流程控制语句(例如 IF 和 WHILE)中使用这种表达式。

8.3.5 逻辑运算符

逻辑运算符用来对某个条件进行测试，以获得其真实情况。逻辑运算符和比较运算符一样，返回带有 TRUE 或 FALSE 值的布尔数据类型。逻辑运算符的符号及其含义如表 8.10 所示。

表 8.10 逻辑运算符

运算符	含义
ALL	如果一系列比较都为 TRUE，则结果为 TRUE
AND	如果两个布尔表达式都为 TRUE，则结果为 TRUE
ANY	如果一系列比较中任何一个为 TRUE，则结果为 TRUE
BETWEEN	如果操作数在某个范围之内，则结果为 TRUE
EXISTS	如果子查询包含一些行，则结果为 TRUE
IN	如果操作数等于表达式列表中的一个，则结果为 TRUE
LIKE	如果操作数与一种模式相匹配，则结果为 TRUE
NOT	对任何其他布尔运算符的值取反
OR	如果两个布尔表达式中的一个为 TRUE，则结果为 TRUE
SOME	如果在一系列比较中，有些为 TRUE，则结果为 TRUE

8.3.6 一元运算符

一元运算符只对一个表达式执行操作，这个表达式可以是数字数据类型中的任何一种数据类型，如表8.11所示。

表8.11 一元运算符

运算符	含义
＋（正）	数值为正
－（负）	数值为负
～（按位NOT）	返回数字的补数

8.3.7 运算符的优先顺序

当一个复杂的表达式有多个运算符时，运算符优先性决定了执行运算的先后次序。执行的顺序可能严重影响所得到的值。

运算符有下面这些优先等级。在较低等级的运算符之前先对较高等级的运算符进行求值。

高

- ＋（正）、－（负）、～（按位NOT）
- *（乘）、/（除）、%（模）
- ＋（加）、＋（串联）、－（减）、&（按位AND）
- ＝，＞，＜，＞＝，＜＝，＜＞，！＝，！＞，！＜比较运算符
- ^（按位互斥OR）、|（按位OR）
- NOT
- AND
- ALL、ANY、BETWEEN、IN、LIKE、OR、SOME
- ＝（赋值）

低

当一个表达式中的两个运算符有相同的运算符优先等级时，基于它们在表达式中的位置来对其从左到右进行求值。在表达式中可以使用括号替代所定义的运算符的优先性。首先对括号中的内容进行求值，从而产生一个值，然后括号外的运算符才可以使用这个值。如果表达式有嵌套的括号，那么首先对嵌套最深的表达式求值。

8.4 数据表的创建与维护

本节进一步介绍使用Transact-SQL语言建立和维护数据表。建立和维护数据表是用户建立自己的实用数据库的基础。

表是包含数据库中所有数据的数据库对象，是用于存储和操作数据的一种逻辑结构。表定义为列的集合，数据在表中是按行和列的格式组织排列的。每行代表唯一的一条记录，而每列代表记录中的一个域。

8.4.1 创建数据表

在创建数据表时要遵循严格的语法定义。在Transact-SQL语言中，必须满足以下规定：

- 每个表有一个名称，称为表名或关系名。表名必须以字母开头，最大长度为30个

字符。

- 一张表包含若干列，列名唯一，列名也成为属性名。
- 同一列的数据必须要有相同的数据类型。
- 表中的每一列数值必须为一个不可分割的数据项。
- 表中的一行称为一条记录。

创建一张新表可以使用 CREATE TABLE 命令，其语法格式如下：

```
CREATE TABLE
    [database_name.[owner] .|owner.] table_name
    ({<column_definition>|column_name AS computed_column_expression|<table_
constraint>} [,…n])
[ON {filegroup | DEFAULT}] [TEXTIMAGE_ON {filegroup | DEFAULT}] <column_
definition> ::= {column_name data_type} [[DEFAULT constant_expression] |
[IDENTITY [(seed,increment) [NOT FOR REPLICATION]]]] [ROWGUIDCOL]
[<column_constraint>] [… n]
```

各参数说明如下：

- database_name 指定创建新表的数据库名称。database_name 必须是现有数据库的名称。如果不指定数据库，则 database_name 默认为当前数据库。只有连接 SQL Server 的用户名在指定的数据库中有建立表格的权限时，建表操作才能顺利执行。
- owner 指定新表的所有者，如果不指定，系统认为建表人就是表的拥有者。只有管理员或数据库拥有者才能将表的拥有者指定为其他人。owner 必须是 database_name 所指定的数据库中的已经存在的用户名，owner 默认为与 database_name 所指定的数据库中的当前连接相关联的用户名。
- table_name 是新表的名称。表名必须符合标识符规则。数据库中的 owner. table_name 组合必须唯一并且最多可包含 128 个字符。
- column_name 是表中的列名。列名必须符合标识符规则，在表内必须唯一，并且必须指定。以 timestamp 数据类型创建的列可以省略列名，默认为 timestamp。
- computed_column_expression 指定一个表达式，用于定义计算列的产生规律。计算列是物理上并不存储在表中的虚拟列，由同一表中的其他列通过表达式计算得到。例如，计算列可以这样定义：cost AS price * qty。表达式可以是非计算列的列名、常量、函数、变量，也可以是用一个或多个运算符连接的上述元素的任意组合。表达式不能为子查询。计算列可用于选择列表、WHERE 子句、ORDER BY 子句或任何其他可使用常规表达式的位置，但下列情况除外：
    - 计算列不能用作 DEFAULT 或 FOREIGN KEY 约束定义，也不能与 NOT NULL 约束定义一起使用。但是，如果计算列由具有确定性的表达式定义，并且索引列中允许计算结果的数据类型，则可将该列用作索引中的键列，或用作 PRIMARY KEY 或 UNIQUE 约束的一部分。
    - 计算列不能作为 INSERT 或 UPDATE 语句的作用对象。

- ON{filegroup|DEFAULT}指定存储表的文件组。指定的文件组必须存在于数据库中。如果选择DEFAULT,或者忽略该参数,则表存储在默认文件组中。
- TEXTIMAGE_ON是表示text、ntext和image列存储在指定文件组中的关键字。如果表中没有text、ntext或image列,则不能使用TEXTIMAGE ON。如果没有指定TEXTIMAGE_ON,则text、ntext和image列将与表存储在同一文件组中。
- data_type指定列的数据类型。可以是系统数据类型或用户自定义数据类型。
- default指定某列的默认值。如果某列定义了默认值,那么在输入数据时,如果不为该列输入专门的数据,则该列的值取默认值。
- identity(seed,increment)用于指定某列为标识列。seed指定标识列的初始值,increment指定递增量。如果某列被指定为标识列,则在该表中所有记录的该列的值都是唯一的。该列的值第一行取seed参数的指定值,以后每增加一行,该列的值取前一行的值加上increment的值。
- NOT FOR REPLICATION指定列的IDENTITY属性在把从其他表中复制的数据插入到表中时不发生作用。
- ROWGUIDCOL表示新列是行的全局唯一标识列。对于每个表只能指派一个uniqueidentifier列作为ROWGUIDCOL列。ROWGUIDCOL属性只能指派给uniqueidentifier列。ROWGUIDCOL属性不会使列具有唯一性,也不会自动生成一个新的数值给插入的行。需要在INSERT语句中使用NEWID()函数或指定列的默认值为NEWID()函数。

另外,在创建表时,还要注意以下几点:

- 一个表至少有一列,最多不超过1024列。
- 每个数据库中最多可以创建200万个表。
- 表在存储时使用的计量单位是盘区(extent)。一个盘区分为8个数据项,每页8KB。在创建表时,会分配给它一个初始值为一个盘区的存储空间。增加表的存储空间时,是以盘区为单位增加的。

例8.11 在已经存在的数据库stud_loan中建立一个学生表student。表结构与第5章中用到的学生表一样。

```
CREATE TABLE student
(
    ID_Card varchar(18)not null,
    Sname varchar(10)not null,
    Ssex char(2)not null,
    Sage int not null,
    Sschool_number char(6)
)
```

在创建表的时候通常要定义一些约束。例如学生的身份证号是唯一的，在表中应该作为主键值，学生的年龄不超过 35 岁等。在 SQL Server 中约束可以分为列约束(Column Constraint)和表约束(Table Constraint)。列约束作为列定义的一部分用于此列本身；表约束作为表定义的一部分，可以作用于多个列。

表约束中经常用到的是主键约束，它能唯一地指定一行记录。每个表中只能有一列被指定为主键，且被指定的主键列不能允许空值属性。主键约束的语法格式如下：

```
CONSTRAINT constraint_name
    PRIMARY KEY [CLUSTERED|NONCLUSTERED]
(column_name1[,column_name2,…,column_name16])
```

参数说明：

- constraint_name 指定约束的名称。
- CLUSTERED|NONCLUSTERED 指定索引类别，CLUSTERED 为默认值。
- column_name 指定组成主键的列名，最多可由 16 个列组成。

例 8.12 重新创建 student 数据库，要求把 ID_Card 作为主键。

```
CREATE TABLE student
(
ID_Card varchar(18)not null,
Sname varchar(10)not null,
Ssex char(2)not null,
Sage int not null,
Sschool_number char(6),
CONSTRAINT stud_ID_card primary key(ID_Card)
)
```

列约束中经常用到的是检查约束。检查约束对输入列或整个表中的值设置检查条件，以限制输入值，保证数据库的数据完整性。检查约束的语法格式如下：

```
CONSTRAINT constraint_name
    CHECK [NOT FOR REPLICATION]
(logical_expression)
```

参数说明：

- NOT FOR REPLICATION 指定检查约束在把从其他表中复制的数据插入到表中时不发生作用。
- logical_expression 指定逻辑条件表达式，返回布尔值。

例 8.13 创建一个贷款单表，其中贷款金额不得超过 10 万元。

```
CREATE TABLE loan
(
loan_number char(6)not null,
amount money not null,
constraint pk_loan_num primary key(loan_number),
```

```
constraint chk_amount check(amount<=100000)
)
```

8.4.2 删除数据表

删除数据表指的是删除表定义及该表的所有数据、索引、触发器、约束和权限规范。语法格式如下：

```
DROP TABLE table_name
```

其中 table_name 就是要删除的表名。

例 8.14 删除 stud_loan 数据库中的 loan 数据表。

```
DROP TABLE loan
```

例 8.15 在当前数据库下删除另一个数据库中的表。

```
DROP TABLE pubs.dbo.authors2
```

表的所有者可以除去任何数据库内的表。除去表时，表上的规则或默认值将解除绑定，任何与表关联的约束或触发器将自动除去。如果重新创建表，则必须重新绑定适当的规则和默认值，重新创建任何触发器并添加必要的约束。系统表不能使用 DROP TABLE 语句。

8.4.3 向数据表中插入记录

前两节中已经介绍了如何创建和删除表结构，创建表之后最重要的工作就是向表中插入数据，这是最基本的操作。可以使用 INSERT 语句向表中插入记录，该语句指定要插入数据的表名或视图的名称。它可以包含指定表或者视图中的若干字段，对应每个字段 INSERT 语句都制定一个符合字段要求的数据值或者使用默认值。INSERT 语句的语法格式如下：

```
INSERT [INTO]
  {table_name WITH (<table_hint_limited>[...n])
      |view_name
      |rowset_function_limited
  }
  {    [(column_list)]
      {  VALUES
          ({DEFAULT|NULL|expression} [,…n] )
          |derived_table
          |execute_statement
      }
  }
```

参数说明：

- [INTO]是一个可选的关键字，可以将它用在 INSERT 和目标表之间。
- table_name 是将要接收数据的表或 table 变量的名称。
- WITH (<table_hint_limited> [...n])指定目标表所允许的一个或多个表提示。需要有 WITH 关键字和圆括号。
- view_name 视图的名称及可选的别名。通过 view_name 来引用的视图必须是可更新的。由 INSERT 语句所做的修改不能影响视图的 FROM 子句中引用的多个基表。
- rowset_function_limited 是 OPENQUERY 或 OPENROWSET 函数。
- (column_list)是要在其中插入数据的一列或多列的列表。必须用圆括号将 column_list 括起来，并且用逗号进行分隔。
- VALUES 是引入要插入的数据值的列表。对于 column_list(如果已指定)中或者表中的每个列，都必须有一个数据值。必须用圆括号将值列表括起来。如果 VALUES 列表中的值与表中列的顺序不相同，或者未包含表中所有列的值，那么必须使用 column_list 明确地指定存储每个插入值的列。
- DEFAULT 是强制 SQL Server 装载为列定义的默认值。
- expression 是一个常量、变量或表达式。表达式不能包含 SELECT 或 EXECUTE 语句。
- derived_table 是任何有效的 SELECT 语句，它返回将装载到表中的数据行。
- execute_statement 是任何有效的 EXECUTE 语句，它使用 SELECT 或 READTEXT 语句返回数据。

例 8.16 在 student 表中插入数据。

```
INSERT INTO student(ID_Card,Sname,Ssex,Sage,Sschool_number)
VALUES('11015019821228003','孙晓明','男',20,'C_20')
```

如果不指定字段的列表，那么就必须对表中出现的字段一一赋值，或者使用字段的默认值。因此，上面的语句也可以写成：

```
INSERT INTO student
VALUES('11015019821228003','孙晓明','男',20,'C_20')
```

如果表中的字段有默认值，可以如下插入数据：

```
INSERT INTO student DEFAULT VALUES
```

例 8.17 当有大量数据需要插入到表中时，可以使用 SELECT 语句实现大量数据的插入。例如，要新建一个 student2 表，插入所有 student 表中的记录(已经向 student 表中输入了数据)，如图 8.1 所示。

```
CREATE TABLE student2
(
ID_Card varchar(18)not null,
```

```
Sname varchar(10)not null,
Ssex char(2)not null,
Sage int not null,
Sschool_number char(6),
CONSTRAINT stud2_ID_card primary key(ID_Card)
)
INSERT student2
SELECT * FROM student
```

ID_Card	Sname	Ssex	Sage	Sschool_number
110105197405060001	刘志刚	男	28	A_15
110107197703040002	蒋辉	女	25	A_01
110130197810080004	许静	女	24	B_19
110150198212280003	孙晓明	男	20	C_20
121096198107060001	王军	男	21	C_82
130705197502150002	程红	女	27	B_57
326056198003180004	王言	女	22	<NULL>
405078198011240003	李赞	男	22	B_19
451065197912090003	赵新	男	23	B_57

图 8.1　在表中插入大量数据

上述实现的插入过程是把数据插入到一个已经存在的表中。如果要在插入数据的同时建立一个新表，就要用到 SELECT…INTO 语句了。因此上面的语句可以写成：

```
SELECT
    ID_Card=ID_Card,
    Sname=Sname,
    Ssex=Ssex,
    Sage=Sage,
    Sschool_number=Sschool_number
INTO student3
FROM student
```

8.4.4　从数据表中删除记录

当不再使用数据表中的记录时，可以使用 DELETE 语句将其删除。使用 DELETE 语句可以一次删除一条或多条记录，而且可以使用 WHERE 子句指定删除条件。其语法格式如下：

```
DELETE
    [FROM]{table_name WITH (<table_hint_limited>[…n])
        |view_name
        |rowset_function_limited
        }
[FROM {<table_source>} [,…n]]
```

```
[WHERE
    {<search_condition>
  }]
```

参数说明：

- FROM 是可选的关键字，可用在 DELETE 关键字与目标 table_name、view_name 或 rowset_function_limited 之间。
- table_name 是要从其中删除行的表的名称。
- WITH(<table_hint_limited> [⋯n])指定目标表所允许的一个或多个表提示。
- view_name 是视图名称。在视图的 FROM 子句中，view_name 引用的视图必须可更新且正确引用一个基表。
- FROM<table_source>指定附加的 FROM 子句。它是对 DELETE 的 Transact-SQL 扩展，使用户得以从<table_source>指定数据，并从第一个 FROM 子句内的表中删除相应的行。

例 8.18 从 student2 表中删除年龄为 25 的学生记录。

```
DELETE FROM Student2
WHERE Sage=25
```

例 8.19 删除贷款金额为 10 000 元的学生贷款记录。

```
DELETE FROM Borrower
WHERE Loan_number IN (SELECT Loan_number FROM Loan
WHERE amount=10000)
```

如果用户只想清除某个表中的所有数据，但不删除表结构，则可以使用 TRUNCATE TABLE 语句。

例 8.20 从 student3 表中删除所有数据。

```
TRUNCATE TABLE student3
```

8.4.5 修改和更新记录

可以使用 UPDATE 语句修改和更新表中已经存在的数据。UPDATE 语句既可以一次修改一条记录，也可以一次修改多条记录，甚至可以一次修改表中的全部数据行。

在 UPDATE 语句中使用 WHERE 子句可以指定要修改的行，使用 SET 子句给出新的数据。其语法格式如下：

```
UPDATE
    {table_name WITH (<table_hint_limited>[ ...n])}
    SET{column_name={ expression|DEFAULT|NULL}}
WHERE <search_condition>
```

参数说明：

- table_name 是需要更新的表的名称。如果该表不在当前服务器或数据库中，或不为当前用户所有，那么这个名称可用链接服务器、数据库和所有者名称来限定。

- WITH(<table_hint_limited>[…n])指定目标表所允许的一个或多个表提示。需要有 WITH 关键字和圆括号。
- SET 指定要更新的列或变量名称的列表。
- column_name 含有要更改数据的列的名称。column_name 必须驻留于 UPDATE 子句中所指定的表或视图中。标识列不能进行更新。
- expression 是变量、字面值、表达式或加上括弧的返回单个值的 subSELECT 语句。expression 返回的值将替换 column_name 中的现有值。
- DEFAULT 使用对列定义的默认值替换列中的现有值。如果该列没有默认值并且定义为允许空值，就可将列更改为 NULL。

例 8.21 把贷款单号为 L_33 的贷款金额改为 20 000 元。

```
UPDATE Loan SET amount=20000
WHERE Loan_number='L_33'
```

8.5 对数据库中数据表的操作

操作数据表实际上就是使用表管理数据的过程，这是创建数据库和创建表的根本目的。操纵表中的数据包括向表中插入数据，修改表中的数据，删除表中的数据和检索表中的数据。本节着重介绍数据的检索查询。

8.5.1 按条件查询数据

在数据库中查询数据对我们来说已经不陌生了，因为在第 5 章已经系统地学习过标准 SQL 语言的各种功能。在此用 SQL Server 系统自带的案例数据库 pubs，可从系统查看到 pubs 数据库中所有的表，包括系统表和用户表。在此操作主要是针对用户表。

SELECT 语句只有三个关键字：SELECT、FROM 和 WHERE。但是 SELECT 语句中有很多子句，能够完成复杂的功能。

例 8.22 用 SELECT 检索行和列。本例从 pubs 数据库内的 authors 表中返回所有行（没有指定 WHERE 子句）和所有列（使用 *），如图 8.2 所示。

例 8.23 从 pubs 数据库内的 authors 表中返回所有行（没有指定 WHERE 子句）和列的一个子集（au_lname、au_fname、phone、city、state）。另外，还添加列标题，如图 8.3 所示。

注意：在 SQL Server 中使用 SELECT 语句时有两个约定：一是关键字使用大写字母；二是关键字上下对齐，每一行只有一个关键字。

例 8.24 使用 DISTINCT 防止检索重复的作者 ID 号，如图 8.4 所示。

例 8.25 查找价格超过＄20 的所有类型书籍的价格和预付款，如图 8.5 所示。

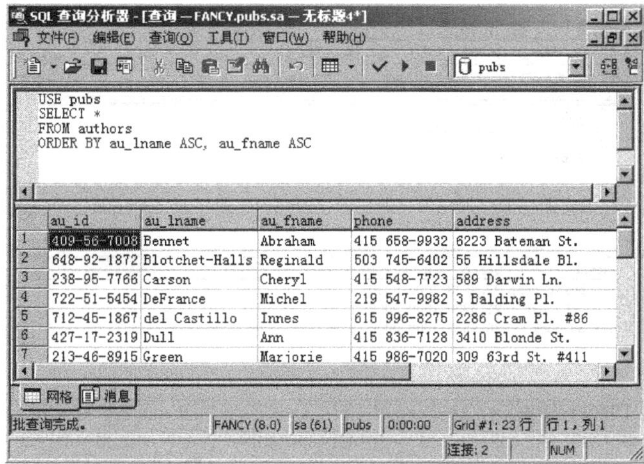

图 8.2　例 8.22 程序源代码及执行结果

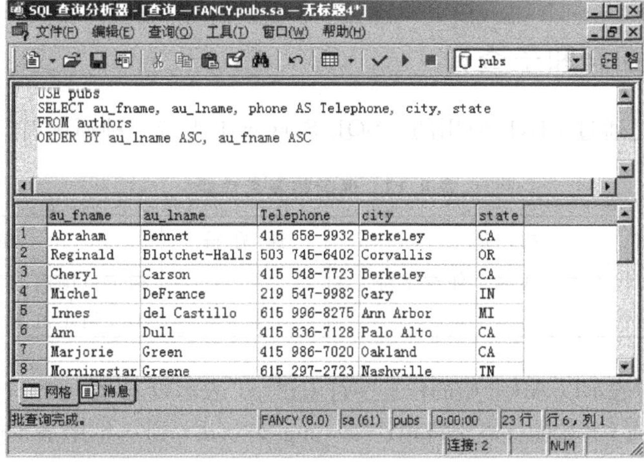

图 8.3　例 8.23 程序源代码及执行结果

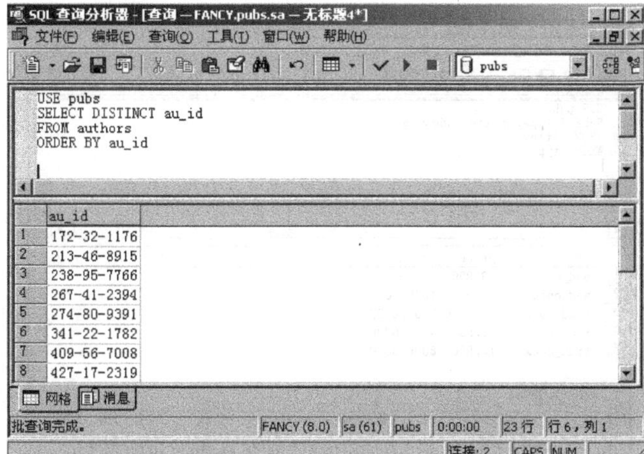

图 8.4　例 8.24 程序源代码及执行结果

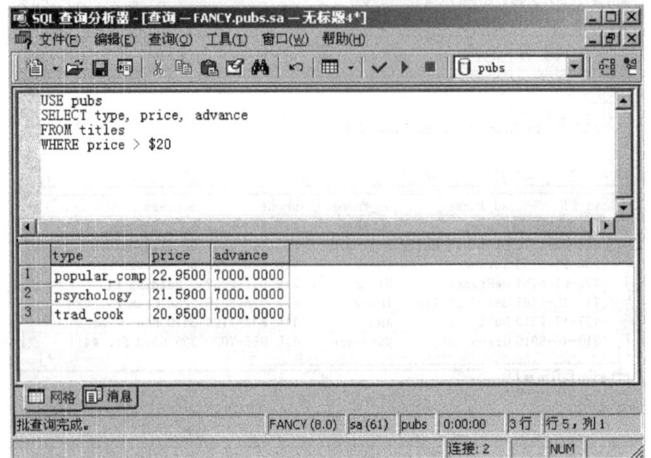

图 8.5　例 8.25 程序源代码及执行结果

8.5.2　使用通配符和子查询

通配符一般是通过 LIKE 使用的。SQL Server 中支持 4 种通配符，如表 8.12 所示。

表 8.12　通配符及其功能

通 配 符	描　述	通 配 符	描　述
%	代表零个或多个任意字符	[ ]	指定范围内的任意单个字符
_	代表一个任意字符	[^]	不在指定范围内的任意单个字符

例如："AB%"表示以 AB 开始的任意字符串；"_cd"表示以 cd 结尾的三个字符的字符串；"[ef]%"表示以 e 或 f 开始的任意字符串；"[s-v]ing"表示从 s 到 v，结尾是 ing，长度为 4 个字符的字符串；"m[^c]%"表示以 m 开始且第二个字符不是 c 的任意字符串等。

例 8.26　使用通配符查询书的类型末尾有"cook"的书的信息，如图 8.6 所示。

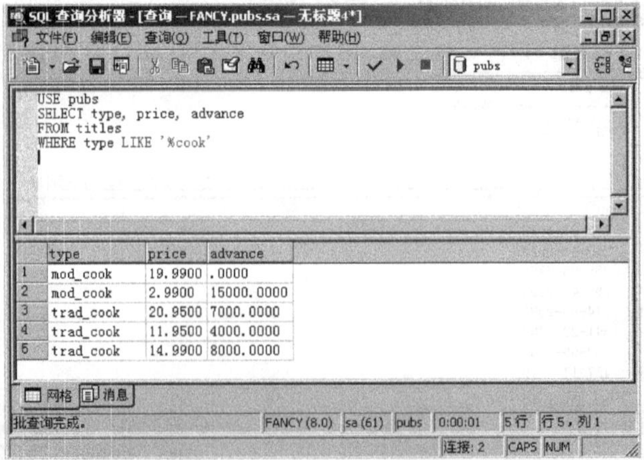

图 8.6　例 8.26 程序源代码及执行结果

SELECT语句可以嵌套在许多其他语句中，这些嵌套的语句称为子查询。子查询是一个SELECT查询，它返回单个值且嵌套在SELECT、INSERT、UPDATE、DELETE语句或其他子查询中。任何允许使用表达式的地方都可以使用子查询。子查询也称为内部查询或内部选择，而包含子查询的语句也称为外部查询或外部选择。当一个查询依赖于另外一个查询结果时，就可以使用子查询。

例8.27 使用子查询检索书名为商业书籍的每个出版商的名称，并且titles表和publishers表之间的出版商ID号要相匹配，如图8.7所示。

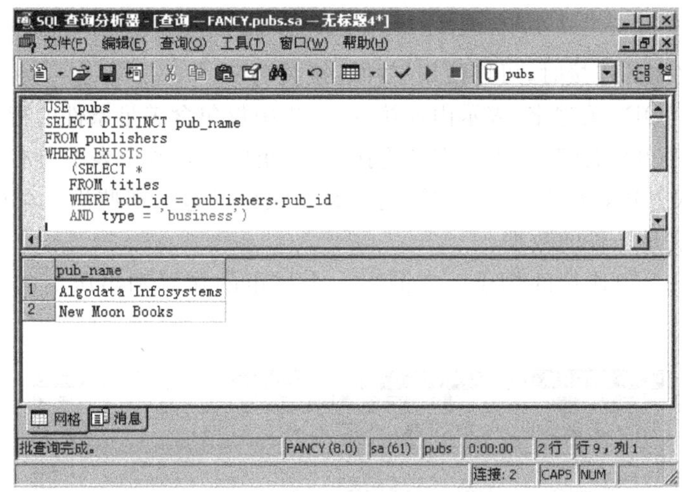

图8.7 例8.27程序源代码及执行结果

例8.28 相关子查询还可以用于外部查询的HAVING子句。本例查找那些预付款最大金额是平均值两倍以上的书籍类型，如图8.8所示。

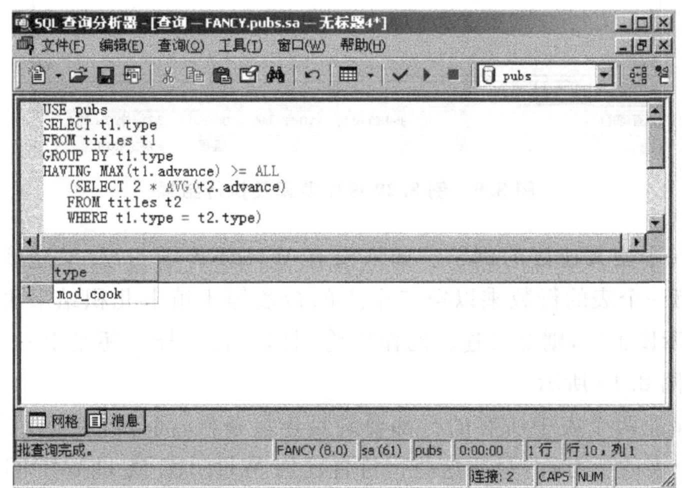

图8.8 例8.28程序源代码及执行结果

8.5.3 数据连接

在实际的数据库操作中,往往需要同时从两个或两个以上的表中查询相关数据,连接就是满足这些需求的技术。使用连接技术查询时,其简单语法格式如下:

```
SELECT table_name.column_name,table_name.column_name,…
FROM table_name[join_type] JOIN table_name
ON search_conditions
WHERE search_conditions
```

在进行表之间的连接时,可以使用三种连接关键字。

- INNER JOIN 关键字,表示内连接,结果集中仅包含满足条件的行。
- CROSS JOIN 关键字,表示交叉连接,结果集中包含两个表中所有行的组合。
- OUTER JOIN 关键字,表示外连接,结果集中既包含那些满足条件的行,还包含某些不满足条件的数据。

例 8.29 一个内连接的例子。查询在一个城市的作者和出版商的信息,如图 8.9 所示。

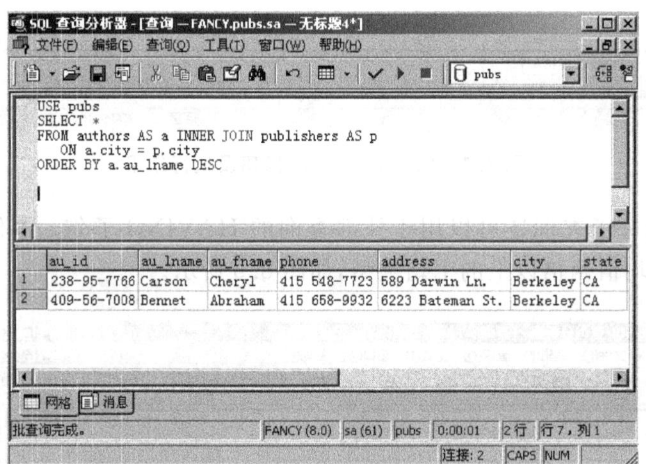

图 8.9 例 8.29 程序源码及执行结果

例 8.30 一个交叉连接的例子。如果没有 WHERE 子句,交叉连接将产生两个表的笛卡儿积。第一个表的行数乘以第二个表的行数等于笛卡儿积结果集的大小。如果添加一个 WHERE 子句,则交叉连接的作用将同内连接一样。还是上一个查询,可以有不同的写法,如图 8.10 所示。

内连接是保证两个表中所有的行都要满足连接条件,而外连接返回 FROM 子句中提到的至少一个表的所有行,只要这些行符合任何 WHERE 或 HAVING 搜索条件。外连接包括以下三种形式:

- LEFT OUTER JOIN,左外连接,包括了左表中的全部行。
- RIGHT OUTER JOIN,右外连接,包括了右表中的全部行。

• FULL OUTER JOIN,完整外连接,包括了左表和右表中所有不满足条件的行。

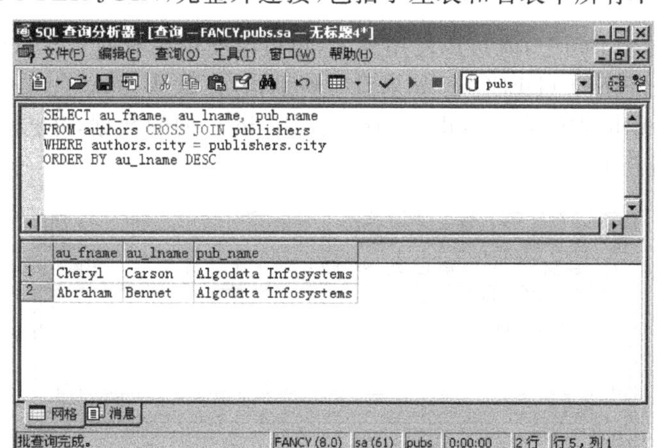

图 8.10 例 8.30 程序源代码及执行结果

例 8.31 一个左外连接的例子。authors 是左表,publishers 是右表,两表进行左外连接,左表 authors 中的全部数据都显示出来了。如果这些数据中有不满足连接条件的行,那么对应右表的数据是空值,如图 8.11 所示。

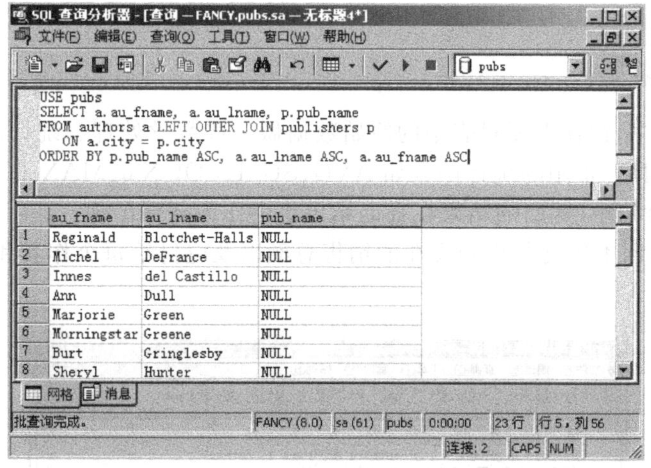

图 8.11 例 8.31 程序源代码及执行结果

8.5.4 数据排序

排序技术就是使用 ORDER BY 子句排列查询结果的顺序。ORDER BY 子句按查询结果中的一列或多列对查询结果进行排序,用作排序依据的列总长度可达 8060。其语法格式如下:

```
SELECT column_name,column_name,…
FROM table_name
```

```
ORDER BY column_name[ASC|DESC],…
```

在 ORDER BY 子句中，既可以使用列名，也可以使用相对列号。排序可以是升序的（ASC），也可以是降序的（DESC）。如果没有特别指定，默认为 ASC。

例 8.32 在 title 表中查询 pub_id、type、title_id 三列的数据，并将查询结果按 pub_id 升序排列，如图 8.12 所示。

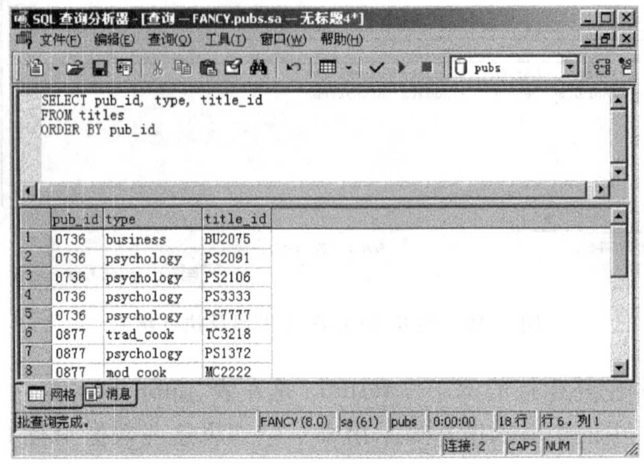

图 8.12 例 8.32 程序源代码及执行结果

8.5.5 数据统计

在实际应用中，往往需要对表中的原始数据做一些数学处理。统计函数就是满足这些需求的最好工具。常用的统计函数如 AVG、SUM、COUNT、MAX 和 MIN 等，都必须用在 SELECT 语句中，返回的结果在查询结果集中作为新列出现。

例 8.33 返回本年度截止到现在的销售总额以及应付给每个作者和出版商的金额，如图 8.13 所示。

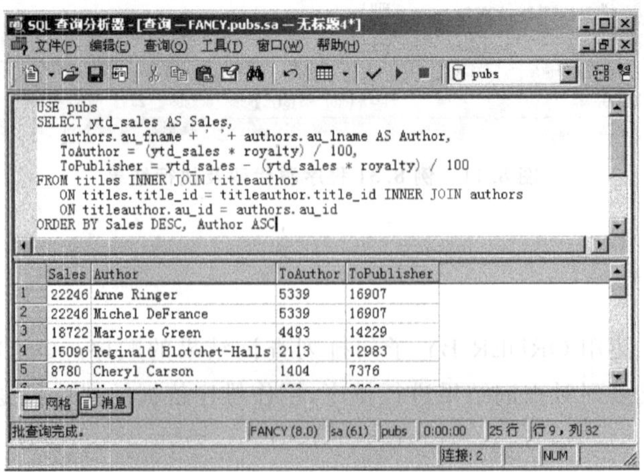

图 8.13 例 8.33 程序源代码及执行结果

例 8.34 计算每本书的总收入。程序源代码及执行结果如图 8.14 所示。

```
USE pubs
SELECT 'Total income is', price * ytd_sales AS Revenue,
'for', title_id AS Book#
FROM titles
ORDER BY Book# ASC
```

	(无列名)	Revenue	(无列名)	Book#
1	Total income is	81859.0500	for	BU1032
2	Total income is	46318.2000	for	BU1111
3	Total income is	55978.7800	for	BU2075
4	Total income is	81859.0500	for	BU7832
5	Total income is	40619.6800	for	MC2222
6	Total income is	66515.5400	for	MC3021
7	Total income is	NULL	for	MC3026
8	Total income is	201501.0000	for	PC1035

图 8.14 例 8.34 程序源代码及执行结果

例 8.35 在数据库内查找各出版商本年度截止到现在的销售总额。程序源代码及执行结果如图 8.15 所示。

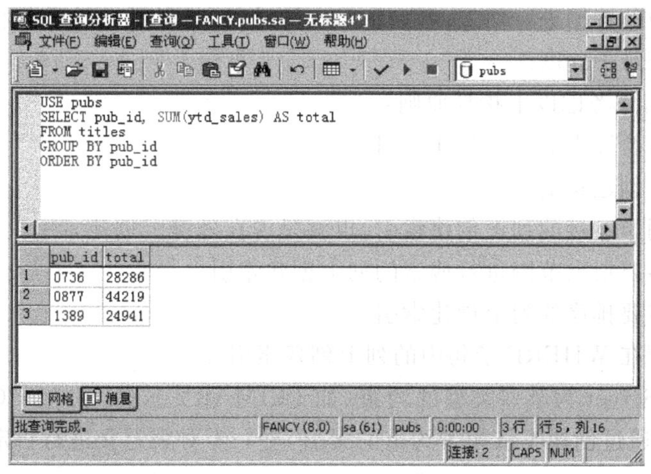

图 8.15 例 8.35 程序源代码及执行结果

8.6 数据库索引

数据库中的索引与书籍中的索引类似。在一本书中，利用索引可以快速查找所需信息，无须阅读整本书。在数据库中，索引使数据库程序无须对整个表进行扫描，就可以在其中找到所需数据。书中的索引是一个词语列表，其中注明了包含各个词的页码。而数据库中的索引是一个表中所包含的值的列表，其中注明了表中包含各个值的行所在的存储位置。可以为表中的单个列建立索引，也可以为一组列建立索引。使用索引可以大大减少 SQL Server 查找数据的时间。下面介绍 SQL Server 的索引技术。

8.6.1 索引的概念

在数据库中，索引就是表中数据和相应存储位置的列表。那么为什么要创建索引呢？原因就是索引可以大大提高系统的性能，主要表现在以下几个方面：

- 通过创建唯一性索引，可以保证每一行数据的唯一性。
- 可以大大加快数据的检索速度。
- 可以加速表和表之间的连接，特别是在实现数据的参考完整性方面特别有意义。
- 在使用 ORDER BY 和 GROUP BY 子句进行数据检索时，同样可以显著减少查询中分组和排序的时间。
- 通过使用索引，可以在查询的过程中，使用优化隐藏器，提高系统性能。

虽然对表增加索引具有诸多好处，但是过多增加索引就会暴露其不利的一面。主要表现在以下几个方面：

- 创建索引和维护索引要耗费时间。
- 索引需要占物理空间，除了数据表占数据空间之外，每一个索引还要占一定的物理空间。如果建立聚簇索引，则需要的空间就更大了。
- 当对表中的数据进行增加、删除和修改的时候，对索引也要动态维护，这样就降低了数据的维护速度。

创建索引时，要考虑以下指导原则：

- 在经常需要搜索的列上创建索引。
- 在主键上创建索引。
- 在经常用于连接的列上创建索引，也就是说在外键上创建索引。
- 在经常需要根据范围进行搜索的列上创建索引。
- 在经常需要排序的列上创建索引。
- 在经常用在 WHERE 子句中的列上创建索引。

另外，SQL Server 为某些类型的约束（如 PRIMARY KEY 和 UNIQUE 约束）自动创建索引。可以通过创建不依赖于约束的索引，进一步对表定义进行自定义。

8.6.2 索引类型

根据索引的顺序与数据表的物理顺序是否相同，可以把索引分成两种类型。一种是聚簇索引，这种类型的索引顺序与数据表的物理顺序相同；另一种是非聚簇索引，这种类型的索引顺序与数据表的物理顺序不同。

聚簇索引对于那些经常要搜索范围值的列特别有效。使用聚簇索引找到包含第一个值的行后，便可以确保包含后续索引值的行在物理上相邻。在表中经常搜索的列或按照顺序访问的列应该创建聚簇索引。创建聚簇索引时，应该注意以下因素：

- 每一个表只能有一个聚簇索引。

- 表中行的物理顺序和索引中行的物理顺序是相同的。在创建任何非聚簇索引之前创建聚簇索引，因为聚簇索引改变了表中行的物理顺序。数据行按照一定的顺序排列，并且自动维护这个顺序。
- 关键值的唯一性要么使用 UNIQUE 关键字明确维护，要么由一个内部的唯一标识符明确维护。这些唯一性标识符是系统自己使用的，用户不能访问。
- 聚簇索引的平均大小大约是数据表的 5%，但是实际上聚簇索引的大小常常根据索引列的大小而变化。

非聚簇索引表示行的逻辑顺序。SQL Server 在搜索数据值时，先对非聚簇索引进行搜索，找到数据值在表中的位置，然后从该位置直接检索数据。这使非聚簇索引成为精确匹配查询的最佳方法。当需要以多种方式检索数据时，非聚簇索引就非常有用了。创建非聚簇索引时，要考虑以下情况：

- 在默认情况下，创建的索引是非聚簇索引。
- 在每一个表上面，可以创建不多于 249 个非聚簇索引。
- 索引页的叶级只包含索引的关键字，不包含实际的数据。

8.6.3 索引的创建与删除

本节介绍如何使用 CREATE INDEX 语句来创建和删除索引。在使用 CREATE INDEX 语句创建索引时，可以使用许多选项，例如指定数据页的充满度，进行排序，整理统计信息等；还可以指定索引的类型、唯一性和复合性，这样可以优化索引。

只有表或视图的所有者才能为表创建索引。表或视图的所有者可以随时创建索引，而无论表中是否有数据。创建索引的语法格式如下：

```
CREATE [ UNIQUE ] [ CLUSTERED|NONCLUSTERED ] INDEX index_name
    ON { table|view } ( column [ ASC|DESC ] [,…n] )
[ WITH [PAD_INDEX|
        FILLFACTOR=fillfactor|
        IGNORE_DUP_KEY|
        DROP_EXISTING|
    STATISTICS_NORECOMPUTE|
    SORT_IN_TEMPDB]
```

参数说明：

- UNIQUE 表示创建唯一性的索引，在索引列中不能有相同的两个列值存在。
- CLUSTERED|NONCLUSTERED 是聚簇索引和非聚簇索引。
- ON 表示可以在表或视图上创建索引，这里指定表或视图的名称和相应的列名称。
- PAD_INDEX 为非叶级索引页指定填充度。
- FILLFACTOR 指定叶级索引页的填充度。
- IGNORE_DUP_KEY 指定出现冗余数据的系统行为。
- DROP_EXISTING 删除指定的索引，然后重建该索引。

- STATISTICS_NORECOMPUTE 指定不自动计算过期的索引统计信息。
- SORT_IN_TEMPDB 指定创建索引时产生的中间结果，在 tempdb 数据库中进行排序。

例 8.36 为 authors 表的 au_id 列创建聚簇索引。

```
USE pubs
CREATE CLUSTERED INDEX au_id_ind
    ON authors (au_id)
```

当不再需要索引时，可以将索引删除，以回收它当前使用的存储空间。只有表的所有者可以删除其索引，所有者无法将该权限转让给其他用户。删除索引的语法格式如下：

```
DROP INDEX 'table.index|view.index' [,…n]
```

参数说明：

- table|view 是索引列所在的表或索引视图。
- index 是要除去的索引名称。
- n 表示可以指定多个索引的占位符。

例 8.37 删除 authors 表内名为 au_id_ind 的索引。

```
DROP INDEX authors.au_id_ind
```

删除索引时，还需要注意下面的情况：

- 执行 DROP INDEX 语句时，SQL Server 释放被该索引所占的磁盘空间。
- 不能使用 DROP INDEX 语句删除由主键约束或唯一性约束创建的索引。要想删除这些索引，必须删除这些约束。
- 删除表时，该表的全部索引也被删除。
- 删除一个聚簇索引时，该表的全部非聚簇索引重新自动创建。
- 必须在索引所在的数据库中才能删除索引。
- 不能在系统表上使用 DROP INDEX 语句。

8.6.4 索引的设计

在考虑是否为一个列创建索引时，应考虑被索引的列是否以及如何用于查询。索引对下列查询很有帮助：

- 搜索符合特定搜索关键字值的行（精确匹配查询）。精确匹配比较是指查询使用 WHERE 语句指定具有给定值的列条目。例如：WHERE emp_id = 'VPA30890F'。
- 搜索其搜索关键字值为范围值的行（范围查询）。范围查询是指查询指定其值介于两个值之间的任何条目。例如：WHERE job_lvl BETWEEN 9 and 12 或 WHERE job_lvl >=9 and job_lvl<=12。
- 在表 T1 中搜索根据连接谓词与表 T2 中的某个行匹配的行（索引嵌套循环

连接)。

- 在不进行显式排序操作的情况下产生经排序的查询输出,尤其是经排序的动态游标。
- 在不进行显式排序操作的情况下,按一种有序的顺序对行进行扫描,以允许基于顺序的操作,如合并连接和流聚合。
- 以优于表扫描的性能对表中所有的行进行扫描,性能提高是由于减少了要扫描的列集和数据总量(该查询有覆盖索引可供使用)。
- 搜索插入和更新操作中重复的新搜索关键字值,以实施 PRIMARY KEY 和 UNIQUE 约束。
- 搜索已定义了 FOREIGN KEY 约束的两个表之间匹配的行。
- 使用 LIKE 比较进行查询时,如果模式以特定字符串如"abc%"开头,使用索引则会提高效率;如果模式以通配符如"%xyz"开头,则索引不起作用。

在很多查询中,索引可以带来多方面的好处。例如,索引除了提供对单一行的快速访问外,还可以进行范围查询。SQL Server 可以在同一个查询中为一个表使用多个索引,并可以合并多个索引(使用连接算法),以便搜索关键字共同覆盖一个查询。另外,SQL Server 会自动确定利用哪些索引进行查询,并且能够在表被改动时确保该表的所有索引都得到维护。

另外,设计索引时还要考虑的其他准则主要包括以下几点:

- 一个表如果建有大量索引会影响 INSERT、UPDATE 和 DELETE 语句的性能。因为在表中的数据更改时,所有索引都必须进行适当调整。另一方面,对于不需要修改数据的查询(SELECT 语句),大量索引有助于提高性能,这是因为 SQL Server 有更多的索引可供选择,以便确定以最快速度访问数据的最佳方法。
- 覆盖的查询可以提高性能。覆盖的查询是指查询中所有指定的列都包含在同一个索引中。例如,如果在一个表的 a、b 和 c 列上创建了组合索引,则从该表中检索 a 和 b 列的查询被视为覆盖的查询。创建覆盖一个查询的索引可以提高性能,因为该查询的所有数据都包含在索引自身当中;检索数据时只需引用表的索引页,不必引用数据页,因而减少了 I/O 总量。尽管给索引添加列以覆盖查询可以提高性能,但在索引中额外维护更多的列会产生更新和存储成本。
- 对小型表进行索引可能不会产生优化效果,因为 SQL Server 在遍历索引以搜索数据时,花费的时间可能会比简单的表扫描还长。
- 应使用 SQL 事件探查器和索引优化向导帮助分析查询,确定要创建的索引。为数据库及其工作负荷选择正确的索引是非常复杂的,需要在查询速度和更新成本之间取得平衡。虽然窄索引(搜索关键字中只有很少的列的索引)需要的磁盘空间和维护开销较少,但宽索引可以覆盖更多的查询。确定正确的索引集没有简便的规则,经验丰富的数据库管理员常常能够设计出很好的索引集,然而,即使对于不特别复杂的数据库和工作负荷来说,这项任务也十分复杂、费时和易于出错。因此,可以使用索引优化向导使这项任务自动化。
- 可以在视图上指定索引。有关更多信息,请参见设计索引视图。

- 可以在计算列上指定索引。有关更多信息，请参见在计算列上创建索引。

8.7 数据库视图

视图可以被看成是虚拟表或存储查询。通过创建、修改和维护视图，可以自定义每位用户从不同的角度使用数据库。可通过视图访问的数据不作为独特的对象存储在数据库内。数据库内存储的是 SELECT 语句。SELECT 语句的结果集构成视图所返回的虚拟表。在数据库操作中对于视图的操作是必不可少的。本节介绍数据库视图的使用。

使用视图可以实现下述功能：

- 将用户限定在表中的特定行上。
- 将用户限定在特定列上。
- 将多个表中的列连接起来，使它们看起来像一个表。
- 聚合信息而非提供详细信息。

一般来说，视图的内容包括以下几个方面：

- 基表的列的子集或行的子集。即视图可以是基表的一部分。
- 两个或多个基表的联合。即视图是对多个基表进行联合运算检索的 SELECT 语句。
- 两个或多个基表的连接。即视图是通过对若干个基表的连接生成的。
- 基表的统计汇总。即视图不仅是基表的投影，还可以是对基表的各种复杂运算的结果。
- 另外一个视图的子集。即视图可以基于表，也可以基于另一个视图。
- 视图和基表的混合。即在视图的定义中，视图和基表可以起到同样的作用。

8.7.1 视图的创建与删除

视图是一个虚拟表，其内容由查询定义。同真实的表一样，视图包含一系列带有名称的列和行数据。但是，视图并不在数据库中以存储的数据值集形式存在。行和列数据来自由定义视图的查询所引用的表，并且在引用视图时动态生成。用户只能在当前数据库中创建视图。创建视图要用到 CREATE VIEW 语句，其语法格式如下：

```
CREATE VIEW view_name[(column[,…n])]
WITH ENCRYPTION
    AS Select_statement
WITH CHECK OPTION
```

其中，WITH ENCRYPTION 选项指定加密创建视图的文本。WITH CHECK OPTION 选项指定检查通过视图修改数据的操作。

只有 sysadmin、db_owner 或 db_ddladmin 成员以及有 CREATE VIEW 权限的用户，才可以执行 CREATE VIEW 语句。除此之外，用户还必须拥有该视图所引用的所有表或视图的 SELECT 权限。

另外，在创建视图时，SQL Server 首先验证在视图定义中所参考的对象是否存在，视图的名称必须符合命名规则。为了区别表和视图，应该使用一种命名机制，以便区分视图和表。

例 8.38 创建具有简单 SELECT 语句的视图。当需要频繁地查询列的某种组合时，简单视图非常有用。本例创建了一个名为 titles_view，显示书的名称、类型、价格、出版日期的简单视图。

```
USE pubs
GO
CREATE VIEW titles_view
AS
SELECT title,type,price,pubdate
FROM titles
GO
```

当 CREATE VIEW 语句中不说明列名表时，列名由 SELECT 语句确定。以下情况必须说明视图的列名：

- SELECT 的目标表中有内部函数或表达式。
- 目标表中含有多表连接的连接字段名。
- 视图中的字段名与导出表不同。

例 8.39 本例使用 WITH ENCRYPTION 选项创建名为 accounts，显示计算列、重命名列以及多列的视图。

```
USE pubs
GO
CREATE VIEW accounts (title,advance,amt_due)
WITH ENCRYPTION
AS
SELECT title,advance,price * royalty * ytd_sales
FROM titles
WHERE price >$5
GO
```

当视图不再需要时，可以通过执行 DROP VIEW 语句，把视图的定义从数据库中删除。删除一个视图，就是删除其定义和赋予的全部权限。删除一个基表并不能自动删除引用该表的视图，视图必须显式地删除。DROP VIEW 语句的语法格式如下：

```
DROP VIEW { view } [,…n]
```

其中 view 是要删除的视图名称，n 表示可以指定多个视图的占位符。由此可以看出，在 DROP VIEW 语句中可以同时删除多个不再需要的视图。

例 8.40 删除刚才创建的 titles_view 视图。在删除之前先要确认该视图是否存在。

```
USE pubs
IF EXISTS (SELECT TABLE_NAME FROM INFORMATION_SCHEMA.VIEWS
```

```
    WHERE TABLE_NAME='titles_view')
  DROP VIEW titles_view
GO
```

8.7.2 视图与数据修改

视图本身并没有数据，因为视图是一张虚拟表，只是一个SELECT语句而已。我们看到的二维表是系统显示一个或多个基表的查询结果。因此，修改视图的数据实际上就是在修改导出视图的基表的数据。

如果满足一些限制条件，那么可以通过视图自由地插入、删除和修改数据。通常，视图必须定义在一个表上并且不包含统计函数或在SELECT语句中不包含GROUP BY子句。在修改视图时，要注意以下一些条件：

- 不能同时影响两个或两个以上的基表。可以修改由两个或两个以上的基表得到的视图，但每一次修改的数据只能影响一个基表。
- 某些列不能修改。不能修改那些通过计算得到结果的列。
- 如果影响到表中那些没有默认值的列，就可能引起错误。例如使用INSERT语句向视图中插入数据时，如果该视图的基表有一个没有默认值的列或有一个不允许空的列，且该列没有出现在视图定义中，那么就会产生一个错误消息。
- 如果在视图定义中指定了WITH CHECK OPTION选项，那么系统验证所修改的数据。选项WITH CHECK OPTION强制对视图的所有修改语句必须满足定义视图使用的SELECT语句的标准。如果这种修改超出了视图定义的范围，那么系统就会拒绝这种修改。

8.7.3 查询和视图的比较

由于查询和视图有很多相似性，所以很容易忽略它们之间的差异。本节对查询和视图进行简单的比较。

查询和视图的异同主要表现在以下几个方面：

- 存储。视图存储为数据库设计的一部分，而查询则不是。设计数据库时，可以出于下列原因将视图包括在设计中。第一，一些数据子集关系到许多用户。由于每个视图都存储在数据库内，所以视图建立特定的数据子集以供任何数据库用户使用。第二，视图可以隐藏基表。可以禁止所有用户访问数据库表，而要求用户只能通过视图操作数据。这种方法可以保护用户和应用程序不受某些数据库修改的影响。
- 更新结果。对视图和查询的结果集更新限制是不同的。
- 排序结果。可以排序任何查询结果，但是只有当视图包括TOP子句时才能排序视图。
- 生成查询计划。查询计划是内部策略，通过它，数据库服务器可尝试快速创建结果集。数据库服务器可以在保存视图后立即为视图建立查询计划，但是对于查询,数据库服务器直到查询实际运行时才能建立查询计划。

- 参数设置。可以为查询创建参数,但不能为视图创建参数。
- 加密。可以加密视图,但不能加密查询。

8.8 函　数

函数是一段特殊的程序代码,它能对查询结果进行一定的操作。函数的作用就是使用户不必书写太多程序代码即可完成复杂的操作。

SQL Server 提供了多种功能强大的函数,包括聚合函数、数学函数、字符串函数、系统函数、日期时间函数和文本图像函数等。下面分别介绍各类函数的用途和使用方法。

8.8.1 聚合函数

聚合函数是对一组值执行计算并返回单一值的函数。常用的聚合函数如表 8.13 所示。

表 8.13　常用聚合函数

函 数	功 能	函 数	功 能
AVG	求平均值	SUM	求和
MAX	求最大值	COUNT	统计数目
MIN	求最小值		

除 COUNT 函数之外,聚合函数忽略空值。聚合函数经常与 SELECT 语句的 GROUP BY 子句一同使用。

1. AVG 函数

该函数返回组中值的平均值。空值将被忽略。此函数只适用数值型的列。其语法格式如下:

```
AVG ([ ALL|DISTINCT] expression )
```

参数说明:

- ALL:对所有的值进行运算。ALL 是默认设置。
- DISTINCT:指定 AVG 操作只使用每个值的唯一实例,而无论该值出现了多少次,即去掉重复的值。
- Expression:数字数据类型的表达式(bit 数据类型除外)。不允许使用聚合函数和子查询。

例 8.41　计算商业类书籍的平均价格。

```
USE pubs
GO
SELECT AVG(DISTINCT price)
```

```
FROM titles
WHERE type='business'
GO
```

执行结果：

```
--------------------------
11.6433
```

2. MAX函数

该函数返回表达式的最大值。此函数适用于数值型、字符型和日期型的列。对于列值为空的列，该函数不将其列为对比的对象。其语法格式如下：

```
MAX ( [ ALL|DISTINCT ] expression )
```

参数说明：

- ALL：对所有的值进行聚合函数运算。ALL是默认设置。
- DISTINCT：指定每个唯一值都被考虑。DISTINCT对于MAX无意义，使用它仅仅是为了符合SQL-92兼容性。
- expression：常量、列名、函数以及算术运算符、位运算符和字符串运算符的任意组合。MAX可用于数字列、字符列和datetime列，但不能用于bit列。不允许使用聚合函数和子查询。

例8.42 查找年度销售额最高的书。

```
USE pubs
GO
SELECT MAX(ytd_sales)
FROM titles
GO
```

执行结果：

```
-----------
22246
```

3. MIN函数

该函数返回表达式的最小值。其功能与MAX()函数正好相反。其语法格式如下：

```
MIN ( [ ALL|DISTINCT ] expression )
```

参数说明与MAX()函数完全一样。

例8.43 查询年度销售额最低的书。

```
USE pubs
GO
```

```
SELECT min(ytd_sales)
FROM titles
GO
```

执行结果：

```
-----------
111
```

4. SUM函数

该函数返回表达式中所有值的和，或只返回DISTINCT值。SUM只能用于数字列。空值将被忽略。其语法格式如下：

```
SUM ( [ ALL|DISTINCT ] expression )
```

参数说明：

- ALL：对所有的值进行聚合函数运算。ALL是默认设置。
- DISTINCT：指定SUM返回唯一值的和。
- expression：是常量、列或函数，或者是算术、按位与字符串等运算符的任意组合。expression是精确数字或近似数字数据类型分类(bit数据类型除外)的表达式。不允许使用聚合函数和子查询。

例8.44 计算每类书籍的价格和预付款总和。

```
USE pubs
GO
SELECT type,SUM(price),SUM(advance)
FROM titles
GROUP BY type
ORDER BY type
GO
```

执行结果：

```
type
----------- ------------- ----------------------------
business        54.9200       25125.0000
mod_cook        22.9800       15000.0000
popular_comp    42.9500       15000.0000
psychology      67.5200       21275.0000
trad_cook       47.8900       19000.0000
UNDECIDED       NULL          NULL
```

5. COUNT函数

该函数返回组中项目的数量。其语法格式如下：

```
COUNT ( { [ ALL|DISTINCT ] expression }|* )
```

参数说明：

- ALL：对所有的值进行聚合函数运算。ALL 是默认设置。
- DISTINCT：指定 COUNT 返回唯一非空值的数量。
- expression：一个表达式，其类型是除 uniqueidentifier、text、image 或 ntext 之外的任何类型。不允许使用聚合函数和子查询。
- *：指定应该计算所有行以返回表中行的总数。COUNT(*)不需要任何参数，而且不能与 DISTINCT 一起使用。COUNT(*)不需要 expression 参数，因为根据定义，该函数不使用有关任何特定列的信息。COUNT(*)返回指定表中行的数量而不消除副本。它对每行分别进行计数，包括含有空值的行。

例 8.45 查找作者所居住的不同城市的数量。

```
USE pubs
GO
SELECT COUNT(DISTINCT city)
FROM authors
GO
```

执行结果：

```
-----------
16
```

6. STDEV 函数

该函数返回给定表达式中所有值的统计标准偏差。其语法格式如下：

```
STDEV(expression)
```

expression 通常是数字表达式，不允许进行聚合函数运算和子查询。expression 是精确数字或近似数字数据类型分类(bit 数据类型除外)的表达式，结果返回 float 型的数值。

例 8.46 查询 titles 表中所有版税费用的标准偏差。

```
USE pubs
GO
SELECT STDEV(royalty)
FROM titles
GO
```

执行结果：

```
-----------------------------------------------------
4.7731890108535753
```

7. STDEVP 函数

该函数返回给定表达式中所有值的填充统计标准偏差。其语法格式为：

```
STDEVP ( expression )
```

其中表达式及返回值类型的要求与 STDEV 函数完全相同。

例 8.47 查询 titles 表中所有版税值的填充标准偏差。

```
USE pubs
GO
SELECT STDEVP(royalty)
FROM titles
GO
```

执行结果：

```
---------------------------------------------------------
4.6216203868340378
```

8. VAR 函数

该函数返回给定表达式中所有值的统计方差。其语法格式如下：

```
VAR ( expression )
```

其中表达式及返回值类型的要求与 STDEV 函数完全相同。

例 8.48 查询 titles 表中所有 royalty 值的方差。

```
USE pubs
GO
SELECT VAR(royalty)
FROM titles
GO
```

执行结果：

```
---------------------------------------------------------
22.783333333333335
```

9. VARP 函数

该函数返回给定表达式中所有值的填充的统计方差。其语法格式如下：

```
VARP ( expression )
```

其中表达式及返回值类型的要求与 STDEV 函数完全相同。

例 8.49 查询 titles 中所有 royalty 值的填充的方差。

```
USE pubs
GO
SELECT VARP(royalty)
FROM titles
```

```
GO
```

执行结果:

```
------------------------------------------------------
21.359375
```

8.8.2 数学函数

数学函数可对数据类型为整型、浮点型、实型和货币型的列进行操作,返回值是 6 位小数。如果使用出错,则返回空值并显示警告信息。可以在 SELECT 语句的 SELECT 和 WHERE 子句以及表达式中使用数学函数。SQL Server 提供了大量的常用数学函数,如表 8.14 所示。

表 8.14 常用数学函数

函数		参数	功能
三角函数	SIN	(float_expression)	返回以弧度表示的角的正弦
	COS	(float_expression)	返回以弧度表示的角的余弦
	TAN	(float_expression)	返回以弧度表示的角的正切
	COT	(float_expression)	返回以弧度表示的角的余切
反三角函数	ASIN	(float_expression)	返回正弦是 float 值的以弧度表示的角
	ACOS	(float_expression)	返回余弦是 float 值的以弧度表示的角
	ATAN	(float_expression)	返回正切是 float 值的以弧度表示的角
	ATAN2	(float_expression1),(float_expression2)	返回正切是 float_expression1/float_expression2 值的以弧度表示的角
幂函数	EXP	(float_expression)	返回表达式的指数值
	LOG	(float_expression)	返回表达式的自然对数值
	LOG10	(float_expression)	返回表达式的以 10 为底的对数值
	SQRT	(float_expression)	返回表达式的平方根
符号函数	ABS	(numeric_expression)	返回表达式的绝对值
	SIGN	(numeric_expression)	测试参数的正负号,正数返回 1,负数返回 -1,零值返回 0
其他常用函数	PI()		返回值为 π,即 3.1415926535897931
	RAND	([integer_expression])	用任选的[integer_expression]作种子值得出 0~1 之间的随机浮点数

还有一些常用的数学函数,在这里由于篇幅限制就不一一介绍了,请读者自己查阅相关书籍。

例 8.50 在同一表达式中使用 SIN()、ATAN()、RAND()、PI()和 SIGN()函数。

```
SELECT SIN(23.45),ATAN(1.234),RAND(),PI(),SIGN(-2.34)
GO
```

执行结果：

```
-------------------- ----------------------------
-0.99374071017265964       0.88976244895918932
0.39818606400252943        3.1415926535897931    -1.00
```

8.8.3 字符串函数

字符串函数对二进制数据、字符串和表达式执行不同的运算。此类函数作用于 CHAR、VARCHAR、BINARY 和 VARBINARY 数据类型以及可以隐式转换为 CHAR 或 VARCHAR 的数据类型。可以在 SELECT 语句的 SELECT 和 WHERE 子句以及表达式中使用字符串函数。下面分类介绍字符串函数的含义和使用。

1. 字符转换函数

1) ASCII 函数

该函数用于返回字符表达式最左端字符的 ASCII 代码值。语法格式如下：

```
ASCII(character_expression)
```

其中 character_expression 是类型为 char 或 varchar 表达式。函数返回 int 型的数值。

例 8.51 ASCII 函数示例。

```
SELECT ASCII(123) as'123',ASCII('123') as'"123"',ASCII('abc') as '"abc"'
```

执行结果：

```
123        "123"       "abc"
---------- --------- --------------
49         49          97
```

注意：在 ASCII()函数中，纯数字的字符串可不用双引号(")括起来，但含其他字符的字符串必须用双引号(")括起来使用，否则会出现错误。

2) CHAR 函数

该函数用于将 int ASCII 代码转换为字符的字符串函数。其语法格式如下：

```
CHAR ( integer_expression )
```

其中 integer_expression 是介于 0～255 之间的整数。如果整数表达式不在此范围内，将返回 NULL 值。

例 8.52 CHAR 函数示例。

```
SELECT CHAR(123),CHAR(321),CHAR(-123)
```

执行结果：

```
---- ---- ----
{    NULL  NULL
```

3) LOWER 函数和 UPPER 函数

LOWER 函数把字符串全部转换为小写，UPPER 函数把字符串全部转换为大写。二者的语法格式分别如下：

```
LOWER ( character_expression )
UPPER ( character_expression )
```

参数 character_expression 是字符或二进制数据表达式，可以是常量、变量或列。

例 8.53 LOWER 函数与 PPER 函数示例。

```
SELECT lower('Abc'),lower('ABC'),upper('Abc'),upper('abc')
```

执行结果：

```
------ ------ ------ ------
abc    abc    ABC    ABC
```

4) STR 函数

该函数把数值型数据转换为字符型(char)数据。其语法格式如下：

```
STR ( float_expression [,length [,decimal ] ] )
```

参数说明：

- float_expression：是带小数点的近似数字（float）数据类型的表达式。
- length：是总长度，包括小数点、符号、数字或空格。默认值为 10。
- decimal：是小数点右边的位数。默认值为 0。

注意：length 和 decimal 必须为非负数。小数位数大于 decimal 值时，STR 函数将其下一位四舍五入。指定的 length 应大于或等于数字的符号位＋整数部分＋小数点位数＋小数部分。如果小数点前的位数超过了指定的长度，则返回“**”。

例 8.54 STR 函数示例。

```
SELECT STR(123.45,6,1),STR(123.45,2,2)
```

执行结果：

```
------ ----
123.5  **
```

2. 去空格函数

去空格函数有两个：LTRIM 函数和 RTRIM 函数。

LTRIM 函数能把字符串头部的空格去掉，RTRIM 函数能把字符串尾部的空格去掉。二者的语法格式分别如下：

```
LTRIM ( character_expression )
RTRIM ( character_expression )
```

其中参数 character_expression 是字符或二进制数据表达式，可以是常量、变量或列。

注意：在许多情况下，往往需要得到头部和尾部都没有空格的字符串，这时可以将上两个函数嵌套使用。

例 8.55 去空格函数示例。

```
SELECT ltrim('    "左边无空格"')
SELECT rtrim('"右边无空格"     ')
SELECT ltrim(rtrim('     "两边都没有空格"     '))
```

执行结果：

```
----------------
"左边无空格"
-----------------
"右边无空格"
-------------------------
"两边都没有空格"
```

3. 取子串函数

1）LEFT 函数和 RIGHT 函数

LEFT 函数返回字符串中从左边开始指定个数的字符。RIGHT 函数返回字符串中从右边开始指定个数的字符。二者的语法格式如下：

```
LEFT ( character_expression,integer_expression )
RIGHT ( character_expression,integer_expression )
```

其中参数 character_expression 是字符或二进制数据的表达式，可以是常量、变量或列。

例 8.56 取子串函数示例。

```
SELECT LEFT('SQL Server',3),RIGHT('SQL Server',6)
```

执行结果：

```
------ ----------
SQL    Server
```

2）SUBSTRING 函数

该函数返回字符、binary、text 或 image 表达式的一部分。其语法格式如下：

```
SUBSTRING ( expression,start,length )
```

参数说明：

- expression：是字符串、二进制字符串、text、image、列或包含列的表达式。不要使用包含聚合函数的表达式。
- start：是一个整数，指定子字符串的开始位置。
- length：是一个正整数，指定将返回 expression 的字符数或字节数。如果 length 为负数，则会返回错误。

例 8.57 查询 authors 表中的姓氏，并返回 authors 表中的名字首字母。

```
USE pubs
SELECT au_lname,SUBSTRING(au_fname,1,1)
FROM authors
ORDER BY au_lname
```

执行结果：

```
au_lname
---------------------------------------- ---
Bennet                                    A
Blotchet-Halls                            R
Carson                                    C
DeFrance                                  M
del Castillo                              I
Dull                                      A
…
```

4. 字符串比较函数

1) CHARINDEX 函数

该函数返回字符串中指定表达式的起始位置，返回值是一个 int 型数据。其语法格式如下：

```
CHARINDEX ( expression1,expression2 [,start_location ] )
```

参数说明：

- expression1：是一个短字符数据类型分类的表达式，其中包含要寻找的字符的次序。
- expression2：是一个属于字符串数据类型分类的表达式，通常是一个用于搜索指定序列的列。
- start_location：在 expression2 中搜索 expression1 时的起始字符位置。如果没有给定 start_location，而是一个负数或零，则从 expression2 的起始位置开始搜索。

例 8.58 CHARINDEX 函数示例。

```
SELECT CHARINDEX('123','abc123def',2)
```

执行结果：

```
-----------
4
```

2) PATINDEX 函数

该函数返回指定表达式中某模式第一次出现的起始位置。如果在全部有效的文本和字符数据类型中没有找到该模式，则返回零。返回值也是一个 int 型数据。其语法格式如下：

```
PATINDEX ( '%pattern%',expression )
```

参数说明：

- pattern：是一个短字符数据类型类别的字符串表达式。可以使用通配符，但 pattern 之前和之后必须有%字符(搜索第一个和最后一个字符时除外)。
- expression：是一个字符串数据类型的表达式，通常为要在其中搜索指定模式的列。

例 8.59 PAINDEX 函数示例。

```
SELECT PATINDEX('123','abc123def'),PATINDEX('%123%','abc123def')
```

执行结果：

```
---------- ----------
0          4
```

5. 字符串操作函数

1) QUOTENAME 函数

该函数返回被特定字符括起来的字符串。其语法格式如下：

```
QUOTENAME ( 'character_string' [,'quote_character' ] )
```

其中 quote_character 标明括起字符串所用的字符，可以是单引号（'）、左括号或右括号（[]）或者双引号（"）。默认为“[]”。

例 8.60 QUOTENAMEB 函数示例。

```
SELECT QUOTENAME('abc','{'},QUOTENAME('abc')
```

执行结果：

```
---------- ----------
{abc}      [abc]
```

2) REVERSE 函数

该函数将指定的字符串的字符排列顺序颠倒，返回 varchar 型数据。其语法格式如下：

```
REVERSE (character_expression)
```

例 8.61 REVERSE 函数示例。

```
SELECT REVERSE('abc'),REVERSE('上海')
```

执行结果：

```
---- ----
cba  海上
```

3）REPLACE 函数

该函数返回被替换了指定子串的字符串。其语法格式如下：

```
REPLACE ( 'string_expression1','string_expression2',
'string_expression3' )
```

函数用第三个表达式替换第一个字符串表达式中出现的所有第二个给定字符串表达式。

例 8.62 REPLACE 函数示例。

```
SELECT REPLACE('abcdefghicde','cde','xxx')
```

执行结果：

```
--------------------
abxxxfghixxx
```

4）SPACE 函数

该函数返回一个有指定长度的空白字符串。其语法格式如下：

```
SPACE ( integer_expression )
```

其中 integer_expression 是表示空格个数的正整数。如果该值为负，则返回空字符串。

例 8.63 SPACE 函数示例。

```
SELECT SPACE(5),SPACE(-2)
```

执行结果：

```
----- --------
      NULL
```

8.8.4 系统函数

系统函数用于获取有关计算机系统、用户、数据库和数据库对象的信息。系统函数可以让用户在得到信息后，使用条件语句，根据返回的信息进行不同的操作。与其他函数一样，系统函数可以在 SELECT 语句的 SELECT 和 WHERE 子句以及表达式中使用。

系统函数的函数名、参数及其功能如表 8.15 所示。

在该表所示的函数中，有几类函数在实际编程中经常用到，下面分别简单加以介绍。

1. 信息检查函数

SQL Server 提供了大量的系统函数，其中信息检查函数用于返回当前的服务器信息、用户信息和数据库信息。这些函数包括：HOST_NAME、HOST_ID、USER_NAME、USER_ID 和 DB_NAME，这些函数的功能可从表 8.15 中查到。

表 8.15 系统函数

函　数	功　能
APP_NAME	返回当前会话的应用程序名称
CASE 表达式	计算条件列表并返回多个可能结果表达式之一
CAST 和 CONVERT	将某种数据类型的表达式显式转换为另一种数据类型，CAST 和 CONVERT 提供相似的功能
COALESCE	返回其参数中第一个非空表达式
COLLATIONPROPERTY	返回给定排序规则的属性
CURRENT_TIMESTAMP	返回当前的日期和时间
CURRENT_USER	返回当前的用户
DATALENGTH	返回任何表达式所占用的字节数
@@ERROR	返回最后执行的 Transact-SQL 语句的错误代码
fn_helpcollations	返回 SQL Server 支持的所有排序规则的列表
fn servershareddrives	返回由群集服务器使用的共享驱动器名称
fn_virtualfilestats	返回对数据库文件(包括日志文件)的 I/O 统计
FORMATMESSAGE	从 sysmessages 现有的消息构造消息
GETANSINULL	返回会话的数据库的默认值为空
HOST_ID	返回工作站标识号
HOST_NAME	返回工作站名称
IDENT_CURRENT	返回为任何会话和任何作用域中的指定表最后生成的标识值
IDENT_INCR	返回增量值，该值是在带有标识列的表或视图中创建标识列时指定的
IDENT_SEED	返回种子值，该值是在带有标识列的表或视图中创建标识列时指定的
@@IDENTITY	返回最后插入的标识值
IDENTITY(函数)	只用在带有 INTO table 子句的 SELECT 语句中，以将标识列插入到新表中
ISDATE	确定输入表达式是否为有效的日期
ISNULL	使用指定的替换值替换 NULL
ISNUMERIC	确定表达式是否为一个有效的数字类型
NEWID	创建 uniqueidentifier 类型的唯一值
NULLIF	如果两个指定的表达式相等，则返回空值
PARSENAME	返回对象名的指定部分
PERMISSIONS	返回一个包含位图的值，表明当前用户的语句、对象或列权限
@@ROWCOUNT	返回受上一语句影响的行数
ROWCOUNT_BIG	返回受执行的最后一个语句影响的行数

续表

函　数	功　能
SCOPE_IDENTITY	返回插入到同一作用域中的 IDENTITY 列内的最后一个 IDENTITY 值
SERVERPROPERTY	返回有关服务器实例的属性信息
SESSIONPROPERTY	返回会话的 SET 选项设置
SESSION_USER	未指定默认值时，允许将系统为当前系统用户名提供的值插入表中
STATS_DATE	返回最后一次更新指定索引统计的日期
SYSTEM_USER	未指定默认值时，允许将系统为当前系统用户名提供的值插入表中
@@TRANCOUNT	返回当前连接的活动事务数
USER_NAME	返回给定标识号的用户数据库用户名

例 8.64　查询当前服务器的名称和标识号、用户的名称和标识号以及当前数据库的名称。

```
SELECT HOST_NAME() AS "host_name",HOST_ID() AS "host_id",USER_NAME() AS
"user_name",USER_ID() AS "user_id",DB_NAME() AS "db_name"
```

执行结果：

```
host_name    host_id     user_name     user_id       db_name
---------    ---------   ----------    ----------    --------
FANCY        1280        dbo           1             master
```

2. NULLIF 函数

该函数的功能是：如果两个指定的表达式相等，则返回空值。其语法格式如下：

```
NULLIF ( expression,expression )
```

其中 expression 是常量、列名、函数、子查询或算术运算符、按位运算符以及字符串运算符的任意组合。函数的返回类型与第一个 expression 相同。如果两个表达式不相等，则函数返回第一个 expression 的值，否则返回第一个 expression 类型的空值。

例 8.65　NULLIF 函数示例。

```
DECLARE @x varchar(20),@y char(20),@z char
SELECT @x='SQL',@y='SQL',@z=1
SELECT NULLIF(@x,@y),NULLIF(@x,@z)
```

执行结果：

```
-------------------- --------------------
NULL                 SQL
```

3. DATELENGTH 函数和 COL_LENGTH 函数

这两个函数都与长度有关。DATELENGTH 函数用来返回任何表达式所占用的字节数,COL_LENGTH 函数用来返回列的定义长度(以字节为单位)。二者都返回一个 int 型的数据。二者的语法格式分别如下:

```
DATALENGTH ( expression )
COL_LENGTH ( 'table','column' )
```

其中 COL_LENGTH 函数的参数 table 是一个 nvarchar 类型的表达式,确定列长度信息的表的名称;column 也是一个 nvarchar 类型的表达式,确定长度的列的名称。

例 8.66 查找 publishers 表中 pub_name 列的长度。

```
USE pubs
GO
SELECT length=DATALENGTH(pub_name),pub_name
FROM publishers
ORDER BY pub_name
GO
```

执行结果:

```
length      pub_name
---------- ----------------------------------------
20          Algodata Infosystems
16          Binnet & Hardley
21          Five Lakes Publishing
5           GGG&G
18          Lucerne Publishing
14          New Moon Books
17          Ramona Publishers
14          Scootney Books
```

例 8.67 显示 varchar(40)类型的列和 nvarchar(40)类型的列。

```
USE pubs
GO
CREATE TABLE t1
    (c1 varchar(40),
     c2 nvarchar(40)
)
GO
SELECT COL_LENGTH('t1','c1')AS 'varchar',
    COL_LENGTH('t1','c2')AS 'nvarchar'
GO
DROP TABLE t1
```

执行结果：

```
varchar  nvarchar
-------- ---------
40       80
```

8.8.5 日期和时间函数

日期和时间函数对日期和时间输入值执行操作，并返回一个字符串、数字值或日期和时间值。与其他函数一样，日期和时间函数可以在 SELECT 语句的 SELECT 和 WHERE 子句以及表达式中使用。表 8.16 列出了日期和时间函数及其功能。

表 8.16 日期和时间函数及其功能

函数	功能
DATEADD	在向指定日期加上一段时间的基础上，返回新的 datetime 值
DATEDIFF	返回跨两个指定日期的日期和时间边界数
DATENAME	返回表示指定日期的字符串
DATEPART	返回表示指定日期部分的整数
DAY	返回表示指定日期中的日的整数
GETDATE	按 datetime 值的 SQL Server 标准内部格式返回当前系统日期和时间
GETUTCDATE	返回表示当前 UTC 时间的 datetime 值
MONTH	返回表示指定日期中的月份的整数
YEAR	返回表示指定日期中的年份的整数

下面重点讲解几个常用的日期和时间函数。

1. DAY 函数、MONTH 函数和 YEAR 函数

从上表中可以看到，这三个函数的功能分别是返回指定日期中的日、月、年的整数。三者的语法格式分别如下：

```
DAY ( date )
MONTH ( date )
YEAR ( date )
```

其中的参数 date 是类型为 datetime 或 smalldatetime 的表达式。

例 8.68 常用日期函数示例。

```
SELECT DAY('03/12/1998') AS 'Day Number',"Month Number"=
MONTH('03/12/1998'),YEAR('03/12/1998') AS "Year Number"
```

执行结果：

```
Day Number  Month Number Year Number
----------- ------------ -----------
12          3            1998
```

例 8.69 用数字指定日期。注意：SQL Server 将 0 解释为 01/01/1900。

```
SELECT MONTH(0),DAY(0),YEAR(0)
```

执行结果：

```
---------- ---------- ----------
1          1          1900
```

注意：在使用日期和时间函数时，其日期值应在 1753 年到 9999 年之间，这是 SQL Server 系统所能识别的日期范围，否则会出现错误。

2. DATEADD 函数

该函数在向指定日期加上一段时间的基础上，返回新的 datetime 值。其语法格式如下：

```
DATEADD ( datepart,number,date )
```

其中参数 datepart 规定了应向日期的哪一部分返回新值，如年、月、日、星期等。表 8.17 列出了 SQL Server 识别的日期部分和缩写。

表 8.17 日期和时间函数中 datepart 参数的取值

日期部分	缩 写	取 值	日期部分	缩 写	取 值
Year	yy,yyyy	1753～9999	Week	wk,ww	1～54
Quarter	qq,q	1～4	Hour	hh	0～23
Month	mm,m	1～12	minute	mi,n	0～59
Dayofyear	dy,y	1～366	second	ss,s	0～59
Day	dd,d	1～31	millisecond	ms	0～999

3. DATEDIFF 函数

该函数返回跨两个指定日期的日期和时间边界数。其语法格式如下：

```
DATEDIFF ( datepart,startdate,enddate )
```

其中参数 datepart 规定了应在日期的哪一部分计算差额，其取值与 DATEADD 函数的 datepart 参数的取值完全一样。startdate 是计算的开始日期，enddate 是计算的结束日期。

例 8.70 查询在 pubs 数据库中标题发布日期和当前日期间的天数。

```
USE pubs
GO
SELECT DATEDIFF(day,pubdate,getdate()) AS no_of_days
FROM titles
GO
```

执行结果：

```
no_of_days
-----------
4072
4075
4054
4062
4075
...
```

4. DATENAME 函数

该函数返回表示指定日期部分的字符串。其语法格式如下：

```
DATENAME ( datepart,date )
```

其中参数 datepart 指定应返回的日期部分，其取值与 DATEADD 函数的 datepart 参数的取值完全一样。

例 8.71 该例从 GETDATE 返回的日期中提取月份名。

```
SELECT DATENAME(month,getdate()) AS 'Month Name'
```

执行结果：

```
Month Name
------------------------------
08
```

5. DATEPART 函数

该函数返回表示指定日期部分的整数。其语法格式如下：

```
DATEPART ( datepart,date )
```

其中参数 datepart 指定应返回的日期部分，其取值与 DATEADD 函数的 datepart 参数的取值完全一样。

6. GETDATE 函数

该函数按 datetime 值的 SQL Server 标准内部格式返回当前系统日期和时间，常用来作为其他函数或命令的参数使用。这个函数在前面的例子中已经用到了，下面再看一个简单的例子。

例 8.72 GETDATE 函数示例。

```
SELECT GETDATE()
```

执行结果：

```
----------------------------------------------------------
2011-08-05 11:41:26.437
```

8.8.6 文本和图像函数

文本和图像函数对文本或图像输入值或列执行操作，并返回有关这些值的信息。文本和图像函数共有三个，如表 8.18 所示。

表 8.18 文本和图像函数

函 数	功 能
PATINDEX	返回指定表达式中某模式第一次出现的起始位置
TEXTPTR	以 varbinary 格式返回对应于 text、ntext 或 image 列的文本指针值
TESTVALID	用于检查给定文本指针是否有效

1. PATINDEX 函数

有关 PATINDEX 函数在讲字符串函数的时候已经介绍过，这里就不再赘述了。

2. TEXTPTR 函数

该函数返回一个指向存储文本的第一个数据库页的指针。其返回值是一个 varbinary(16)类型的二进制字符串。如果数据类型为 text、ntext 和 image 的列没有赋予初值，则函数返回一个空指针。其语法格式如下：

```
TEXTPTR ( column )
```

其中参数 column 是待使用的 text、ntext 或 image 列。

例 8.73 从 pub_info 表中选择 pub_id 列和 pr_info 列的 16 字节文本指针。

```
USE pubs
GO
SELECT pub_id,TEXTPTR(pr_info)
FROM pub_info
ORDER BY pub_id
GO
```

执行结果：

```
pub_id
----- ----------------------------------
0736  0xFEFF6F00000000005C00000001000100
0877  0xFEFF7100000000005C00000001000300
1389  0xFEFF7300000000005C00000001000500
1622  0xFEFF7700000000005C00000001000900
1756  0xFEFF7900000000005C00000001000B00
```

```
9901   0xFEFF7B00000000005C00000001000D00
9952   0xFEFF7500000000005C00000001000700
9999   0xFEFF7D00000000005C00000001000F00
```

3. TEXTVALID 函数

该函数用于检查指定的文本指针是否有效。如果有效，则返回 1；否则，返回 0。如果要检查的列未赋予初值，则返回空值。其语法格式如下：

```
TEXTVALID ( 'table.column',text_ ptr )
```

参数说明：

- table：要使用的表名。
- column：要使用的列名。
- text_ptr：要检查的文本指针。

注意：text 列的标识符必须包含表名。

例 8.74 报告 pub_info 表的 logo 列中各个值是否存在有效文本指针。

```
USE pubs
GO
SELECT pub_id,'Valid (if 1) Text data'
  =TEXTVALID ('pub_info.logo',TEXTPTR(logo))
FROM pub_info
ORDER BY pub_id
GO
```

执行结果：

```
pub_id Valid (if 1) Text data
----- -----------------------
0736   1
0877   1
1389   1
1622   1
1756   1
9901   1
9952   1
9999   1
```

8.9 SQL Server 数据库复制

对于一个地域分散的大型企业组织来说，在构建具有典型的分布式计算特征的大型企业管理信息系统时，如何在多个不同数据库服务器之间保证共享数据的完整性、安全性和可用性是一个亟待解决的问题。在解决这一问题的实现方案中，包括 SQL Server

在内的大多数数据库软件系统都采用了复制技术。

SQL Server 复制是一组解决方案，使用户得以在企业范围内复制、分发和可能修改数据。下面介绍 SQL Server 的复制技术。

8.9.1 数据库复制的技术体系

SQL Server 复制是在数据库之间对数据和数据库对象进行复制和分发并进行同步以确保其一致性的一组技术。使用复制可以将数据分发到不同位置，通过局域网、拨号连接、Internet 分发给远程或移动用户。复制还能够使用户提高应用程序性能，根据数据的使用方式物理分隔数据(例如，将联机事务处理 (OLTP) 和决策支持系统分开)，或者跨越多个服务器分布数据库处理。

SQL Server 可用的有快照复制、事务复制和合并复制。无论用户选用哪一种复制方式，数据都具有随时随地的可用性。

1. 复制模型

SQL Server 复制使用发布工业术语来表示复制拓扑中的组件和进程。该模型使用“出版-订阅”这一术语来描述其复制活动，由下列对象组成：发布服务器、分发服务器、订阅服务器、发布、项目和订阅。

所谓出版就是向其他数据库服务器(订阅者)复制数据，订阅就是从另外的服务器(出版者)接收复制数据。在此术语描述下，SQL Server 的复制组件对应为：出版者、分发者、订阅者、出版物与论文、推订阅和拉订阅，复制模型如图 8.16 所示。

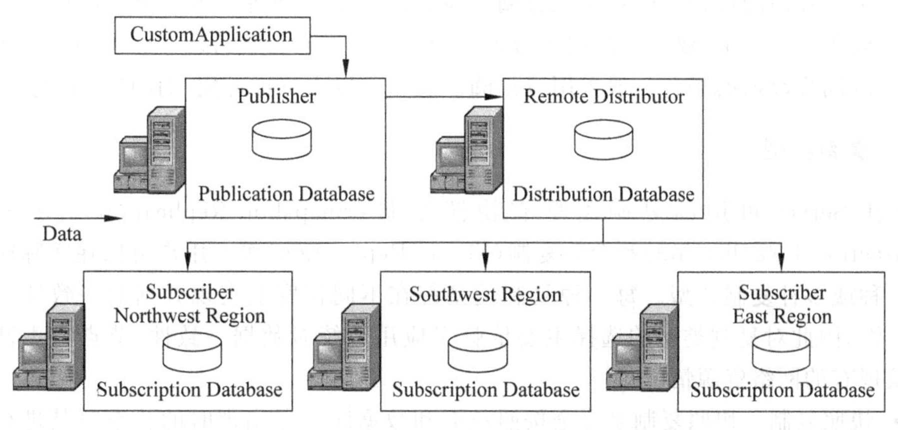

图 8.16 复制模型

- 发布服务器(出版者)。发布服务器是提供数据以便复制到其他服务器的服务器，好像提供出版物的出版者一样。发布服务器可以具有一个或多个发布，每个发布代表一组逻辑相关的数据。除了指定其中哪些数据将被复制之外，发布服务器还检测有哪些数据发生变化并维护有关此站点上所有发布的信息。
- 分发服务器(分发者)。分发服务器是作为分发数据库宿主并存储历史数据和(或)事务以及元数据的服务器。好像出版者的出版物要传递到订阅者手中，必须由分发者来暂时存储并投递一样。远程分发服务器是独立于发布服务器并配置为复制的分发服务器的服务器。本地分发服务器是既配置为复制的发布服务器又配置为复制的分发服务器的服务器。

- 订阅服务器（订阅者）。订阅服务器是接收复制数据的服务器，也就是"出版-订阅"模型中的订阅者。根据复制的类型和所选择的复制选项，订阅服务器还可以将出版的数据进行修改并传播回发布服务器。当订阅服务器将修改后的数据重新发布到其他订阅服务器时，它又变成了发布服务器。

  从以上订阅服务器的角色转变可以看出，所谓的出版者、分发者、订阅者实际上不是指特定的相互独立的服务器，而只是对SQL Server在复制过程中所扮演的不同角色的描述。

- 发布和项目（出版物和论文）。发布（出版物）是一个数据库中的一个或多个项目的集合，项目（论文）是指定要复制的数据表、数据分区或数据库对象。项目可以是完整的表、某几列（使用垂直筛选）、某几行（使用水平筛选）、存储过程或视图定义、存储过程的执行、视图、索引视图或用户定义函数。因此，发布是项目的集合，出版物是论文的集合。订阅者订阅的是出版物而不是论文，这样对论文分组订阅可使得订阅更为简单。
- 订阅类型。订阅是对数据或数据库对象的复本的请求。SQL Server支持两种类型的订阅：推订阅和拉订阅，又叫强制订阅和请求订阅。推订阅（强制订阅）是指由出版者将出版物复制给订阅者，而不需要订阅者发出订阅请求。只要出版数据库发生修改，出版者就会自动把这种修改体现在订阅者那里。在对数据同步性要求比较高的场合一般采用推订阅。拉订阅是指订阅者每过一个时间段就会向出版者发出请求，要求复制出版数据库的变化。在有很多订阅者或者由订阅者来决定同步数据的场合一般采用拉订阅。发布可以支持推订阅和拉订阅的混合方式。

2. 复制类型

SQL Server可用的复制类型有快照复制（Snapshot Replication）、事务复制（Transactional Replication）和合并复制（Merge Replication）等。用户可以在实际应用中使用一种或多种复制类型。每一种复制类型都在不同程度上实现数据的一致性和节点的自主性，因此对复制类型的选择主要依赖于应用系统对数据一致性、节点自主性的要求以及现有的网络资源情况。

- 快照复制。快照复制是完全按照数据和数据库对象出现时的状态对其进行复制和分发的过程。快照复制实现较为简单，其所复制的只是某一时刻数据库的瞬时数据，复制的成功与否并不影响本地数据库的一致性。复制快照发布的频率通常低于其他发布类型。因此在数据变化较少的环境中常使用快照复制。

  快照复制提供的选项使用户得以筛选已发布的数据，允许订阅者修改复制的数据并将其传播到发布者，然后再传播到其他订阅者，并允许在发布时转换数据。
- 事务复制。事务复制将数据的初始快照传播到订阅服务器；然后，当发布服务器上发生数据修改时，捕获个别的事务并传播到订阅服务器。也就是说事务复制的内容不是数据，而是多条 INSERT、UPDATE 和 DELETE 语句或存储过程，以及对存储过程执行和索引视图的更改。在使用事务复制时，修改总是发生在出版者上，订阅者只以读取数据的方式将修改反映到订阅数据库，所以能够避免复制冲突。在数据更新频率较大且希望修改尽快复制到订阅者的场合常使用事务复制。事务复制提供的选项使用户得以筛选已发布数据，允许订阅者中的用户修改复制的数据并将其传播到发布者或其他订阅者，并允许在发布时转换数据。

- 合并复制。合并复制使各站点得以自主工作(联机或脱机)，并且过一段时间后将多个站点上的数据修改合并为一个统一的结果。由于在多个服务器上独立进行更新(不提交协议)，发布服务器或多个订阅服务器可能更新同一数据，因此，合并更新时就可能出现冲突。

  合并复制包含默认或自定义冲突解决选项，可在配置合并复制时加以定义。当冲突发生时，合并代理程序唤醒调用冲突解决程序，决定接受和向其他站点传播哪些数据。

3. 复制的典型用法

SQL Server 复制支持日益全球化和移动化企业操作的分布式环境。复制使用户得以跨异类平台和数据库共享信息，并且可以修改和协调该信息。复制确保根据需要随时随地都可以得到正确的数据。复制可应用于多种应用程序，例如：

- 报表、决策支持和数据仓库应用程序。
- 联机和脱机应用程序。
- 基于 Web 的应用程序，众多用户可浏览此应用程序的数据。
- 使数据靠近用户(提供更高的站点独立性和有效的网络使用)。

8.9.2 数据库复制原理

执行和监控复制的方法有几种，复制的进程根据选择的复制类型和选项的差异而有所不同。一般说来，复制包括以下几个阶段：配置复制、生成和应用初始快照、修改已复制数据以及同步和传播数据更改。

1. 配置复制

当配置发布服务器和分发服务器时，就开始配置复制了。分发服务器可以是与发布服务器不同的独立的服务器，也可以是同一台服务器。分发服务器是快照复制和事务复制的首要组件。在合并复制过程中，发布服务器和分发服务器通常为同一个服务器，这称为使用本地分发服务器。

在发布服务器和分发服务器配置完毕后，可以根据数据、数据的子集和(或)数据库对象创建发布。创建发布后，可以决定需要使用的复制类型、订阅服务器要订阅发布的数据库类型、要发布的数据和数据库对象、快照文件存储的位置、初始化快照进行同步的时间以及发布要使用的选项。

创建发布后，可以在发布服务器或订阅服务器上创建推订阅或拉订阅，并配置复制调度和选项。通过 SQL Server 提供的“创建发布向导”和“配置发布和分发向导”，将会使配置工作变得简单迅速。

2. 生成和应用初始快照

无论选择哪种复制类型，SQL Server 都会创建结构和数据的初始快照，并将其保存在创建发布时选择的快照文件夹和位置中。

快照代理程序准备包含结构、数据和数据库对象的快照文件，将文件存储在快照文件夹中，并在分发服务器上的分发数据库中（用于快照复制或事务复制）和发布数据库中（用于合并复制）记录同步作业。

对于快照复制和事务复制，分发代理程序将快照从分发数据库移动到订阅服务器上的目的表中，并应用复制所需的脚本、结构和数据。对于合并复制，当合并代理程序第一次运行或为重新初始化设置订阅时，合并代理程序将快照移动到订阅服务器中；然后再应用复制所需的脚本、结构和数据。

3. 修改已复制的数据

根据复制的类型和配置发布时所选择的选项，订阅服务器在初始快照已经复制之后能够修改数据并将更改传播到发布服务器上，然后发布服务器又可将更改传播到其他订阅服务器上。

4. 同步和传播数据更改

选择的复制类型和选项决定着数据同步的方式和将数据更改传播到发布服务器和其他订阅服务器的方式。同步处理数据是指在初始快照已经应用于订阅服务器之后，数据在发布服务器和订阅服务器之间传播的过程。

对于快照复制，同步处理数据意味着在订阅服务器上重新应用快照，以便订阅数据库上的结构和数据与发布数据库保持一致。对于事务复制，对数据进行同步处理意味着数据插入、更新、删除和其他修改在发布服务器和订阅服务器之间分发。对于合并复制，同步处理意味着合并在多个站点进行数据修改、检测并解决冲突，并将数据最终汇聚为所有站点上相同的数据值。

5. 代理程序和监视器

SQL Server 复制使用的代理程序执行的任务都与复制和分发数据相关。SQL Server 复制使用 SQL Server 代理以及特定的复制代理程序。

8.9.3 复制的拓扑结构

复制的拓扑结构定义服务器和数据复本之间的关系，以及用于决定复本间同步发生方式的逻辑。复制拓扑不仅限于服务器间的物理连接，还包含了数据复本间的数据路径。订阅服务器可从不同的发布服务器接收多个数据复本，而所有数据复本可在单个服务器上存在，从而组成复杂的拓扑结构。本节主要介绍复制的各种物理拓扑结构。

复制的物理拓扑结构是一个映射表，用于确定如何在企业内分发数据及如何在复制执行过程中配置服务器。复制的物理拓扑结构主要有以下几种。

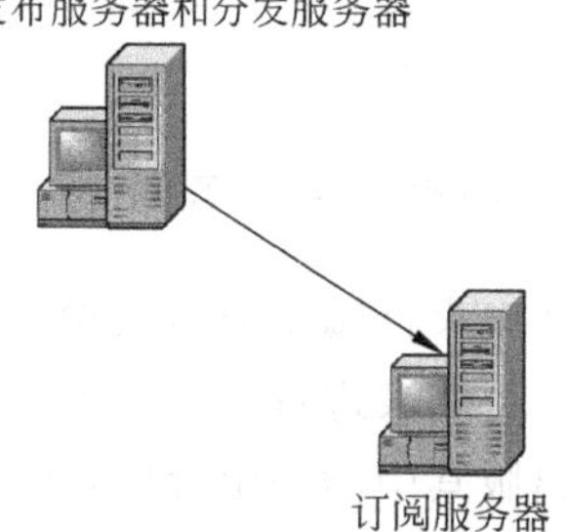

图 8.17 中央发布服务器的拓扑模型

1. 中央发布服务器

这种拓扑结构是最简单的复制拓扑模型，它将一个发布服务器和一个分发服务器置于同一服务器上，而将一个订阅服务器置于单独的服务器上，如图 8.17 所示。

当若干订阅服务器全部添加至发布服务器和分发服务器中时，该方案有些复杂。发布服务器拥有正在发布的数据，并成为所有订阅服务器的中央发布服务器，如图 8.18 所示。

发布服务器和订阅服务器的角色不是互斥的，一台服务器可以同时担任两种角色。例如，假定服务器 A 发布发布 1，并且服务器 B 发布发布 2。在此情况下，服务器 A 既可作为发布 1 的发布服务器，也可作为发布 2 的订阅服务器。同时担任出版者和订阅者两个角色的服务器的拓扑模型如图 8.19 所示。

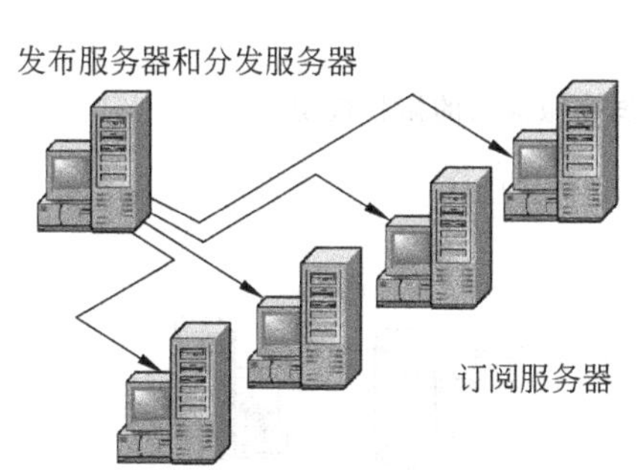

图 8.18 有多个订阅服务器的中央发布服务器的拓扑模型

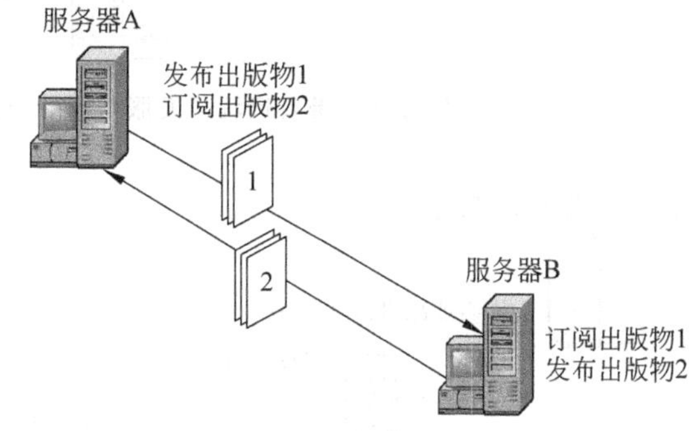

图 8.19 同时担任两个角色的服务器的拓扑模型

2. 带有远程分发服务器的中央发布服务器

随着复制活动等级的增加，或者随着服务器或网络资源变得受到限制，可能出于性能原因将发布服务器和分发服务器置于不同的服务器上，分别让独立的服务器来扮演分发者和出版者的角色。应该强调的是分发者与出版者之间必须有可靠、高速的通信连接，如图 8.20 所示。

3. 再次发布者

再次发布者模型使用两台服务器发布相同的数据。发布服务器将数据发送至订阅服务器，然后订阅服务器再将数据重新发布至任意数目的订阅服务器。显然，再次发布者是原始出版者的订阅者，同时又充当其他订阅者的出版者。当发布服务器必须通过低速或昂贵的通信链接向订阅服务器发送数据时，此方案十分有用。如果在链接的远端有许多订阅服务器，那么使用再次发布者会将大容量的分发负担转移到链接的远端，如图 8.21 所示。

4. 中央订阅服务器

在中央订阅服务器模型中，很多发布服务器将信息复制到订阅服务器上的公用目的表中。目的表进行了水平分区，每个分区都含有一个标识本地数据的主键值。每个出版者只出版其中的一个分区，如图 8.22 所示。

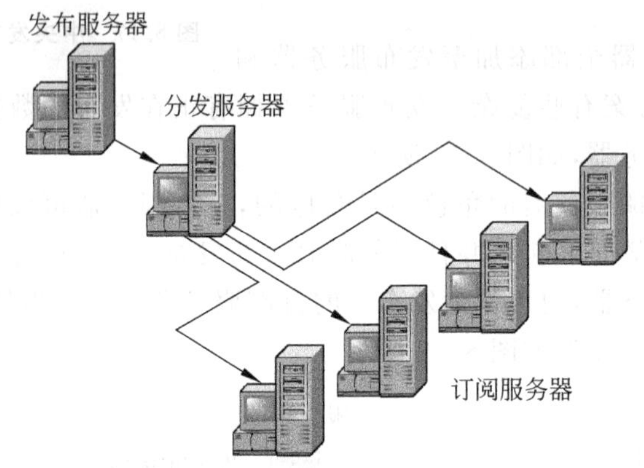

图 8.20 带有远程分发服务器的中央发布服务器的拓扑模型

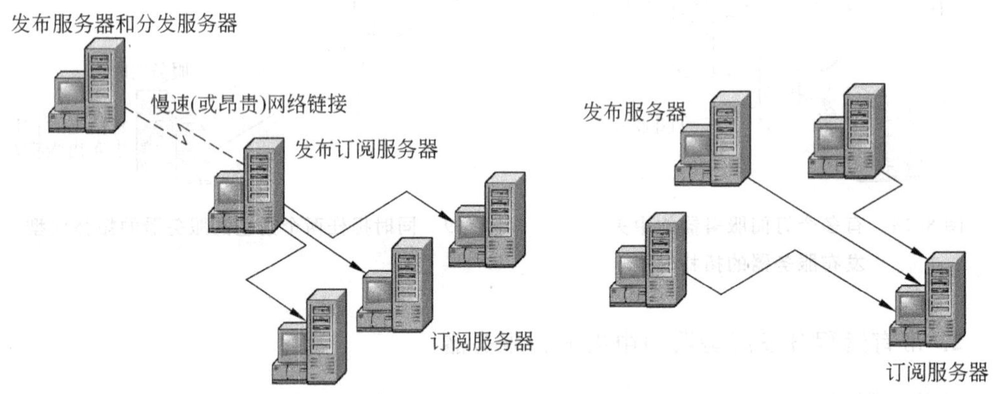

图 8.21 再次发布者的拓扑模型

图 8.22 中央订阅服务器的拓扑模型

8.9.4 事务复制的实现

复制的本质就是从源数据库向目标数据库复制数据。事务复制在网络中传送的是事务，是若干条 SELECT、DELETE、UPDATE 语句；事务复制仅将出版者发生的变化传送给订阅者，是一种增量复制。由于事务复制要不断监视源数据库的数据变化，因此其服务器的负载相当重。

在事务复制中，当出版数据库发生变化时，这种变化会立即传递给订阅者，并在较短时间内完成。因此，事务复制是一种接近实时从源数据库向目标数据库分发数据的方法。事务复制只允许出版者对复制数据进行修改，因此事务复制保证了事务的一致性。

事务复制还有一个独有的特点就是支持并行的快照处理。一般情况下在创建初始快照文件的整个处理过程中，都要在出版表上放置一个共享锁来阻止对出版的更新。事务复制所支持的并行快照处理允许在创建快照文件的整个过程中不必将共享锁保持到快照文件创建结束之时。

1. 事务复制的执行步骤

事务复制是由快照代理程序、日志读取器代理程序和分发代理程序实现的。快照代理程序准备快照文件，其中包含了已发布表和数据库对象的结构和数据，然后将这些文件存储在快照文件夹中，并在分发服务器上的分发数据库中记录同步作业。

日志读取器代理程序监视已为事务复制配置的每个数据库的事务日志，并将已设复制标记的事务从事务日志复制到分发数据库中。分发代理程序将保存在分发数据库表中的事务和初始快照作业移动到订阅服务器上，如图 8.23 所示。

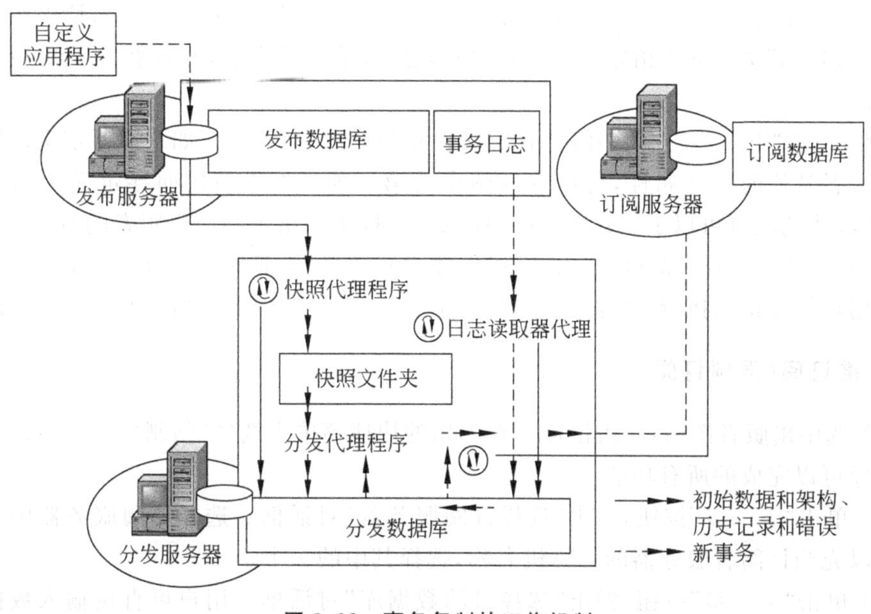

图 8.23 事务复制的工作机制

2. 创建发布服务器

在复制之前，先要确定由哪个服务器扮演复制中的哪个角色，也就是说要指定出版者、分发者和订阅者。首先创建发布数据库。

(1) 选中准备扮演出版者角色的服务器。

(2) 启动"创建发布向导"，从对话框中可知该向导能够完成的所有工作。

(3) 单击"下一步"按钮，弹出"选择分发服务器"对话框。可以使用默认选项作为它自己的分发服务器；SQL Server 将创建分发数据库和日志来指定当前出版者服务器扮演分发者角色；若选择另外一个选项，则应注意被选定的服务器必须已被配置为分发者且已经创建了分发数据库。

(4) 单击“下一步”按钮，弹出“指定快照文件夹”对话框，用来指定存储来自发布服务器的所有发布的快照的根位置。

(5) 确定快照文件夹的创建路径后，系统会弹出“选择发布数据库”对话框，列出了当前服务器上所有可以用于创建出版者的数据库。

(6) 单击“下一步”按钮，弹出“选择发布类型”对话框，列出了所有的复制类型，选择其中的事务发布。

(7) 单击“下一步”按钮，弹出“可更新的订阅”对话框，用于设置如何处理来自订阅者的更新数据。

(8) 单击“下一步”按钮，弹出“指定订阅服务器的类型”对话框，可指定订阅服务器的类型。

(9) 单击“下一步”按钮，弹出“指定项目”对话框，这里的项目就是数据库中的表等数据库对象。可指定一个数据库中哪些数据库对象需要发布，哪些不能发布。

(10) 单击“下一步”按钮，弹出“选择发布名称和描述”对话框。在该对话框中用户可以在“发布名称”文本框中指定一个发布名称，在“发布描述”文本框中指定该出版者的描述信息。

(11) 单击“下一步”按钮，弹出“自定义发布的属性”对话框。如果需要定义出版者的过滤器或者其他的一些属性，可以选择图中的第一项。如果使用向导定义的出版者属性，选择默认选项就可以了。这时，在下面的列表框中列出了当前出版者的所有属性。

(12) 单击“下一步”按钮，弹出“完成创建发布向导”对话框。单击“完成”按钮，系统会提示用户创建正在执行，等系统提示完成后整个创建发布服务器的过程就完成了。

3. 推订阅(强制订阅)

(1) 选中出版者图标，右击鼠标。在弹出的快捷菜单中选择“强制新订阅”选项，列出了该向导可以完成的所有功能。

(2) 单击“下一步”按钮，弹出“选择订阅服务器”对话框。选择订阅服务器中列出了所有可以充当订阅者服务器的计算机名称，选择其中的一个。

(3) 单击“下一步”按钮，弹出“选择目的数据库”对话框。用户可直接输入数据库名称，也可单击“浏览或创建”按钮来浏览已存在的数据库或创建一个新的数据库。

(4) 在浏览数据库的对话框中可列出当前服务器上所有可以接收订阅信息的数据库。如果需要新建一个数据库来接收订阅信息，可以单击其中的“新建”按钮。

(5) 在新建数据库时，需要用户指定新建的数据库的名称，在数据库属性对话框的“数据库”选项组中列出了这个数据库各种属性，“备份”选项组中列出了数据库备份的相关信息，在“维护”选项组中列出了该数据库所有维护信息。

(6) 选择好目的数据库后，系统会弹出“设置分发代理程序调度”对话框。分发代理用于处理出版者和订阅者之间的连接，该对话框用于指定在什么时候启动分发代理来更新订阅者中的数据库，并提供了两种选项：立即更新和按指定的日程计划执行更新。这里，我们选择立即更新选项。

(7) 单击“下一步”按钮，弹出“初始化订阅”对话框。所有的订阅者都应该有一个初始化的过程，以获得出版者数据库的结构和数据。对订阅者的初始化一般都必须通过快照代理来完成，快照代理对出版者数据库进行一次快照以获得当前数据库的结构和数据，然后再把这些信息复制给订阅者。

(8) 单击“下一步”按钮，弹出“启动要求的服务”对话框。复制任务必须在一些服务的支持下才能完成。这些服务包括 SQL Server 的代理服务、分布式事务协调服务等。如果这些服务没有被启动，可以通过图中设置自动启动。

(9) 单击“下一步”按钮，弹出“完成强制订阅向导”对话框。该对话框列出了向导自动完成的所有任务。如果接受这些设置，单击“完成”按钮结束向导，这时向导中规定的立即执行的任务将被执行。如果成功创建了订阅，系统会给予提示。

SQL Server 中有一个复制监视器，可以监视复制过程中所有的操作。

8.9.5 SQL Server 数据备份与恢复

一般的数据库管理系统都会针对非法登录者或非授权用户设置一定的安全管理措施，以防数据库或数据遭到破坏。但是如果是合法用户不小心对数据库做了不正确的操作，或者保存数据库文件的磁盘遭到损坏，或者服务器因某种不可预见的事情而导致崩溃，这时就需要备份和恢复数据库。

1. 备份和恢复的概念

备份和恢复组件是 SQL Server 的重要组成部分。所谓备份，就是指对 SQL Server 数据库或事务日志进行复制。数据库备份记录了在进行备份这一操作时数据库中所有数据的状态，如果数据库因意外而损坏，这些备份文件将在数据库恢复时被用来恢复数据库。

所谓恢复，就是把遭受破坏或丢失数据或出现错误的数据库恢复到原来的正常状态，这一状态是由备份决定的。为了维护数据库的一致性，在备份中未完成的事务不能进行恢复。备份和恢复工作主要由数据库管理员完成，这也是数据库管理员日常工作的重点。

2. 数据库备份的类型

SQL Server 数据库备份类型有数据库备份、事务日志备份、差异备份、文件和文件组备份等，简介如下：

- 数据库备份(Database Backups)。数据库备份是指对数据库的完整备份，包括所有的数据以及数据库对象。备份数据库的过程就是首先将事务日志写到磁盘上，然后根据事务创建相同的数据库和数据库对象以及复制数据。数据库备份的速度较慢，而且会占用大量的磁盘空间。在对数据库进行完全备份时，所有未完成的事务或正在备份过程中的事务都不会被备份。
- 事务日志备份(Transaction Log Backup)。事务日志备份是指对数据库发生的事务进行备份，包括从上次进行事务日志备份、差异备份和数据库完全备份之后，所有已经完成的事务。事务日志备份需要的磁盘空间和备份时间都比较少，因此我们可以每天或每隔几个小时进行一次事务日志备份。创建事务日志备份相对比较复杂，必须有一个完整的数据库备份，而且事务日志备份恢复时也必须要按一定的顺序进行。

• 差异备份(Differential Database Backups)。差异备份是指将最近一次数据库备份以来发生的数据变化备份起来。差异备份实际上是一种增量数据库备份。差异备份的备份数据量比较小，所以备份和恢复所需要的时间较短。

在实际应用中，为了最大限度地减少数据库恢复时间以及降低数据损失数量，通常一起使用以上三种备份。首先有规律地进行数据库备份，其次以较小的时间间隔进行差异备份，最后在相邻的两次差异备份之间进行事务日志备份。在进行恢复时，可以先恢复最近一次的数据库备份，接着恢复差异备份，最后进行事务日志备份的恢复。

• 文件和文件组备份(File and File Group Backup)。文件和文件组备份是指对数据库文件或文件夹进行备份。这种备份只对遭到破坏的文件或文件组进行恢复，因此采用它可提高数据库恢复的速度。在使用文件和文件组备份之前，要求有一个自上次备份以来的事务日志备份以保证数据库的一致性。因此在进行完文件或文件组备份后，应再进行事务日志备份。

3. 数据库备份和恢复的策略

选用怎样的备份方案对数据库的备份和恢复都会产生直接影响，而且也决定了数据库在遭到破坏前后的一致性水平。对数据库的一致性要求程度一般是选择备份方案的主要原因；另外，还需要决定应该使用哪种备份设备，如磁盘、磁带等，并且决定如何在备份设备上创建备份。SQL Server 的恢复策略主要有：

• 简单恢复(Simple Recovery)。所谓简单恢复就是指在进行数据库恢复时仅使用数据库备份或差异备份，而不涉及事务日志备份。使用简单恢复模型可以将数据库恢复到上次备份的即时点。不过，无法将数据库还原到故障点或特定的即时点。简单恢复的备份策略是先进行数据库备份，然后进行差异备份。

• 完全恢复(Full Recovery)。完全恢复是指通过使用数据库备份和事务日志备份将数据库恢复到发生失败的时刻。由于完全恢复提供将数据库恢复到故障点或特定即时点的能力，以此它已成为对付因存储介质损坏而造成数据丢失的最佳方法。完全恢复的备份策略是先进行完全数据库备份，然后进行差异备份，最后进行事务日志备份。

• 大容量日志记录恢复(Bulk-logged Recovery)。大容量日志记录恢复提供对备份设备故障的防范，并对某些大规模或大容量复制操作提供最佳性能和最少的日志使用空间。大容量日志记录恢复的备份策略是先进行数据库备份，然后进行差异备份，最后进行日志备份。

4. 创建备份设备

备份设备是用来存储数据库、事务日志或文件和文件组备份的存储介质。SQL Server只支持将数据库备份到本地磁带机。当使用磁盘时，SQL Server允许将本地主机硬盘和远程主机上的硬盘作为备份设备，备份设备在硬盘中是以文件的方式存储的。下面介绍如何使用企业管理器创建和删除备份设备。

(1) 登录到想要增加备份设备的服务器。

(2) 打开"管理"文件夹，选择"备份"图标。

(3) 右击"备份"图标，在弹出的快捷菜单中选择"新建备份设备"选项，弹出"备份设备属性——新设备"对话框。

(4) 在"名称"文本框中输入设备名称，该名称是备份设备的逻辑名称。这里取名为FANCYBAK。

(5) 选择备份设备类型，选择"文件名"单选按钮，表示使用硬盘做备份；选择"磁带驱动器名"单选按钮，表示使用磁带设备，只有创建的备份设备是与本地服务器相连的磁带设备时，该选项才可用。

(6) 单击"确定"按钮，开始创建备份设备。

(7) 如果要删除某个备份设备，则右击备份设备的图标。在弹出的快捷菜单中选择"删除"命令，该设备就被删除了。

5. 数据库备份

在SQL Server中创建各种备份类型都执行大致相同的步骤。这里，以数据库备份为例学习如何使用企业管理器创建数据库备份。

(1) 登录到需要备份的数据库服务器。

(2) 打开"数据库"文件夹，单击需要备份的数据库图标。在弹出的快捷菜单中选择"所有任务"|"备份数据库"命令，系统会弹出"SQL Server备份"对话框。在该对话框的"备份"选项组中选择某个单选按钮来选择要进行哪种类型的备份。在"目的"选项组中单击"添加"按钮可选择备份设备。在"重写"选项组中，如果选择"追加到媒体"选项，则将备份内容添加到当前备份之后。如果选择"重写现有媒体"选项，则将原备份覆盖。"调度"选项组可对备份的时间表进行设置，单击右面的按钮来改变备份的时间安排。

(3) 在"SQL Server备份"对话框中打开"选项"选项卡可以进行附加设置。如果选中了"完成后验证备份"复选框，则表示SQL Server会阅读全部备份。检查备份介质是否可读，以保证介质的完整性。如果选中"备份后弹出磁带"复选框，则表示备份完成后立即弹出磁带。选中"检查媒体集名称和备份集到期时间"复选框，表示检查选定的介质和备份设置是否无效。选中"备份集到期时间"复选框，则应选择"于(O)"选项来决定何时对已有的备份设备进行覆盖，"于(A)"选项表示磁带或文件被覆盖前的天数。

6. 备份向导

数据库的备份和恢复是数据库管理员的主要工作之一，但是由于它的复杂性，常常需要操作人员有一定的经验。对于一个初学者来说，不妨从备份向导入手，逐步认识数据库备份和恢复的工作内容和内部机制。

(1) 选中要登录的服务器。选择主菜单上的“工具”|“向导”选项，然后系统会弹出“选择向导对话框”。

(2) 单击“管理”左边的“+”号展开后双击“备份向导”选项，打开“创建数据库向导”欢迎界面。从该界面中可以得知备份向导所具有的所有功能。

(3) 单击“下一步”按钮，弹出创建数据库备份向导的“选择要备份的数据库”对话框，选择要备份的数据库。

(4) 单击“下一步”按钮，弹出创建数据库备份向导的“键入备份的名称和描述”对话框。用户可以在此为备份的数据库输入新的名字和描述。

(5) 单击“下一步”按钮，弹出创建数据库备份向导的“选择备份类型”对话框，选择备份类型。

(6) 单击“下一步”按钮，弹出“选择备份目的和操作”对话框。选择备份时使用的备份设备并决定是覆盖原设备还是添加到原设备当中。

(7) 单击“下一步”按钮，弹出“备份验证和调度”对话框。选中“检查媒体名称集到期时间”复选框表示检查备份介质以确信是否到期而可以被覆盖。

(8) 单击“下一步”按钮，弹出创建数据库备份向导的完成界面。单击“完成”按钮，系统就开始执行上述所选择的操作，开始创建数据库备份，并在完成创建后给出提示。

7. 恢复数据库

进行大量数据库备份工作的最终目的是：在数据库数据遭到破坏时，能够将数据库恢复到从前某一时刻的正常状态。使用企业管理器来恢复数据库的步骤是：

(1) 单击要登录的服务器，然后从主菜单中选择“工具”|“还原数据库”命令，弹出“还原数据库”对话框。在“还原为数据库”旁边的下拉列表中可以选择要恢复的数据库，在“还原”选项组中可以选择数据库备份类型，在“参数”选项组中可以选择还原设备以及还原备份集。

(2) 打开“选项”选项卡，可以进行其他选项的设置。在此不再赘述。

思考练习题

(1) 简述 Transact-SQL 语言和 SQL 语言的异同。

(2) 简述修改数据与修改表的结构有何不同。

(3) 分别用 SQL Server 创建三张表，完成自定义查询练习。

(4) 在所建案例数据库中完成以下应用操作：

- 检索科研经费少于 200 万元的科研课题的科研人员的编号；
- 检索科研经费少于 200 万元的科研课题的科研人员的详细情况；
- 查询可以有两个或多个科研人员参加的科研课题的课题编号；
- 查询参加编号为 207 的课题的科研人员的姓名；

- 查询课题经费大于100万元或67号科研人员参加的科研课题的课题编号。

(5) 简述什么是索引及索引的优缺点。

(6) 试在练习表中的关键字列上创建索引，并查看所建索引的信息。

(7) 简述视图的作用。能否通过视图修改数据？

(8) 试基于数据库表创建一个视图。

(9) 简述数据库的复制原理。复制的拓扑结构都有哪些？

(10) 简述数据库备份和恢复的概念，并创建一个备份设备，用以备份指定的数据库。

第 9 章 chapter 9

Transact-SQL 程序设计

Transact-SQL 语言是 Microsoft 公司对 ANSI SQL 的一个扩展，除了提供标准的 SQL 命令外，还提供了类似 C 等编程语言的基本功能，如变量声明、程序控制、功能函数等。

本章将主要以 SQL Server 附带案例数据库 pubs 为例(pubs 数据库的结构详见附录 A)，讨论Transact-SQL 的各种扩展功能，具体包括变量声明、流程控制、存储过程、触发器、事务管理等。

9.1 Transact-SQL 的变量定义和流程控制语句

Transact-SQL 命令除了可以单独使用以外，还可以使用流程控制语句把多个命令组合成一段程序，用以完成各种更为复杂的程序算法。

9.1.1 变量的定义和使用

在 SQL Server 中有两种类型的变量。一种是局部变量，另一种是全局变量。这两种变量的主要区别在于它们的作用域不同。

局部变量是用户自定义的变量，它的使用范围局限于定义它的批语句或过程体内。在程序中，通常用局部变量来保存临时的数据或从存储过程返回的数值。全局变量是由 SQL Server 系统提供并负责维护的一些变量。它们用来保存 SQL Server 系统的某些参数值和性能统计数据。与局部变量不同，全局变量可以在任何地方被任何程序取用。用户一般不能随意创建全局变量。

1. 局部变量

在使用一个局部变量之前，需要声明该变量。声明局部变量的语法如下：

```
DECLARE @variable_name datatype
          [,@variable_name datatype]
          ...
```

其中的参数说明如下：

- @variable_name 是局部变量的变量名。在 SQL Server 中，局部变量遵循 SQL Server 的标识符命名规则，并且其首字符必须为"@"。
- datatype 是该局部变量的数据类型。数据类型既可以是系统数据类型，也可以是用户自定义的数据类型。

例如，例 9.1 声明了一个用于存储个人账号的整型变量@MyCounter。

例 9.1 声明局部变量。

```
DECLARE @MyCounter INT
```

在同一个 DECLARE 语句中可以同时声明多个局部变量，各个变量之间用逗号分隔。例如，程序清单 9.2 中的 DECLARE 语句创建了三个局部变量，名称分别为 @last_name、@fname 和@state。

例 9.2 在同一语句中声明多个局部变量。

```
DECLARE @last_name VARCHAR(30),@fname VARCHAR(20),@state VARCHAR(2)
```

局部变量在被声明后，系统自动将它们初始化为 NULL。要为变量赋值可使用 SET 语句或 SELECT 语句。

SET 语句是 Microsoft 公司推荐的变量赋值方法，其语法格式如下：

```
SET @variable_name=expression
```

其中的参数说明如下：

- @variable_name 是欲赋值的变量名。
- expression 是与局部变量数据类型相匹配的表达式，该表达式的值将赋给指定的变量。

注意，在一条 SET 语句中只能为一个变量赋值。

例 9.3 是 SET 语句的示例。在语句中声明了两个变量，并为它们赋值，然后将它们应用到 SELECT 语句的 WHERE 子句中。

例 9.3 使用 SET 语句为局部变量赋值。

```
USE Northwind
GO
--Declare two variables.
DECLARE @FirstNameVariable VARCHAR(20),
   @RegionVariable VARCHAR(30)

--Set their values.
SET @FirstNameVariable='Anne'
SET @RegionVariable='WA'

--Use them in the WHERE clause of a SELECT statement.
SELECT LastName,FirstName,Title
FROM Employees
```

```
WHERE FirstName=@FirstNameVariable
        OR Region=@RegionVariable
GO
```

使用SELECT语句也可以为局部变量赋值。它主要使用在将选择列表所引用的当前值赋予变量的情况。如例9.4，语句将EmployeeID为9的雇员的姓名赋值给变量@EmpNameVar。

例9.4 使用SELECT语句为局部变量赋值。

```
USE Northwind
GO
DECLARE @EmpNameVar VARCHAR(20)

SELECT @EmpNameVar=FirstName
FROM Employees
WHERE EmployeeID=9
```

如果SELECT语句返回的不是单一的结果而是一组结果集，那么结果集中最后一行的值将赋给变量。例如，在例9.5中，SELECT语句将@EmpIDVariable设置为返回的最后一行的值，此值为所有EmployeeID的最小值。

例9.5 使用SELECT结果集为局部变量赋值。

```
USE Northwind
GO
DECLARE @EmpIDVariable INT

SELECT @EmpIDVariable=EmployeeID
FROM Employees
ORDER BY EmployeeID DESC
SELECT @EmpIDVariable
GO
```

在这里应该注意的是，由于数据的变化十分频繁，因此当SELECT语句返回的是多行记录时，我们往往无法预知结果集的顺序。在这种情况下，使用SELECT语句为变量赋值，很可能得不到预期的结果。实际操作中，我们推荐：尽量加强查询条件的限制，使得只有一条记录返回。

当SELECT语句不返回任何记录时，变量的值保持其当前值不变。

2. 全局变量

全局变量是SQL Server预先声明并负责维护的变量。用户不能随意建立全局变量，也不能用SET语句来修改全局变量的值。全局变量的变量名均以@@开头。

SQL Server一共提供了30多个全局变量，按标识对象的不同可以将它们分为两类。

1）与当前SQL Server连接或与当前处理有关的全局变量

例如，全局变量@@rowcount标识最近一个SQL语句影响的行数。@@error标识最近执行的操作的错误状态。

2）与整个 SQL Server 系统有关的变量

例如，@@version 表示 SQL Server 的版本信息，@@cpu_busy 表示本次 SQL Server 启动以来所占用的 CPU 运行时间。

用户可以通过查询全局变量来检测系统的参数值或 SQL 命令执行后的状态。例如，例 9.6 通过查询全局变量@@version 获得系统的版本信息。

例 9.6 全局变量的使用。

```
SELECT @@version
```

返回的结果为版本信息。

最后，给出常用全局变量及其含义，如表 9.1 所示。至于其他变量，有兴趣的读者可自行查阅 SQL Server 的联机文档(Books Online)。

表 9.1 SQL Server 的全局变量

全局变量	解释
@@rowaccount	存储前一条命令处理的行数
@@error	存储前一条 SQL 命令出现错误信息的行数
@@transtate	存储事务嵌套的层次
@@tranchained	存储当前事务的模式
@@servername	存储 SQL Server 服务器的名称
@@version	存储 SQL Server 的版本号
@@spid	存储当前传递的 ID 号
@@identity	存储上一次 INSERT 操作所使用的 identity 值
@@nestlevel	存储过程或触发器的嵌套层次
@@fetch_status	存储上一条 fetch 语句的状态

9.1.2 流程控制语句

Transact-SQL 语言包含了可以控制命令执行顺序的语句。这些流程控制语句可允许用户更好地组织程序，以便提供像 C 或 BASIC 语言等传统程序设计语言所具备的功能。

1. 注释

注释是程序代码中不执行的文本字符。注释有两个作用：第一，说明代码的含义，增强代码的可读性；第二，暂时禁用某些正在进行调试的 Transact-SQL 语句和批处理，便于代码的维护。

SQL Server 支持两种类型的注释字符。

(1) --(两个减号)：用于单行注释。使用时，--字符可与代码处于同一行，也可另起一行。从--字符开始到行尾均为注释。

(2) /*……*/：用于注释多行。使用时，/*……*/可与要执行的代码在同一行，也可以另起一行，甚至可插在可执行代码的内部。从开始注释对（/＊）到结束注释对（＊/）之间的全部内容均视为注释内容。注意，多行/＊……＊/不能跨批处理，整个注释必须包含在一个批处理内。

例 9.7 注释字符的使用。

```
USE Northwind
GO
--First line of a multiple-line comment.
--Second line of a multiple-line comment.
SELECT * FROM Employees
GO

/* First line of a multiple-line comment.
  Second line of a multipl-line comment. */
SELECT * FROM Products
GO

--Using a comment in a Transact-SQL statement
--during diagnosis.
SELECT EmployeeID, /* FirstName, */ LastName
FROM Employees

--Using a comment after the code on a line.
USE Northwind
GO
UPDATE Products
SET UnitPrice=UnitPrice * .9 --Try to build market share.
GO
```

2. BEGIN…END

用户可以使用 BEGIN…END 将多条 SQL 语句封装起来，构成一个单独的执行单元。其中，关键字 BEGIN 标识了一个 T-SQL 语句块的开始，关键字 END 标识了一个语句块的结尾，BEGIN 和 END 必须成对出现。BEGIN…END 的语法如下：

```
BEGIN
{sql_statement
    |statement_block}
END
```

在实际应用中，BEGIN…END 一般与 IF…ELSE、WHILE 等语句联用，以实现复杂的操作过程。例如，例 9.8 所示的创建触发器的语句中，BEGIN 和 END 定义了一组可以一起执行的 T-SQL 语句，使程序在回滚事务的同时可以打印提示信息。

例 9.8 BEGIN…END 语句的使用。

```
USE pubs
GO
CREATE TRIGGER deltitle
ON titles
FOR delete
AS
IF    (SELECT COUNT(*)FROM deleted,sales
      WHERE sales.title_id=deleted.title_id)>0
   BEGIN
      ROLLBACK TRANSACTION
      PRINT'You can't delete a title with sales.'
END
```

3. IF…ELSE

IF…ELSE 可以用来实现语句的条件执行。当 IF 后的条件成立时，就执行其后的 T-SQL 语句。否则，若有 ELSE 语句，就执行 ELSE 后的 T-SQL 语句；若无，则执行 IF 后的其他语句。它的语法为：

```
IF Boolean_expression
{sql_statement|statement_block}
[ELSE
{sql_statement|statement_block}]
```

其中，Boolean_expression 是作为执行条件的布尔表达式。sql_statement 是要执行的 T-SQL语句或语句块。

注意，除非使用语句块(BEGIN…END)，否则只有 IF 和 ELSE 后紧跟的一个语句参与条件执行。

例 9.9 IF…ELSE 语句的使用。

```
USE pubs
IF(SELECT AVG(price)FROM titles WHERE type='mod_cook')<$15
BEGIN
   PRINT'The following titles are excellent mod_cook books:'
   PRINT''
   SELECT SUBSTRING(title,1,35)  AS Title
   FROM titles
   WHERE type='mod_cook'
END
ELSE
   PRINT'Average title price is more than $15.'
```

以下是该程序的结果集：

```
Title
```

```
-----------------------------------
Silicon Valley Gastronomic Treats
The Gourmet Microwave
(2 row(s)affected)
```

IF…END语句允许嵌套。例如,例9.10使用了两个IF块。这个示例实现的功能是:如果某本书的平均价格超过15美元,则打印文本内容:Average title price is more than $15。如果现代烹调书超过15美元,则打印价格昂贵的烹调书。

例9.10 IF…END语句嵌套的使用。

```
USE pubs
IF(SELECT AVG(price)FROM titles WHERE type='mod_cook')<$15
BEGIN
  PRINT'The following titles are excellent mod_cook books:'
  PRINT''
  SELECT SUBSTRING(title,1,35)AS Title
  FROM titles
  WHERE type='mod_cook'
END
ELSE
  IF(SELECT AVG(price)FROM titles WHERE type='mod_cook')>$15
BEGIN
  PRINT'The following titles are expensive mod_cook books:'
  PRINT''
  SELECT SUBSTRING(title,1,35)AS Title
  FROM titles
  WHERE type='mod_cook'
END
```

4. CASE

CASE表达式用于多分支的选择结构,虽然在这种情况下使用IF…ELSE语句也可以实现,但使用CASE语句可使程序的结构更加精练、清晰。SQL Server中CASE表达式有简单表达式和搜索表达式两种类型。

1) 简单CASE表达式的语法格式

```
CASE input_expression
    WHEN when_expression THEN result_expression
        [⋯n]
[
    ELSE else_result_expression
]
END
```

其中,input_expression为条件判断表达式,when_expression用于与input_expression比

较。当与 input_expression 的值相等时执行该分支的 result_expression 语句。当没有一个 when_expression 与 input_expression 的值相等时,执行 else_result_expression 语句。

例 9.11 为简单 CASE 表达式的一个使用示例。在程序中,为了更加清晰地显示查询结果,使用了 CASE 语句来修改图书类的显示方式。

例 9.11 简单 CASE 表达式的使用。

```
USE pubs
GO
SELECT  Category=
     CASE type
       WHEN'popular_comp' THEN'Popular Computing'
       WHEN'mod_cook' THEN'Modern Cooking'
       WHEN'business' THEN'Business'
       WHEN'psychology' THEN'Psychology'
       WHEN'trad_cook' THEN'Traditional Cooking'
       ELSE'Not yet categorized'
     END,
  CAST(title AS varchar(25))AS'Shortened Titlc',
  price AS Price
FROM titles
WHERE price IS NOT NULL
ORDER BY type,price
COMPUTE AVG(price)BY type
GO
```

以下是该程序结果集(为了节省篇幅,该处只列出了部分结果):

```
Category          Shortened Title          Price
---------------- -------------------- ------------------
Business          You Can Combat Computer S 2.99
Business          Cooking with Computers: S 11.95
Business          The Busy Executive's Data 19.99
Business          Straight Talk About Compu 19.99
                                     avg
                                     ======================
                                     13.73
    ⋮
    ⋮
Category          Shortened Title          Price
---------------- -------------------- ------------------
Traditional Cooking Fifty Years in Buckingham 11.95
Traditional Cooking Sushi,Anyone?             14.99
Traditional Cooking Onions,Leeks,and Garlic 20.95
                                     avg
```

```
                                        =====================
                                        15.96

(21 row(s)affected)
```

2) 搜索CASE表达式的语法

```
CASE
WHEN Boolean_expression THEN result_expression
                [...n]
[
   ELSE else_result_expression
]
END
```

搜索型CASE表达式的执行过程是,首先测试WHEN后的布尔表达式Boolean_expression。如果其值为真,则执行该分支的Boolean_expression语句,否则进行下一个布尔表达式的测试。如果没有一个Boolean_expression的值为真,则执行Boolean_expression语句。

搜索型CASE表达式与简单CASE表达式的区别主要在于:选择执行路径时,搜索型表达式允许执行各种比较操作和多条件测试(通过AND、OR等逻辑运算符实现),而简单CASE表达式只能进行相等的比较。

例9.12 使用搜索型CASE表达式将图书价格依据范围显示为文本注释。

例9.12 搜索型CASE表达式的使用。

```
USE pubs
GO
SELECT  'Price Category'=
      CASE
         WHEN price IS NULL THEN'Not yet priced'
         WHEN price<10 THEN'Very Reasonable Title'
         WHEN price>=10 and price<20 THEN'Coffee Table Title'
         ELSE'Expensive book! '
      END,
   CAST(title AS varchar(20))AS'Shortened Title'
FROM titles
ORDER BY price
GO
```

其执行结果如下所示:

```
Price Category           Shortened Title
-----------------------------------------
Not yet priced           Net Etiquette
Not yet priced           The Psychology of Co
```

```
Very Reasonable Title     The Gourmet Microwav
Very Reasonable Title     You Can Combat Compu
Very Reasonable Title     Life Without Fear
Very Reasonable Title     Emotional Security:
Coffee Table Title        Is Anger the Enemy?
Coffee Table Title        Cooking with Compute
Coffee Table Title        Fifty Years in Bucki
Coffee Table Title        Sushi,Anyone?
Coffee Table Title        Prolonged Data Depri
Coffee Table Title        Silicon Valley Gastr
Coffee Table Title        Straight Talk About
Coffee Table Title        The Busy Executive's
Expensive book!           Secrets of Silicon V
Expensive book!           Onions,Leeks,and G
Expensive book!           Computer Phobic And
Expensive book!           But Is It User Frien
(18 row(s)affected)
```

5. WHILE、CONTINUE、BREAK

使用 WHILE 表达式可以实现代码的重复执行。其语法格式为：

```
WHILE Boolean_expression
{sql_statement|statement_block}
```

其中，Boolean_expression 为布尔表达式。程序执行时首先检查布尔表达式的值是否为真，如果为真则执行程序块 sql_statement。执行完毕后又再次检查布尔表达式的值。如此不断循环，直到布尔表达式的值为假。

与 IF…END 语句一样，WHILE 语句只能执行紧随其后的一条 SQL 语句。如果希望包含多条语句，则应该使用 BEGIN…END 结构。

在实际应用中，WHILE 语句经常和 BREAK 语句与 CONTINUE 语句配合使用。BREAK 语句和 CONTINUE 语句都用于控制 WHILE 循环的执行过程。其中，BREAK 语句的作用是跳出当前的 WHILE 循环；CONTINUE 语句的作用是结束本次循环，重新开始下一次循环。

例 9.13 是综合利用这三个语句的一个范例。在该例子中，程序首先计算 pubs 数据库中所有书籍的平均价格。如果平均价格低于 30 美元，则所有书籍的价格为原来价格的两倍。然后，开始选择最高价格。如果最高价格小于或者等于 50 美元，那么重新开始循环并且将书价再次加倍。该循环一直翻倍价格直到最高价格超过 50 美元，然后退出 WHILE 循环，并且打印一条警告信息。

例 9.13 WHILE、BREAK、CONTINUE 的配合使用。

```
USE pubs
GO
```

```
WHILE(SELECT AVG(price)FROM titles)<$30
BEGIN
    UPDATE titles
        SET price=price*2
        SELECT MAX(price)FROM titles
        IF(SELECT MAX(price)FROM titles)>$50
        BREAK
        ELSE
        CONTINUE
END
PRINT 'Too much for the market to bear'
```

在使用WHILE语句时应当注意，在循环体内必须有能够改变循环条件值的语句，否则循环的条件永远成立，就会成为死循环了。

6. GOTO

使用GOTO语句可使执行流程无条件地跳转到用户指定的标签处。GOTO语句和标签可在过程、批处理或语句块的任何位置使用。定义GOTO标签的语法如下：

```
label:
```

GOTO语句的语法如下：

```
GOTO label
```

GOTO语句常用在WHILE或IF语句中，使程序跳出循环或进行分支处理。

例9.14 使用GOTO语句求28的阶乘。

```
DECLARE  @answer INT,@times INT
SET @answer=1
SET @times=1
Repeat:
SET @answer=@answer*@times
SET @times=@times+1
IF @times<28
GOTO Repeat
SELECT @answer,@times
```

7. RETURN

RETURN语句使程序从一个查询或存储过程中无条件返回，其后面的其他语句将不再执行。RETURN的语法如下：

```
RETURN [integer_expression]
```

存储过程可以使用RETURN语句向调用它的应用程序返回一个整数值。在SQL

Server 中，系统保留了 0～－99 之间的所有整数值（目前只使用到－14）来表示各种存储过程的特定状态，具体含义如表 9.2 所示。用户在自定义的存储过程中，只能使用 0～－99 之外的数字作为返回值。

表 9.2 SQL Server 定义的存储过程返回值及其含义

返回值	含　义	返回值	含　义
0	过程执行成功	－8	产生非致命性内部错误
－1	未找到数据库对象	－9	达到了系统配置参数的极限
－2	数据类型错误	－10	内部一致性错误
－3	进程死锁错误	－11	内部一致性错误
－4	许可错误	－12	表或索引崩溃
－5	语法错误	－13	数据库崩溃
－6	其他用户错误	－14	硬件错误
－7	资源错误，如空间用尽等		

8. WAITFOR

使用 WAITFOR 语句可以使程序段在指定的某个时间点或指定的一段时间间隔之后自动执行。WAITFOR 是定期自动维护数据库的有力工具，它的语法为：

```
WAITFOR {DELAY'time'|TIME'time'}
```

参数说明如下：

- DELAY 'time'表示希望系统在指定的时间间隔后执行程序块。具体的等待时间可通过 time 参数确定，最长可达 24 小时。
- TIME 'time'表示希望系统在指定的时间点执行程序块。具体的时间点可通过 time 参数确定。

例 9.15 和例 9.16 分别示范了 WAITFOR 的两种用法。例 9.15 使用 WAIT TIME 语句使系统在 22:20 能够自动执行系统存储过程 update_all_stats。例 9.16 定义了一个带参数的存储过程，该过程所包含的 WAIT DELAY 语句，使程序可在一个指定的时间间隔后执行一系列操作。

例 9.15 使用 WAIT TIME 语句。

```
BEGIN
   WAITFOR TIME'22:20'
  EXECUTE update_all_stats
END
```

例 9.16 使用 WAIT DELAY 语句。

```
CREATE PROCEDURE time_delay @@DELAYLENGTH char(9)
AS
DECLARE @@RETURNINFO varchar(255)
BEGIN
```

```
    WAITFOR DELAY @@DELAYLENGTH
    SELECT @@RETURNINFO='A total time of'+
              SUBSTRING(@@DELAYLENGTH,1,3)+
              ' hours,'+
              SUBSTRING(@@DELAYLENGTH,5,2)+
              ' minutes,and'+
              SUBSTRING(@@DELAYLENGTH,8,2)+
              ' seconds,'+
              'has elapsed! Your time is up.'
    PRINT @@RETURNINFO
END
GO
--This next statement executes the time_delay procedure.
EXEC time_delay'000:00:10'
GO
```

9.2 存储过程

用户在使用数据库时考虑最多的是系统的速度和效率。如果没有速度和效率,则用户的大部分时间势必耗费在无谓的等待上。因此,现有的DBMS系统大多提供了一些方法或机制来提高系统的使用性能。其中,存储过程便是最常用的方法之一。

存储过程对于SQL Server这样客户机/服务器体系的DBMS来说是一种非常有用的特性。在本节中,我们将详细介绍存储过程的建立、修改和删除方法,以及使用和优化的技巧。

9.2.1 存储过程概述

存储过程是一组已被编辑在一起、存储在服务器上、执行某种功能的预编译SQL语句。它是一种封装重复任务操作的方法,支持用户提供的参数变量,具有强大的编程能力。

存储过程非常类似于DOS系统中的批处理文件(*.bat)。在批处理文件中,可以包含一组经常执行的命令,这一组命令可以通过批处理文件的执行而执行。同样的道理,存储过程也是把要完成某项任务的许多SQL语句写在一起,组成命令集合的形式。然后,通过执行该存储过程就可以完成相应的任务。

一般情况下,使用存储过程具有许多好处:

(1) 加快程序的执行速度。由于存储过程在第一次被执行之后,其执行规划就存储在高速缓存中。在此以后的操作中,只需要从高速缓存中调用编译好的存储过程的二进制代码执行即可,因此可以加速存储过程的执行,提高系统的性能。

(2) 减少网络的数据流量。这是使用存储过程的非常重要的原因。如果有1000条SQL语句的命令,一条条地通过网络在客户机和服务器之间传递,那么这种传递所耗费的时间将使任何用户都无法忍受。存储过程可以使需要数百行 Transact-SQL 代码的操作由一条执行过程代码的单独指令就可实现，从而减轻了网络的负担，提高了系统的响应速度。

(3) 提供一种安全机制。如果用户被授予了执行某存储过程的权限，那么不管是否拥有该存储过程中所涉及的表或视图的使用权限，都可以完全执行该存储过程，而不会受到限制。因此，可以创建存储过程来完成所有的增加、删除操作，并且可以通过编程的方式控制上述操作中对信息的访问。

(4) 允许程序模块化设计。在 SQL Server 中对于同一个任务操作，只需创建存储过程一次并将其存储在数据库中，之后便可以在不同的程序中调用任意次。相同的逻辑处理结构保证了数据修改的一致性。而且，模块化的封装方法使存储过程可独立于程序源代码而单独修改，提高了程序的可重用性。

SQL Server 支持系统存储过程、本地存储过程、临时存储过程、远程存储过程和扩展存储过程等几种类型的存储过程，不同类型的存储过程具有不同的作用。

- 系统存储过程：系统存储过程是有系统提供的储存过程，可以作为命令执行各种操作。另外，系统存储过程还可以作为样本，指导用户如何编写有效的存储过程。系统存储过程定义在系统数据库 master 中，其前缀是“ sp_”，例如用于显示系统信息的 sp_help。它为检索系统表的信息和执行功能操作提供了方便快捷的方法。系统存储过程允许系统管理员执行修改系统表的数据库管理任务。系统存储过程可以在任何一个数据库中执行。
- 本地存储过程：本地存储过程是指在每个用户自己的数据库中创建的存储过程。这种存储过程只针对用户创建的普通数据库，用于完成特定的数据库操作任务，其名称前不能使用“sp_”前缀。在数据库实际开发过程中，涉及的存储过程都是本地存储过程。
- 临时存储过程：临时存储过程首先是本地存储过程。如果本地存储过程的名称前面有符号前缀“#”，那么把该存储过程称为局部临时存储过程，这种存储过程只能在一个用户会话中使用；如果本地存储过程的名称有符号前缀“##”，那么把该存储过程称为全局临时存储过程，这种存储过程可以在所有的用户会话中使用。
- 远程存储过程：远程存储过程是指从远程服务器上调用的存储过程，或者是从连接到另一个服务器上的客户机上调用的存储过程。总之，远程存储过程就是非本地服务器上的存储过程。
- 扩展存储过程：在 SQL Server 环境之外执行的动态链接库 DLL 称为扩展存储过程，其前缀是“xp_”。虽然这些动态链接库在 SQL Server 环境之外，但是它们可以被加载到 SQL Server 系统中，并且按照使用存储过程的方式执行。

在建立数据库系统的过程中，设计人员使用最多的是本地存储过程。它也将是我们下面讨论的重点。

9.2.2 创建存储过程

在 SQL Server 2 中有三种方法可以创建存储过程。它们分别是向导、企业管理器(Enterprise Manager)和 CRATE PROCEDURE 语句。前面两种方法在本书的第 7 章中已有所涉及，因此在这里我们主要讨论使用 CRATE PROCEDURE 语句的创建方法。

在创建存储过程的时候，要考虑下列一些因素：

- 存储过程可以参考表、视图和临时表中的数据。
- 如果存储过程创建了临时表，那么该临时表只能用于该存储过程，并且当存储过程执行完毕时，临时表自动删除。
- 在一个批处理中，CREATE PROCEDURE 语句不能与其他 SQL 语句混合使用。
- 在 CREATE PROCEDURE 语句的定义中，可以包含任意数量和类型的 Transaction-SQL 语句，但是不能使用下面的对象创建语句。

```
CREATE DEFAULT
CREATE PROCEDURE
CREATE RULE
CREATE TRIGGER
CREATE VIEW
```

- 存储过程可以嵌套使用，即一个存储过程可以调用另外一个存储过程。存储过程最多可以嵌套 32 层。当前嵌套层的序号存储在全局变量@@nestlevel 中。

Transact-SQL 中的 CRATE PROCEDURE 语句用于创建存储过程，其语法格式如下：

```
CREATE PROC [EDURE] procedure_name [;number]
[{@parameter data_type}
  [VARYING] [=default] [OUTPUT]
] [,…n]
[WITH
{RECOMPILE|ENCRYPTION|RECOMPILE,ENCRYPTION}]
[FOR REPLICATION]
AS sql_statement […n]
```

其中，常用参数的意义如下：

- procedure_name [;number]：新建存储过程的名称。存储过程的命名必须符合有关数据库对象命名的规则。在建立存储过程时，SQL Server 还允许用户根据需要将多个存储过程归为一组，同组的存储过程具有相同的名称，相互之间以参数 number 相互区别。例如，MyPro;1、MyPro;2。
- @parameter 声明存储过程的参数，一个存储过程最多可以有 1024 个参数。data_type 为@parameter 的数据类型。
- default 参数指定一个默认值。在调用存储过程时，如果没有为具有默认值的参数赋值，则存储过程将使用默认值。默认值必须是常量或 NULL。

- 使用选项 OUTPUT 说明的参数为返回参数。返回参数可用来将存储过程中的某些执行结果返回给调用它的 EXECUTE 语句。
- 选项 RECOMPILE 指定 SQL Server 不必在高速缓存中保存存储过程的执行计划，而是每次执行时都重新编译存储过程。
- 选项 ENCRYPTION 指定 SQL Server 对存储在系统表 syscomments 中的存储过程的定义文本进行加密。

在例 9.17 中，创建了存储过程 show_book_message。可以使用该存储过程列出数据库 pubs 中全部书籍的名称及其内容简介。

例 9.17 创建存储过程。

```
USE pubs
GO
CREATE PROCEDURE show_book_message
AS
    SELECT title,notes
    FROM titles
GO
```

在例 9.18 中，创建了一个存储过程 au_info。该存储过程利用表间连接的方式返回指定作者的姓名、该作者所写的书籍及这些书的出版商。该存储过程使用了两个参数(存储过程的参数将在下一节详细介绍)。

例 9.18 建立带参数的存储过程。

```
USE pubs
IF EXISTS(SELECT name FROM sysobjects
        WHERE name='au_info' AND type='P')
  DROP PROCEDURE au_info
GO
USE pubs
GO
CREATE PROCEDURE au_info
  @lastname varchar(40),
  @firstname varchar(20)
AS
SELECT au_lname,au_fname,title,pub_name
  FROM authors a INNER JOIN titleauthor ta
    ON a.au_id=ta.au_id INNER JOIN titles t
    ON t.title_id=ta.title_id INNER JOIN publishers p
    ON t.pub_id=p.pub_id
  WHERE au_fname=@firstname
    AND au_lname=@lastname
GO
```

可以在 CREATE PROCEDURE 语句中使用 ENCRYPION 选项来加密要存储在系统表 syscomments 中的存储过程的定义。使用 ENCRYPION 选项可以使别的用户不能查看用户自己定义的存储过程的定义源码。不过除非因为安全原因必须给存储过程加密，一般不推荐加密存储过程。因为重构数据库时，如果 syscomments 中的存储过程的文本没有加密，则只需要修改存储过程的定义即可，从而提高了系统的可重用性。

9.2.3 调用存储过程

在 SQL Server 中，用户在获得了某一存储过程的使用权限之后，便可以使用 EXECUTE 语句来调用它。EXECUTE 的语法格式如下：

```
[EXEC[UTE]
{
    [@return_status=]
          {procedure_name[;number]|@procedure_name_var
}
[[@parameter=]{value|@variable[OUTPUT]|[DEFAULT]}
  [,…n]
[WITH RECOMPILE]
```

其中有关参数的意义如下：

- @return_status 为一整型局部变量，它保存存储过程中 RETURN 语句的返回值。
- procedure_name 为所要执行的存储过程的名称。number 选项指出所执行存储过程在一组同名存储过程中的序号。
- @parameter 为存储过程参数。调用者向存储过程所提供的参数值由 value 或 @variable传递。选项 OUTPUT 说明指定参数为返回参数，选项 DEFAULT 说明参数使用默认值。在存储过程中，使用参数是非常重要的技巧，下文将对其进行详细的讨论。
- WITH RECOMPILE 选项说明要求 SQL Server 重新编译该存储过程，并将新编译的结果存储在高速缓存中以供以后调用。

例 9.19 给出了 EXECUTE 语句的简单示例。它调用例 9.17 所建立的存储过程 show_book_message，以返回 pubs 数据库中所有图书的名称及内容简介。

例 9.19 不带参数的 EXECUTE 语句。

```
Use pubs
GO
EXECUTE show_book_message
```

1. 输入参数的使用

在调用存储过程时，如果需要传递参数，有两种方法：第一种方法是根据参数定义时的声明顺序为参数赋值,第二种方法是根据参数名称分别用赋值运算符赋值。两种方法不能混用。

根据定义时的声明顺序为参数赋值的格式如下:

```
parameter_value1|DEFAULT[,parameter_value2|DEFAULT…]
```

这种情况下,传递参数的顺序必须和定义时的参数顺序一致。对于使用默认值的参数,可以使用关键字DEFAULT说明;也可将其省略不写,但省略的顺序只能是从左到右。

例如,某个存储过程有多个参数,其中最后两个参数使用了默认值。那么,在执行语句中可以将最后两个参数同时省略,也可以只省略最后一个;但不能省略倒数第二个,却显式地给第三个参数赋值。

根据参数名称给输入参数赋值的格式如下:

```
@parameter_name1=[parameter_value|DEFAULT]
[@parameter_name2=[parameter_value|DEFAULT]…]
```

在这种格式下,参数名称和参数值一一对应,同时出现。所以参数的顺序可以任意排列。

在例9.20中,定义了一个计算税款的存储过程。该存储过程可以通过多种方法执行。

例9.20 使用了输入参数的存储过程。

```
USE pubs
IF EXISTS(SELECT name FROM sysobjects
      WHERE name='proc_calculate_taxes'AND type='P')
  DROP PROCEDURE proc_calculate_taxes
GO
--Create the stored procedure.
CREATE PROCEDURE proc_calculate_taxes(@p1 smallint=42,@p2 char(1),
      @p3 varchar(8)='CAR')
    AS
  SELECT *
  FROM mytable
```

下面通过不同的参数输入形式执行该存储过程:

```
EXECUTE proc_calculate_taxes @p2='A'
EXECUTE proc_calculate_taxes 69,'B'
EXECUTE proc_calculate_taxes 69,'C','House'
EXECUTE proc_calculate_taxes @p1=DEFAULT,@p2='D'
EXECUTE proc_calculate_taxes DEFAULT,@p3='Local',@p2='E'
EXECUTE proc_calculate_taxes 69,'F',@p3=DEFAULT
EXECUTE proc_calculate_taxes 95,'G',DEFAULT
EXECUTE proc_calculate_taxes DEFAULT,'H',DEFAULT
EXECUTE proc_calculate_taxes DEFAULT,'I',@p3=DEFAULT
```

2. 输出参数的使用

存储过程可以把信息返回到调用存储过程的应用程序中,或者返回到有输出参数的客户机程序中。为了使用输出参数,必须在CREATE PROCEDURE语句和EXECUTE语句中指定关键字OUTPUT。

例如,例9.21创建了一个带有返回参数的存储过程。该存储过程完成的功能是:计算输入的两个参数的和,并将其返回到输出参数中。

例9.21 带输出参数的存储过程。

```
USE MyDB
GO
CREATE PROCEDURE dbo.mathadd
    @m1 INT
    @m2 INT
    @result INT OUTPUT
AS
    SET @result=@m1+@m2
GO
```

在例9.22中调用上面创建的存储过程,并且显示输出参数的值。

例9.22 调用带输出参数的存储过程。

```
USE MyDB
GO
DECLARE @answer INT
EXECUTE mathadd 8,12,@answer OUTPUT
SELECT'This result is: ',@answer
```

其执行的结果为:

```
This result is: 20
```

9.2.4 修改存储过程

随着应用的升级和需求的变化,可能需要不断修改已有的存储过程。在SQL Server中,DBMS允许在不改变存储过程使用许可,不改变存储过程名的情况下,对存储过程进行定义的修改。这一特性方便了应用系统的升级或重建。修改存储过程可使用ALTER语句,其语法格式如下:

```
ALTER PROC[EDURE] procedure_name[;number]
    [{@parameter data_type}
      [VARYING] [=default]  [OUTPUT]
][,…n]
[WITH
    {RECOMPILE|ENCRYPTION|RECOMPILE,ENCRYPTION
```

```
    }
]
[FOR REPLICATION]
AS
    sql_statement[…n]
```

其中各参数的含义与创建存储过程时所使用的基本相同，这里就不再重复了。

在使用 ALTER PROCDURE 语句修改存储过程时，有几点应该加以注意：

- 修改存储过程时，在 CREATE PROCEDURE 语句中使用的选项，也必须在 ALTER PROCEDURE 语句中使用。
- ALTER PROCEDURE 语句只能修改一个存储过程。如果该存储过程调用了其他存储过程，那么不影响被调用的存储过程。
- 只有存储过程的创建者和 db_owner 以及 db_ddladimin 的成员才能够执行 ALTER PROCEDURE 语句。执行 ALTER PROCEDURE 语句的许可不能授予其他用户。

在例 9.23 中，创建了一个存储过程 Oakland_authors，用于查询居住在加利福尼亚州奥克兰市的作者信息。然后在程序中修改该存储过程，使其查询的范围扩展到整个加州。

例 9.23 修改存储过程。

```
USE pubs
GO
IF EXISTS(SELECT name FROM sysobjects WHERE name='Oakland_authors'AND type=
'P')
  DROP PROCEDURE Oakland_authors
GO

CREATE PROCEDURE Oakland_authors
AS
SELECT au_fname,au_lname,address,city,zip
FROM pubs..authors
WHERE city='Oakland'
and state='CA'
ORDER BY au_lname,au_fname
GO
ALTER PROCEDURE Oakland_authors
WITH ENCRYPTION
AS
SELECT au_fname,au_lname,address,city,zip
FROM pubs..authors
WHERE state='CA'
ORDER BY au_lname,au_fname
GO
```

9.2.5 删除存储过程

对于不再需要的存储过程，可以使用 DROP PROCEDURE 语句从数据库中永久地删除它。在删除存储过程之前，应该执行系统存储过程 sp_depends，来确定依赖该存储过程的对象。

在删除存储过程时，应该注意，如果存储过程已被分组，则无法删除组内的单个存储过程；删除一个存储过程时，会将同一组内的所有存储过程一起删除。

在一条 DROP PROCEDURE 语句中可以删除多个存储过程，只需在使用时给出这些存储过程的过程名，并以逗号分隔即可。DROP PROCEDURE 语句的语法格式如下：

```
DROP PROCEDURE {procedure}[,…n]
```

在例 9.24 中，删除了例 9.17 所建立的存储过程 show_book_message。

例 9.24 删除存储过程。

```
USE pubs
GO
DROP PROCEDURE show_book_message
GO
```

9.2.6 存储过程的优化

要优化存储过程，应对 SQL Server 执行存储过程的方法有所了解。SQL Server 在首次执行某存储过程时，要先编译该存储过程。在编译的过程中，SQL Server 的查询优化器将根据操作中所涉及表连接、列、索引等有关信息，生成一个最优的执行方案。在存储过程第一次运行之后，该执行方案会继续停留在高速缓存(内存中的一块专用区域)中。以后在执行该存储过程时，便可直接从高速缓存中执行，从而免除了编译和优化的步骤，节省了执行过程所需的时间。但是，这种方法有时也会遇到问题。例如例 9.25 的存储过程。

例 9.25 存储过程。

```
USE pubs
GO
CREATE PROCEDURE show_title_message_1
    @max money,
    @min money
AS
    SELECT *
    FROM titles
    WHERE price<@max AND price> @min
GO
```

假设在 price 列上存在一个非聚簇索引。如果满足条件的行数很多，查询优化器就会选择使用扫描全表的方式实现查询。如果满足条件的行数很少,则查询优化器会选择使用索引方式实现查询。这就是说,最有效的查询方案往往是根据数据的变化(如输入差数的变化)而变化的。但是,存储过程说明选择的最优方案是根据第 1 次执行时的数据选定的。所以,如果数据和输入参数发生了变化,以前的查询方案就可能不是最好的。

这时,可以使用重编译技术强迫存储过程重新编译,重新选择查询方案。在 SQL Server 中有两种方法可以强迫系统重新编译存储过程,一是生成存储过程时指定 WITH RECOMPILE 选项,如例 9.26 所示。

例 9.26 使用 WITH RECOMPILE 优化存储过程。

```
USE pubs
GO
CREATE PROCEDURE show_title_message_2
    @max money,
    @min money
WITH RECOMPILE
AS
    SELECT *
    FROM titles
    WHERE price<@max AND price> @min
GO
```

使用 WITH RECOMPILE 选项建立的存储过程在每次执行时,查询优化器都会新建一个查询方案。这样就保证了每次执行存储过程所使用的查询方案都是根据最新数据和输入参数选定的。

在 CREATE PROCEDURE 语句中使用 WITH RECOMPILE 选项虽然一劳永逸,但如果只是偶尔改变查询方案,则这种方法的系统开销就显得没有必要了。这时应当使用第二种重新编译的方法:在 EXECUTE 语句中使用 WITH RECOMPILE 选项,如例 9.27 所示。

例 9.27 在 EXECUTE 语句中使用 WITH RECOMPILE 选项。

```
USE pubs
EXECUTE show_title_message_1 WITH RECOMPILE
```

EXECUTE…WITH RECOMPILE 语句强迫 SQL Server 在这一次执行中重新编译存储过程。重新编译后,新的查询方案将代替旧的查询方案,保存在高速缓存中。

如果数据库的索引和数据都发生了很大的变化,用户希望所有存储过程都被重新编译,则可以使用系统存储过程 sp_recompile 来实现。

9.3 用户自定义的数据类型

在 SQL Server 中用户可以通过使用系统存储过程 sp_addtype 建立自定义的数据类型,其语句格式如下:

```
sp_addtype[@typename=]type,
[@phystype=]system_data_type
[,[@nulltype=]'null_type']
```

其中有关参数的意义如下：

- @typename参数为所定义的数据类型的名称。
- @phystype参数用于指定一个T-SQL支持的系统数据类型。该系统数据类型将作为用户自定义数据类型的基础类型。在使用char、varchar、bianary、varbinary等系统数据类型时，还必须同时指出它们的长度。事实上，用户数据类型只是对已有的系统数据类型的一种新的描述，并不是真正意义上的新数据类型。
- @nulltype参数说明新建立的用户数据类型是否允许空值，默认时为NOT NULL。

每个数据库中用户定义的数据类型必须唯一，但名称不同用户定义的数据类型可以有相同的定义。

在例9.28中，以varchar为基础创建了两个新数据类型telephone和fax。其中，telephone专门用于存储电话号码，fax专门用于存储传真号码。

例9.28 创建用户自定义的数据类型。

```
USE master
EXEC sp_addtype telephone,'varchar(24)','NOT NULL'
EXEC sp_addtype fax,'varchar(24)','NULL'
```

自定义数据类型定义完成后，就可以像使用系统存储类型一样使用该数据类型。例如，既可以在CREATE TABLE或ALTER TABLE中使用它，也可以将默认值和规则绑定到用户自定义的数据类型。

例9.29 使用用户自定义数据类型。

```
USE MyDB
GO
CREATE TABLE supplier
(
  sup_id char(4)NOT NULL,
  sup_name varchar(20)NOT NULL,
  sup_tel telephone,
  sup_fax fax
  )
```

使用系统存储过程sp_droptype可以删除用户自定义数据类型，它的语法格式为：

```
sp_droptype[@typename=]'type'
```

该过程使用的唯一参数是@typename，用于指定需要删除的类型名。例如，在例9.30中，使用sp_droptype删除了自定义的数据类型telephone和fax。

例9.30 使用sp_droptype删除用户自定义的数据类型。

```
EXEC sp_droptype telephone
EXEC sp_droptype fax
```

9.4 触发器的应用

在进行数据库的管理和维护时，如何保证数据库中数据的完整性是一项重要的课题。为此，Microsoft 在 SQL Server 中引入了触发器技术。触发器是一种实施复杂的完整性约束的特殊存储过程。它在 SQL Server 进行某个特定的表修改时由 SQL Server 自动执行。触发器一般用于加强数据库的某些使用规则。当普通的约束（包括 CHECK 机制、DEFAULT 机制、RULE 机制）不足以加强数据的完整性时，就可以考虑使用触发器。触发器对于那些为不同的商务软件提供后台数据服务的大型系统特别有用。因为触发器可以为数据库建立独立于具体客户端软件的完整性规则。

在本节中，我们将深入介绍触发器的建立、修改和删除方法及其使用技巧。

9.4.1 SQL Server 触发器的用途

从技术角度看，触发器本质上是一种特殊类型的存储过程。当使用 INSERT、DELETE、UPDATE 命令对触发器所保护的数据进行修改时，它能被系统自动激活，用来防止对数据进行不正确、未授权或不一致的修改。触发器不像一般的存储过程，不可以使用 EXECUTE 语句来调用或执行。当用户对指定的数据进行修改时，SQL Server 将自动执行在相应触发器中的 SQL 语句。

触发器和表是紧密联系在一起的，任何触发器都是在特定的表上进行定义的。该表也称为触发器的触发表。

由于在触发器中可以包含复杂的处理逻辑，因而在下列情况下应该考虑使用触发器。

(1) 强制比 CHECK 约束更复杂的数据完整性。如前所述，在数据库中要实现数据库完整性的约束，可以使用 CHECK 机制或触发器来实现。但是在 CHECK 约束中不允许引用其他表中的列来完成检查工作，而触发器则可以引用其他表中的列来完成数据的完整性约束。例如，当向订单表 Order 插入新的一条记录时，必须先检查库存表 Store 中相应的货物记录，只有当存货的数目大于订单中货物的订购数目时，才能完成 Order 表的插入操作。诸如此类需要引用其他表数据的检查是无法通过 CHECK 约束完成的，必须使用触发器加以实现。

(2) 使用自定义的错误信息。在实际应用中，用户经常需要在某些其他特定的情况下定制错误信息来跟踪操作的状态。通过使用触发器，用户可以捕获破坏数据完整性的各种操作，并自由地调用预先定义的错误信息或动态地定制错误信息。约束、规则和默认值只能通过标准的系统错误信息传递错误信息。如果应用程序要求定制错误信息和执行更加复杂的错误处理，那么必须使用触发器。

(3) 实现数据库中多张表的级联修改。用户可以通过触发器对数据库中的相关表进行级联修改。例如，可以在 titles 表的 title_id 列上建立一个删除触发器，该触发器可以删除其他表中与该表中被删除记录的 title_id 相匹配的记录。在该触发器中，通过使用关键字 title_id，在 titleauthor、sales 和 roysched 表中定位匹配的行，从而进行删除。

(4) 比较数据库修改前后数据的状态。大多数触发器都提供了跟踪 INSERT、UPDATE 或 DELETE 语句引起的数据变化的能力，因此用户可以方便地在触发器中找出或访问由于修改而发生数据变化的记录行。

(5) 维护非规范数据。用户可以使用触发器来保证非规范数据库环境中低级数据的完整性。维护非规范化数据与表的级联是不同的。表的级联指的是不同表之间的主外键关系，维护表的级联可以通过设置表的主键和外键的关系来实现。而非规范化数据是指表中的冗余数据，维护非规范化数据应该通过使用触发器来实现。

9.4.2 创建触发器

在 SQL Server 中只有基表的所有者或数据库的所有者才能创建触发器。这是因为所创建的触发器有可能在表中增加列，甚至有可能修改表和表之间的关联。所以，这种改变数据库结构模式的操作必须由表或数据库的所有者来完成，以防止有人无意中修改了系统的布局格式。

创建触发器可以使用 CREATE TRIGGER 语句。在语句中，创建者必须指定触发器的基表、触发事件和触发操作的所有指令。CREATE TRIGGER 语句的语法格式如下：

```
CREATE TRIGGER trigger_name
ON {table|view}
[WITH ENCRYPTION]
{FOR|AFTER|INSTEAD OF}{[INSERT][,][UPDATE][,][DELETE]}
AS
    [{IF UPDATE(column_name)…
    [{AND|OR}UPDATE(column_name)…]
    sql_statement [...n]
```

其中，部分参数的含义如下：

- trigger_name：所建立的触发器的名称。触发器的命名必须遵循 SQL Server 标示符的命名约定，并且在数据库中必须唯一。
- table|view：在其上建立触发器的基表或视图，有时也称为触发器表或触发器视图。
- INSERT、UPDATE 和 DELETE：该关键字指定当在表或视图上执行哪些数据修改操作时将激活触发器。SQL Server 允许同一个触发器被一种或多种操作触发，例如可以被 INSERT 或 DELETE 操作触发。
- IF UPDATE(column_name)：指定对基表内的某字段或某几个字段进行插入(INSERT)或修改(UPDATE)时，触发才起作用。
- sql_statement：触发器在被触发之后所执行的数据库操作。在 SQL Server 中，一个触发器能够包含任意数量的 SQL 语句。

例 9.31 以一个简单的示例说明了触发器的建立过程。在这个例子中，触发器禁止了所有对 authors 表的插入操作，从而保证数据库中不会再增加新的作者信息。

例 9.31 触发器的建立。

```
USE pubs
GO
CREATE TRIGGER forbidden_insert
ON authors
FOR INSERT
AS
  BEGIN
     RAISERROR('unauthorized',10,1)
     ROLLBACK TRAN
  END
```

此后，当用户向表 authors 中插入数据时将触发触发器。例如：

```
INSERT INTO authors(au_id,au_lname,au_fname,phone,contract)
    VALUES('997-77-1002','forest','wang','010 657-7476',1)
```

该语句的执行结果如图 9.1 所示。

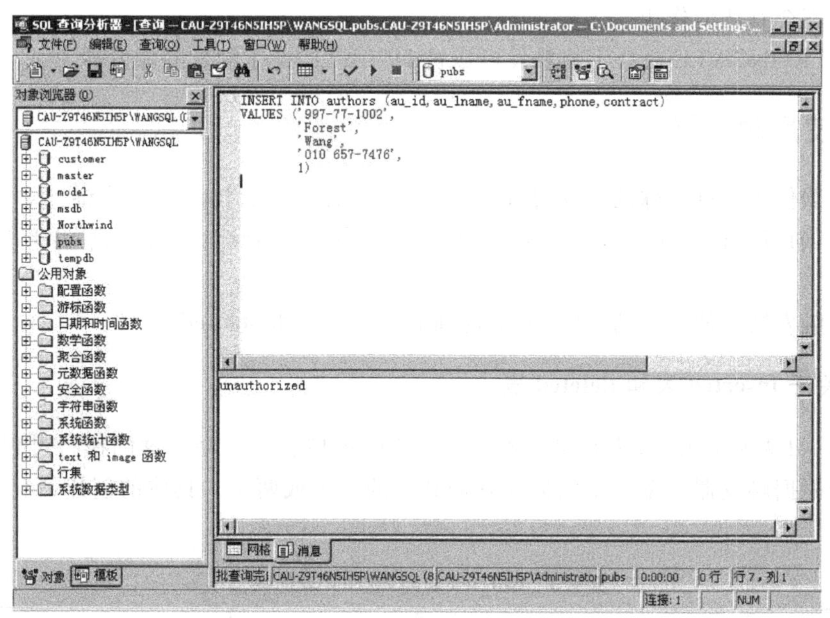

图 9.1 激活触发器 forbidden_insert

触发器虽然在强制数据完整性方面有着十分重要的地位，但是，作为一种特殊存储过程，它还有以下约束：

(1) 在一段批处理命令中使用 CREATE TRIGGER 命令时，CREATE TRIGGER

命令必须是批处理命令的第一条。

(2) 如果在表中如果既有约束又有触发器，则在执行时，约束优先于触发器。如果在操作中触发器与约束发生冲突，那么触发器将不执行。

(3) 不允许在触发器程序中出现下列语句，否则 SQL Server 将拒绝执行。

- 数据库对象的创建指令，如 CREATE DATABASE、CREATE TABLE 及 CREATE INDEX 等。
- 数据库对象的删除指令，如 DROP DATABASE、CREATE TABLE、DROP PROCEDURE 等。
- 所有的对象修改语句，如 ALTER TABLE 和 ALTER DATABASE。
- TRIMCATE TABLE 命令。
- SELECT INTO 命令。
- 权限命令(GRANT 和 REVOKE)。
- UPDATE STATISTICS 语句。
- SELECT INTO(因为该语句创建了一个表)。
- RECONFIGURE 语句。
- LOAD、RESTORE DATABASE 和 LOG。
- 所有的磁盘操作命令。

(4) 触发器不允许创建在特定的表格上，虽然在创建时不会提示任何错误，但所创建的触发器不会有任何作用。

(5) TRUNCATE 命令不能触发可以被 DELETE 操作触发的触发器。

9.4.3 使用触发器

触发器作为一种特殊的存储过程，它的使用具有一定的技巧。本节将针对不同的触发器类别，通过分析实例讲解它们的编程技巧，以使读者能够在自己的应用环境中用好这一工具。

介绍触发器的使用技巧，就不能不提到 inserted 表和 deleted 表。

1. 关于 inserted 表和 deleted 表

inserted 表和 deleted 表是触发器专用的临时虚拟表。在触发器的执行过程中，SQL Server 会根据触发器类型的不同创建它们其中的一个或两个。具体的创建情况如表 9.3 所示。

表 9.3 inserted 表与 deleted 表的建立

触发器类型	系统创建的临时表	触发器类型	系统创建的临时表
INSERT	inserted 表	DELETE	deleted 表
UPDATE	inserted 表和 deleted 表		

inserted 表和 deleted 表由系统负责维护，不允许用户对这两个表进行直接的修改。这两个表的结构与触发表相同，存放了在触发器操作中插入或删除的所有数据行，可以

用来对被操作的数据行进行附加的验证或操作。它们的具体作用如下:

- inserted 表:存放 INSERT 或 UPDATE 语句的执行过程中,插入到触发表中的是新数据行的副本。因此,在 inserted 表中的行和触发表中的新数据行相同。
- deleted 表:存放 DELETE 或 UPDATE 语句的执行过程中,从触发表中删除旧数据行的副本。因此,deleted 表和触发表不会有相同的行。

注意,inserted 表和 deleted 表只能由创建它们的触发器引用。触发器工作完成后,与该触发器相关的两个表也会被删除。

2. 使用 INSERT 触发器和 UPDATE 触发器

INSERT 触发器和 UPDATE 触发器常用于确保用户某些复杂的、特殊的商业规则,并保证数据在插入数据表之前是有效的。

例如,示例数据库 pubs 的 employee 表中记录了出版公司不同雇员的职位(job_id)和工资(job_level)信息。已知在该公司中,担任同样职位的雇员的工资并不完全相同,但每一个职位都有自己的最高工资限额 max_lvl 和最低工资限额 min_lvl(记录在 jobs 表中)。那么,下面定义的触发器能够保证在插入或修改记录时,雇员的工资信息都能在规定的范围内(max_lvl 与 min_lvl 之间)。

例 9.32 INSERT、UPDATE 触发器的使用。

```
CREATE TRIGGER employee_insupd
ON employee
FOR insert,UPDATE
AS
--Get the range of level for this job type from the jobs table.
DECLARE @min_lvl tinyint,
   @max_lvl tinyint,
   @emp_lvl tinyint,
   @job_id smallint
SELECT @min_lvl=min_lvl,
   @max_lvl=max_lvl,
   @emp_lvl=i.job_lvl,
   @job_id=i.job_id
FROM employee e,jobs j,inserted i
WHERE  e.emp_id=i.emp_id AND i.job_id=j.job_id
IF(@job_id=1)and(@emp_lvl <>10)
BEGIN
   RAISERROR('Job id 1 expects the default level of 10.',16,1)
   ROLLBACK TRANSACTION
END
ELSE
IF NOT(@emp_lvl BETWEEN @min_lvl AND @max_lvl)
BEGIN
   RAISERROR('The level for job_id:%d should be between %d and %d.',
```

```
        16,1,@job_id,@min_lvl,@max_lvl)
    ROLLBACK TRANSACTION
End
```

从上面的示例程序可以看出：INSERT 触发器和 UPDATE 触发器能够参考数据库中其他表的信息，从而实施比 CHECK 约束复杂得多的自定义完整性。

3. 使用 DELETE 触发器

DELETE 触发器主要有两个用途：一是防止用户的错误的删除操作；二是在用户删除某个记录时，自动实施级联删除，确保数据完整性。

例 9.33 是一个利用 DELETE 触发器防止用户错误删除的示例。这个例子的应用背景是：数据表 stores 中存储了图书的编号(book_id)和库存量(amount)等数据。如果某图书的库存量为 0 就允许从数据表中删除该图书的记录，并且只允许一次删除一条记录。

例 9.33 DELETE 触发器示例一。

```
CREATE TRIGGER delete_protect
ON books
FOR DELETE
AS
    IF @@rowcount>1
        BEGIN
            ROLLBACK TRAN
            RAISERROR( 'Only one row can be deleted in one time',16,10)
        END
    DECLARE @amount INT
    SELECT @amount=amount
    FORM books b,deleted d
    WHERE b.book_id=d.book_id
    IF @amount>0
        BEGIN
            ROLLBACK TRAN
            RAISERROR( 'Can not delete this record',16,10)
        END
```

例 9.34 是一个使用 DELETE 触发器实现级联删除的示例。在 stores 表中存储了图书的编号(book_id)和库存量等信息。在 books 表中存储了图书的编号(book_id)、价格、作者等信息。在删除 store 表中某图书的信息时，应该同时删除 books 表中相关的数据行。

例 9.34 DELETE 触发器示例二。

```
CREATE TRIGGER delete_book_message
ON stores
FOR DELETE
```

```
AS
    DECLARE @book_id  CHAR(5)
    SELECT @book_id=book_id
    FORM stores s,deleted d
    WHERE s.book_id=d.book_id
    IF EXISTS
        (SELECT * FORM books
         WHERE bood_id=@book_id)
    DELECT FROM books
    WHERE book_id=@book_id
```

4. 嵌套触发器

在某触发器的执行过程中修改了另一个表,并触发了该表的触发器,这种情况称为触发器嵌套。在默认情况下,SQL Sever 允许触发器嵌套。用户可以使用系统存储过程 sp_configure 禁止使用触发器嵌套。触发器最多可嵌套 32 层。用户可以使用全局变量@@nestlevel 来查看当前触发器的嵌套层次。

当使用嵌套触发器时,应考虑下列因素:

(1) 在默认情况下,触发器不允许递归调用。也就是说,触发器不能自己触发自己。例如,如果一个 UPDATE 触发器修改了触发表中的一列,并且引起对该表另外一列的修改,那么该 UPDATE 仅执行一次,而不是反复执行下去。

(2) 因为一个触发器是一个事务,所以在嵌套触发器中,如果任意一点失败,那么整个事务和数据的修改将全部回滚,这是数据完整性的一种保护机制,可在触发器中增加输出信息语句。

例 9.35 是一个嵌套触发器的示例。在这个示例中,为 sales 表建立了一个 DELETE 触发器 Tri_del_sales,为 stores 表建立了另外一个 DELETE 类型的触发器 Tri_Del_Stores,其中 Tri_del_sales 在执行过程中删除了 stores 与之相关的信息,从而触发了 Tri_Del_Stores,形成触发器嵌套。

例 9.35 嵌套触发器的建立。

```
USE pubs
GO
CREATE TRIGGER Tri_del_sales
ON sales
FOR DELETE
AS
    PRINT'Delete trigger on the sales table is executing…'
    DECLARE @sStorID CHAR(4),
           @sMsg VARCHAR(40)
    SELECT @sStorID=stor_id
    FROM deleted
    GROUP BY stor_id
```

```
    SELECT @sMsg='Deleteing stores'+@sStorID
    PRINT @sMsg
    --删除 stores 表中相应的信息
    DELETE FROM stores
    WHERE stor_id=@sStorID
GO
/*创建 stores 表上的 DELETE 触发器*/
CREATE TRIGGER Tri_Del_Stores
ON stores
FOR DELETE
AS
    PRINT'Delete trigger on the stores table is executing…'
    DECLARE @sStorID CHAR(4),
            @sMsg VARCHAR(40)
    SELECT @sStorID=stor_id
    FROM deleted
    GROUP BY stor_id
    IF @@rowcount=0
       BEGIN
          PRINT'No rows affected on the stores table'
          RETURN
       END
    SELECT @sMsg='Deleteing discounts for store'+@sStorID
    PRINT @sMsg
    --删除 discoutns 表中相应的信息
    DELETE FROM discounts
    WHERE stor_id=@sStorID
GO
```

如果在 sales 表上执行 DELETE 操作，删除 stor_id 为 8042 的数据行，那么触发器 Tri_del_sales 和 Tri_Del_Stores 就会嵌套触发。执行结果如图 9.2 所示。

可见嵌套触发器可以执行复杂的级联修改，实现数据库维护的高度自动化。

9.4.4 查看触发器的信息

查看触发器信息可以使用以下系统存储过程。

- sp_depends <tablename>：用于查看触发器的名称。
- sp_helptigger <tablename>：用于查看触发器的类型和拥有者等初步的信息。
- sp_helptext <triggername>：用于查看触发器的定义文本。

1. sp_depends

系统存储过程 sp_depends 的语法格式为：

```
sp_depends  <objectname>
```

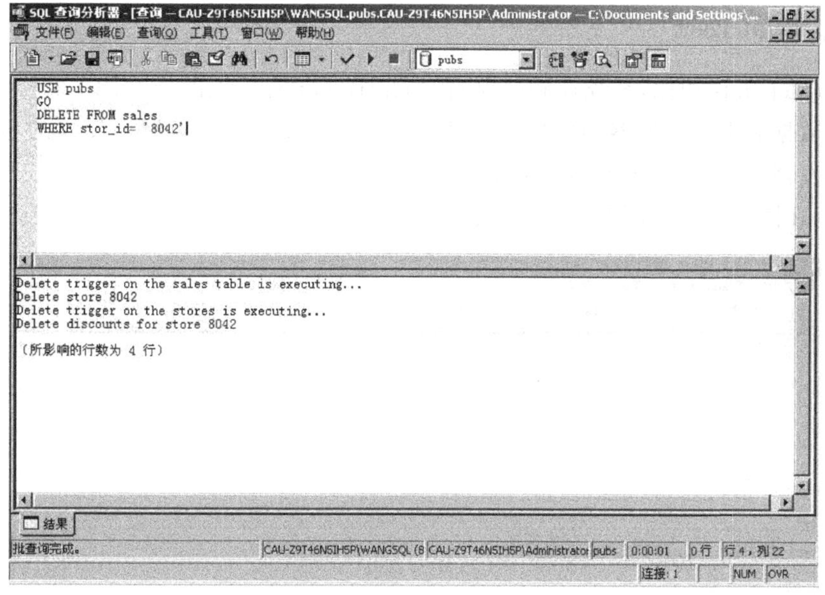

图 9.2 嵌套触发器的执行结果

通过它可以查询数据库中的对象依赖信息。在 SQL Server 中，默认、规则、触发器等对象都是依赖于数据表而存在的。通常说到触发器，指的都是某张表上的触发器。因此，使用 sp_depends ＜tablename＞可以查看建立在由参数 tablename 指定的数据表上的触发器的名称。使用 sp_depends 查看建立在 pubs 数据库 employee 表上的对象信息，如图 9.3 所示。

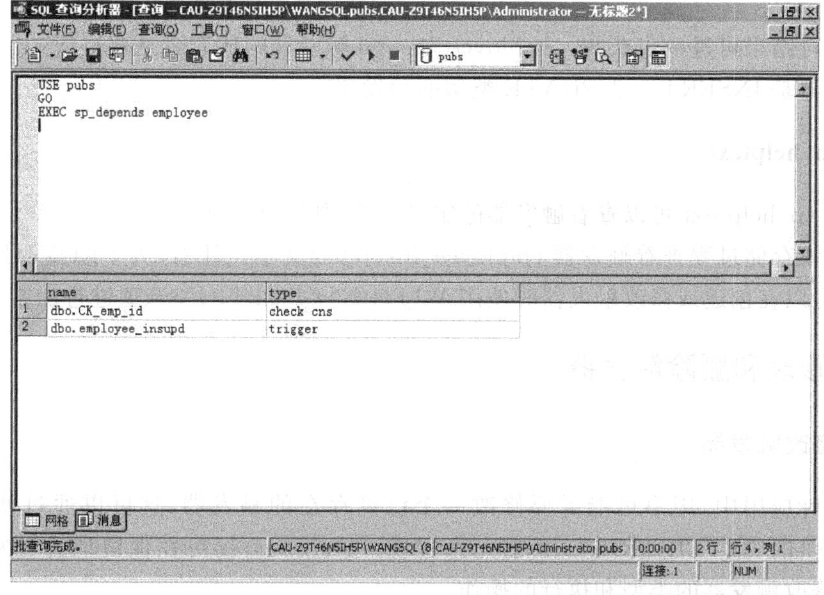

图 9.3 使用 sp_depends 查看对象依赖信息

2. sp_helptrigger

与 sp_depends 相比，系统存储过程 sp_helptrigger 有较强的针对性。它专门用于查询建立在数据表上的触发器的信息。而且，sp_helptrigger 除了返回触发器的名称外，还能返回触发器的建立者、触发器的类型等进一步的信息。

例如，在图 9.4 中，使用 sp_helptrigger 查看 employee 表上的触发器信息。

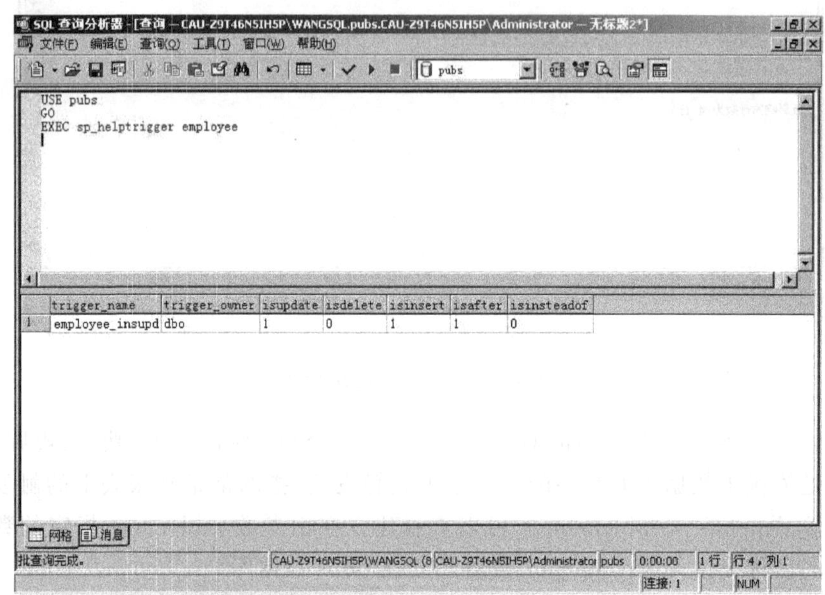

图 9.4 使用 sp_helptrigger 查看触发器的信息

从执行结果可进一步获知：employee_insupd 触发器的所有者是数据库的所有者，并且该触发器是 INSERT 和 UPDATE 类型的触发器。

3. sp_helptext

使用 sp_helptext 可以查看触发器的定义文本，如图 9.5 所示。

使用该存储过程查看触发器 employee_insupd 的文本。注意，为了隐藏触发器的定义文本，可以在创建或修改触发器时使用 WITH ENCRYPTION 选项进行加密。

9.4.5 修改和删除触发器

1. 修改触发器

在实际应用中，用户可能需要修改一个已经存在的触发器，这可以通过使用 SQL Server 提供的 ALTER TRIGGER 语句来实现。SQL Server 可在保留现有触发器名称的同时，修改触发器的类型和执行的操作。

ALTER TRIGGER 语句的语法格式如下：

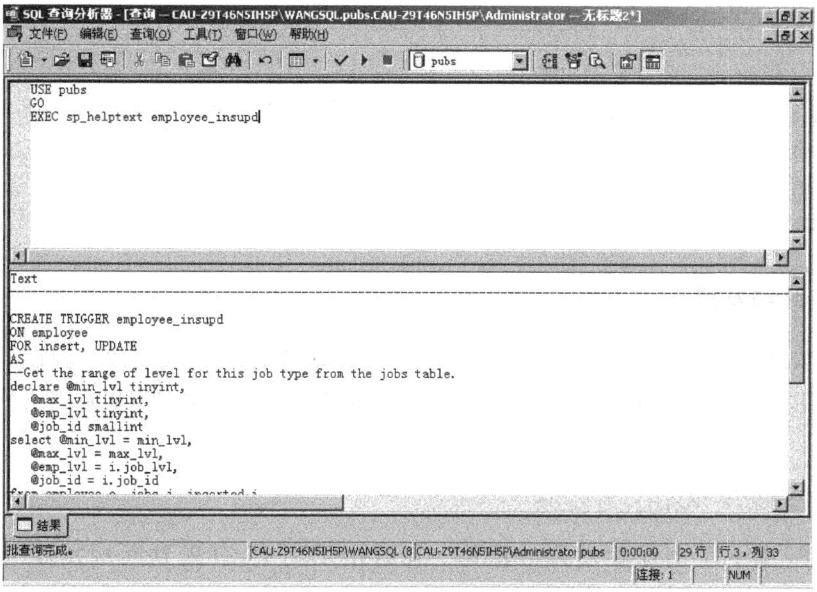

```
USE pubs
GO
EXEC sp_helptext employee_insupd
```

```
Text
-------------------------------------------------------------------

CREATE TRIGGER employee_insupd
ON employee
FOR insert, UPDATE
AS
--Get the range of level for this job type from the jobs table.
declare @min_lvl tinyint,
   @max_lvl tinyint,
   @emp_lvl tinyint,
   @job_id smallint
select @min_lvl = min_lvl,
   @max_lvl = max_lvl,
   @emp_lvl = i.job_lvl,
   @job_id = i.job_id
```

图 9.5 使用 sp_helptext 查看触发器的定义文本

```
ALTER TRIGGER trigger_name
ON {table|view}
[WITH ENCRYPTION]
{FOR|AFTER|INSTEAD OF} {[INSERT]  [,]  [UPDATE]  [,]  [DELETE]}
AS
    [{IF UPDATE(column_name)…
    [{AND|OR} UPDATE(column_name)…]
    sql_statement  […n]
```

其中,各参数的含义与 CREARTE TRIGGER 语句中所使用的参数相同,这里就不再复述了。

下面是一个创建和修改触发器的示例。在例 9.36 中,为 roysched 创建了一个触发器 royalty_reminder。当用户对表执行 INSERT 或 UPDATE 操作时,该触发器被触发。它将向客户端打印一条提示信息。然后,使用 ALTER TRIGGER 修改该触发器,使其仅对 INSERT 操作有效。

例 9.36 创建并修改触发器。

```
USE pubs
GO
CREATE TRIGGER royalty_reminder
ON roysched
WITH ENCRYPTION
FOR INSERT,UPDATE
AS RAISERROR(50009,16,10)
GO
```

```
--Now,alter the trigger.
USE pubs
GO
ALTER TRIGGER royalty_reminder
ON roysched
FOR INSERT
AS RAISERROR(50009,16,10)
```

2. 删除触发器

在 SQL Server Enterprise Manager 工具中,不能直接删除触发器。因此,删除触发器只能使用 Transact-SQL 中的 DROP TRIGGER 语句。DROP TRIGGER 语句的语法格式如下:

```
DROP TRIGGER {trigger}[,…n]
```

例 9.37 是一个删除触发器的示例。在这个示例中,首先判断触发器 forbidden_insert 是否存在。如果存在,则执行 DROP TRIGGER 语句将该触发器删除。注意,在删除一个触发器之前,通常应该先判断该触发器是否存在。

例 9.37 删除触发器。

```
USE pubs
IF EXISTS(SELECT name FROM sysobjects
      WHERE name='forbidden_insert'AND type='TR')
DROP TRIGGER forbidden_insert
GO
```

另外,当触发器所作用的触发表被删除时,触发器也自动被删除。

9.5 事务和锁

在 SQL Server 中系统的并发性是通过事务和锁的机制来实现的。事务就是一个逻辑工作单元,其中包括一系列操作。这些操作要么全部成功,要么全部失败。事务机制确保了多个数据的同步修改。例如,在银行的借贷事务中,必须确保借和贷的登记要么同时成功,要么同时失败。如果只记录借款记录或者只记录贷款记录,那么业务就必然要发生错误。至于锁,它主要用来防止其他用户修改另一个还未完成的事务中的数据。在多用户系统中,锁机制是必需的。本节介绍 SQL Server 中事务机制的编程方法和使用技巧。

9.5.1 事务的概念

简单地说,事务是作为单个逻辑工作单元执行的一系列操作。对于数据库来说,这组操作要么全部完成,要么就一个都不执行。如果在事务执行的过程中出现错误,则服务器会取消事务所做的所有修改，将数据库自动恢复到执行该事务前的状态。这种自动恢复的机制称为回滚(rollback)。

一个事务的操作必须具备以下 4 个属性，即 ACID。

(1) 原子性(atomicity)：事务必须作为工作的最小单位，即原子单位，其所进行的操作要么全部执行，要么全不执行。

(2) 一致性(consistency)：事务完成后，所有的数据必须保持其合法性，即所有数据必须遵守数据库的约束和规则。现有的 DBMS 系统大多都提供了事务管理功能用以保证事务的一致性。

(3) 隔离性(isolation)：一个事务所做的修改必须与其他事务所做的修改隔离。一个事务所使用的数据必须是另一个并发事务完成前或完成后的数据，而不能是另一事务执行过程中的中间数据。就是说，两个事务是相互隔离的，其中间状态的数据是不可见的。

(4) 持久性(durability)：事务执行完成后，其对数据库的修改将永久保持。

SQL 程序员要负责保持启动和结束事务，同时强制保持数据的逻辑一致性。程序员必须定义数据修改的顺序，使数据相对于其组织的业务保持一致。然后，程序员将这些修改语句包括到一个事务中，使 SQL Server 能够强制该事务的物理完整性。

在 SQL Server 事务的模式可分为显式事务、隐式事务和自动事务几种。

1. 显式事务

显式事务也称为用户自定义事务。顾名思义，它是由用户使用 Transact-SQL 语言的事务语句定义的事务，具有明显的开始和结束的标志。

Transact-SQL 中的事务语句包括：

- BEGIN TRANSACTION：标识显式事务的起始点。
- COMMIT TRANSACTION 或 COMMIT WORK：提交语句，标识事务的结束，且没有遇到错误。该事务中的所有数据修改将被数据库永久保留。事务占用的资源将被释放。
- ROLLBACK TRANSACTION 或 ROLLBACK WORK：回滚语句，表示事务在事务执行过程中遇到错误。该事务修改的所有数据都被回滚到事务开始前的状态。事务占用的资源将被释放。

下一节还将详细讨论这些语句的使用方法及技巧。

2. 隐式事务

隐式事务指在当前事务提交或回滚后，由 SQL Server 自动启动的新事务。所以在隐式事务模式中，用户不需要使用 BEGIN TRANSACTION 语句标识事务的开始，而只需要使用 COMMIT TRANSACTION、COMMIT WORK、ROLLBACK TRANSACTION 或 ROLLBACK WORK 提交或回滚每个事务。

用户可以通过执行以下的命令使 SQL Server 进入或退出隐式事务状态：

- SET IMPLICT TRANSACTION ON：使系统进入隐式事务模式。

• SET IMPLICT TRANSACTION OFF：使系统退出隐式事务模式。

当 SQL Server 处于隐式事务模式时，执行以下的任一语句都将使 SQL Server 启动一个新的事务：所有的 CREATE 命令、所有的 DROP 命令、ALTER DATABASE、INSERT、DELETE、GRANT、REVOKE、SELECT、UPDATE、FETCH、TRUNCATE TABLE。

3. 自动事务

自动事务是 SQL Server 的默认事务管理模式。在自动提交模式下，每个 Transact-SQL 语句在成功执行完成后，都被自动提交；如果遇到错误，则自动回滚该语句。当用户开始执行一显式事务时，SQL Server 进入显式事务模式；当显式事务被提交或回滚后，SQL Server 又重新进入自动事务模式。对于隐式事务模式也是如此，每当隐式事务模式被关闭后，SQL Server 会返回自动事务模式。

9.5.2 事务编程

在 SQL Server 中应用程序主要通过指定事务的启动和结束的时间来控制事务。在一个事务启动之后，结束之前，系统执行的所有的 Transact-SQL 语句都是该事务的一部分。

1. 启动、结束事务

在 SQL Server 中可以通过 BEGIN TARNSACTION 语句显式地启动事务。该语句的语法格式如下：

```
BEGIN TRAN  [SACTION]  [transaction_name|@tran_name_variable  [WITH MARK
['description']]]
```

其中部分参数的含义如下：

- transaction_name：分配给事务的名称。
- @tran_name_variable：用户定义的，含有效事务名称的变量名称。必须用 char、varchar、nchar 或 nvarchar 数据类型声明该变量。
- WITH MARK ['description']：指定在日志中标记事务。description 是描述该标记的字符串。如果使用了 WITH MARK，则必须指定事务名。

在一个事务启动之后，有两种方式来结束它：一种方式是通过使用 COMMIT 语句来提交事务，另一种方式是使用 ROLLBACK 语句来回滚事务。如果事务处理成功，则使用 COMMIT 语句提交一个事务并使事务所做的数据修改保留下来。COMMIT 语句的语法格式如下：

```
COMMIT  [TRAN[SACTION]  [transaction_name|@tran_name_variable]]
```

如果在事务中出现了错误，或者用户决定取消事务，则可以使用 ROLLBACK 语句来回滚事务。ROLLBACK 语句通过将数据返回到事务开始时所处的状态，或返回到事务处理期间保存的某个状态，从而恢复在该事务中所做的所有修改并释放由事务占用的资源。ROLLBACK TRANSACTION 语句的语法格式如下：

```
ROLLBACK[TRAN[SACTION][transaction_name|savepoint_name]
```

例 9.38 是一个典型的事务编程示例。程序在 pubs 数据库的 store 表中添加了一条新的商店记录，然后将这个商店的打折信息填入表 discounts 中。如果操作成功，则提交事务。如果操作中出现错误，则回滚事务。

例 9.38 事务编程示例。

```
USE pubs
GO
BEGIN TRANSACTION myTran
    INSERT INTO stores(stor_id,stor_name)
        VALUES('9999','Forest')
    GO
    INSERT INTO discounts(discounttype,stor-id,discount)
        VALUES('清仓甩卖','9999',50.00)
    IF @@ERROR<> 0
        BEGIN
            ROLLBACK TRANSACTION myTran
            PRINT '插入打折记录出错'
            RETURN
        END
COMMIT TRANSACTION myTran
```

2. 保存点

使用 SAVE TRANSACTION 语句可以在事务执行过程中建立一个存储点，使得用户能将事务回滚到该存储点的状态，而不是简单回滚整个事务。SAVE TRANSACTION 的语法格式为：

```
SAVE TRAN[SACTION] {savepoint_name|@savepoint_variable}
```

例 9.39 演示了 SAVE TRANSACTION 语句的使用方法及其作用。

例 9.39 SAVE TRANSACTION 语句的使用。

```
USE pubs
GO
SELECT * FROM stores
BEGIN TRANSACTION TestSaveTran
    INSERT INTO stores(stor_id,stor_name)

        VALUES('1234','W.Z.D Books')
    SAVE TRANSACTION before_insert_data2
    GO
```

```
    INSERT INTO stores(stor_id,stor_name)
        VALUES('5678','Forest Books')
    GO
ROLLBACK TRANSACTION before_insert_data2
SELECT * FROM stores
```

程序的执行结果为：

```
stor_id   stor_name
----------------------------------------
6380      Eric the Read Books
7066      Barnum's
7067      News & Brews
7131      Doc-U-Mat: Quality Laundry and Books
7896      Fricative Bookshop
8042      Bookbeat
(所影响的行数为 6 行)
(所影响的行数为 1 行)
(所影响的行数为 1 行)
stor_id stor_name
----------------------------------------
6380      Eric the Read Books
7066      Barnum's
7067      News & Brews
7131      Doc-U-Mat: Quality Laundry and Books
7896      Fricative Bookshop
8042      Bookbeat
1234      W.Z.D Books
(所影响的行数为 7 行)
```

由程序的执行结果可以看出，使用 SAVE TRANSACTION 语句定义了保存点之后，可以使用 ROLLBACK TRANSACTION 语句回滚到保存点的状态。所以，在以上程序中，最后只向 shippers 插入了一条记录。

3. @@TRANCOUNT

在 SQL Server 中，系统预设了全局变量@@TRANCOUNT 跟踪正在进行的事务的数目。每当用户执行 BEGIN TRANSACTION 语句时，@@TRANCOUNT 变量就自动加 1，表示系统增加了一个正在执行的事务。当用户执行 COMMIT TRANSACTION 命令、COMMIT WORK 命令、ROLLBACK TRANSACTION 命令或 ROLLBACK WORK 命令时，@@TRANCOUNT 变量自动减 1，表示正在执行的事务减少了一个。

例 9.40 通过检查@@TRANCOUNT 变量的值判断当前有多少个事务正在执行，并判断是否需要回滚事务。

例 9.40 全局变量@@TRANCOUNT 的使用。

```
BEGIN TRANSACTION

UPDATE authors SET au_lname=upper(au_lname)
WHERE au_lname='White'
IF @@ROWCOUNT=2
    COMMIT TRAN

IF @@TRANCOUNT>0
BEGIN
    PRINT'A transaction needs to be rolled back'
    ROLLBACK TRAN
END
```

9.5.3 锁

1. 锁的概念

锁作为一种安全机制,用以控制多个用户的并发操作,可以防止用户读取正在由其他用户更改的数据及多个用户同时修改同一数据,从而确保事务的完整性和数据库的一致性。

锁定机制的主要属性是锁的粒度和锁的类型。

在 SQL Server 中有多种粒度的锁,允许一个事务锁定不同类型的资源。锁的粒度越小,系统允许的并发用户数目就越大,数据库的利用率就越高,管理锁定所需要的系统资源也越多。反之,则相反。为了尽量减低锁的成本,应该根据事务所要执行的任务合理地选择所要锁定的资源粒度。

按照粒度增加的顺序,SQL Server 中的资源粒度分为以下几级。

- 行锁定:锁定表中的单行数据。
- 键值锁定:锁定具有索引的行数据。
- 页面锁定:锁定数据页面(8KB)或索引页面(8KB)。
- 区域锁定:锁定连续的 8 个数据页面或索引页面。
- 表锁定:锁定整个数据表,包括其所有数据和索引。
- 数据库锁定:锁定整个数据库。

SQL Server 使用不同类型的锁定资源:共享锁(S)、更新锁(U)和独占锁(X)。

- 共享(Shared)锁:共享锁锁定的资源是只读的,任何用户和应用程序都不能修改其中的数据,只能读取数据。在默认情况下,当数据读操作完成时就释放锁,但用户可以通过使用 SELECT 命令的锁定选项和事务隔离级别的选项设置来改变这一默认值。多个用户可以在同一对象上获得共享锁,但任何用户都不能在已存在共享锁的对象上获得更新锁或者独占锁。
- 更新(Update)锁:修改锁用于在修改操作的初期锁定可能被修改的数据资源,主要目的是为了避免死锁现象的出现。当事务需要对数据进行修改时,事务会首先向 SQL Server 申请一个共享锁，先读取数据。数据读取完毕后，该事务会申请将共享锁升级为独占锁，申请成功后便开始修改数据。如果在事务申请将共享锁升级为独占锁时有其他事务正在使用共享锁访问同一数据资源，那么 SQL Server 会等待所有的共享锁都被释放后才允许使用独占锁。如果两个并发事务在获得共享锁后都需要修改数据，同时申请将共享锁升级为独占锁，这时就会出现两者都不释放共享锁而一直等待对方释放共享锁的现象。这种现象称为死锁。为了避免这种情况，SQL Server 提供了更新锁。SQL Server 允许需要修改数据的事务一开始就申请更新锁，但一次只能有一个事务可以获得资源的更新锁。如果事务修改资源，则直接将更新锁转换为独占锁。

- 独占（Exclusive）锁：使用独占锁时，只有锁的拥有者能对锁定的资源进行读和写的操作，其他用户和应用程序都不能对锁定的资源进行读写。SQL Server 在对数据进行 INSERT、UPDATE、DELETE 操作时自动启用独占锁。

2. 锁的兼容性

不同类型的锁的兼容性不一样，所谓锁的兼容性指的是当用户 1 使用锁 A 对某一资源进行锁定后，其他的用户是否能同时使用别的类型的锁 B 对同一资源进行锁定。若能，则锁 A 和锁 B 是兼容的，否则是不兼容的。表 9.4 列出了各种锁之间的兼容性。

表 9.4 各种锁之间的兼容性

	共享锁	更新锁	独占锁		共享锁	更新锁	独占锁
共享锁	是	是	否	独占锁	否	否	否
更新锁	是	否	否				

3. 获取锁的信息

使用系统存储过程 sp_lock 可以查看正在运行的某一进程拥有的锁的信息，其语法格式如下：

```
sp_lock[[@spid1=]  'spid1']  [,[@spid2=]  'spid2']
```

其中，存储过程的参数指定的是进程的标识号。该标识号存储在 master.dbo.sysprocesses 中。如果没有指定参数，则存储过程会返回所有锁的信息。

在例 9.41 中，使用 sp_lock 在 master 数据库中查看 SQL Server 系统中的所有锁的信息。

例 9.41 查看锁的信息。

```
USE master
GO
EXEC sp_lock
```

程序的执行结果为：

```
spid  dbid  ObjId      IndId  Type Resource       Mode    Status
---  -----  ------  ------  -------------  -----  ----------
51    5     0           0     DB                  S       GRANT
51    5     117575457   0     TAB                 IX      GRANT
51    5     117575457   1     PAG  1:178          IX      GRANT
51    1     85575343    0     TAB                 IS      GRANT
51    5     117575457   1     KEY                 X       GRANT
                              (3900b337a8a1)
52    5     0           0     DB                  S       GRANT
53    6     0           0     DB                  S       GRANT
```

查询结果中各列的含义可参考 SQL Server 的联机手册。

9.5.4 使事务更有效地工作

在启动事务之后，系统为了维护事务的 ACID 属性，必须耗费很多的资源。例如，当事务执行过程中涉及数据的修改时，SQL Server 就会自动启动独占锁，以防止任何其他事务读取该数据。这种锁定会一直持续到事务结束为止，这期间其他用户将不能访问这些数据，所以在多用户系统中，使用事务处理程序时必须有意识地提高事务的工作效率。

在此给出一些经验性的原则，以供参考。

(1) 让事务尽可能短。只有确认必须对数据进行修改才启动事务，执行修改语句，修改结束之后应该立即提交或回滚事务。

(2) 在事务进行过程中应该尽可能避免一些耗费时间的交互式操作，缩短事务进程的时间。

(3) 在使用数据操作语句(如 INSERT、UPDATE 和 DELETE)时最好在这些语句中使用条件判断语句，使得这些数据操纵语句涉及尽可能少的记录，从而提高事务的处理效率。

(4) 在 SQL Server 中虽然允许使用事务嵌套，但事务嵌套除了把事务搞得更复杂之外，并没有什么明显的好处。因此，建议在实际应用中不使用事务嵌套。

(5) 有意识地避免并发问题。实际使用中，应该特别留意管理隐性事务。在使用隐性事务时，COMMIT 语句或 ROLLBACK 语句之后的下一个 Transact-SQL 语句会自动启动一个新事务。这可能在要求用户输入时，打开新事务。这将使并发情况出现的可能性较高。建议在完成保护数据修改所需要的最后一个事务和再次需要一个事务来保护数据修改之间，关闭隐性事务。

思考练习题

(1) 简述下列全局变量的含义。

```
@@CURSOR_ROWS
@@ERROE
@@FETCH_STATUS
```

```
@@SEVERNAME
@@SERVICENAME
@@VERSION
```

（2）填空

① BEGIN…END用来定义________。BEGIN和END之间的语句作为________来执行。如果在IF…ELSE或WHILE语句中不使用BEGIN…END语句块，则只执行________。

② CASE表达式用于________，它能够根据条件不同返回________。CASE表达式只能作为________来使用。CASE表达式分为________和________两种类型。

③ 在WHILE循环体内部使用BREAK语句可以使程序跳转至________，使用CONTINUE语句可使程序跳转至________。

④ 存储过程是________，它以一个名称存储在________中，并且作为________来处理。存储过程在第一次执行时进行________，并将结果存储在________中，用于后继的调用。

⑤ 触发器是一种特殊类型的存储过程，其特殊性在于它不需要________，而是在________时自动执行。

⑥ 在触发器中使用两个特殊的临时表：inserted表和deleted表，前者用于________，后者用于________。

⑦ 事务是作为________执行的一系列操作。如果某一事务执行成功，则在该事务中进行的________都会被提交，并成为数据库中的________。如果事务遇到错误，则所有的数据更改________。

（3）在SQL Server中建立存储过程有哪些方式？

（4）查看一个存储过程的定义和相关性有哪些方法？

（5）在pubs数据库中建立一个名为Account的存储过程，用于检索数据库中某类图书的数量，该过程带有一个参数，用于指定图书的种类。

（6）在pubs数据库中建立一个名为Find的存储过程，用于检索数据库中某一价位的图书信息。它既有参数又有返回值。参数有两个，用于指定图书价格的上、下限。如果找到满足条件的图书，则用RETURN语句返回1，否则返回0。

第 10 章 chapter 10

数据库安全与维护

数据库的安全性管理可确保只有授权用户才能使用数据库数据和执行相应的操作。安全性管理包括两方面的内容：一是对用户登录系统权限及登录的管理，二是对用户能否使用数据库中的对象和执行相应操作的管理。本章将全面介绍这两方面的内容。

数据库的安全性是数据库技术的重要组成部分。Microsoft 公司的 SQL Server 通常运行在 Windows 系列服务器操作系统上，这些操作系统均提供了比较完善的安全管理措施，而 SQL Server 也有自己的安全管理技术。

10.1 SQL Server 数据库的安全性管理概述

数据库中存放了大量数据，需要一定的安全管理机制。SQL Server 的安全性管理包括数据库登录管理、数据库用户管理、数据库角色管理以及数据库权限的管理等。

1. 登录账号

用户必须提供正确的登录账号，才能访问 SQL Server 系统。这些登录账号既可以是 Windows 登录账号，也可以是 SQL Server 登录账号，但必须是符合标识符规则的唯一名字。登录账号是系统信息。

SQL Server 有一个默认的登录账号 sa(system administrator)。在 SQL Server 系统中它拥有全部权限，可以执行所有操作。另外，Windows 管理员 Administrator 也拥有 SQL Server 系统的全部权限，其对应的登录账号分别是 BUILTIN\Administrators 和 Administrator。

2. 用户

在 SQL Server 中，由用户账号控制对象的全部权限和所有权。登录账户本身不提供访问数据库对象的权限，必须与有效用户账户相关联。此外，用户账户与数据库有关。例如 account 数据库中的 student 用户不同于 student 数据库中的 student 用户账户。

账号信息存储在系统表 sysusers 中。在 sysusers 系统表中，每一行数据表示一个 Windows 用户账号、Windows 组账户、SQL Server 登录账户或 SQL Server 角色。

创建数据库的用户称为数据库所有者(dbo)，具有该数据库所有权限。创建数据库对象的用户称为数据库对象所有者并具有该对象所有权限。每个 SQL Server 数据库都有两个默认的 dbo 和 guest 账户。guest 用户可与任意在数据库中没有对应用户账户的登录账户相对应。

3. 角色

在 SQL Server 系统可以把某些用户设置成某一角色。当对该角色进行权限设置时，这些用户自动继承该角色的权限。这样，只要对角色进行权限管理就可以实现对属于该角色的所有用户的权限管理，从而大大减少了工作量。在 SQL Server 中有两种角色，即固定服务器角色和固定数据库角色。

固定服务器角色是指在用户登录时授予的在服务器范围内的权限。这类角色可以在服务器上进行相应的管理操作，完全独立于某个具体的数据库。固定服务器角色的信息存储在 master 数据库的 sysxlogins 系统表中。SQL Server 提供了 8 种固定服务器角色，如表 10.1 所示。

表 10.1 固定服务器角色

角 色	描 述
sysadmin	执行 SQL Server 中的任何操作
dbcreator	创建和修改数据库
diskadmin	管理磁盘文件
processadmin	管理系统进程
securityadmin	管理和审计登录账号
severadmin	配置服务器范围内的设置
setupadmin	增加、删除连接服务器，建立数据库复制，管理扩展的存储过程
bulkadmin	执行块插入操作

固定数据库角色应用于单个数据库，包括一列 Windows 用户账户和组。它能够授予它们不同级别的管理或访问数据库及其对象的权限。固定数据库角色信息存储在 sysusers 系统表中。SQL Server 提供了 10 种固定数据库角色，如表 10.2 所示。

表 10.2 固定数据库角色

角 色	描 述
public	维护全部默认的许可
db_owner	执行数据库中的任何操作，可以将对象权限指定给其他用户，包括以下各角色的所有权限
db_accessadmin	可以增加或删除 Windows 认证模式下的数据库用户或用户登录者
db_addladmin	增加、修改或删除数据库对象

续表

角　色	描　述
db_securityadmin	执行语句和对象权限管理
db_backupoperator	备份和恢复数据库
db_datareader	检索任意表中的数据
db_datawriter	增加、修改和删除所有表中的数据
db_denydatareader	不能检索任意一个表中的数据
db_denydatawriter	不能增加、修改或删除任意一个表中的数据

10.2 SQL Server 数据库安全性管理与控制

在 10.1 节中对安全性管理已经有了初步的介绍，下面介绍具体的管理与控制工作。

1. 数据库登录管理

1) 创建服务器登录账号

创建服务器登录账号依赖于服务器的登录安全模式。

- 服务器配置成 Windows 安全模式时，不需要为每个用户创建一个登录账号。SQL Security Manager 可以自动将 Windows NT 的用户名映射成 SQL Server 登录账号或默认登录账号。
- 服务器配置成 SQL Server 安全模式时，除使用内部的 sa 登录账号连接的用户外，必须为每个用户创建登录账号。
- 服务器配置成混合安装模式时，需要使用 SQL Server 安全模式为每一个通过非信任连接协议连接服务器的用户创建登录账号。对每一个通过信任连接协议连接服务器的用户，使用 Windows 安全模式登录时，需要使用 SQL Security Manager 映射 Windows NT 用户名到 SQL Server 登录账号或默认登录账号。

2) 查看修改登录账号

选择需要查看或修改登录的服务器，展开“安全性”文件夹，单击文件夹的子对象“登录”，这时右侧窗口会出现已经存在的登录账号、类型、服务器访问、默认数据库、默认语言等信息。右击要查看或修改的登录账号，从弹出的快捷菜单中选择“属性”命令，在对话框中可查看或直接进行修改。

3) 删除登录账号

选择要删除登录的服务器，展开“安全性”文件夹，单击文件夹的子对象“登录”，这时右侧窗口会出现已经存在的登录账号。右击要删除的登录账号，在弹出的快捷菜单中选择“删除”命令；或选中要删除的登录账号，直接单击菜单栏中的删除图标 ✕，都可以完成登录账号的删除工作。

2. 用户的管理

除了使用系统管理程序对用户进行管理外，还可以使用系统存储过程管理用户。

1）使用系统存储过程 sp_grantdbaccess 创建用户账号

只有数据库所有者和数据库对象所有者可以执行添加用户账号的操作。系统存储过程 sp_grantdbaccess 的语法形式如下：

```
sp_grantdbaccess'login','name_in_db'
```

参数说明：

- login：表示当前数据库中即将创建的新安全账号的登录账号名称。
- name_in_db：指定一个可选的数据库中的用户账号名称。

2）使用系统存储过程 sp_revokedbaccess 删除用户账号

系统存储过程 sp_revokedbaccess 的语法形式如下：

```
sp_revokedbaccess'name'
```

其中参数 name 表示当前数据库中要删除的用户账号名称。

3. 角色的管理

1）固定服务器角色

只有固定服务器角色才能执行系统存储过程 sp_addsrvrolemember，把一个登录账号添加为一个固定服务器角色的成员。系统存储过程 sp_addsrvrolemember 的语法形式如下：

```
sp_addsrvrolemember'login','role'
```

参数说明：

- login：表示添加到固定服务器角色的登录账号名称。
- role：表 10.1 中所列出的固定服务器角色名称。

例 10.1 角色管理示例一。

```
EXEC sp_addsrvrolemember 'sunny','sysadmin'
```

使用系统存储过程 sp_dropsrvrolemember 删除固定服务器角色中的指定成员，系统过程 sp_dropsrvrolemember 的语法形式如下：

```
sp_dropsrvrolemember'login','role'
```

参数说明：

- login：表示即将删除的固定服务器角色的登录账号名称。
- role：表 10.1 中所列出的固定服务器角色名称。

例 10.2 角色管理示例二。

```
EXEC sp_dropsrvrolemember 'sunny','sysadmin'
```

注：固定服务器角色不能被增加、修改或删除。

2）固定数据库角色

只有数据库所有者可以执行系统存储过程 sp_addrolemember 增加一个安全性账号作为一个固定数据库角色的成员。系统存储过程 sp_addrolemember 的语法形式如下：

```
sp_addrolemember role,security_account
```

参数说明：

- role：表 10.2 中所列出的固定数据库角色名称。
- security_account：表示将要添加到角色的安全账号。

例 10.3 角色管理示例三。

```
EXEC sp_addrolemember 'db_owner','sunny'
```

使用系统存储过程 sp_droprolemember 删除固定数据库角色中的安全账号，系统存储过程 sp_droprolemember 的语法形式如下：

```
sp_droprolemember role,security_account
```

参数说明：

- role：表 10.2 中所列出的固定数据库角色名称。
- security_account：表示将要从角色中删除的安全账号名称。

例 10.4 角色管理示例四。

```
EXEC sp_droprolemember 'db_owner','sunny'
```

注意：固定数据库角色不能够被增加、修改或删除。

public 角色不能被删除。

3）用户自定义角色

除了 SQL Server 系统提供给用户的固定服务器角色和固定数据库角色外，用户还可以自己定义数据库角色。第 7 章中已经介绍了用企业管理器创建角色的方法，在此主要介绍使用系统存储过程对自定义角色进行管理。

db_securityadmin 或 db_owner 的角色成员可以执行系统存储过程 sp_addrole 创建新的数据库角色，有关创建的信息将记录在当前数据库的 sysusers 系统表中。系统存储过程 sp_addrole 的语法形式如下：

```
sp_addrole role,owner
```

参数说明：

- role：指定将要创建的角色名称。
- owner：指定将要创建的角色所有者的名称。

注意：定义角色只能是数据库级别上的，无法创建新的固定服务器角色。

例 10.5 角色管理示例五。

```
EXEC sp_addrole'manager','dbo'
```

对应于系统存储过程的创建工作，还可以使用系统存储过程 sp_droprole 从当前数据库中删除一个角色。系统存储过程 sp_droprole 的语法形式如下：

```
sp_droprole role
```

其中的 role 表示即将被删除的角色。

例 10.6 角色管理示例六。

```
EXEC sp_droprole'manager'
```

用户定义的数据库角色有两种类型：标准角色和应用程序角色。

4）标准角色

角色创建后，除了可以使用企业管理器工具增加用户或角色作为该角色的成员，系统存储过程 sp_addrolemember 也可以完成这一工作。系统存储过程 sp_addrolemember 的语法形式如下：

```
sp_addrolemember role,security_account
```

参数说明：

- role：指定当前数据库中 SQL Server 角色的名称。
- security_account：指定即将被添加的安全角色。

注意：只有固定数据库角色 db_owner 的成员才可以增加任意的成员到数据库角色中，角色所有者只能在其所有的角色中添加成员。

相应的系统存储过程 sp_droprolemember 可以从系统的某一个角色中删除一个安全性账号，系统存储过程 sp_droprolemember 的语法形式如下：

```
sp_droprolemember role,security_account
```

例 10.7 角色管理示例七。

```
EXEC sp_addrole'manager','dbo'
EXEC sp_addrolemember'manager','sunny'
EXEC sp_droprolemember'manager','sunny'
```

注意：此时，只是删除了 manager 角色中的用户 sunny，manager 角色依然存在。

5）应用程序角色

应用程序角色是一种特殊的角色，它没有成员，只有运行应用程序的用户才能激活该角色，激活该角色时需要提供角色的口令。创建应用程序角色的系统存储过程为 sp_addapprole，它的语法形式如下：

```
sp_addapprole role,password
```

参数说明：

- role：指定即将创建的应用角色名称。
- password：指定该角色的口令。

应用程序使用之前必须激活。激活应用程序的系统存储过程为 sp_setapprole，它的语法形式如下：

```
sp_setapprole role,password
```

另外，还可以使用系统存储过程 sp_approlepassword 修改角色的口令，使用 sp_dropapprole 删除已定义的应用程序角色。

注意：应用程序角色被激活后将覆盖用户在当前数据库中的其他权限。

10.3 SQL Server的安全体系结构和安全认证

SQL Server 数据库管理系统与运行于其上的操作系统相辅相成，提供了统一有效的安全保护措施，以确保数据库系统的安全可靠、数据库数据的完整和正确有效。

用户在进入 SQL Server 系统之前必须通过系统的安全认证。

1. 安全认证的基本概念

SQL Server 的安全认证包括认证模式和认证进程两方面。

认证进程是指当用户访问数据库系统时，系统对该用户的登录信息的确认过程。认证的内容包括：确认用户的账号是否有效，是否有权限访问系统以及能对系统的哪部分数据进行操作等。而认证模式是指系统采用何种认证进程确认用户的方式。

SQL Server 共有 Windows 和 SQL Server 两种认证进程。当 SQL Server 在 Windows 环境中运行时，提供 Windows 认证模式和混合认证模式两种认证模式。

- Windows 认证模式。在网络环境中，连接客户机和服务器的所有通信协议都是信任连接协议(即 Named pipes 和 TCP/IP)时，应采用 Windows 认证模式。在这个模式下，系统只使用 Windows 认证进程来确认用户信息。与 SQL Server 认证进程相比，Windows 认证进程具有更高的安全性，也提供了更多的功能。
- 混合认证模式。在混合认证模式下，SQL Server 系统既可以采用 Windows 认证进程也可以采用 SQL Server 认证进程。但在这种模式下，SQL Server 系统会优先采用 Windows 认证进程。

2. 认证模式的设置

在 SQL Server 中，可以对认证模式进行设置。下面给出了使用企业管理器对认证模式进行设置的步骤。

(1) 选择要进行认证模式设置的服务器，在弹出的快捷菜单中选择“属性”命令，弹出“属性”|“安全性”对话框。

(2) 在该对话框中打开“安全性”选项卡，有“安全性”选项组和“启动服务账户”选项组。在“安全性”选项组中，对于“身份验证”选择要设置的认证模式；对于“审核级别”设置用户登录信息，用来决定追踪记录用户登录时的信息，如登录成功或失败的信息。在“启动服务账户”选项组中设置启动 SQL Server 时默认的账户。填好上述信息后，单击

“确定”按钮，完成 SQL Server 认证模式的设置工作。

10.4 SQL Server 的权限管理

操作系统提供最外层的安全保护措施，只对合法进入系统的用户提供相应的机器使用权，但获得机器相应使用权的用户不一定具有 SQL Server 数据库的使用权。定义用户对数据库的存取权限称为授权，未被授权的用户将无法访问或存取数据库数据。

1. 权限的种类

SQL Server 使用权限可加强系统的安全性。通常权限可以分为对象权限、语句权限和暗示性权限。

(1) 对象权限：指用户对数据库对象进行操作的权限，具体包括：

- 针对表和视图的操作：SELECT、INSERT、UPDATE 和 DELETE 语句。
- 针对表和视图的行的操作：INSERT 和 DELETE 语句。
- 针对表和视图的列的操作：SELECT 和 UPDATE 语句。
- 针对存储过程和用户定义的函数的操作：EXECUTE 语句。

(2) 语句权限：指用户是否具有权限来执行某一语句。这些语句包括 CREATE DATABASE、CREATE DEFAULT、CREATE FUNCTION、CREATE PROCEDURE、CREATE RULE、CREATE TABLE、CREATE VIEW、BACKUP DATABASE、BACKUP LOG。

(3) 暗示性权限：指系统预定义的固定服务器角色成员、数据库拥有者(dbo)和数据库对象拥有者(dboo)所拥有的权限。

例如，sysadmin 固定服务器角色成员可以在服务器范围内做任何操作，dbo 可以对数据库做任何操作，dboo 可以对其拥有的数据库对象做任何操作，而不需要明确地赋予权限。

2. 权限的设置

权限设置是针对对象权限和语句权限的，暗示性权限不需要设置。权限设置包括授予权限(Grant)、撤销权限(Revoke)和拒绝访问(Deny)。设置方式有两种。

1) 使用集成管理程序

对权限的设置可以分为面向单一用户和面向数据库对象两类。

(1) 面向单一用户的权限设置操作步骤如下：

① 选择展开指定的数据库，单击子数据库对象“用户”，在右边的窗格中会显示该数据库的所有用户。右击要进行权限设置的用户，弹出快捷菜单。

② 在弹出的快捷菜单中选择“属性”命令，弹出“数据库用户属性”对话框。

③ 单击“权限”按钮，弹出“权限”对话框，可以进行对象权限的设置。

④ 单击“列”按钮，弹出“列权限”对话框。

⑤ 给列设定相应的权限，单击“确定”按钮，完成此用户的权限设置。

(2) 面向数据库对象的权限设置操作步骤如下：

① 选择展开相应的数据库，单击要进行权限设置的数据库对象，如表、视图、存储过程等。下面以表为例讲解具体的操作步骤。

② 在右边的窗格里，右击要进行权限设置的表，在弹出的快捷菜单中选择“所有任务”|“管理权限”命令，弹出“对象属性”对话框。

③ 给对象设置好相应的权限后，还可以单击“列”按钮，进一步对列权限进行设置。

④ 设置好相应的列权限后，单击“确定”按钮完成数据库对象的权限设置工作。

注意：创建“用户”、“角色”也可以实现对数据库权限的管理。

2) 使用 Transact-SQL 语句

(1) GRANT

GRANT 语句用来授予语句权限和对象权限，它的具体语法格式如下：

语句权限：

```
GRANT {ALL|statement[,…n]}
TO security_account[,…n]
```

参数说明：

- ALL：表示可以授予所有权限。
- statement：指定用户具有权限的语句，语句列表可以包括 CREATE DATABASE、CREATE DEFAULT、CREATE FUNCTION、CREATE PROCEDURE、CREATE RULE、CREATE TABLE、CREATE VIEW、BACKUP DATABASE 以及 BACKUP LOG。
- security_account：表示被设置权限的安全账户名称。

对象权限：

```
GRANT
    {ALL[PRIVILEGES]|permission[,…n]}
    {
        [(column[,…n])] ON {table|view}
        |ON {table|view}[(column[,…n])]
        |ON {stored_procedure|extended_procedure}
        |ON {user_defined_function}
    }
TO security_account[,…n]
[WITH GRANT OPTION]
[AS {group|role}]
```

参数说明：

- ALL：表示可以授予所有权限。
- PRIVILEGES：关键字。
- permission：将要设置的对象权限，可以是以下语句中的一个或多个。
  针对表和视图的操作：SELECT、INSERT、UPDATE 和 DELETE 语句。

针对表和视图的行的操作：INSERT 和 DELETE 语句。

针对表和视图的列的操作：SELECT 和 UPDATE 语句。

针对存储过程的操作：EXECUTE 语句。

- column：指定授予权限的列名。
- table：指定授予权限的表名。
- view：指定授予权限的视图名。
- stored_procedure：指定授予权限的存储过程名。
- extended_procedure：指定授予权限的扩展存储过程名。
- user_defined_function：指定授予权限的用户定义函数名。
- group：表示将授予权限的组。
- role：表示将授予权限的角色。

(2) DENY

DENY 语句用来在安全系统中创建一项，以拒绝给当前数据库内的安全账户授予权限并防止安全账户通过其组或角色成员继承权限。

语句权限：

```
DENY {ALL|statement[,…n]}
TO security_account[,…n]
```

参数说明：

- ALL：表示拒绝所有权限。
- statement：指定用户被拒绝权限的语句，语句列表可以包括 CREATE DATABASE、CREATE DEFAULT、CREATE FUNCTION、CREATE PROCEDURE、CREATE RULE、CREATE TABLE、CREATE VIEW、BACKUP DATABASE 以及 BACKUP LOG。
- security_account：表示被拒绝权限的安全账户名称。

对象权限：

```
DENY
    {ALL[PRIVILEGES]|permission[,…n]}
    {
        [(column[,…n])] ON {table|view}
        |ON {table|view}[(column[,…n])]
        |ON {stored_procedure|extended_procedure}
        |ON {user_defined_function}
    }
TO security_account[,…n]
[CASCADE]
```

参数说明：

- ALL：表示拒绝所有权限。
- PRIVILEGES：关键字。

- permission：指定被拒绝的对象权限，可以是以下语句中的一个或多个。
  针对表和视图的操作：SELECT、INSERT、UPDATE 和 DELETE 语句。
  针对表和视图的行的操作：INSERT 和 DELETE 语句。
  针对表和视图的列的操作：SELECT 和 UPDATE 语句。
  针对存储过程的操作：EXECUTE 语句。
- column：指定被拒绝权限的列名。
- table：指定被拒绝权限的表名。
- view：指定被拒绝权限的视图名。
- stored_procedure：指定被拒绝权限的存储过程名。
- extended_procedure：指定被拒绝权限的扩展存储过程名。
- user_defined_function：指定被拒绝权限的用户定义函数名。

(3) REVOKE

REVOKE 语句用来删除以前在当前数据库内的用户上授予或拒绝的权限，具体的语法格式如下：

语句权限：

```
REVOKE {ALL|statement[,…n]}
FROM security_account[,…n]
```

参数说明：

- ALL：表示可以删除所有权限。
- statement：指定用户要删除其权限的语句，语句列表可以包括 CREATE DATABASE、CREATE DEFAULT、CREATE FUNCTION、CREATE PROCEDURE、CREATE RULE、CREATE TABLE、CREATE VIEW、BACKUP DATABASE 以及 BACKUP LOG。
- security_account：表示被设置权限的安全账户名称。

对象权限：

```
REVOKE[GRANT OPTION FOR]
    {ALL[PRIVILEGES]|permission[,…n]}
    {
        [(column[,…n])] ON {table|view}
        |ON {table|view}[(column[,…n])]
        |ON {stored_procedure|extended_procedure}
        |ON {user_defined_function}
    }
{TO|FROM}
    security_account[,…n]
[CASCADE]
[AS {group|role}]
```

参数说明：

- ALL：表示可以删除所有权限。
- PRIVILEGES：关键字。
- permission：指定将要删除的对象权限,可以是以下语句中的一个或多个。
  针对表和视图的操作：SELECT、INSERT、UPDATE和DELETE语句。
  针对表和视图的行的操作：INSERT和DELETE语句。
  针对表和视图的列的操作：SELECT和UPDATE语句。
  针对存储过程的操作：EXECUTE语句。
- column：指定将要删除权限的列名。
- table：指定将要删除权限的表名。
- view：指定将要删除权限的视图名。
- stored_procedure：指定将要删除权限的存储过程名。
- extended_procedure：指定将要删除权限的扩展存储过程名。
- user_defined_function：指定将要删除权限的用户定义函数名。
- group：表示将要删除权限的组。
- role：表示将要删除权限的角色。

思考练习题

(1) 简述对数据库进行安全保护的必要性。
(2) 简述数据库安全性管理的内容。
(3) 试举例说明通过设置账号、用户、角色对数据库进行安全性管理的过程。
(4) 什么是认证模式和认证进程？分别有几种方式？各适用于哪些情况？
(5) 试举例说明如何对认证模式进行设置。
(6) 简述权限的种类以及如何通过权限设置进行数据库的安全管理。
(7) 简述数据完整性的基本概念。SQL Server系统中包括哪几种数据完整性类型？
(8) 简述主键约束和唯一性约束的相同点和不同点。
(9) 试列举一个主键约束的定义。
(10) 简述系统并发性的基本概念。事务的作用是什么？
(11) 简述锁的类型。为什么会出现死锁现象？

第 11 章 chapter 11

现代数据库技术

面向对象程序设计方法在计算机的各个领域，包括程序设计语言、软件工程、人工智能、信息系统以及计算机硬件设计等都产生了深远影响。面向对象设计方法与数据库技术的结合，使面向对象数据库系统应运而生。

11.1 面向对象的数据库系统

数据库技术源于 20 世纪 60 年代，随后，经历了从层次数据库、网状数据库到关系数据库的发展。虽然目前关系数据库在商业、教育等领域发挥了其巨大优势，但它的不足也渐渐显露出来，主要有以下几个方面：

- 不能很好地对复合结构的对象进行描述。
- 不能表达复合结构对象的操作定义。
- 不支持不同级别的抽象。
- 缺少触发器、约束和事件机制。
- 笨拙的数据库访问方式。

面向对象的数据库系统(Object Oriented Database System，OODBS)是指把面向对象的方法应用于数据库领域所形成的数据库系统，所以它具有面向对象和数据库两方面的特性。20 世纪 80 年代中后期，面向对象数据库研究领域异常繁荣，出现了许多优秀的典型产品，表 11.1 给出了当时的典型产品以及它们的原型。

表 11.1 面向对象数据库典型产品及原型

系统名称	特 征	开 发 者
G-Base	Lisp 式，基于 E-R 模型，支持 ADT，多继承，说明式 QL，Prolog 推理	Graphael 公司
Zeitgeist	持久程序设计性，C++ /ExplorerLisp，支持模式演进，版本化和对象配置	Texas Instruments 公司
Gemstone	Smalltalk 式 OPAL，典型 OODB 特征，基于关系模型	Servio 公司
Ontos	C++ 式，基于 OO 特性，强大的开发控制及嵌套事务	Ontologic 公司

续表

系统名称	特　征	开 发 者
Iris	函数式数据模型与ADT、OSQL,版本化与版本控制,直接对象访问	Hewlett-Pachard公司
O_2	全OO和DBMS特性,多语言接口,字母数字接口和OOP环境	Altair公司
Orion	Lisp式,持久程序设计,基本OO特性,模式演进与版本化	MCC公司
Statice	类Lisp,支持继承与集合属性,多种交互工具,DBMS特性与相联存取	Symbolics公司

11.1.1 面向对象的数据模型

面向对象的数据模型主要包括以下几个方面。

1. 对象结构

大体上,一个对象对应着E-R模型中的一个实体。对象之间的界面由一组消息来定义。一个对象应包含下列内容。

- 属性集合:用于描述对象的状态、组成和特性。
- 方法集合:用于描述对象的行为特性。每个方法是实现一个消息的代码段,一个方法返回一个值作为消息的响应。
- 消息集合:消息是对象向外提供的界面,由对象接收和响应。每个消息的参数可以是零个、一个或多个。

对象的方法可以分为只读和更新。只读不影响对象中的变量的值,更新则可以做到。同样,对象所响应的消息也可以根据实现这些消息的方法分成只读和更新。

2. 类

在数据库中有许多相似的对象,它们响应相同的消息,使用相同的方法,有相同的名称和类型的变量。以前传统的程序设计方法是对这类对象分别进行定义,浪费了大量的资源。而面向对象程序设计方法提供了类的概念,可以将相似的对象分成一个类,每个对象称为这个类的一个实例,只需对类进行定义。

3. 继承

面向对象数据库的模型通常有很多类,其中有很多类很相似,我们希望将那些共同的变量定义在同一个地方。面向对象程序设计方法中提供了继承机制,用户可以增加、修改或替换给定类中的方法来对这个类进行扩充,以适应用户不同的应用要求。

在面向对象系统中继承性的一个重要特性就是可置换性,这种特性带来了代码重用的好处。

4. 对象标识

面向对象数据库系统中的每个对象都有一个唯一的不变的标识，称为对象标识(OID)。标识用来区分对象。两个对象即使属性值以及方法完全相同，只要标识不同就是不同的对象。常用的标识有三类。

- 值标识：使用一个数据值来进行标识，在关系系统中常使用这种形式的标识。
- 名称标识：用用户提供的名称作为标识，这种形式的标识通常适用于文件系统中的文件。不管文件的内容是什么，每一个文件都被赋予一个名称来作为唯一标识。
- 内标识：以上两种标识都是由用户建立的。内标识是在数据模型或程序设计语言中内置的，不需要用户提供标识符。面向对象系统中使用的就是内标识，每个对象在创建时由系统自动赋予一个标识符。

5. 对象嵌套

在面向对象数据库系统中，对象的某一属性既可以是单值也可以是值的集合。也就是说，一个对象的属性还可以是一个对象，对象之间可以相互引用，嵌套其他对象的对象称为复杂对象或复合对象，并且可以存在多层嵌套，这样就产生了对象间的嵌套层次。

嵌套允许用户从不同的角度来观察数据。例如，一个发动机设计者一般只把注意力集中在发动机对象上，而买家则关心汽车的性价比。

11.1.2 面向对象数据库语言

面向对象的数据库系统源于面向对象的程序设计语言。第一个面向对象的程序设计语言是 Simula_67，随后开发出了 Smalltalk 语言，还有一些面向对象语言则是对传统语言进行了扩充。例如现在很受欢迎的 C++ 就是对 C 语言的扩充。

数据库语言按功能划分，主要有两种：数据定义语言和数据操纵语言(有的称之为查询语言)。面向对象的数据库系统也不例外，它相应的也有两种语言：对象定义语言和对象查询语言。

1. 对象定义语言

对象定义语言(Object Definition Language，ODL)是用来描述面向对象的数据库的结构或模式的语言。面向对象数据库模式是对应于面向对象数据库模型的一个示例。

2. 对象查询语言

对象查询语言(Object Query Language，OQL)能够使用户通过说明关于属性的条件来存取数据，具有高效、应用独立性等特点。对象查询语言对关系查询语言进行了扩展，不仅提供面向集合的数据存取方式，还提供了一种基于 OID 的导航式对象存取，应用可以按 OID 跟随对象引用经对象间航行而存取被引用的对象。

在层次、网状数据库中的数据库查询语言多属于过程性语言，使用起来虽复杂，但能够与宿主语言很好连接；而关系数据中的数据库查询语言属于非过程语言。非过程语言面向集合进行操作，与高级程序设计语言面向单个数据进行操作不协调。这种现象俗称阻抗失配。在关系型数据库系统中查询语言与宿主语言之间的“阻抗失配”问题始终没得到很好解决，不能很好地嵌入到宿主语言中。面向对象数据库语言能够建立复杂对象，具有封装性、多态性、持久性等特点，从而能够很好地与宿主语言连接，避免阻抗失配问题。

面向对象的语言包含4个基本的分支。

- 基于Smalltalk：包括Smalltalk的5个版本，以Smalltalk-80为代表。
- 基于C：包括Objective-C、C++、Java等语言。
- 基于Lisp：包括Flavors、XLISP、LOOPS、CLOS等语言。
- 基于Pascal：包括Object Pascal、Turbo Pascal、Eiffel、Ada 95等语言。

11.1.3 面向对象数据库的模式演进

面向对象数据库模式是类的集合。模式为适应需求的变化随时间不断变化，这种变化称为模式演进。它包括创建新的类，删除旧的类，修改类的属性及操作等。

在面向对象数据库系统中，由于模式改变频繁且修改复杂，因此对面向对象数据库系统的应用环境提出了更高的要求。

1. 模式的一致性

一致性是模式演进必须保持的特性。模式一致性是指模式自身内部不能出现矛盾和错误，它由以下一些约束来刻画。

- 唯一性约束。唯一性约束是指名称的唯一性。同一模式中所有类的名字必须唯一，类中的属性名和方法名必须唯一。
- 存在性约束。存在性约束是指显式引用的某些成分必须存在，包括：在模式中每一个被引用的类必须是事先定义的，调用操作代码时必须给出说明，对每一个已说明的操作都必须存在一个实现过程。
- 子类型约束。子类型约束主要是对子类、超类间的继承关系进行约束，包括：子类和超类间的联系不能含有环；在只支持单重继承时，必须标明子类的单一超类；不能有从多重继承带来的任何冲突。

2. 模式演进的操作

面向对象数据库系统应当支持以下的模式演进操作：

- 类的改变。包括：增加一个新类，删除一个旧类，改变一个已有类的名字。
- 已有类的成分的改变。包括：增加新的属性或新的方法，改变已有属性的名字或类型，改变方法的名称或方法的实现。
- 子类超类间联系的改变。包括：增加新的超类，删除已有的超类。

3. 模式演进的实现

模式演进的操作会影响模式的一致性，所以模式演进的实现存在一定困难，目前一般采用转换的机制来实现模式演进。所谓转换是指在面向对象数据库中，使已有的对象根据新的模式结构进行转换以适应新的模式。主要有两种转换方式：立即转换和延迟转换。

- 立即转换。一旦模式变化，相应对象立即执行所有转换。这种方式有一点不足，就是系统为执行转换会停顿一段时间。
- 延迟转换。模式变化时不立即执行转换，而是延迟到相应对象被存取或底层数据载入时再执行转换。这种方式也有一点不足，就是以后应用程序存取对象时，总要把它的结构与所属类的定义进行比较，完成相应的修改，这样会影响系统的运行效率。

此外，还有多模式版本转换。这种方式是指进行模式转换时，建立一个数据库模式的新版本，保留旧版本，原数据库模式依然存在。这种方式常用于历史数据库的存取。在数据库系统中新老版本同时存在，这样会给存取带来很大的便利，同时也会导致存储空间的浪费。

目前，关于模式演进的研究是面向对象数据库系统研究的重要领域。

11.1.4 面向对象程序设计

面向对象的程序设计是建立在结构化程序设计概念和数据抽象的基础上的。与结构化程序设计不同，面向对象的程序设计是围绕被操作的数据而设计的，而不是围绕操作本身。计算机执行的工作被称为数据处理，程序的目的也是操作数据，数据和操作是在一个基本水平上连接的。面向对象程序设计使这个关系更为明显。

面向对象程序设计方法是一种支持模块化设计和软件重用的编程方法。它不同于传统的程序设计方法。在面向对象程序设计中，程序被看作是相互协作的对象集合，每个对象都是某个类的实例，所有的类构成一个通过继承关系相联系的层次结构。面向对象的语言常常具有以下特征：对象生成功能、消息传递机制、类和继承机制。面向对象的程序设计主要具有以下优点：

- 易于维护。在面向对象编程中模块性是与生俱来的，实体表现为类和名字空间中具有相同功能的类，可以向名字空间中增加一个类而不会影响名字空间的其他成员。
- 可扩展性。面向对象编程支持扩展性，可以在已有类的基础上很方便地扩展该类，使其具有更多的功能。
- 代码重用。面向对象程序设计把所有的功能压缩到类中并且类可以作为一个独立的实体存在，此时类库的实现就变得非常容易了。程序员自此可以使用类库来完成很多功能。

并行数据库、面向对象数据库、多媒体数据库、超文本数据库等数据库领域的新应用是未来数据库技术的发展方向，这些新技术将提供给我们更广阔的开发空间。

11.2 并行数据库系统和分布式数据库系统

数据库技术作为信息技术的分支，在信息领域具有十分重要的地位，并且随着用户对数据库技术各种需求的不断变化，数据库技术也得到了很大发展。数据库技术与应用领域技术或相关技术的有机结合，形成了现代数据库技术的主要特征。前面已经介绍了面向对象数据库系统，本节重点讲述并行数据库系统和分布式数据库系统。

11.2.1 并行数据库系统

随着各行各业对计算机技术的需求日益扩大，计算机硬件和软件结构也迫切需要改进。硬件方面，微处理器的高度集成技术正趋于物理极限，存储技术的发展相对滞后，I/O瓶颈问题日益突出；软件方面，数据库服务器对大型数据库各种复杂查询和联机事务处理的支持使得对响应时间和吞吐量的要求顾此失彼，各种应用对数据库的性能提出了更高的要求。

计算机多处理器结构以及并行数据库服务器的实现为解决以上问题提供了极大的可能性。并行数据库系统是将并行技术与数据库管理相结合产生的新型数据库系统。并行数据库系统可以发挥多处理器结构的优势，提供比相应的大型机系统要高得多的性能价格比和可用性。同时，并行数据库系统在解决磁盘I/O瓶颈问题和主存访问瓶颈问题上也有很好的效果。

并行数据库系统并行化程度的高低要通过并行粒度来衡量。并行粒度指的是查询执行的并行程度。并行粒度从粗到细分为：事务间并行性、查询间并行性、操作间并行性和操作内并行性。

事务间并行性是指不同的事务并行执行，查询间并行性是指同一事务中不同的查询并行执行，操作间并行性是指同一事务、同一查询中的不同操作并行执行，操作内并行性是指同一事务、同一查询、同一操作中的不同子操作并行执行。一般说来，并行粒度越细，并行化的程度就越高，而实现起来就越为复杂。一个好的并行数据库系统应该能实现操作内的并行性。

并行数据库并行化的形式可以分为两种：一种是水平并行化，也称为独立并行化；另一种是垂直并行化，也称为流水线并行化。水平并行化指互相独立的多个操作或者一个操作内互相独立的多个子操作分别由不同的处理器并行执行的形式；垂直并行化指存在流水线方式依赖关系的操作分别由不同处理器并行执行的形式。

一个并行数据库系统可以作为服务器面向多个客户机进行服务。对于客户机/服务器体系结构的并行数据库系统，它一般支持三种功能。

- 会话管理子系统，提供对客户与服务器之间交互能力的支持。
- 请求管理子系统，负责接收有关查询编译和执行的客户请求，触发相应操作并监督事务的执行与提交。
- 数据管理子系统，提供并行执行编译后查询所需要的所有底层功能，例如并行事务支持、高速缓冲区管理等。

上述功能构成类似于典型的关系数据库管理系统，不同的是并行数据库系统必须具有处理并行性、数据划分、数据复制以及分布事务的能力。

并行数据库系统的实现方案多种多样。根据处理器与磁盘及内存的相互关系可以将并行计算机结构化分为三种基本类型：共享内存结构、共享磁盘结构和分布内存结构。

在共享内存结构中，任意处理器可通过快速互联访问任意内存模块或磁盘单元，即所有内存与磁盘为所有处理器共享。共享内存结构在负载均衡、设计简单性方面都比较有优势，一般适用于有数十个处理器的中小型系统。

在共享磁盘结构中，各处理器拥有各自的内存，但共享共同的磁盘。每一处理器可以访问共享磁盘上的数据库页，并将其复制到各自的高速缓冲区中。为避免对同一磁盘页的访问冲突，应通过全局锁和协议来保持高速缓冲区的数据一致性。共享磁盘结构一般适用于有数百个处理器的中小型系统。

在分布内存结构中，每一处理器拥有各自的内存和磁盘。分布式数据库设计中的设计思路，如数据库分片、分布事务管理和分布查询处理等，都可以在本方案中利用。分布内存结构在系统的可扩充性与可用性方面都比较优秀，一般适用于有数千个处理器的大型系统。

11.2.2 分布式数据库系统

20 世纪 70 年代中期以来，由于计算机网络的迅速发展以及地理上分散的公司、团体和组织对于数据库更为广泛的需求，在集中式数据库系统成熟技术的基础上产生和发展了分布式数据库系统。分布式数据库系统是数据库技术和网络技术两者有机结合的结果。

对于分布式数据库系统的一个粗略定义是：分布式数据库是由一组数据组成的，这些数据物理上分布在计算机网络的不同节点（也称为场地）上，逻辑上属于同一个系统。这个定义强调了两点。

- 分布性。数据库中的数据不是存储在同一场地，更确切地讲，不是存储在同一计算机的存储设备上。这就可以和集中式数据库相区别。
- 逻辑整体性。这些数据逻辑上是互相联系的，是一个整体，在逻辑上就如同集中式数据库一样。这就可以和分散在计算机网络不同节点上的数据库或文件的集合相区别。后者各节点的数据之间没有内在的逻辑联系，所以在讨论分布式数据库时就有了全局数据库（逻辑）和局部数据库（物理）的概念。

分布式数据库还有一个更确切的定义：分布式数据库是由一组数据组成的。这组数据分布在计算机网络的不同计算机上，网络中的每个节点具有独立处理的能力（称为场地自治），可以执行局部应用。同时，每个节点也能通过网络通信子系统执行全局应用。

这个定义强调了场地自治性（Autonomous）以及自治场地之间的协作性。这就是说，每个场地是独立的数据库系统。它有自己的数据库、自己的一组终端、自己的中央控制器，运行它自己的局部数据库管理系统，执行局部应用，具有高度的自治性；同时又相互协作组成一个整体。这种整体性的含义是：对于用户来说，一个分布式数据库系统在逻辑上看如同一个集中数据库系统一样，用户可以在任何一个场地执行全局应用。

分布式数据库是在集中式数据库系统成熟技术上发展起来的,但不是简单地把集中式数据库分散地实现,它是具有自己的性质和特征的系统。分布式数据库系统主要有以下几个特点:

- 数据独立性。数据独立性是数据库方法追求的主要目标之一。在分布式数据库中,数据独立性除了数据的逻辑独立性与物理独立性外,还有数据分布独立性,也叫作分布透明性(distribution transparency)。分布透明性是指用户不必关心数据的逻辑分片、数据物理位置分布的细节、重复副本一致性问题,同时也不必关心局部场地上数据库支持哪种数据模型。分布透明性也可归入物理独立性的范围。
- 集中与自治相结合的控制结构。数据库是用户共享的资源。在分布式数据库中,数据的共享有两个层次:一是局部共享,即在局部数据库中存储局部场地上各用户的共享数据;二是全局共享,即在分布式数据库的各个场地也存储可供网中其他场地的用户共享的数据,支持系统中的全局应用。因此,相应的控制结构也有两层:集中和自治。各局部的数据库管理系统可以独立管理局部数据库,具有自治的功能;同时,系统又设有集中控制机制,协调各局部数据库管理系统的工作,执行全局应用。
- 适当增加数据冗余度。在分布式数据库中希望增加冗余数据,在不同的场地存储同一数据的多个副本。这样一方面可以提高系统的可靠性和可用性,不会因一处故障而造成整个系统的瘫痪;另一方面系统可以根据距离选择最近的数据副本进行操作,减少通信代价,提高整个系统的性能。
- 全局的一致性、可串行性和可恢复性。分布式数据库中各局部数据库应满足集中式数据库的一致性、可串行性和可恢复性。另外还应保证数据库的全局一致性、并行操作的可串行性和系统的全局可恢复性。

分布式数据库管理系统 D-DBMS(Distributed Database Management System)是建立管理和维护分布式数据库的一组软件。它一般由4部分组成:

- LDBMS:局部场地上的数据库管理系统。其功能是建立和管理局部数据库,提供场地自治能力,执行局部应用及全局查询的子查询。
- GDBMS:全局数据库管理系统。其主要功能是提供分布透明性,协调全局事务的执行,协调各局部DBMS以完成全局应用,保证数据库的全局一致性,执行并发控制,实现更新同步,提供全局恢复功能。
- GDD:全局数据字典。用来存放全局概念模式、分片模式、分布模式的定义以及各模式之间映像的定义,以保证全局用户的合法权限和数据库的安全性,存放数据完整性约束条件的定义,其功能与集中式数据库的数据字典类似。
- CM:通信管理。在分布数据库各场地之间传送消息和数据,完成通信功能。

11.3 数据仓库

SQL Sever、Oracle 等企业级关系数据库管理软件,最初设计用来集中保存由大公司或政府部门的日常事务所产生的数据。在过去的几十年中,这些数据库已发展成为记录执行企业日常操作所需数据的高效系统。然而，随着信息技术的高速发展，数据量在急剧增长，数据库应用的规模、范围和深度不断扩大，一般的事务处理已不能满足应用的需求。企业界迫切要求能够迅速地从大量的复杂的业务数据中获取所需的决策信息，以作出有效的判断和抉择。数据仓库(Data Warehousing，DW)技术的兴起满足了这一要求。目前，数据仓库系统已成为了建立决策支持系统(Decision Support System，DDS)的核心技术。

虽然数据仓库技术产生的时间并不是很长，但近几年得到了迅速发展，各数据库产商纷纷推出了自己的数据仓库软件。本节就将结合 Microsoft 公司在 SQL Server 2014 中提供的各种数据仓库组件来讲解该技术的一些基本内容。

11.3.1 从数据库到数据仓库

随着数据库技术应用的深入，人们发现对数据库的应用可以分成两类：操作型处理和分析型处理。操作型处理也称为联机事务处理(OLTP)。OLTP 是指对企业数据进行日常的业务处理，主要包括对企业数据库的一个或一批记录进行检索或更新。与联机事务处理不同，分析型处理主要用于管理人员的辅助决策，它通过对大量数据的综合、统计和分析得出有助于企业的决策信息。传统的数据库与数据仓库的最大的区别就在于：数据库从结构到功能上都面向事务处理而数据仓库则面向分析处理。从数据仓库的发展历史看，正是由于以数据库系统为核心的事务处理环境不能很好地完成分析处理的任务，才导致了数据仓库技术的出现和发展。

具体地说，事务处理环境不适宜决策支持应用的原因主要有以下几个方面。

1. 事务处理和分析处理的性能不同

在事务处理的环境中，用户的行为特点是数据的存取频率高而每次操作处理的时间短，因此，系统可以允许许多用户按分时方式使用系统资源，同时保持较短的响应时间。在分析环境中，用户的行为模式与此完全不同，一个决策支持系统可能需要运行好几个小时，从而消耗大量的系统资源。将具有如此不同处理性能的两种应用放在同一个环境中运行显然是不恰当的。

2. 数据集成的问题

决策支持系统需要集成多种数据。全面而正确的数据是有效分析和决策的首要前提。相关数据收集得越完整，得到的结果也就越可靠。事务处理的目的在于使业务处理自动化，一般只需要与本部门有关的数据，而对整个企业范围内的集成应用考虑很少。因此，传统数据库系统中的数据一般都处于一种离散的状态，很难实现数据的综合。

3. 历史数据

事务处理一般只需要当前数据，在数据库中一般也只存储短期的数据，且不同数据的保存期限也不一样，即使有些历史数据保存下来了，也未得到充分的利用。但对于决策分析而言，历史数据是相当重要的，许多分析方法必须以大量的历史数据为依托。没有对历史数据的详细分析，是难以把握企业的发展趋势的，因此决策支持系统对数据在空间和时间的广度上都有较高的要求，而事务处理的环境难以满足这些要求。

4. 数据综合

事务处理系统中积累了大量的细节数据。一般而言，决策支持系统不直接对这些细节数据进行分析。这主要是因为一方面这些细节的数据量太大，对它们的分析将严重影响系统性能；另一方面是因为太多的细节数据不利于分析人员抓住主要矛盾。因此，在分析之前往往需要对数据进行不同程度的综合，但事务处理不具备这种综合的能力。而且，根据规范化理论，这种综合还往往作为一种数据冗余而被加以限制。

由此可见，要提高分析和决策的效率就必须把分析型处理与操作型处理相分离，把分析型数据从事务处理环境中提取出来，按照决策分析系统要求，建立单独的分析处理环境，数据仓库正是为了构建这种新的环境而出现的数据组织和处理技术。

11.3.2 数据仓库的定义

什么是数据仓库？数据仓库之父 W. H. Inmon 在《Building Data Warehousing》一书中给数据仓库下的定义为："数据仓库是支持管理决策过程的、面向主题的、集成的、随时间不断变化的、稳定的数据集合。"

- 数据库仓库是面向主题的。主题是在较高层次上将数据进行综合归类的一个抽象的概念。每个主题对应一定的客观分析领域，每个领域都有自己的逻辑内涵而互不交叉。按照面向主题组织数据，能够在较高层次上对分析对象的数据提供一个完整的、一致的描述，能够统一表示分析对象所涉及企业的各种数据及数据间的联系。传统的事务处理是面向应用的，是根据企业各个部门的业务活动组织数据的。这种组织方式使得本来是描述同一客观实体的数据由于与不同的应用逻辑捆绑在一起而变得不统一；使得本来是一个完整的客观实体的数据分散在不同的数据库模式中。例如，一个企业管理信息系统有计划、生产、销售等应用子系统分别处理生产计划、生产进度、订单等各自的业务信息，但对用户提出的如"某种产品的投资回报率是多少？"这样的问题原系统是无法回答的，必须在已有信息系统的基础上按照主题，如产品、客户、投资、收益等重新组织数据。
- 数据仓库是集成的，即数据在进入数据仓库前必须要经过加工和集成。数据仓库的每个主题对应的源数据是按照应用逻辑组织的且数据可能分布在不同的节点，因此数据之间难免有许多重复和不一致的地方。数据仓库中的综合数据不能从原有的数据库系统直接获得，在抽取和集成数据时要消除源数据的冲突和不一致，进行数据的综合和计算，以得到所需的结构数据。
- 数据仓库是稳定的。数据仓库中的数据主要是供决策支持系统之用，所涉及的数据操作主要是数据查询，一般情况下不进行修改操作。数据仓库的数据反映的是一段相对较长的时间内的历史数据的内容，是不同时间的数据库快照的集合，以及基于这些快照进行统计、综合和重组的导出数据，而不是联机处理的数据。由于数据仓库的查询数据量非常大，所以数据仓库对数据查询提出了非常高的要求，在数据仓库中往往需要应用非常复杂的索引技术。

- 数据仓库是随时间变化的。由于数据仓库中的数据是稳定的，它反映了一段时间内（如5年）的历史数据，用户可以对这些数据进行趋势分析以获得决策支持。但是，数据仓库中的数据并不是固定不变的，而是随时间在不断变化。在数据仓库从建立到废弃的整个生命周期中，它将随着时间的推移不断增加新的数据，删除过期的数据，修改综合数据，以准确地适应趋势的变化。

可以看出，数据仓库是数据库技术发展和应用深化的产物。它建立在已有的数据库技术之上，是对已有数据的重新组织和集成。

11.3.3 数据仓库系统的结构

一个数据仓库系统至少由三部分构成：数据源、数据仓库和数据分析工具，如图11.1所示。

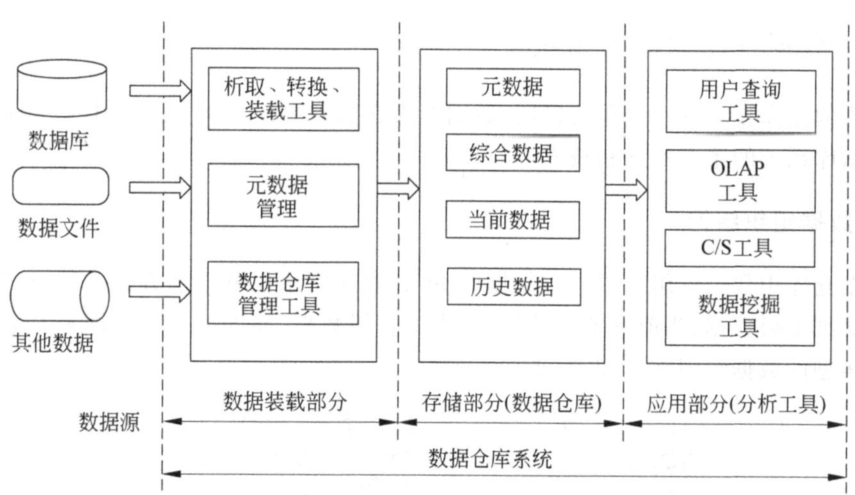

图11.1 数据仓库系统的结构

- 数据源：数据源是数据仓库的基础。同一数据仓库可以有多种不同的数据源，一种是正在运行的数据库系统中的数据，这些信息既可以是关系的也可以是非关系的；另一种是脱机或档案数据，这些数据对趋势分析有巨大的历史价值；还有一种是来自外部系统的人工数据，如市场研究部门提交的竞争分析简报等。
- 数据准备区：数据准备区也称为数据装载器，它负责数据的获取和装入。它从不同的外部数据源获取数据并进行分析、综合、归并，转换成数据仓库使用的格式，然后将数据装入数据仓库。同时它还负责监视数据源的数据变化，随时对新的或变化的信息进行分析、过滤并将结果追加到数据仓库中。
- 数据的存储和管理：数据存储和管理部分负责数据仓库内部数据的维护和管理，包括数据的组织、数据的管理和元数据的管理，这些工作需要利用已有的DBMS的功能来完成。

数据仓库中保存的数据量相对传统的数据库来说要大得多，如何有效地组织这些

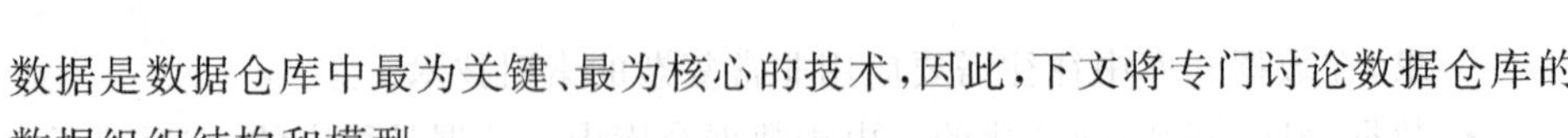

数据是数据仓库中最为关键、最为核心的技术，因此，下文将专门讨论数据仓库的数据组织结构和模型。

- 数据访问和分析。数据访问部分为数据仓库的前端，面向不同的最终用户。在这部分主要包括两种类型的分析技术：联机分析处理技术和数据挖掘技术。它们分别用于实现决策支持系统的不同的需要。

  许多数据仓库系统在数据仓库和前端工具之间还有数据集市(data mark)。数据集市是按不同分类组织的，是部门级的数据仓库。如按照业务的不同组织财务、销售、市场等多个数据集市，每个数据集市包含了有关的特定业务领域的信息，这样结构简单而又易于管理。

从以上对数据仓库系统结构的介绍可以看出，实际上数据仓库系统主要由三大技术构成，即数据仓库技术(解决数据组织和存储)、联机分析处理技术(解决复杂的信息查询)和数据挖掘技术(提供趋势的预测)。

11.3.4 数据仓库的数据组织

作为数据库技术的一个重要发展，数据仓库在数据的组织形式上产生了一些区别于以往数据库系统的重要概念和技术。

1. 数据组织结构

数据仓库中数据的组织形式与数据库不同，它通常采用分级的方式进行组织。一般包括早期细节级数据、当前细节级数据、初步综合级数据、高度综合级数据和元数据5个部分。典型的数据组织方式如图11.2所示。

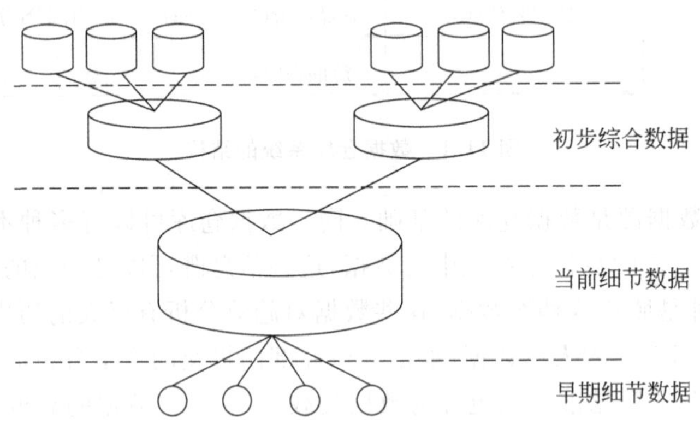

图11.2 数据仓库的数据组织方式

原始数据在经过数据源归并综合，首先进入当前细节级，根据需要进一步综合进入轻度综合级，如再进行高度综合则进入高度综合级。而随着时间的推移，老化的数据将进入早期细节级。

数据仓库中除了一般的分析数据外还有一种重要的数据是元数据(meta data)。元数据是“关于数据的数据”，如传统数据库中的数据字典就是一种元数据。在数据仓库中主要有两种类型的元数据：一种是从操作型环境转换到数据仓库环境所建立的元数据，它包含了所有原始数据的名称、属性及其在数据仓库中的转换；另一种元数据用来与终端用户的前端分析工具建立映射，这类元数据常用来开发更先进的决策支持工具。

2. 粒度

粒度是指数据仓库中数据单元的详细程度和级别。一般操作型数据库系统中处理的数据都是详细数据，其粒度是最低的。但在分析型处理中需要通过数据的概括和聚集形成较高级别的数据。粒度越小，细节程度越高，级别就越低。反之，数据的综合程度越高，粒度越大，级别就越高。数据的粒度越高所需要存储的数据量越少，但对决策者的重要性却随之增加，且能够提供用户快速方便的查询。

现有的数据仓库系统一般提供多种粒度的数据，不同粒度的数据用于不同类型的处理。如对产品销量，不同的粒度可以按每天、每周、每月、每季度甚至是每年的统计数据。通常的数据粒度有详细数据、初步综合、高度综合三级。

3. 分割

分割是指将逻辑上统一的数据分割成较小的、可以独立管理的物理单元，以提高数据处理的效率。数据分割后的数据单元称为切片。进行数据分割的原因是，在进行实际的分析时，针对存在某种相关性的数据集合的分析最为常见，如果将具有这些相关性的数据按某种规律进行分类，那么分割后的数据处理起来必然相对独立，从而使数据更易于重构、索引、恢复和监控，处理的效率也更高。

数据分割的标准是按照实际情况确定的，通常按日期、地理分布、业务范围等进行分割，如产品销售数据可以根据不同的地域如华南地区、华东地区等进行分割。分割也常采用多个分割标准的组合，而时间一般是分割标准的一个必然组成部分。例如可以按每个季度和不同地区的组合来记录产品的销售情况。

4. 维

维是人们观察数据的特定角度，是数据的视图，如可以从销售时间、销售地区等不同的角度观察产品的销售数据。在实际应用中，最常用的是时间维，此外还有地理维、产品维等。与空间坐标轴有不同的测量单位相似，维也可以有细节程度不同的描述，这些不同的描述称为维的层次。例如，时间维的维层次可以有日、周、月、季、年等。数据仓库中的数据按照不同的维组织起来形成了一个多维的立方体，如图 11.3 所示，销售数据按时间、地区、产品组织起来成为三维立方体。多个维的每一维都可取具体值形成一个数据单元。如“2011 年第一季度，北京地区，电视机，2371 台”表示企业 2011 年第一季度在北京地区销售了电视机 2371 台。维的概念使用户能够从多个角度观察数据仓库中的数据，以深入了解包含在数据中的信息。

11.3.5 数据仓库的数据模型

通过前面的介绍，我们知道：在数据仓库中，数据已由传统的二维表结构发展成为多

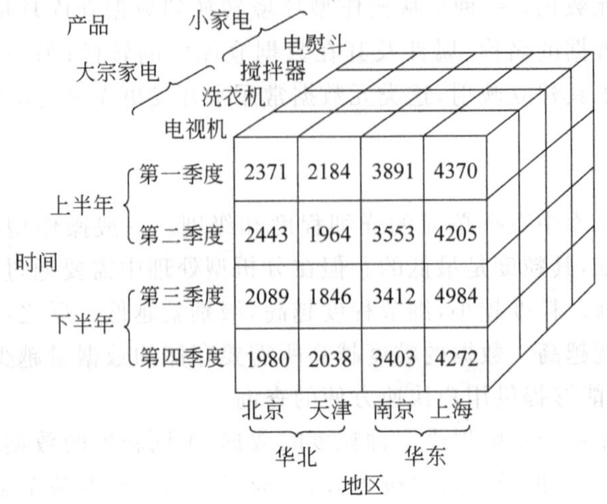

图 11.3　多维数据

维立方体的结构,因此数据仓库的数据模型也与传统的关系、网状、层次模型有了很大的不同。目前,使用最为广泛的数据仓库模型是星型模型和雪花模型。

1. 星型模型

图 11.4 给出了一个星型模型的简单示例。简单的星型模型由一个事实表和多个维表组成。事实表是星型模型的核心表,它包含了两种类型的列。第一种列是维数表的索引列,这些列中存储了各维表的主键值,它们组合成事实表的主键。如图中所示"时间代码"、"产品代码"、"经销商代码"和"地区代码"都属于这种性质的列。而其他非主属性的列则称为事实列,其中包含了用于计算的信息,如图中所示的"销售量"。事实表中的每个事实指向每个维表中的一个元组。复杂的星型模型可以包含若干事实表和维表。

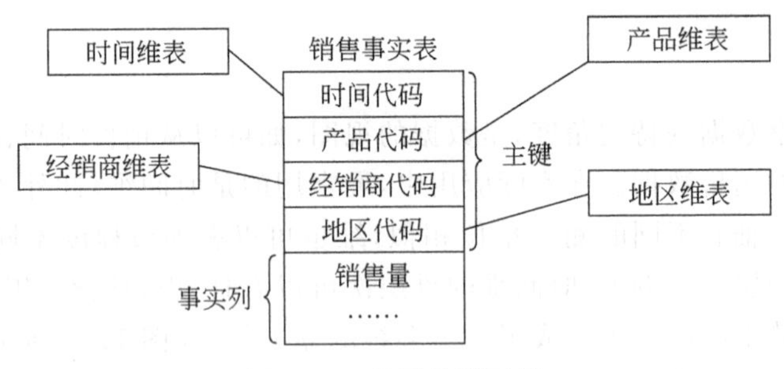

图 11.4　星型模型示例

在图 11.4 中,中间的是销售事实表,它向外连接有时间维、产品维、地区维等多个维表。在实际查询时,通过对事实表和维表进行连接操作便可形成数据立方,从而获得丰富的信息,如图 11.5 所示。

2. 雪花模型

雪花模型(snow flake schema)是对星型模型的一个扩展,每个维都可以向外连接多

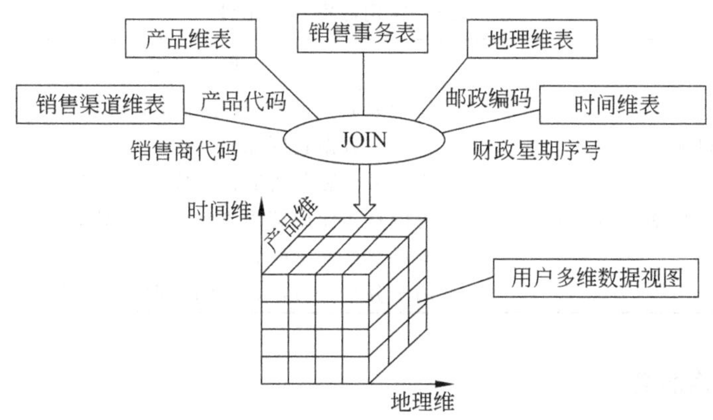

图 11.5　通过连接获得信息

个维表。雪花模型对星型模型的维表进一步标准化,维表分解成与事实表直接关联的主维表和与主维表关联的次维表。它的优点是通过最大限度地减少存储量以及将较小的标准化表而不是大的非标准化表联合在一起来改善查询性能。由于采用标准化及维的较低的粒度,雪花模型增加了应用程序的灵活性;但由于雪花模型增加了连接操作的次数,因而也增加了查询的复杂性。

图 11.6 是在图 11.4 的基础上扩展得到的雪花模型,其中产品维又分别分为产品表和供应商表,而地区表又分为地区表和城市表。

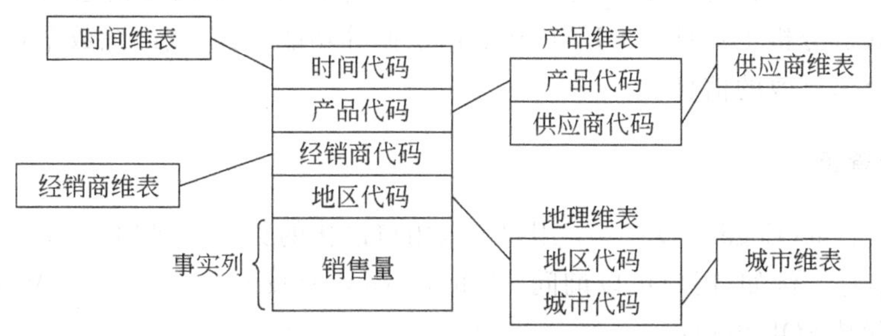

图 11.6　雪花模型示例

11.3.6　SQL Server 数据仓库组件

Microsoft 公司在 SQL Server 系统中提供了一整套设计、建立数据仓库,数据转换和数据挖掘的工具。通过这些工具的帮助,使用者可以方便地进行数据仓库的开发和管理。SQL Server 的常用数据仓库组件如表 11.2 所示。

1. 关系型数据库

SQL Server 数据仓库的核心实际上就是 SQL Server 关系数据库引擎。SQL Server 提供了数据库设计辅助工具,不仅用于基于事务处理的传统数据库系统设计,也可用于数据仓库的设计。

表 11.2 常用数据仓库组件

工　具	概　述
关系型数据库	作为数据库设计、构造和维护的基础
数据转换服务(DTS)	用于向数据仓库加载数据
联机分析工具(OLAP)	用于采集和分析数据仓库中的数据
英语查询(English Query)	提供直接使用英语语句进行数据库查询的服务
元数据服务	浏览数据库中的元数据
数据复制工具	用于分布式数据仓库的数据分布和加载

2. 数据转换服务

数据仓库需要从众多的数据源中获得数据，这些数据源可能是文本文件、电子邮件，也可能是其他的数据库系统，因而整合不同的数据源到一个数据仓库中是一项十分复杂的工作。为了减轻系统管理员的负担，SQL Server 提供了数据转移服务（Data Transformation Service，DTS）的功能。通过 DTS，SQL Server 可以和任何支持 OLE DB 接口的数据源之间进行数据的导入和导出。DTS 还可以按计划自动执行，从而进一步降低了数据仓库中数据集成的难度。

3. 联机分析工具

数据仓库的主要目的就是对大量的数据进行分析并辅助决策的进行。SQL Server 中的提供的联机分析工具具备 OLAP 和数据挖掘等功能，可有效组织数据仓库的大量数据并从中综合出有效的信息。

4. 英语查询

通过英语查询(English Query)，用户可以用口语化的英语查询 SQL Server 数据库、数据仓库中的信息。例如，用户可以询问："How many widgets were sold in Washington last year?"，从而代替 SQL 语句：

```
SELECT SUM(Orders.Quantity)FROM Orders,Parts
WHERE Orders.State='WA'
    AND Datepart(Orders.Purchase_Date,'Year')='1999'
    AND Parts.PartName='widget'
    AND Orders.Part_ID=Parts.Part_ID
```

基于英语的查询对于数据仓库来说，可用于开发基于日常英语的查询应用。通过它提供的语言分析引擎，程序员可以开发出高性能的采用英语口语来查询数据库的应用程序。

5. 元数据服务

元数据(Meta Data)是"关于数据的数据"，可保证系统中数据的一致性和完整性，使开发人员可以在应用程序中使用这些数据。

6. 数据复制工具

在数据仓库中，数据复制是指把一个数据仓库中的数据通过网络分布到另外一个或多个数据集市当中去，以适应可伸缩的数据组织需求，减轻主系统工作负荷并提高数据使用效率。通常也把数据的复制称为数据的发布。SQL Server 能分发数据并协调不同数据库之间的更新操作。SQL Server 中数据仓库各组件之间的相互关系如图 11.7 所示。

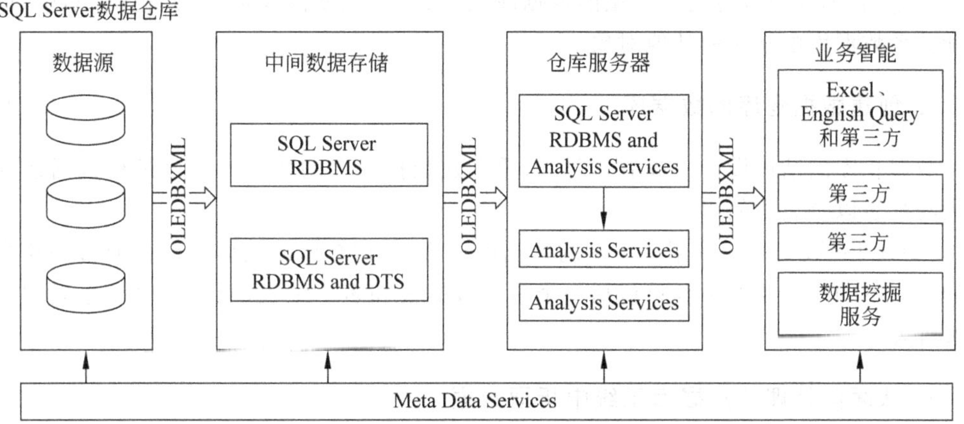

图 11.7 数据仓库各组件之间的相互关系

11.3.7 SQL Server 数据仓库的建设流程

使用 SQL Server 建设数据仓库系统通常可包括以下几个步骤。

1. 设计数据仓库

设计数据仓库与设计传统的数据库系统有很大的不同。与 OLTP 系统获取高速变化的具体信息的目的相反，建立数据仓库的目的是为了组织大量稳定的数据以减少分析和检索的工作量。在进行数据库设计时，最重要的是确定数据仓库所要涉及的主题域，这就需要设计人员充分地和最终用户进行交流，清晰地界定数据仓库的应用背景。

在明确数据用户需求后，可以据此选择使用的数据仓库模型。目前，星型模型比雪花模型采用得更多，因为前者包含的用于信息检索的连接更少，并且更容易管理。选定数据仓库模型后，便进入了具体的数据表的设计。在设计数据表时一般采用“维度建模”的方法，以提高分析和汇总大量数据的查询效率。所谓的“维度建模”是按照用户对数据的查询结构来组织信息。如针对问题：某年第三季度西北地区食品的销售情况如何？可确定三个维度（产品、地区和时间），进而建立相应的三张维表。

数据表与数据表之间的相互关系确定后，就基本完成了数据仓库的逻辑设计，可以进入实际建设的阶段。

2. 创建数据准备区

在准备数据仓库的加载数据时,为了便于数据的析取、清理和转换操作,可以创建一个独立的数据库用于数据准备区,以存储和处理中间数据。

数据准备区包括两大部分,一是用于容纳中间数据的数据表,二是用于完成数据析取、转换、清理和向数据仓库加载数据的功能模块。这些模块可以通过存储过程、数据转换(DTS)包等实现。

总之,数据准备区也是关系型的数据库,它的建立也要涉及创建表、视图、索引、DTS包和关系数据库中常用的其他对象。

3. 创建数据仓库的数据库

数据仓库的结构设计完成后,即可着手创建数据仓库的数据库。该过程包括建立事实表与维表以及表中的索引。

与OLTP数据库或数据准备区的数据库相比,数据仓库的数据库架构通常是相当简单的。简单的星型模型一般只包括一个事实数据表和多个维表,而雪花模型也只增加了二级维表。

4. 从面向处理的数据库系统中析取数据

用于数据仓库中的数据必须从包含原始数据的传统数据库中析取。数据最初在数据仓库的创建过程中析取,之后就在数据仓库进行更新时不断进行定期析取。如果原始数据存储在单个关系数据库中,那么数据的析取是简单的操作。如果原始数据存放于多个异构的数据库中,那么数据的析取就非常复杂了,因为各种系统之间在计量单位、格式、采用的代码集等方面各不相同。数据析取过程的目的就是使所有的数据具有通用的、一致的格式,以便装入数据仓库。

在协调格式、编码和其他不一致的析取过程中,主要使用的工具是SQL Server提供的数据转换服务(DTS)。SQL Server能够析取数据的其他工具有命令行应用程序、bcp实用工具、ActiveX脚本。

5. 清理和转换数据

从源系统中析取数据后,数据应存放在数据准备区中,在数据准备区内向数据仓库加载的数据必须先经过清理和转换。在清理和转换的过程中,能够执行程序以验证数据的一致性,将数据转换为通用的格式。

典型的数据转换包括:

- 分解日期字段为独立的年字段、月字段和日字段。
- 将数据从一种表示方式映射到另一种方式。如TRUE到1,FALSE到0;将邮政编码由数字格式变为文本格式。
- 将数据从多种表示方法映射到一种表示方法。如将销售量由具体数值表示转换为用“大,一般,小”来表示。

SQL Server 提供的转换工具有：

- Transact-SQL 查询；
- DTS 包；
- 命令行应用程序；
- ActiveX 脚本。

应该指出的是，在该阶段可能需要开发者手工转换某些不一致的数据或统一某些含糊不清的文本输入项。在每次需要人工操作时，应尽量保证使用同一种方法来处理相同的数据转换操作，防止引起人为的不一致性。

6. 向数据仓库的数据库中加载数据

数据在被清理和转换成为与数据仓库要求一致的结构以后，就可以装入数据仓库了。在加载的操作中，可以进行最后的转换，但应该在最后的装载操作前完成所有消除不一致的转换。

在 SQL Server 系统中，可以用不同的方法装载数据：

- Transact-SQL；
- DTS。

7. 向数据集市分发数据

在 SQL Server 中可以使用数据发布工具将共享维度表和适合于某个数据集市的事实表分发到该数据集市中。

11.4 数据挖掘

SQL Server 分析服务有两项重要功能，一是联机事务分析(OLAP)，二是数据挖掘。所谓的数据挖掘(Data Mining，DM)就是通过对大量似乎无关的数据进行分析以便发现数据深处隐藏的规律。数据挖掘在商业决策领域有着广泛的应用。

11.4.1 数据挖掘概述

数据挖掘是从大型数据库或者数据仓库中发现并提取隐藏在其中的事先不知道而潜在的有用信息和知识的过程。数据挖掘和联机数据分析(OLAP)都是数据仓库系统的决策支持技术和工具，但 OLAP 是一种验证型的分析工具，即用户必须首先对特定的数据关系做出假设，然后才能使用它来验证或否定这些假设。这种方法的有效性受到许多因素的限制，如提出的问题和预先的假设是否合适等。与分析工具相反，数据挖掘是一种基于发现的方法。它能够自动分析数据和进行归纳性的推理，从中挖掘出潜在的规律或模式，以帮助决策者建立新的模型。

数据挖掘的一般过程包括以下步骤，如图 11.8 所示。

(1) 预处理数据。收集和净化来自各种数据源或数据仓库的信息，并加以存储，一般

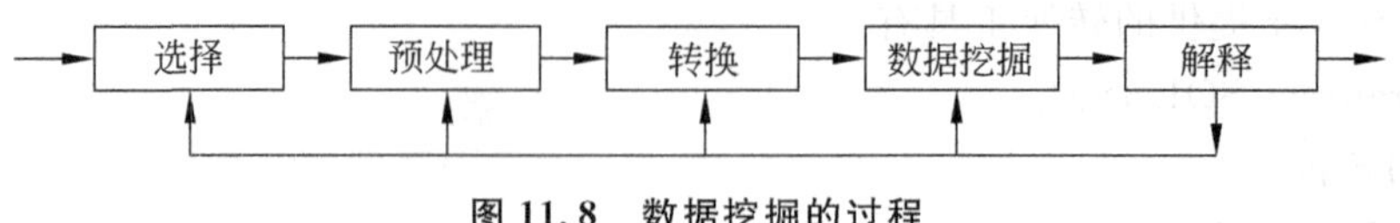

图 11.8 数据挖掘的过程

是将其存放在数据仓库中。

(2) 模型搜索。利用数据挖掘工具在数据中配备模型，自底向上搜索原始数据以发现它们之间的某种联系。这个搜索过程可以由系统自动执行，也可以加入与用户交互的过程，由分析人员实时控制挖掘的进行。目前，人们在统计学、集合论、信息论、人工智能等学科的基础上，提出了各种各样的数据挖掘模型和方法，并且形成了各自的特点。其中，应用比较广泛的有基于规则的系统（决策树）、统计方法（聚类分析）、神经网络、基于实例的推理、机器学习等。在 Analysis Services 中系统内置了决策树和聚类分析两种挖掘模型。

(3) 评价输出结果。通常，数据挖掘的搜索过程需要反复多次，因为当分析人员评价输出结果后，可能会形成一些新的问题或要求对某一方面的数据做更精细的查询。

(4) 生成最后的结果报告和解释报告。对结果进行解释，并依据此结果采取相应的商业措施，这是一个人机交互的过程。目前，大多数数据挖掘工具均提供图形化的解释界面，以简单、直观的方式为用户传递信息。

11.4.2 数据挖掘模型

在 SQL Server 中有决策树模型和聚类分析模型两种用于数据挖掘的数学模型。决策树模型在商业预测方面已得到了广泛应用，这种模型通过一系列数据细分来实现最终的数据分析。而聚类分析模型常常用于对比较类似的数据进行集成，适合于商业中的市场划分。

1. 决策树模型

决策树模型是一种基于条件和概率的决策方法。它首先选择数据中的显著特征，然后根据这些特征不断对数据进行分类，缩小数据集，把数据逐步组织成树的形式，直到建立起清晰的相关性。该算法能够比较准确地预测事务的发展趋势。

假设，某超市为了定位某种商品的销售人群，进行了大量的数据分析，并最终建立起如图 11.9 所示的决策树。

从决策树中，可清晰地看出该产品的主要顾客年龄在 45 岁以下，对于年轻的顾客来说，主要是男顾客购买这种产品；但对于年长的顾客来说，女顾客则是该产品的潜在用户。

2. 聚类分析模型

聚类分析模型通过提取数据之间的共同点来发现隐藏在数据中的规律。例如一家

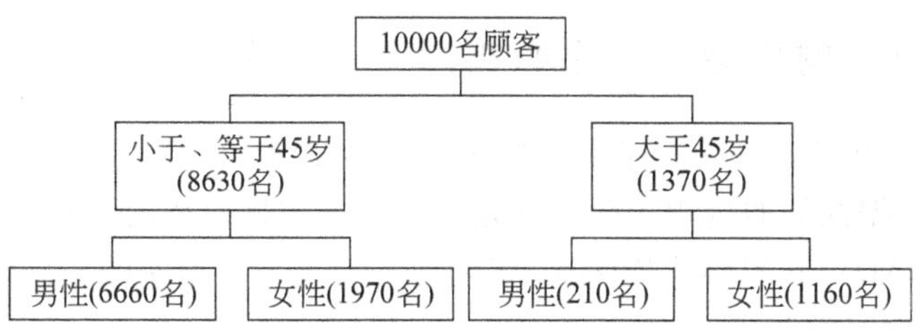

图 11.9 使用决策树分析顾客状况

旅游公司数据仓库中的一张表，记录了不同年龄段的游客对旅游目的地的选择情况，如表 11.3 所示。

表 11.3 游客年龄和旅游地点的选择数据表

游客年龄	旅游地点	游客年龄	旅游地点	游客年龄	旅游地点
23	Mexico	46	Canada	49	Canada
45	Canada	34	Canada	29	Mexico
32	Canada	51	Canada	26	Mexico
47	Canada	28	Mexico	31	Canada

根据聚类分析的方法对这些数据进行研究，最终可得的聚类分析图，如图 11.10 所示。

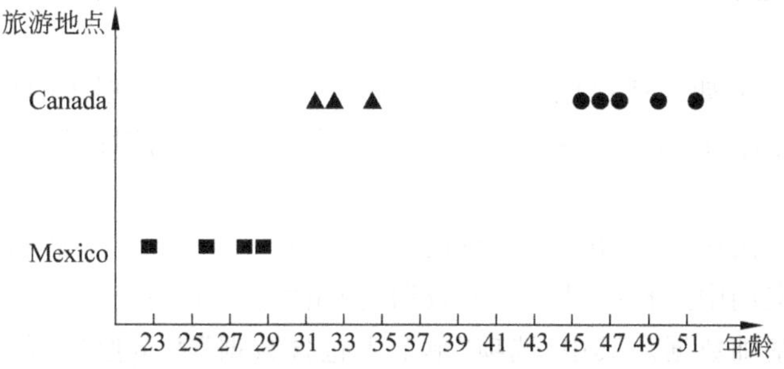

图 11.10 游客年龄和旅游地点的聚类分析图

通过聚类分析图，决策人员可以很容易发现：年龄在 23～29 岁之间的人群更倾向于到墨西哥(Mexico)旅游，而年龄在 31～51 岁之间的人群则倾向于去加拿大(Canada)。进一步分析发现，在 35～45 岁之间的人群很少外出旅行。这些结论为旅游公司有的放矢地开发旅游项目提供了可靠的依据。在实际分析中，聚类模型还可以推广到多维的环境。

在 SQL Server 中不是只能使用上述两种模型。已有很多模型可以应用到 SQL Server 中，例如神经网络模型和遗传算法。这两种方法巧妙地结合了生物科学的一些理论，极大地提高了分析过程的智能程度。分析人员可通过 SQL Server 提供的编程接口将其他算法引入到系统中。

11.4.3 使用决策树模型从关系数据库中挖掘数据

数据挖掘既可以以关系数据库作为数据源，也可以以OLAP数据库作为数据源。在SQL Server中，数据挖掘的过程实际上就是建立数据挖掘模型的过程。本节介绍如何使用挖掘模型向导(Mining Model Wizard)来创建基于关系数据库的挖掘模型。

1. 生成数据挖掘模型

挖掘模型向导通过以下步骤创建一个模型：

(1) 选择数据源的类型。

(2) 选择实例表或数据挖掘模型表。

(3) 选择数据挖掘模型。

(4) 选择实例的关键列。

(5) 选择输入和预测列。

(6) 系统自动分析数据产生挖掘模型。

首先在Analysis Manager控制台中，打开欲进行数据挖掘的数据库节点，可使用SQL Server系统提供的样本数据库。首先右击样本数据库节点下的“挖掘模型”图标，将弹出相应的快捷菜单，在该菜单中，选择“新建挖掘模型”则启动挖掘模型向导。

挖掘模型向导的起始界面中简述了数据挖掘模型的情况。在起始对话框中单击“下一步”按钮，出现“选择源类型”对话框，用来设置数据挖掘的数据源类型。有两种数据源类型可供选择。

- 关系数据源：如果选择该项，则表示创建基于关系型数据源的挖掘模型。
- OLAP数据源：如果选择该项，则表示所创建的数据挖掘模型来源于多维的数据结构。

单击“下一步”按钮，则弹出“选择事例表”对话框。该对话框的内容会随数据源类型的不同而不同。案例中选择的是关系型数据，弹出“选择事例表”对话框主要用于确定在挖掘中所使用的基础数据。其中，选项“单个表包含数据”表示挖掘所涉及的数据全部来源于一个数据表，而“多个表包含数据”表示数据可来源于多个数据表。本例中，选择“单个表包含数据”选项。对话框中的“可用的表”列表框用于选定含有数据的事实表，在此选择customer表作为事例表，此时，该表的所有列的内容都会出现在“详细信息”列表框中。如果希望浏览所选定的表的所有数据，则可单击“浏览数据”按钮。

确定事例表之后，单击“下一步”按钮，进入“选择数据挖掘技术”对话框，在该对话框中可以选择将要使用的数据挖掘模型。

系统中内置了决策树模型和聚类分析模型，选择算法模型主要是依据要分析的数据类型和分析这些数据的目的。根据案例目标，在此可选择“Microsoft 决策树”选项。

选定挖掘模型以后，单击对话框中的“下一步”按钮将进入“选择键列”对话框。所谓主键列是指能够唯一标识事例表中各记录的某一列，它很类似于关系数据库中表的关键字的概念。区别之处在于，主键列只能是某一列，而关键字可以是某几个列的集合。相同之处在于，它们的值在整个表中是不能重复的，每一条记录或每一个事例都只能对应一个主键。本例中,在“事例键列”下拉列表框中选定的是 customer 表的 customer_id 列。

选定主键列之后,单击对话框中的“下一步”按钮则进入“选择输入列和可预测列”对话框。所谓的预测列就是希望通过数据挖掘得到预测信息的那些列,而输入列是指要得到预测信息必须输入的数据所对应的那些列。在该对话框中,“可用的列”列表框列出了所选的事例表中可以用来作为输入列和预测列的所有列。单击方向箭头可以把数据列移到“可预测列”和“输入列”中。需要指出的是,一个数据列可以同时为输入列和预测列。本例中,选择 member_card 作为预测列,选择 marital_status、yearly_income、gender 和 education 作为输入列。

选定输入列和预测列之后,单击对话框中的“下一步”按钮则进入“完成” 对话框,即挖掘模型向导的最后一个步骤。可以指定所生成的数据挖掘模型的名称和指定是否立即执行数据挖掘任务。将新建的挖掘模型命名,并指定系统立即执行数据挖掘任务,然后单击“完成”按钮完成挖掘模型的创建。

数据模型创建和处理完毕之后,系统将进入数据处理窗口,该窗口详细显示了对该数据挖掘模型的处理过程的信息。从这些信息中,可以获知系统是如何一步步处理该数据模型的,如创建挖掘模型,清空数据挖掘模型中的所有数据,初始化数据挖掘模型等。

2. 浏览数据挖掘模型

对于生成的数据挖掘模型,可通过关系数据挖掘模型编辑器进行浏览和编辑。以上面创建的案例为例,在管理程序中选择相应的数据挖掘模型图标,单击鼠标右键,在弹出菜单中选择“编辑”命令,则可启动模型编辑器。

模型编辑器列出了数据挖掘模型所选定的事例表的所有列。此时,单击“内容”标签,将得到所需的决策树。决策树的任一节点都代表了一个状态。当用鼠标单击决策树的某一节点时,在“特性”一栏中将显示这个节点对应的预测列的统计信息。如选择 Yearly Income=＄150k+这个节点,节点的路径为:

```
Customer.Name.Marital Status=S and Customer.Name.Yearly Income=$150+K
```

可知该节点代表了年收入在 15 万美元之上而且是单身的用户,持有会员卡的统计信息。可以看出,决策树以极其直观的形式表现了数据之间复杂的关系,对快速决策提供了有力的支持。

11.4.4 应用聚类分析模型挖掘数据

启动数据挖掘向导之后,在“选择事例表”对话框中选取 Employee 表作为挖掘模型的事例表。在“选择数据挖掘模型”对话框中选取“Microsoft 聚集”,表示采用聚类算法来挖掘数据。选择完数据挖掘模型后,系统将弹出“选择输入列”对话框。聚类分析模型与决策树模型在建立过程中最大的不同是:聚类分析只需要选择输入列,而不需要指定预测列。在本例中,选择 salary、education_level、marital_status 和 gender 列作为输入列,如图 11.11 所示。

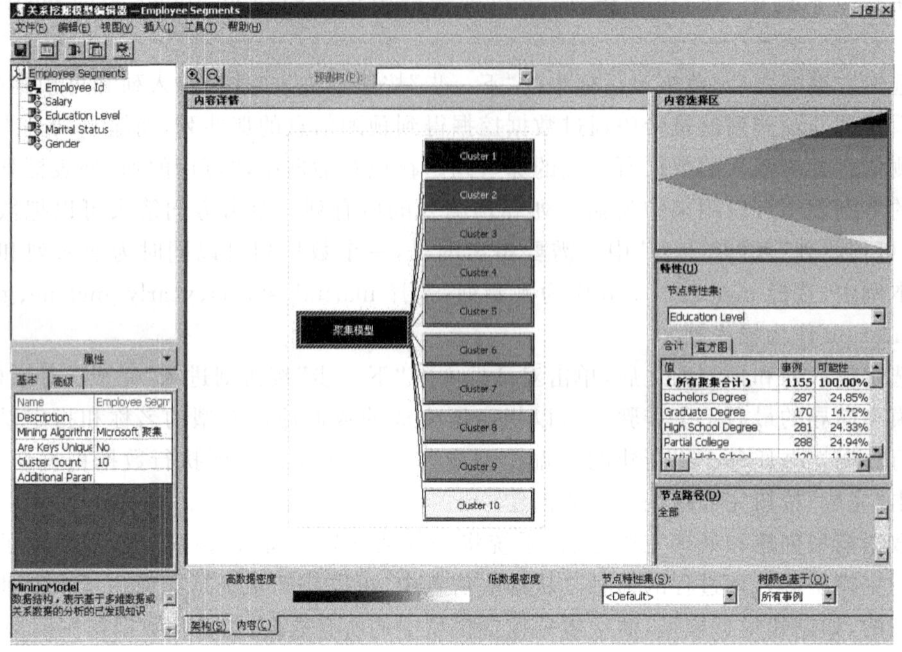

图 11.11 选择输入列

在“选择输入列”对话框中单击“下一步”按钮，这时将显示“完成”对话框。在此将新的数据挖掘模型命名为 Employee Segments，然后单击“完成”按钮，结束数据挖掘向导。

思考练习题

(1) 什么是面向对象的数据库系统？

(2) 面向对象的数据模型主要包括哪些方面？

(3) 与 E-R 模型中的一个实体对应的一个对象应包含哪些内容？

(4) 面向对象的数据库系统有哪两种语言？

(5) 简述面向对象程序设计的特点。

(6) 简述并行数据库系统的特点。

(7) 简述分布式数据库系统的主要特点。

(8) 简述什么是数据仓库以及数据仓库系统的构成。

(9) 数据仓库中数据的组织形式与数据库中数据的组织形式是否相同？

(10) 广泛使用的数据仓库模型有哪些？

(11) 简述建设数据仓库系统的步骤。

(12) 简述数据挖掘的一般过程。

(13) SQL Server 2014 提供了哪些数据挖掘的模型？

第 12 章 chapter 12

网络数据库编程

开放数据库互连(Open Database Connectivity,ODBC)是微软公司开放服务结构(Windows Open Services Architecture,WOSA)中有关数据库组成部分建立的一组规范,它提供了一组对数据库访问的标准的 API(应用程序编程接口),为应用程序提供了一套调用层接口(Call-Level Interface,CLI)函数和基于动态链接库的运行环境。使用 ODBC 应用程序不仅可以访问存储在本地计算机的桌面数据库系统中的数据源,还可以访问如 Oracle 等异构平台上的数据库资源。

12.1 网络数据库的连接

在网络数据库的应用中,可以使用 SQL Server 作为后台数据库制作的开发平台;也可以通过 ODBC 和 ADO 等数据库访问技术,使用 ASP 技术或 JSP 技术等与数据库连接。

12.1.1 ODBC 的管理

ODBC 标准为应用程序提供了一套调用层接口函数和基于动态链接库的运行环境。使用 ODBC 开发数据库应用程序时,应用程序调用的是标准的 ODBC 函数和 SQL 语句,数据库的底层操作由各个数据库的驱动程序完成。这样的应用程序具有很好的适应性和可移植性,并且具备访问多种数据库系统的能力,从而彻底克服了传统数据库应用程序的缺陷。

1. ODBC 的体系结构

ODBC 的体系结构由 ODBC 应用程序、ODBC 驱动程序管理器、ODBC 驱动程序以及 ODBC 数据源等组成,如图 12.1 所示。

1) ODBC 应用程序

ODBC 应用程序有两种:它可以是 Microsoft Word、Excel 或 Visual Basic 等桌面应用程序,也可以是用户定制的应用程序。它的主要任务包括:

- 连接数据源。

ODBC数据库应用程序			
驱动程序管理器			
SQL Server 驱动程序	Oracle 驱动程序	FoxPro 驱动程序	…
SQL Server 数据源	Oracle 数据源	FoxPro 数据源	…

图 12.1 ODBC 体系结构

- 向数据源发送 SQL 语句。
- 为 SQL 语句执行结果分配存储空间，定义所读取的数据格式。
- 读取结果，必要时向用户提交处理结果。
- 处理错误。
- 请求事务的提交和回滚操作。
- 断开与数据源的连接。

2）驱动程序管理器

ODBC 应用程序不能直接调用 ODBC 驱动程序，它可以调用包含在 ODBC 驱动程序管理器中的函数，再由 ODBC 驱动程序管理器调用相应的 ODBC 驱动程序，这样就保证了 ODBC 函数总是以相同的方式调用。这种分层的体系结构允许多个 ODBC 驱动程序同时存在，同时被激活。

ODBC 驱动程序管理器负责加载相应的 ODBC 驱动程序到内存中，并可以把各种请求分配到正确的 ODBC 驱动程序中。当 ODBC 驱动程序管理器加载一个 ODBC 驱动程序时，ODBC 驱动程序管理器就会建立一个指向 ODBC 驱动程序中函数的指针表，它使用标识符连接句柄来确认每一个加载的 ODBC 驱动程序的函数指针。

驱动程序管理器的主要任务包括：装载 ODBC 驱动程序，管理数据源，检查 ODBC 调用参数的合法性和记录 ODBC 函数的调用等。

3）ODBC 驱动程序

ODBC 驱动程序负责发送 SQL 请求到关系型数据库管理系统（RDBMS）中，并把结果返回给 ODBC 驱动程序管理器。然后，再由 ODBC 驱动程序管理器把这些请求传送给 ODBC 客户机应用程序。每一个兼容 ODBC 的数据库都有自己专门的 ODBC 驱动程序。例如，SQL Server ODBC 驱动程序只与 SQL Server 通信，不能用于访问 Oracle 数据库；同样，Oracle ODBC 驱动程序不能用来访问 SQL Server 数据库。对于某些数据库系统，ODBC 驱动程序需要重新格式化 SQL 请求，以便正确传输到目标 RDBMS 中，因为这些目标 RDBMS 要求使用标准的 SQL 语法。

ODBC 驱动程序处理从 ODBC 驱动程序管理器中传送过来的对 ODBC 函数的调用请求。每一个 ODBC 驱动程序中的函数，都通过由 ODBC 驱动程序管理器维护的函数指针来维护。

ODBC 驱动程序的主要作用有以下几方面。

- 建立与数据源的连接。

- 向数据源提交用户请求执行的 SQL 语句。
- 根据应用程序的要求,将发送给数据源的数据或是从数据源返回的数据重新格式化。
- 向应用程序返回处理结果。
- 将执行过程中数据库系统返回的错误转换为 ODBC 定义的标准错误代码返回给应用程序。
- 根据需要声明和使用游标。

4) 数据源

使用 ODBC Administrator 程序创建数据源。通过使用用户创建的名称关联一个目标关系型数据库和 ODBC 驱动程序,使用数据源隔离用户和 ODBC 连接的基本机制。用户不知道有关 ODBC 驱动程序或者关系型数据库的技术细节,也可以使用有意义的数据源名称访问该数据库。

当 ODBC 应用程序第一次连接到一个目标数据库时,将数据源名称传送到 ODBC 驱动程序管理器中;然后,ODBC 驱动程序管理器使用数据源来确定加载哪一个 ODBC 驱动程序。为连接目标数据库,ODBC 驱动程序一般要求输入该关系数据库的登录账号和口令。

2. ODBC 的配置

ODBC 的配置主要有两方面:安装 ODBC 驱动程序和配置 ODBC 数据源。

- 安装 ODBC 驱动程序。当在系统上安装任何一种支持 ODBC 的应用程序时,一般都安装了 SQL Server ODBC 的驱动程序。
- 配置 ODBC 数据源。数据源(Data Source Name,DSN)是数据库驱动程序与数据库系统连接的桥梁,它为 ODBC 驱动程序指出数据库服务器名称,以及用户的默认连接参数等。因此,在使用 ODBC 之前应首先配置 ODBC 数据源。

ODBC 数据源共有三类。

- 用户数据源:只有创建数据源的用户才可以使用自己创建的数据源,所有用户都不能使用其他用户创建的数据源。除此之外,在 Windows NT 下以服务方式运行的应用程序也不能使用用户数据源。
- 系统数据源:所有用户和在 Windows NT 下以服务方式运行的应用程序均可以使用系统数据源。
- 文件数据源:文件数据源是 ODBC 3.0 以后版本增加的一种数据源,所有安装了相同数据库驱动程序的用户均可以共享文件数据源。文件数据源被存储在客户端的一个文件中,非常有利于 ODBC 数据库应用程序的分发。

在 Windows 环境中配置 ODBC 数据源的具体步骤如下:

(1) 打开“管理工具”窗口。

(2) 在“管理工具”窗口中双击“数据源(ODBC)”图标,弹出“ODBC 数据源管理器”对话框。该对话框有“用户 DSN”、“系统 DSN”、“文件 DSN”、“驱动程序”、“跟踪”、“连接池”等选项卡。“用户 DSN”选项卡显示了可以由当前登录账户使用的数据源清单。“系统 DSN”选项卡显示的是可以由系统中全部用户使用的系统数据源清单。“文件 DSN”

选项卡显示了允许连接到一个数据库文件的数据源清单。在这些选项卡中都有“添加”、“删除”和“配置”按钮。单击“添加”按钮可以添加相应的数据源，单击“删除”按钮可以删除相应的数据源，单击“配置”按钮可以修改已有的数据源。“驱动程序”选项卡显示了当前安装在系统上的不同版本的ODBC驱动程序。

注意：“驱动程序”选项卡不能安装ODBC驱动程序，它只是一个驱动程序的清单。

“跟踪”选项卡允许跟踪某个指定的ODBC驱动使用的DLL文件和它们的版本清单，并且会把这种跟踪信息存储在一个指定的日志文件中。

“连接池”选项卡显示了允许系统重新使用的ODBC数据源清单。

(3) 以配置系统数据源为例介绍数据源的配置。

选择“系统DSN”选项卡，单击“添加”按钮，弹出“创建新数据源”对话框。该对话框显示的是当前安装在计算机上的全部ODBC驱动程序，选择希望作为新数据源基础的ODBC驱动程序。单击“完成”按钮，弹出“建立新的数据源到SQL Server”对话框。

其中有几个选项说明如下：

- “名称”选项：指定数据源名称。
- “说明”选项：帮助用户确认数据源。
- “服务器”选项：从下拉列表框中选择希望连接的SQL Server系统。如果客户机和SQL Server服务器为同一台主机，则可以从下拉列表框中选择Local项。

如果不需要设置SQL Server ODBC驱动程序与SQL Server服务器之间的连接选项，则单击“完成”按钮，开始创建数据源；否则单击“下一步”按钮，设置客户端与SQL Server数据源之间的连接选项。

该对话框可提供给用户选择SQL Server ODBC驱动程序与SQL Server服务器之间的连接认证方式。

- “使用网络登录ID的Windows NT验证”选项：表示使用Windows NT登录模式，此时网络协议要求使用信任连接，并且要求SQL Server系统设置为Windows认证模式或混合认证模式。
- “使用用户输入登录ID和密码的SQL Server验证”选项：表示使用SQL Server登录模式。
- “客户端配置”按钮：单击此按钮可以改变连接到SQL Server的网络协议。

注意：如果不能确认使用何种协议，则建议保留默认设置。

- 连接SQL Server以获得其他配置选项的默认设置：该复选框选中后表示其余的配置选项使用SQL Server系统提供的默认设置。
- “登录ID”和“密码”两选项由用户定义。

单击“下一步”按钮，进入“建立新的数据源到SQL Server”对话框。其中“更改默认的数据库为”下拉列表，指定所有使用ODBC数据源的应用程序在连接SQL Server服务器后默认打开的数据库。如果不选该项，则使用SQL数据源的不同用户在连接SQL Server服务器后，将打开各自默认的数据库。

- “附加数据库文件名称”选项：指定一个可以附加的数据库文件名称。该数据库文件将用来作为本次连接的数据库。

- “为准备好的SQL语句创建临时存储过程,并释放该存储过程”选项:指定SQL Server是否为ODBC中的SQLPrepare函数创建临时存储过程,以及什么时候删除为SQLPrepare函数创建的临时存储过程。
- “只有当断开时”选项:只有当调用SQLPrepare函数断开与SQL Server的连接时删除。
- “当断开时和连接时同样适用”选项:当调用SQLDisconnect断开连接、调用SQLFreeHandle释放语句句柄、使用新的语句句柄参数调用SQLPrepare和SQLExecDirect函数以及调用目录函数时均删除为SQLPrepare函数创建的临时存储过程。
- “使用ANSI引用的标识符”选项:指定ODBC驱动程序在SQL语句中,强制按照ANSI规则处理引号。
- “使用ANSI的空值、填充及警告”选项:指定ODBC驱动程序按照ANSI规则处理空值、变长字符中的空格及警告信息。
- “如果主SQL Server无效,请使用备用SQL Server”选项:表示为防止SQL Server系统的失败,允许备份SQL Server系统。

单击“下一步”按钮,进入“建立新的数据源到SQL Server”对话框。有关选项说明如下:

- “更改SQL Server系统消息的语言为”选项:指定要使用哪一种语言显示ODBC消息。
- “对数据库使用强大的加密”选项:指定对客户机和服务器之间传送的数据进行加密。
- “执行字符数据转换”选项:指定ODBC驱动程序把客户机与服务器之间传递的ANSI字符串转换为Unicode字符集。
- “当输出货币、数字、日期和时间时,请使用区域设置”选项:指定显示时使用客户端主机中的区域设置来格式化货币、数字、日期和时间数据。
- “将长时间运行的查询保存到日志文件”选项:指定一个日志文件,系统将把查询时间超过“长查询时间”文本框中显示的毫秒的查询语句记录在刚指定的日志文件中。
- “将ODBC驱动程序统计记录到日志文件”选项:把ODBC驱动程序统计记录到指定的日志文件中。

单击“完成”按钮,完成SQL Server数据源的配置工作,弹出“ODBC Microsoft SQL Server安装”对话框。单击“确定”按钮,就会创建新的数据源。单击“测试数据源”,将建立一个到SQL Server的连接,弹出“SQL Server ODBC数据源测试”对话框,其中将显示测试结果。单击“确定”按钮,完成ODBC数据源的配置工作。这时,新创建的数据源将显示在“ODBC数据源管理器”窗口中。

12.1.2 通过ODBC连接数据库

通过ODBC连接数据库的步骤是:建立ODBC环境,分配连接句柄并设置所需的属性，建立与数据库的连接。下面分三步来介绍ODBC与数据库的连接：先介绍分配和释放句柄，紧接着介绍相关属性的设置，最后介绍连接数据库。介绍完ODBC连接数据库的步骤后，将对通过ODBC连接SQL Server进行简要介绍。

1. 分配句柄

在ODBC 3.x的版本中，应用程序通过调用SQLAllocHandle函数可以分配环境句柄、连接句柄、语句句柄或描述句柄。SQLAllocHandle函数的语法形式如下：

```
SQLRETURN SQLAllocHandle(
SQLSMALLINT HandleType,
SQLHANDLE InputHandle,
SQLHANDLE * OutPutHandlePtr
)
```

参数说明：

- HandleType：需分配的句柄类型，共有四种。
  SQL_HANDLE_ENV：环境句柄。
  SQL_HANDLE_DBC：连接句柄。
  SQL_HANDLE_STMT：语句句柄。
  SQL_HANDLE_DESC：描述句柄。
- InputHandle：指定所分配的句柄属于哪个环境。当分配环境句柄时，InputHandle的参数值应为SQL_NULL_HANDLE；当分配连接句柄时，InputHandle参数应为环境句柄；当分配语句句柄或描述句柄时，InputHandle参数值应为连接句柄。
- OutPutHandlePtr：为输出参数，用于存储SQLAllocHandle函数所返回的句柄。

2. 释放句柄

与数据库断开连接时应及时调用SQLFreeHandle函数释放句柄。SQLFreeHandle函数的语法形式如下：

```
SQLRETURN SQLFreeHandle(
SQLSMALLINT HandleType,
SQLHANDLE Handle
)
```

参数说明：

- HandleType：需释放的句柄类型，共有四种。
  SQL_HANDLE_ENV：环境句柄。
  SQL_HANDLE_DBC：连接句柄。
  SQL_HANDLE_STMT：语句句柄。
  SQL_HANDLE_DESC：描述句柄。

- Handle：表示被释放的 ODBC 句柄。

3. 属性设置

1）设置环境属性

应用程序必须在 ODBC 环境没有分配任何连接句柄之前设置环境属性。设置环境属性使用 SQLSetEnvAttr 函数，它的语法形式如下：

```
SQLRETURN SQLSetEnvAttr(
  SQLHENV EnvironmentHandle,
  SQLINTEGER Attribute,
  SQLPOINTER ValuePtr,
  SQLINTEGER StringLength
  )
```

参数说明：

- EnvironmentHandle：表示需设置属性的环境句柄。
- Attribute 和 ValuePtr：分别表示所设置的环境的属性和连接属性值。
- StringLength：当 ValuePtr 是字符型或二进制型数据时，StringLength 说明 ValuePtr 的数据长度；当 ValuePtr 数值类型为整数时，SQLSetEnvAttr 函数忽略 StringLength 参数。

2）设置连接属性

使用连接属性可以设置应用程序对数据源的访问模式、事务提交方式等参数，并可以控制应用程序的 ODBC 日志操作，设置日志记录文件等。使用 SQLSetConnectAttr 函数设置连接属性，它的语法形式如下：

```
SQLRETURN SQLSetConnectAttr(
  SQLHDBC ConnectionHandle,
  SQLINTEGER Attribute,
  SQLPOINTER ValuePtr,
  SQLINTEGER StringLength
)
```

参数说明：

- ConnectionHandle：需设置属性的连接句柄。
- Attribute 和 ValuePtr：分别表示所设置的连接的属性和连接属性值。
- StringLength：ODBC 定义的字符型属性的数值长度。

3）设置语句属性

SQLSetStmtAttr 函数用来设置 ODBC 的语句属性，它的语法形式如下：

```
SQLRETURN SQLSetStmtAttr(
  QLHSTMT StatementHandle,
  SQLINTEGER Attribute,
  SQLPOINTER ValuePtr,
```

```
  SQLINTEGER StringLength
)
```

参数说明：

- StatementHandle：需设置的语句句柄。
- Attribute 和 ValuePtr：分别表示所设置的语句的属性和连接属性值。
- StringLength：ODBC 定义的字符型属性的数值长度。

4）连接数据库

ODBC 共定义了三类连接函数：SQLConnect、SQLDriverConnet 和 SQLBrowseConnect。

（1）SQLConnect：是一种最简单的连接函数。它使用数据源、用户标识和口令作为参数建立与驱动程序和数据源的连接。它的语法形式如下：

```
SQLRETURN SQLConnect(
  SQLHDBC ConnectionHandle,
  SQLCHAR * ServerName,
  SQLSMALLINT NameLength1,
  SQLCHAR * UserName,
  SQLSMALLINT NameLength2,
  SQLCHAR * Authentication,
  SQLSMALLINT NameLength3
  )
```

参数说明：

- ConnectionHandle：指定连接句柄。
- ServerName：表示数据源名称。
- NameLength1：指定 ServerName 参数的数据长度。
- UserName：表示用户标识名称。
- NameLength2：指定 UserName 参数的数据长度。
- Authentication：指向用户口令字符串缓冲区。
- NameLength3：指定 Authentication 参数的数据长度。

（2）SQLDriverConnet：使用连接字符串连接数据源。在连接字符串时，能够提供不同的驱动程序以及数据源所需的特殊的连接信息；并且，SQLDriverConnet 函数不使用数据源定义也能够直接建立与驱动程序的连接。它的基本语法形式如下：

```
SQLRETURN SQLDriverConnet(
  SQLHDBC ConnectionHandle,
  SQLHWND WindowHandle,
  SQLCHAR * InConnectionString,
  SQLSMALLINT StringLength1,
    SQLCHAR * OutConnectionString,
    SQLSMALLINT BufferLength,
    SQLSMALLINT * StringLength2Ptr,
```

```
SQLSMALLINT DriverCompletion
)
```

参数说明：

- ConnectionHandle：指定连接句柄。
- WindowHandle：表示父窗口句柄。它的主要用途是向用户显示数据源配置对话框。设置为 NULL 表示应用程序禁止 SQLDriverConnet 函数显示对话框。
- InConnectionString：输入连接字符串。
- StringLength1：输入连接字符串的长度。
- OutConnectionString：输出连接字符串。
- BufferLength：允许驱动程序返回的连接字符串的最大长度。
- StringLength2Ptr：表示输出连接字符串的长度。
- DriverCompletion：指定驱动程序管理器以及驱动程序怎样构造连接字符串参数。

(3) SQLBrowseConnect：使用连接字符串建立连接。它的主要特点是用迭代的方法建立连接字符串。它能够在事先不知道数据源所需连接参数的情况下，通过逐步迭代调用读取数据源所需的连接参数，实现与数据源的连接。它的基本语法形式如下：

```
SQLRETURN SQLBrowseConnect(
SQLHDBC ConnectionHandle,
SQLCHAR * InConnectionString,
SQLSMALLINT StringLength1,
SQLCHAR * OutConnectionString,
SQLSMALLINT BufferLength,
SQLSMALLINT * StringLength2Ptr
)
```

参数说明：

- ConnectionHandle：指定连接句柄。
- InConnectionString：为浏览请求连接字符串。SQLBrowseConnect 函数中的连接字符串的格式与 SQLDriverConnet 函数中的连接字符串的格式相同。
- StringLength1：表示输入连接字符串的数据长度。
- OutConnectionString：指向存储浏览结果连接字符串缓冲区的指针。
- BufferLength：表示缓冲区的长度。
- StringLength2Ptr：表示浏览结果连接字符串的实际长度。

由于大多数数据库管理系统对同时连接的用户数量有一定的限制，所以，应用程序完成对数据库的操作后应及时关闭与驱动程序和数据源的连接。连接关闭后，该连接句柄可再用来建立与其他数据源的连接，也可以调用 SQLFreeHandle 函数释放句柄所占用的资源。系统使用 SQLDisconnect 函数断开与驱动程序和数据源的连接，它的基本语法形式如下：

```
SQLRETURN SQLDisconnect(
```

```
SQLHDBC ConnectionHandle
)
```

其中，ConnectionHandle 表示指定连接句柄。

4. 通过 ODBC 连接 SQL Server 的步骤

连接 SQL Server 的具体步骤如下。

(1) 分配环境句柄。调用 SQLAllocHandle 函数，把 HandleType 设置为 SQL_HANDLE_ENV 以初始化 ODBC 并分配环境句柄。

(2) 设置环境属性。调用 SQLSetEnvAttr 函数，将 Attribute 设置为 SQL_ATTR_ODBC _VERSION，将 ValuePtr 设置为 SQL_OV_ODBC3，以表明该应用程序所调用的 ODBC 函数遵循 ODBC 3. x 规范。

(3) 可以调用 SQLSetEnvAttr 设置其他环境选项或调用 SQLGetEnvAttr 获得环境选项(可选)。

(4) 分配连接句柄。调用 SQLAllocHandle，将 HandleType 设置为 SQL_HANDLE_DBC 以分配连接句柄。

(5) 调用 SQLSetConnectAttr 函数设置连接选项，或调用 SQLGetConnectAttr 获得连接选项(可选)。

(6) 连接数据源。调用 SQLConnect 使用现有数据源与 SQL Server 连接，或调用 SQLDriverConnect 使用连接字符串与 SQL Server 连接，或以迭代方式多次调用 SQLBrowseConnect 以生成连接字符串并与 SQL Server 连接。

(7) 调用 SQLGetInfo 获得驱动程序特性和 SQL Server 数据源的行为(可选)。

(8) 分配和使用语句。

(9) 断开与数据源的连接。调用 SQLDisconnect 函数与 SQL Server 断开，使该连接句柄可用于新连接。

(10) 释放连接句柄。调用 SQLFreeHandle 函数，将 HandleType 设置为 SQL_HANDLE_DBC。

(11) 释放环境句柄。调用 SQLFreeHandle 函数，将 HandleType 设置为 SQL_HANDLE _ENV。

12.1.3 ADO 简介

ActiveX 数据对象是一个与语言无关的对象群。与 DAO 及 RDO 相比，ADO 的功能更多地集中在对互联网数据库的访问上。ADO 的底层由 OLE DB 提供数据来源，而 ADO 本身提供了最实用、功能最强大的数据对象群以便于开发人员使用。

最初，ADO 只是微软的 Web 服务器产品 IIS 中的数据库访问接口。由于该接口具有通用、灵活、易学易用等诸多特点，因此很快受到了使用 Visual Basic Script 编写 ASP 程序的 Web 开发人员的欢迎。自从微软通用数据访问(Universal Data Access)标准 OLE DB 推出后，ADO 成为 OLE DB API 之上的一个应用层编程接口，是可访问任何种类数据源的数据访问接口。

1. ADO 的对象模型

ADO 的对象模型非常简单，总共有 7 种对象、4 种集合。

- 7 种对象：Connection 对象、Command 对象、Parameter 对象、Recordset 对象、Field 对象、Error 对象和 Property 对象。
- 4 种集合：Fields 集合、Properties 集合、Parameters 集合、Errors 集合。

ADO 对象模型的层次结构如图 12.2 所示。

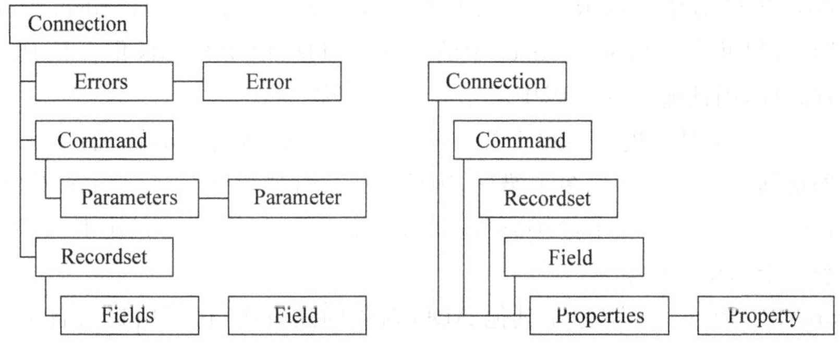

图 12.2 ADO 对象模型的层次结构

ADO 对象模型接口之间的关系如图 12.3 所示。

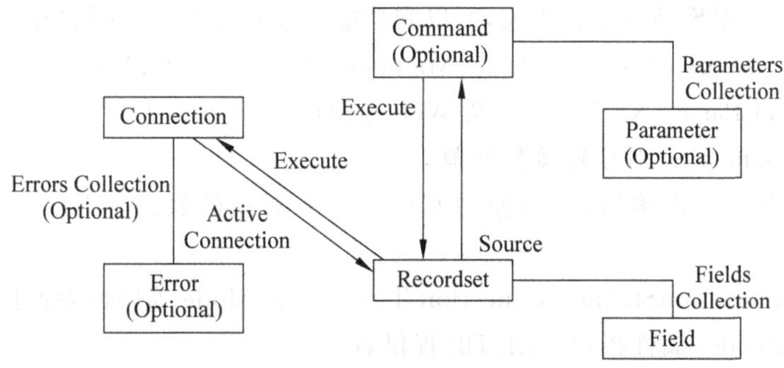

图 12.3 ADO 对象模型接口之间的关系

其中，Connection 对象、Command 对象、Recordset 对象和 Field 对象都有 Properties 集合。

2. ADO 的对象

- Connection：Connection 对象表示与 OLE DB 数据源的开放式连接，可以生成 Connection 对象和用其生成 ADO 层次中的其他对象，其返回值是一个 ADO Recordset 对象。
- Command：Command 对象是 ADO 的基本查询建立的对象。它查询数据库并返回 Recordset 对象中的记录。

- Parameter：Parameter 对象代表与基于参数化查询或存储过程的 Command 对象相关联的参数。它可以是 SQL 查询的运行参数，也可以是存储过程的输入或输出参数。如果知道特定 Parameter 的属性，则可以用 CreateParemeter 方法对 Command 对象建立相应的 Parameter 对象，从而不需任何服务器方处理即可以初始化参数；否则要调用 Command 对象 Parameters 集合的 Refresh 方法，从服务器中取得参数信息，而这将会浪费系统的大量资源。
- Recordset：Recordset 对象表示的是从数据源返回的结果集。ADO 可以直接打开 Recordset 对象，也可以从 Connection 或 Command 对象生成。
- Field：Field 对象表示 Recordset 中的一个数据列。取得 Recordset 之后，通常要利用 Field 集合读取 Recordset 中的数据。但是，由于 Fields 集合是 Recordset 的缺省属性，因此通常在代码中看不到它的名称。
- Error：Error 对象提供与单个操作有关的数据访问错误的详细信息。由于一个数据访问操作可能产生多个错误，因此 Error 对象放在 Connection 对象的 Errors 集合中。如果最后一个操作成功，则这个集合为空，否则可以用 For Each 操作符检查每个 Error 对象。
- Property：Property 对象是其他 ADO 对象的建筑块，代表由提供者定义的 ADO 对象的动态特征。

3. ADO 的功能

由于 ADO 数据模型与语言无关，所以它功能强大并可以在不同的开发环境中使用。这些环境包括 Microsoft Visual Basic、Microsoft Visual C++、Microsoft Visual J++、Microsoft Visual Basic .NET、C#以及 Web 开发环境 Microsoft Visual InterDev。

1) 使用 Connection 对象连接数据源

建立与数据源的连接后，可以使用 Connection 对象的属性、方法和事件执行以下操作：

- 使用 ConnectionString、Connection Timeout 和 Mode 等属性对连接进行初始化。
- 使用 provider 属性指定 OLE DB 提供者。
- 使用 Open 方法建立与数据源的物理连接，使用 Close 方法将其断开。
- 使用 Execute 方法执行对连接的命令。
- 使用 BeginTrans、CommitTrans 和 RollbackTrans 方法管理打开的连接上的事务。
- 使用 Errors 集合检查数据源返回的错误信息等。

(1) 建立连接

使用 Connection 对象的 Open 方法创建与数据源之间的连接。Open 方法的语法形式如下：

```
Open([ConnectionString],[UserID],[Password],[Option])
```

参数说明：

- ConnectionString：用于接收包含一个 OLE DB 连接字符串的字符串。该参数执行与 ConnectionString 属性完全相同的功能，可以使用该参数作为设置 ConnectionString 属性的又一种方法。
- UserID：表示用户登录账号 ID。
- Password：表示用户指定的口令。
- Option：指定连接的一些选项。

(2) 执行查询

使用 Connection 对象的 Execute 方法执行数据库命令和查询。执行一个返回 Recordset 对象的命令时的语法形式如下：

```
Execute(CommandText,[RecordsAffected],[Options])AS ADODB.Recordset
```

执行一个不返回 Recordset 对象的命令时的语法形式如下：

```
Execute(CommandText,[RecordsAffected],[Options])
```

参数说明：

- CommandText：表示保存过的过程、表或 SQL 查询文本的名字。
- RecordsAffected：用于接收命令影响的记录个数。
- Options：表示一个枚举值，用于解释 CommandText 字符串。其可取的常量值如表 12.1 所示。

表 12.1　Connection 对象中 Execute 方法的 Options 参数的可取值

取　　值	描　　述
1-adCmdText	SQL 查询文本
2-adCmdTable	数据库表
4-adCmdStoredProc	存储过程
5-adCmdUnknown	不指定(此时，提供者将决定记录类型)
512-adCmdtableDirect	直接打开的数据库表

注意：Option 取默认值或 5-adCmdUnknown 时，OLE DB 数据提供者也可以找出相应的数据操作类型，但这将会消耗额外的资源。建议在进行程序设计时，为 Options 参数设定正确的值。

(3) 关闭连接

使用 Connection 对象的 Close 方法可以关闭与数据源的连接。以下代码关闭了 cn 对象与数据源的连接，并将这个对象变量从内存中释放。

```
cn.Close
cn=Nothing
```

2) Recordset 对象处理数据

ADO 的 Recordset 对象的主要功能有：无须与数据库建立连接就可以创建 Recordset 对象本身，可以进行离线操作，能够把 Recordset 对象保存为一个磁盘文件等。

(1) 创建 Recordset 对象

创建 Recordset 对象共有四种方法：由 Connection 对象创建 Recordset 对象，由 Command 对象创建 Recordset 对象，使用 Clone 方法创建 Recordset 对象以及创建独立的 Recordset 对象。

• 由 Connection 对象创建 Recordset 对象。

```
Dim rs as ADODB. Recordset
Rs=cn.Execute("SELECT * FROM student",,1)
```

• 由 Command 对象创建 Recordset 对象。

```
Dim rs As ADODB. Recordset
cmd.CommandText="SELECT * FROM student"
cmd.ActiveConnection=cn
rs=cmd. Execute()
```

• 使用 Clone 方法创建 Recordset 对象。

```
dim rsClone as ADODB. Recordset
rsClone=rs. Clone(LockType)
```

其中 LockType 表示指定强制加载记录集上的锁类型，通常省略该参数。

• 创建独立的 Recordset 对象。

```
Dim rs as NEW ADODB. Recordset()
Dim activeStr as String
ActiveStr="…"
Rs.Open("SELECT * FROM student",activeStr)
```

(2) 打开 Recordset 对象

创建 Recordset 对象后，可以使用 Recordset 对象中的 Open 方法打开该对象，以读取 Recordset 中的数据。Open 方法的语法形式如下：

```
Open[Source],[ActiveConnection],[CursorType],[LockType],[Options]
```

参数说明：

• Source：指定 Recordset 对象的来源，可以是被赋予的表名、存储过程、Command 对象，还可以是 SQL 查询语句。
• ActiveConnection：表示 ADOConnection 与数据库连接的引用。
• CursorType：指定要创建的游标类型。
• LockType：指定强制使用的锁类型。
• Options：说明 Source 参数中正在传递的是什么。其取值如表 12.2 所示。

(3) 关闭 Recordset 对象

要关闭 Recordset 对象可使用 Close 方法，它的语法形式如下：

```
rs.Close ()
```

表 12.2 Recordset 对象中的 Options 参数的可取值

取值	描述
1-adCmdText	SQL 查询文本
2-adCmdTable	数据库表
4-adCmdStoredProc	存储过程
5-adCmdUnknown	不指定(此时,提供者将决定记录类型)
512-adCmdtableDirect	直接打开的数据库表
16-adAsuncExecute	异步执行查询,控件立即返回到应用程序,ADO 继续填充 Recordset 对象,直到本地高速缓冲区被填满
32-adAsyncFetch	用数据填充本地高速缓冲区之后,高速 ADO 异步获取现有的记录,同时引发 FetchComplete 事件

关闭 Recordset 对象并确定不再使用时,应该将其设置为空以释放内存,如下所示:

```
rs=Nothing
```

(4) 读取 Recordset 对象中的数据

可以使用 Recordset 对象中的 Fields 集合来获取当前记录中的数据。

```
me.Textbox.Text=rs.Fileds("Sname").Value
```

或

```
me.Textbox.Text=rs.("Sname").Value
```

表示将当前记录中的 Sname 字段值在文本框 Textbox 中显示出来。

(5) 编辑数据

编辑数据有两种方法:使用 Recordset 对象和使用 SQL 语言。

• 使用 Recordset 对象编辑数据。在可以修改的记录集中,使用 Supports 方法决定是否可以添加新的记录到记录集,可以使用 AddNew 方法插入新记录,使用 Update 方法修改记录,使用 Delete 方法删除记录。

例如:

```
If rs.Supports(CursorOptionEnum.adAddNew)Then
rs.AddNew()
rs.Fields("Sname").Value="张红"
…
```

以上代码首先判断是否能够使用 AddNew 方法,然后在记录集尾部插入新记录,并用 Fields 集合实现字段的赋值。

注意:如果 AddNew 方法没有使用 Update 方法完成,则不可以关闭 Recordset。

```
rs.Delete[AffectRecords]
```

如果 AffectRecords 的值为 1-adAffectCurrent 或省略,则表示删除当前记录。当删除一条记录时,它始终是当前记录,但不可访问,此时需要把指针移到下一条记录。

如下所示：

```
rs.Delete()
rs.MoveNext()
```

- 使用SQL语言编辑数据，具体语法形式请参照5.4节。

3）数据处理

(1) 数据排序

为提高用户的查询效率，数据库应用程序一般都会提供数据排序功能，让用户选定某个字段执行数据的排序操作。Recordset对象的Sort属性具有对数据进行排序的功能，例如：

```
rs.Sort=" ID_card,Sage DESC "
```

以上代码中ID_card、Sage为关键字，表示先按照ID_card进行排序，然后在ID_card相同的字段中再按照Sage进行排序。其中，排序的关键字可以有多个，从前到后依次为第一关键字、第二关键字等。

DESC表示按升序进行排序，缺省时为降序(ASC)。

需要恢复以前的数据排列方式时，只要将Sort属性的字符串内容设置为空即可，如下所示：

```
rs.Sort=" "
```

(2) 数据过滤

通过Recordset对象的Filter属性可以设置筛选条件，用于对数据进行过滤。Filter属性可以被赋予三种类型的值：SQL查询字符串、书签数组以及指明哪些记录应该显示在记录集中的常量。最常用的就是赋予一个SQL查询字符串，如下所示：

```
rs.Filter=" Sage> 20 "
```

表达式中可以使用＜、＜＝、＞、＞＝、＝、＜＞和LIKE操作符；同时支持“*”和“%”通配符，但仅可以用在字符串参数的末尾。在对数据进行筛选时，不会删除不符合条件的数据，完整的数据集仍然保存在内存中。如果需要使用记录集中的所有数据，将Filter属性的表达式去掉即可，有两种形式，如下所示：

```
rs.Filter=0
```

或

```
rs.Filter=" "
```

Filter属性的取值如表12.3所示。

(3) 数据搜索

使用Find方法可以对数据进行搜索，找出符合条件的记录。Find方法的语法形式如下：

```
Find(Criteria,[SkipRecords],[SearchDirection],[Start])
```

表 12.3 Filter 属性的取值

取　　值	说　　明
0-adFilterNone	将 Filter 属性的表达式删除，与赋空字符串相同
1-adFilterPendingRecords	在批处理修改模式下，查看被修改的记录
2-adFilterAffectedRecords	查看被最近的 Delete、Resync、UpdateBatch 或 CancelBatch 方法影响的记录
3-adFilterFetchedRecords	只查看本地缓冲区中的记录
5-adFilterConflictingRecords	在批处理修改模式下，只查看委托给服务器不成功的记录

参数说明：

- Criteria：表示表达式，包括字段名称、比较运算符以及条件值。
- SkipRecords：指定要越过多少条数据后开始搜索，默认值为 0，表示从当前数据记录开始搜索。
- SearchDirection：指定搜索的方向。可以向前(1-adSearchForforward)，也可以向后(－1-adSearchBackward)。
- Start：表示搜索的起始位置。

(4) 批处理方式修改记录

当变动的部分更新到数据库中时，可以使用 Recordset 对象的 UpdateBatch 方法进行批处理修改。它的语法形式如下：

```
UpdateBatch[AffectRecords]
```

AffectRecords 参数的取值如表 12.4 所示。

表 12.4 AffectRecords 参数的取值

参　　数	说　　明
1-adAffectCurrent	仅修改当前记录
2-adAffectGroup	修改所有满足 Filter 属性的被改变的记录
3-adAffectAll	修改 Recordset 所有被改变的记录(默认值)
4-adAffectChapters	修改 Recordset 分层结构中的各个部分

如修改不成功，则可以使用 CancelBatch 方法撤销批处理的修改。它的语法形式如下：

```
CancelBatch [AffectRecords]
```

4) Field 对象处理单个字段数据

使用 Fields 集合的特性，可以获取或处理某个字段的数据。共有两种方法：一是在它的条目上进行迭代来检查 Recordset 字段的信息，另一种方法是使用 For Each…In 语句对 Fields 集合中的字段进行迭代。

(1) 在其条目上进行迭代来检查 Recordset 字段的信息

例如，可以用以下代码创建字段名和字段值的列表。

```
Dim i As Integer
For i=0 To rs.Fields.count-1
Me.ListBox.Items.Add(rs. Fields(i).Name & "=" & rs. Fields(i).Value)
Next
```

（2）使用 For Each…In 语句

```
Dim fld As ADODB. Field
For Each fld In rs.Fields
Me.ListBox.Items.Add(fld.Name & "=" & fld. Value)
Next
```

4. Command 对象执行查询

Command 对象尤其适用于计划多次执行同一个查询命令，以及运行保存过程或参数化的查询情况。Command 对象是与打开的连接相关的。在打开的连接下，使用 Command 对象的方法和属性可以完成以下操作：

- 使用 CommandText 属性定义命令的可执行文本。
- 通过 Parameter 对象和 Parameters 集合定义参数化查询或存储过程参数。
- 使用 Execute 方法执行命令并返回 Recordset 对象。
- 设置属性使打开的连接与 Command 对象相关联。

1）创建 Command 对象

可以通过声明 Command 对象并为其设置 CommandText 属性以及 ActiveConnection 属性来创建 Command 对象。Command 对象的声明语句如下：

```
Dim cmd as ADODB.Command
```

（1）CommandText：该属性用于指定命令文本字符串，返回一个 SQL 语句或查询、表名或存储过程名。例如：

```
cmd. CommandText="SELECT * FROM student WHERE ID_card='13070519760819003'"
```

用不同的参数重复查询命令时，可以设置参数化的 Command 对象。方法是在 CommandText 属性中输入“?”，如下所示：

```
cmd. CommandText="SELECT * FROM student WHERE ID_card=?"
```

（2）ActiveConnection：该属性用于指定执行查询或语句的数据源。它的语法形式如下：

```
cmd. ActiveConnection=cn
```

2）执行 Command 对象

执行 Command 对象也是使用 Execute 方法，它运行保存在 CommandText 属性中的查询命令。它的语法形式如下：

```
Execute([RecordsAffected],[Parameters],[Options] As ADODB.Recordset)
```

参数说明：

- RecordsAffected：指定用于接收命令影响的记录个数。
- Parameters：表示含有参数值的变量或参数数组。
- Options：用于说明如何解释 CommandText 字符串以及命令执行行为的枚举值。它的取值如表 12.5 所示。

表 12.5 Options 参数的取值

取值	说明
AdCmdText	将 CommandText 作为命令或存储过程调用的文本化定义进行计算
AdCmdTableDirect	将 CommandText 作为其列全部返回的表格的名称进行计算
AdCmdStoredProc	将 CommandText 作为存储过程名进行计算
AdCmdUnknown	未指定(默认值)
adCmdFile	将 CommandText 作为持久 Recordset 文件名进行计算
AdExecuteNoRecords	指定 CommandText 为不返回行的命令或存储过程
16-adAsncExecute	指定在一个独立的线程中异步执行命令
32-adAsyncFetch	将为基于客户端游标的 Recordset 异步取结果
64-AsyncFetchNonBlocking	指定对由 CacheSize 属性指定的初始数量之后的剩余行应使用异步提取，且正在调用的程序永远不会停止
128-AdExecuteNoRecords	指定 adCmdText 或 adCmdStoreProc 类型命令为活动查询，且不返回 Recordset

5. 基于 Web 的应用

ADO 是一个建立访问 SQL Server 数据的 Web 应用程序的理想工具。用户可以在客户端的 HTML 文件或服务器端的 ASP 文件中的 VBScript 或 JScript 中使用 ADO 连接来完成对数据的访问，甚至可以将 ADO 过程封装在完成特殊功能(如身份验证等)的对象中。

12.2 ASP 编程

Microsoft 公司的动态服务器页面(Active Server Pages，ASP)是服务器端的脚本编写环境。它可以创建和运行动态的、可以交互的 Web 服务器端应用程序，是实现网络数据库发布时容易使用的开发工具。使用 ASP 可以方便地使用 ADO 对象，结合 ActiveX 组件、脚本命令和 HTML 语言，可以制作出交互式的网页和应用程序。

12.2.1 ASP 概述

ASP 扩展了标准的 HTML，ASP 文件可以包含在服务器端运行的脚本，根据脚本执行的不同结果向客户端输出不同的 HTML 页面。在 ASP 中使用内置对象，可以从用户浏览器表单取得检索信息。经过 ASP 处理后，生成响应后的 HTML 页面，发送后显示在请求信息响应的用户浏览器中。ASP 可以和几个服务器的 ActiveX 组件捆绑在一起，访问数据库、文件系统或传送 E-mail。

1. ASP 简介

ASP 是微软公司推出的一种用以取代通用网关接口(Common Gateway Interface，CGI)的技术。ASP 既不是一种语言，也不是一种开发工具，而是一种技术框架。简单地讲，ASP 是位于服务器端的脚本运行环境。通过这种环境，用户可以创建和运行动态的交互式 Web 服务器应用程序，如交互式的动态网页，包括使用 HTML 表单收集和处理信息，上传与下载等，就像用户在使用自己的 CGI 程序一样。

ASP 要比 CGI 简单得多。更重要的是，ASP 使用的 ActiveX 技术基于开放设计环境。用户可以自己定义和制作组件加入其中，使自己的动态网页几乎具有无限的扩充能力，这是传统的 CGI 等程序远远不及的地方。使用 ASP 还有个好处，就在于 ASP 可利用 ADO(Active Data Object，微软的一种新的数据访问模型，类似于 DAO)方便地访问数据库，从而使得开发基于 WWW 的应用系统成为可能。

在微软的站点上对于 ASP 的权威定义是：ASP 是一种开放式的非编译应用环境，用户能够组合 HTML、Script 和可重用的 ActiveX 服务器组件来建立动态的强大的基于 Web 的商业应用。ASP 支持基于 IIS 上的服务器端脚本，并且完全支持 VBScript 和 JScript。用 ASP 技术设计的网页是以 asp 为扩展名的文本文件。

2. ASP 的特点

ASP 有以下几个独具的特点。

- 使用 VBScript 和 JScript 等简单易懂的脚本语言，结合 HTML 代码，即可快速完成网站的应用程序开发。
- 容易编写，无须编译，可在服务器端直接执行。
- 使用普通的文本编辑器(如记事本)就可进行编辑设计。
- 与浏览器无关。用户端只要使用可执行 HTML 代码的浏览器即可浏览使用 ASP 技术设计的网页。ASP 页面所使用的脚本语言均在 Web 服务器端执行，然后把执行结果传送到用户端的浏览器。
- ASP 能与任何 ActiveX 描述性语言相容。除了可使用 VBScript 和 JScript 语言外，还可以通过 pulg-in 的方式使用由第三方提供的其他脚本语言。
- ASP 的源程序只在服务器端执行，不会被传到客户端浏览器，因而可以避免源程序外泄，提高了程序的安全性。
- 可使用服务器端的脚本来产生客户端的脚本。
- 支持 ASP 隔离程序。隔离的 ASP 应用程序在服务器上拥有独立的内存空间进行运行。当某一应用程序执行失败时，可以保护其他应用程序和服务器不受影响，同时它也可以在不停止服务器的情况下，终止一个应用程序或卸载其组件。

- ActiveX 服务器元件具有无限可扩充性。可以使用 Visual Basic、Java、Visual C++、COBOL 等编程语言定制自己所需要的 ActiveX 服务器组件。

3. ASP 的运行模型

浏览器从 Web 服务器上请求.asp 文件时，ASP 脚本开始运行。然后 Web 服务器调用 ASP 引擎，ASP 引擎会全面读取请求的文件，执行所有脚本命令，并将 Web 页传送给浏览器。

由于脚本在服务器上而不是在客户端运行，传送到浏览器上的 Web 页是在 Web 服务器上生成的，所以不必担心浏览器能否处理脚本。也就是说，ASP 程序的运行是与浏览器无关的。由于只有脚本的结果返回到浏览器，所以服务器端的脚本不易被复制，用户看不到 ASP 页的程序源代码。

4. ASP 页的创建

ASP 文件是以.asp 为扩展名的文本文件。这个文件可以是文本、HTML 代码和 ASP 脚本命令的任意组合。

创建.asp 文件非常容易。要在 HTML 文件中添加脚本，只需将该文件的扩展名.htm 或.html 替换为.asp 就可以了。要使.asp 文件可用于 Web 用户，可以将这个新文件保存在 Web 站点上的目录中。使用浏览器查看该文件时，可以看到 ASP 处理并返回 HTML 页面。下面使用在 HTML 文件中添加脚本的方法创建一个.asp 文件。

脚本是一系列的命令和指令。它可以指示 Web 服务器执行操作，可以在变量中存储用户名，在返回到浏览器的页面中显示用户名或将用户名存储在数据库中等。脚本命令通过定界符与文本区别开来。ASP 使用定界符<%和%>插入脚本命令。用户可以在定界符中括入任何命令，只要这些命令对正在使用的脚本语言有效。例 12.1 展示了包含脚本命令的一个简单的 HTML 页。

例 12.1 在一个 HTML 页上显示该页被访问的时间，文件名为 asp1.asp。

```
<HTML>
<BODY>
This page was last refreshed on <% =Now% >.
</BODY>
</HTML>
```

VBScript 函数 Now 返回当前的日期和时间。Web 服务器处理该页时，会使用当前的日期和时间替换<%= Now%>并且将该页返回到浏览器。

```
This page was last refreshed on 2002-8-17 8:43:59
```

定界符括入的命令称为主脚本命令。这些命令被主脚本语言处理。在脚本定界符中使用的任何命令都必须对主脚本语言有效。默认情况下，主脚本语言是 VBScript。

在 ASP 定界符中可以包含任何在主脚本语言中合法的语句、表达式、过程或操作符。在 VBScript 和其他脚本语言中，语句是语法完整的单元，该单元表达某项活动、声明或定义。例12.2中的条件语句If…Then…Else是一条常见的VBScript语句。

例 12.2 根据访问网页的时间返回相应的问候语。文件名为asp2.asp。

```
<%
If Time>=#12:00:00 AM#And Time<#12:00:00 PM#  Then
  Greeting="Good Morning!"
Else
  Greeting="Hello!"
End If
%>
<%=Greeting%>
```

这条语句将值"Good Morning!"或值"Hello!"存储在变量greeting中。<%=Greeting%>命令将当前的变量值发送到浏览器中。

这样，在（Web服务器所在时区的）正午12点前浏览该脚本的用户将看到："Good Morning!"。在正午12点或以后浏览此脚本的用户将看到"Hello!"。

5. ASP 的指令

ASP为用户提供了脚本语言以外的指令，这是一些输出指令和处理指令。

ASP的输出指令<%=expression%>显示表达式的值。例如，输出表达式<%=sport%>可以将文字climbing(sport变量的当前值)传送到浏览器。

ASP处理指令<%@ keyword%>为ASP提供处理.asp文件所需的信息。例如，下面的指令将VBScript设为该页的主脚本语言：

```
<%@LANGUAGE=VBScript%>
```

处理指令必须出现在.asp文件的第一行。不要将处理指令放在包含#include语句的文件中，必须在at标记(@)和关键字之间加入一个空格。处理指令有下列关键字。

- LANGUAGE关键字：设置页的脚本语言。
- CODEPAGE关键字：设置页的代码页(字符编码)。
- LCID关键字：设置页的现场标识符。
- TRANSACTION关键字：指定将在事务处理环境下运行的页。
- ENABLESESSIONSTATE关键字：指定ASP页是否使用会话状态。

可以在单个指令中包含多个关键字，关键字/值对之间必须由空格分开。不要在等号(=)左右加入空格。下面的例子中设置了脚本语言和代码页：

```
<%@LANGUAGE=JScript CODEPAGE=932%>
```

12.2.2 ASP的内置对象

从本节开始将从ASP内置对象和内置组件入手，详细剖析ASP的6个内建对象和各种组件的特性和方法。

ASP 提供了可在脚本中使用的内置对象，这些对象使用户更容易收集通过浏览器请求发送的信息、响应浏览器以及存储用户信息，从而使对象开发者摆脱很多烦琐的工作。

ASP 提供了 6 个内置对象：Application 对象、Request 对象、Response 对象、Server 对象、Session 对象和 ObjectContext 对象。

1. Application 对象

1）属性

使用 Application 对象可以使给定应用程序的所有用户共享信息。Application 对象没有内置的属性，但可以使用下面的语法设置用户定义的属性(又称集合)。

```
Application("属性/集合名称")=值
```

可以使用如下脚本声明并建立 Application 对象的属性：

```
<%
Application("MyVar")="Hello"
Set Application("MyVar")=Server.CreateObject("MyConponent")
%>
```

一旦分配了 Application 对象的属性，它就会持久存在，直到关闭 Web 服务器使得 Application 停止。Application 对象的属性特别适合在应用程序和用户之间传递信息。

2）方法

Application 对象有两个方法：Lock 和 Unlock，它们都可处理多个用户对存储在 Application 中的数据进行写入的问题。Lock 方法禁止其他客户修改 Application 对象的属性，以确保在同一时刻仅有一个客户可修改和存取 Application 对象；Unlock 方法允许其他客户修改 Application 对象的属性，它可以解除对象的锁定。如果用户没有明确调用 Unlock 方法，则服务器将在.asp 文件结束或超时后自动解除对 Application 对象的锁定。

例 12.3 记录 Web 页面被访问的次数。文件名为 asp3.asp。

```
<%
Dim NumVisits
NumVisits=0
Application.Lock
Application("NumVisits")=Application("NumVisits")+1
Application.Unlock
%>
欢迎光临本网站,您是本页的第<%=Application("NumVisits")%>位客人!
```

将上面这段代码插入到某个 HTML 文件中，多次访问该页就可以看到计数器在不断记录访问次数。

3）事件

Application 对象包含两个事件：Application_OnStart 事件和 Application_OnEnd 事件。Application_OnStart 事件在首次创建新会话（即 Session_OnStart 事件）之前发生。当 Web 服务器启动并允许对应用程序包含的文件进行请求时，触发 Application_OnStart 事件。Application_OnStart 事件的处理过程必须写在 Global.asa 文件中。Application_OnStart 事件的语法如下：

```
<SCRIPT LANGUAGE=ScriptLanguage RUNAT=Server>
Sub Application_OnStart…
End Sub
</SCRIPT>
```

Application_OnEnd 事件在应用程序退出时，在 Session_OnEnd 事件之后发生。Application_OnEnd 事件的处理过程也必须写在 Global.sas 文件之中。

在使用 Application 对象时，必须注意以下几点。

不能在 Application 对象中存储 ASP 内置对象。例如，下面的每一行都会返回一个错误。

```
<%
Set Application("var1")=Session
Set Application("var2")=Request
Set Application("var3")=Response
Set Application("var4")=Server
Set Application("var5")=Application
Set Application("var6")=ObjectContext
%>
```

将一个数据存储在 Application 对象中时，不要直接更改存储在数组中的元素。例如下面的脚本将无法运行。

```
<%Application("StoredArray")(3)="new value"%>
```

这是因为 Application 对象是作为集合被实现的，数组元素 StoredArray(3) 未获得新的赋值；而此值将包含在 Application 对象集合中，并将覆盖此位置以前存储的任何信息。建议用户在将数组存储在 Application 对象中时，在检索或改变数组中的对象前获取数组的一个副本。在对数组操作时，应再将数组全部存储在 Application 对象中。这样所做的任何改动都将被存储下来。

2. Request 对象

可使用 Request 对象访问任何基于 HTTP 请求传递的信息，包括从 HTML 表格用 Post 方法或 Get 方法传递的参数、Cookie 和用户认证。Request 对象使用户能够访问客户端发送给服务器的二进制数据。Request 对象的语法如下：

```
Request[.集合|属性|方法](变量)
```

下面将挑选一些常用的对象语法进行分析。

1）Form

Form 集合通过使用 POST 方法的表格检索邮送到 HTTP 请求正文中的表格元素的值。

语法格式如下：

```
Request.Form(element)[(index)|.Count]
```

参数说明：

- element：指定集合要检索的表格元素的名称。
- index：可选参数，使用该参数可以访问某参数的多个值中的一个。它可以是 1～Request.Form(parameter).Count 之间的任意整数。
- Count：集合中元素的个数。

例 12.4 示范如何利用 Request 对象的 Form 属性来取得用户在表单中填写的信息。文件名为 asp5-1.asp 和 asp5-2.asp。

asp5-1.asp

```
<form method="post" action="asp5-2.asp"
<p><h3>name:<input type="text" name="name" size="20"></p>
<p><h3>sex:
<select name="sex" size="1">
<option value="girl"><h4>girl</h4></option>
<option value="boy"><h4>boy</h4></option>
</select>
<p><h3>E-mail:<input type="text" name="Email" size="20"></p>
<input type="submit" value="submit">
<input type="reset" value="reset">
</p>
</form>
```

asp5-2.asp

```
<p><h3>your name is:<%=Request.Form("name")%></p></h3>
<p><h3>you are a<%=Request.Form("sex")%></p></h3>
<p><h3>your E-mail is:<%=Request.Form("Email")%></p></h3>
```

本例的运行结果如图 12.4 所示。

2）QueryString

QueryString 集合检索 HTTP 查询字符串中变量的值，HTTP 查询字符串由问号(?)后的值指定。如：

```
<A HREF="example.asp? string=this is a sample">string sample</A>
```

生成值为“this is a sample”的变量名字符串。通过发送表格或由用户在其浏览器的地址框中键入查询也可以生成查询字符串。

语法格式如下：

图 12.4　例 12.4 的运行结果

```
Request.QueryString(variable)[(index)|.Count]
```

QueryString 集合可以以名称检索 QUERY_STRING 变量。Request. QueryString (参数)的值是出现在 QUERY_STRING 中所有参数的值的数组。通过调用 Request. QueryString (parameter). Count 可以确定参数有多少个值。

例 12.5　示范如何通过 Request 对象的 QueryString 数据集合来获取用户数据。文件名为 asp6-1. asp 和 asp6-2. asp。

```
asp6-1.asp
<a href="asp6-2.asp? poem=红豆生南国,<br>春来发几枝。<br>愿君多采撷,<br>此物最相思。"<h3>诗情画意</h3>
<a href="asp6-2.asp? myname=我叫 fancy<br>我喜欢音乐和诗歌。<br>我的 E-mail 是 fancy_zwf@hotmail.com"><h3>能交个朋友吗? </h3>
asp6-2.asp
<%
Response.Write"<h3>"&Request.QueryString("poem")&"</h3>"
Response.Write"<h3>"&Request.QueryString("myname")&"</h3>"
%>
```

本例的运行结果如图 12.5 所示。

图 12.5　例 12.5 的运行结果

3）cookie

cookie 其实就是一个标签。当用户访问一个需要唯一标识用户地址的 Web 站点时，它会在用户的硬盘上留下一个标记；下一次访问同一个站点时，站点的页面会查找这个标记。每个 Web 站点都有自己的标记，标记的内容可以随时读取，但只能由该站点的页面完成。每个站点的 cookie 与其他所有站点的 cookie 存在同一文件夹中的不同文件内（可以在 Windows 的目录下的 cookie 文件夹中找到它们）。一个 cookie 就是一个唯一标识客户的标记，cookie 可以包含在一个对话期或几个对话期之间的某个 Web 站点的所有页面共享的信息中，使用 cookie 还可以在页面之间交换信息。Request 提供的 Cookies 集合允许用户检索在 HTTP 请求中发送的 cookie 的值。这项功能经常被用在要求认证客户密码时，以及用在电子公告板、Web 聊天室等 ASP 程序中。

语法格式如下：

```
Request.Cookies(cookie)[(key)|.attribute]
```

参数说明：

- cookie：指定要检索其值的 cookie。
- key：可选参数，用于从 cookie 字典中检索子关键字的值。
- attribute：指定 cookie 自身的有关信息。如：HasKeys 只读，指定 cookie 是否包含关键字。

可以通过包含一个 key 值来访问 cookie 字典的子关键字。如果访问 cookie 字典时未指定 key，则所有关键字都会作为单个查询字符串返回。例如，如果 MyCookie 有两个关键字，First 和 Second，而在调用 Request. Cookies 时并未指定其中任何一个关键字；那么将返回下列字符串。

```
First=firstkeyvalue&Second=secondkeyvalue
```

例 12.6 使用 Cookies 的一个实例。文件名为 asp7. asp 和 cookie. html。

```
asp7.asp
<%
nickname=Request.Form("nick")
Response.Cookies("nick")=nickname
Response.Write"欢迎"&Request.Cookies("nick")&"光临!"
%>
cookie.html
<form method="post" action="asp7.asp">
<h3>您的用户名</h3>
<input type="text" name="nick" size="20"><br>
<input type="submit" value="submit" name="b1">
<input type="reset" value="reset" name="b2">
</form>
```

本例的运行结果如图 12.6 所示。

图 12.6 例 12.6 的运行结果

4) ServerVariables

大家都知道在浏览器中浏览网页的时候使用的传输协议是 HTTP。在 HTTP 的标题文件中会记录一些客户端的信息，如客户的 IP 地址等。有时服务器端需要根据不同的客户端信息做出不同的反映，这时候就需要用 ServerVariables 集合获取所需信息。语法格式为：

```
Request.ServerVariables(服务器环境变量)
```

由于服务器环境变量较多，仅将一些常用的变量在表 12.6 中列出。

表 12.6 常用服务器环境变量

服务器环境变量	描　　述
ALL_HTTP	客户端发送的所有 HTTP 标题文件
CONTENT_LENGTH	客户端发出内容的长度
CONTENT_TYPE	内容的数据类型，如："text/html"。同附加信息的查询一起使用，如 HTTP 查询 GET、POST 和 PUT
LOCAL_ADDR	返回接受请求的服务器地址。在绑定多个 IP 地址的多宿主机器上查找请求所使用的地址时，该变量非常重要
LOGON_USER	用户登录 Windows NT 的账号
QUERY_STRING	查询 HTTP 请求中问号(?)后的信息
REMOTE_ADDR	发出请求的远程主机（client）的 IP 地址
REMOTE_HOST	发出请求的主机（client）名称。如果服务器无此信息，它将设置为空的 MOTE_ADDR 变量
REQUEST_METHOD	该方法用于提出请求，相当于用于 HTTP 的 GET、HEAD、POST 等
SERVER_NAME	出现在自引用 URL 中的服务器主机名、DNS 化名或 IP 地址
SERVER_PORT	发送请求的端口号

可以使用以下脚本打印出所有的服务器环境变量。

```
<TABLE>
<TR><TD><B>Server Variable</B></TD><TD><B>Value</B></TD></TR><%For Each
name In Request.ServerVariables%>
<TR><TD><%=name%></TD><TD><%=Request.ServerVariables(name)%>
</TD></TR>
</TABLE>
<%Next%>
```

3. Response 对象

Response 对象用来控制发送给用户的信息，包括直接发送信息给浏览器，重定向浏览器到另一个 URL 或设置 cookie 的值。语法格式为：

```
Response.collection|property|method
```

1) 属性

Buffer 属性指示是否缓冲页输出。当缓冲页输出时，只有当前页的所有服务器脚本处理完毕或者调用了 Flush 或 End 方法后，服务器才将响应发送给客户端浏览器，服务器将输出发送给客户端浏览器后就不能再设置 Buffer 属性。因此应该在. asp 文件的第一行调用 Response. Buffer。

Charset 属性将字符集名称附加到 Response 对象中 content-type 标题的后面。对于不包含 Response. Charset 属性的 ASP 页，content-type 标题将为 content-type：text/html。可以在. asp 文件中指定 content-type 标题，如 <% Response. Charset = "gb2312")%>，将产生以下结果：content-type：text/html；Charset=gb2312。

注意，无论字符串表示的字符集是否有效，该功能都会将其插入 content-type 标题中；且如果某个页包含多个含有 Response. Charset 的标记，则每个 Response. Charset 都将替代前一个 CharsetName。这样，字符集将被设置为该页中 Response. Charset 的最后一个实例所指定的值。

ContentType 属性指定服务器响应的 HTTP 内容类型。如果未指定 ContentType，则默认为 text/HTML。

Expires 属性指定了在浏览器上缓冲存储的页距过期还有多少时间。如果用户在某个页过期之前又回到此页，就会显示缓冲区中的页面。如果设置 response. expires=0，则可使缓存的页面立即过期。

ExpiresAbsolute 属性指定缓存于浏览器中的页面的确切到期日期和时间。在未到期之前，若用户返回到该页，该缓存中的页面就显示。如果未指定时间，则该主页在当天午夜到期。如果未指定日期，则该主页在脚本运行当天的指定时间到期。如下示例指定页面在 2011 年 12 月 10 日上午 9 点 00 分 30 秒到期。

```
<%Response.ExpiresAbsolute=#Dec 12,2011 9:00:30#%>
```

2) 方法

可以用 Clear 方法清除缓冲区中的所有 HTML 输出，但 Clear 方法只清除响应正文而不清除响应标题。可以用该方法处理错误情况。如果没有将 Response. Buffer 设置为 TRUE，则该方法将导致运行时错误。

End 方法使 Web 服务器停止处理脚本并返回当前结果，文件中剩余的内容将不被处理。如果 Response. Buffer 已设置为 TRUE，则调用 Response. End 将缓冲输出。

Flush 方法立即发送缓冲区中的输出。如果没有将 Response. Buffer 设置为 TRUE，则该方法将导致运行时错误。

Redirect 方法使浏览器立即重定向到程序指定的 URL。程序员可以根据客户的不同响应，为不同的客户指定不同的页面或根据不同的情况指定不同的页面。若使用了 Redirect 方法，则任何在页中显式设置的响应正文内容都将被忽略。然而，此方法不向客户端发送该页设置的其他 HTTP 标题，而是产生一个将重定向 URL 作为链接包含的自动响应正文。Redirect 方法发送下列显式标题，其中 URL 是传递给该方法的值，如＜％Response. redirect（"www. chinabyte. com"）％＞。

Write 方法是最常用的方法之一，它将指定的字符串写到当前的 HTTP 输出。

3）集合

Response 对象只有一个集合：Cookies。

Cookies 集合设置 cookie 的值。若指定的 cookie 不存在，则创建它。若存在，则设置新的值并且将旧值删去。语法格式为：

```
Response.Cookies(cookie)[(key)|.attribute]=value
```

这里的 cookie 是指定 cookie 的名称。如果指定了 key，则该 cookie 就是一个字典。attribute 指定 cookie 自身的有关信息，其参数如下。

- Domain：若被指定，则 cookie 将被发送到对该域的请求中去。
- Expires：指定 cookie 的过期日期。要在会话结束后将 cookie 存储在客户端磁盘上，必须设置该日期。若此项属性的设置未超过当前日期，则在任务结束后 cookie 将到期。
- HasKeys：指定 cookie 是否包含关键字。
- Path：若被指定，则 cookie 将只发送到对该路径的请求中。如果未设置该属性，则使用应用程序的路径。

例 12.7 示范 Request 对象和 Response 对象中 Cookies 属性的结合使用。文件名为 asp8. asp。

```
<%
Response.Cookies("aspCookies")("name")="fancy"
Response.Cookies("aspCookies")("sex")="girl"
Response.Cookies("aspCoolies")("Email")="fancy_zwf@hotmail.com"
%>
<html>
<body>
<%
For Each Cookiesname In Request.Cookies
```

```
If Request.Cookies(Cookiesname).haskeys Then
  For Each keyCookies In Request.Cookies(Cookiesname)
  Response.Write "[DIR]"&keyCookies&"的内容是:"
  Response.Write Request.Cookies(Cookiesname)(keyCookies)&"<br>"
  Next
Else
  Response.Write Cookiesname&"的内容是: "&Request.Cookies(Cookiesname)&
"<br>"
End If
Next
%>
</body>
</html>
```

本例的运行结果如图 12.7 所示。

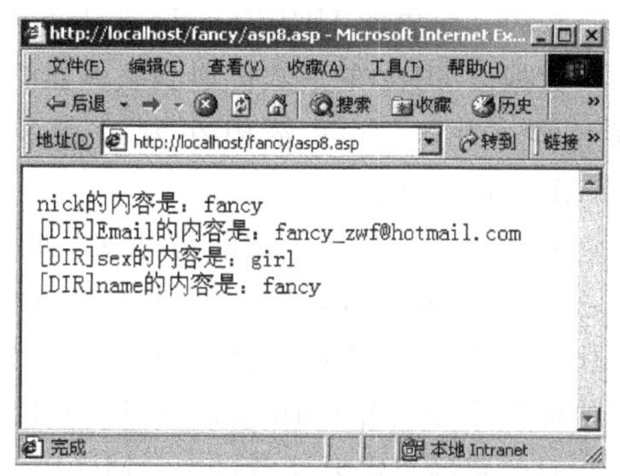

图 12.7 例 12.7 的运行结果

4. Server 对象

Server 对象提供对服务器上的方法和属性的访问，其中大多数方法和属性是作为实用程序的功能服务的。有了 Server 对象，就可以在服务器上启动 ActiveX 对象例程，并使用 Active Server 服务提供像 HTML 和 URL 编码这样的函数。

语法：

```
Server.property|method
```

1) 属性

ScriptTimeout 是超时值，在脚本运行超过这一时间之后即作超时处理。如下代码指定服务器处理脚本在 100 秒后超时：<% Server.ScriptTimeout=100%>。

注意，通过使用元数据库中的 AspScriptTimeout 属性可以为 Web 服务或 Web 服务器设置缺省的 ScriptTimeout 值。ScriptTimeout 属性不能设置为小于元数据库中指定的值。例如 NumSeconds 设置为 60，而元数据库设置包含了默认值 90 秒，则脚本在 90 秒后超时。

2) 方法

HTMLEncode 方法允许用户对特定的字符串进行 HTML 编码。虽然 HTML 可以显示大部分用户写入 ASP 文件中的文本，但是需要实际包含 HTML 标记中所使用的字符时，就会遇到问题。这是因为，当浏览器读到这样的字符串时，会试图进行解释。例如下面的这段文本：

```
这是对 HTMLEncode 方法的测试。<br>这里应该不会另起一行。
```

会被浏览器显示为：

```
这是对 HTMLEncode 方法的测试。
```

这里应该不会另起一行。

要避免此类问题，就需要使用 Server 对象的 HTMLEncode 方法，采用对应的不由浏览器解释的 HTML Character Code 替代 HTML 标记字符。用下面的代码能显示正确的 HTMLEncode 字符串，从而在浏览器中按要求输出文本。

```
<%
Response.write Server.HTMLEncode("这是对 HTMLEncode 方法的测试。<br>这里应该不会另起一行。")%>
```

Server 对象的 URLEncode 方法可以根据 URL 规则对字符串进行正确编码。当字符串数据以 URL 的形式传递到服务器时，在字符串中不允许出现空格，也不允许出现特殊字符。为此，如果希望在发送字符串之前进行 URL 编码，可以使用 Server.URLEncode 方法。

MapPath 方法将指定的相对或虚拟路径映射到服务器相应的物理目录上。语法如下：Server.MapPath(Path)。其中 Path 指定要映射物理目录的相对或虚拟路径。若 Path 以一个正斜杠（/）或反斜杠（\）开始，则 MapPath 方法返回路径时将 Path 视为完整的虚拟路径。若 Path 不是以斜杠开始，则 MapPath 方法返回同.asp 文件中已有的路径相对的路径。需要注意的是：MapPath 方法不检查返回的路径是否正确或在服务器上是否存在。

Server.CreateObject 用于创建已经注册到服务器上的 ActiveX 组件实例。这是一个非常重要的特性，因为使用 ActiveX 组件能够扩展 ActiveX 的能力，实现至关重要的功能，譬如数据库连接、文件访问、广告显示和其他 VBScript 不能提供或不能单独使用 ActiveX 完成的功能。这些组件使得 ASP 具有了强大的生命力。其语法如下：

```
Server.CreateObject("Component Name")
```

默认情况下，由 Server.CreateObject 方法创建的对象具有页作用域。即在当前 ASP 页处理完成之后，服务器将自动破坏这些对象。如果要创建有会话或应用程序作用域的对象，可以使用＜ OBJECT＞标记并设置 SESSION 或 APPLICATION 的 SCOPE 属性，也可以在对话及应用程序变量中存储该对象。如以下示例：

```
<%Set Session("ad")=Server.CreateObject("MSWC.AdRotator")%>
```

注意，不能创建与内建对象同名的对象实例。例如，下列脚本将返回错误。

```
<%Set Response=Server.CreateObject("Response")%>
```

5. Session 对象

可以使用 Session 对象存储特定的用户会话所需的信息。当用户在应用程序的页之间跳转时，存储在 Session 对象中的变量不会清除；而用户在应用程序中访问页面时，这些变量始终存在。当用户请求来自应用程序的 Web 页时，如果该用户还没有会话，则 Web 服务器将自动创建一个 Session 对象。当会话过期或被放弃后，服务器将终止该会话。

通过向客户程序发送唯一的 Cookie，可以管理服务器上的 Session 对象。当用户第一次请求 ASP 应用程序中的某个页面时，ASP 要检查 HTTP 头信息，查看是否在报文中有名为 ASPSESSIONID 的 Cookie 发送过来。如果有，则服务器会启动新的会话，并为该会话生成一个全局唯一的值，再把这个值作为新 ASPSESSIONID Cookie 值发送给客户端。使用这种 Cookie，可以访问存储在服务器上属于客户程序的信息。Session 对象的常见作用就是存储用户的首选项。例如，如果用户指明不喜欢查看图形，就可以将该信息存储在 Session 对象中。另外它还经常被用在鉴别客户身份的程序中。要注意的是，会话状态仅在支持 Cookie 的浏览器中保留，如果客户关闭了 Cookie 选项，Session 也就不能发挥作用了。

1）属性

SessionID 属性返回用户的会话标识。在创建会话时，服务器会为每一个会话生成一个单独的标识。会话标识以长整形数据类型返回。在很多情况下 SessionID 可以用于 Web 页面注册统计。

Timeout 属性以分钟为单位为该应用程序的 Session 对象指定超时时限。如果用户在该超时时限之内不刷新或请求网页，则该会话将终止。

2）方法

Session 对象仅有一个方法，就是 Abandon，Abandon 方法删除所有存储在 Session 对象中的对象并释放这些对象的源。如果未明确调用 Abandon 方法，一旦会话超时，服务器将删除这些对象。当服务器处理完当前页时，下面示例将释放会话状态。

```
<%Session.Abandon%>
```

3）事件

Session 对象中有两个事件：Session_OnStart 事件和 Session_OnEnd 事件。它们可用于 Session 对象启动和释放的运行过程。

Session_OnStart 事件在服务器创建新会话时发生。服务器在执行请求的页之前先处理该脚本。Session_OnStart 事件是设置会话期变量的最佳时机，因为在访问任何页之前都会先设置它。

虽然在 Session_OnStart 事件包含 Redirect 或 End 方法调用的情况下 Session 对象仍会保持，但是服务器将停止处理 Global. asa 文件并触发 Session_OnStart 事件的文件中的脚本。

为了确保用户在打开某个特定的 Web 页时始终启动一个会话，可以在 Session_OnStart 事件中调用 Redirect 方法。当用户进入应用程序时，服务器将为用户创建一个会话并处理 Session_OnStart 事件脚本。用户可以将脚本包含在该事件中以便检查用户打开的是不是启动页，如果不是，就指示用户调用 Response. Redirect 方法启动网页。程序如下：

```
<SCRIPT RUNAT=Server Language=VBScript>
Sub Session_OnStart
startPage="/MyApp/StartHere.asp"
currentPage=Request.ServerVariables("SCRIPT_NAME")
```

```
if strcomp(currentPage,startPage,1)then
Response.Redirect(startPage)
end if
End Sub
</SCRIPT>
```

上述程序只能在支持 cookie 的浏览器中运行。因为不支持 cookie 的浏览器不能返回 SessionID cookie,所以,每当用户请求 Web 页时,服务器都会创建一个新会话。这样,对于每个请求服务器都将处理 Session_OnStart 脚本并将用户重定向到启动页中。

Session_OnEnd 事件在会话被放弃或超时发生。

使用 Session 对象需要注意的事项与 Application 对象相近。

会话可以通过以下三种方式启动:

- 一个新用户请求访问一个 URL,该 URL 标识了某个应用程序中的. asp 文件,并且该应用程序的 Global. asa 文件包含 Session_OnStart 过程。
- 用户在 Session 对象中存储了一个值。
- 用户请求了一个应用程序的. asp 文件,并且该应用程序的 Global. asa 文件使用 <OBJECT>标签创建带有会话作用域的对象的实例。

如果用户在指定时间内没有请求或刷新应用程序中的任何页,则会话将自动结束。这段时间的默认值是 20 分钟。

例 12.8 本例将示范如何通过 Session 对象的两个事件来记录网页被浏览的过程。相关文件为 global. asa 和 asp9. asp。

global.asa

```
<SCRIPT LANGUAGE=VBScript RUNAT=Server>
Sub Session_OnStart
  Session("Who")=Request.ServerVariables("REMOTE_ADDR")
  Session("Host")=Request.ServerVariables("REMOTE_Host")
  Session("Server")=Request.ServerVariables("SERVER_NAME")
  Session("StartTime")=NOW
End Sub

Sub Session_OnEnd
  Set fs=Server.CreateObject("Scripting.FileSystemObject")
  Set ts=fs.CreateTextGile("d:\zwf\zwf\asp\info.txt",True)
  Str="客户"&Session("Who")
  Str=Str&"从"&Session("StartTime")
  Str=Str&"到"&Now&"浏览本网站"
  ts.Write Str
  ts.Close
  Set fs=nothing
End Sub
</SCRIPT>
```

asp9.asp

```
<%
Session.Timeout=1
Response.Write "您的计算机 IP 是: "&Session("Who")&"<BR>"
Response.Write "您的计算机名是: "&Session("Host")&"<BR>"
Response.Write "服务器的名字是: "&Session("Server")&"<BR>"
Response.Write "现在的时间是: "&Session("StartTime")&"<BR>"
%>
```

本例的运行结果如图 12.8 所示。

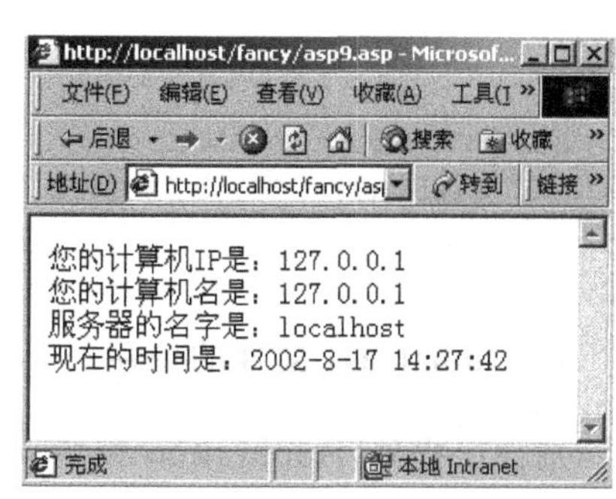

图 12.8 例 12.8 运行结果

6. ObjectContext 对象

早期的 ASP 没有 ObjectContext 对象，该对象到 IIS 4.0 以后才出现。ObjectContext 对象是以组件为主的事务处理系统，将它与 MTS(Microsoft Transaction Server)配合使用，可以更方便地管理或开发高效的 Web 服务器应用程序，并可确保事务成功运行。

语法：

```
<%@TRANSACTION=Type%>
```

参数：

- Required：表示将要开始一个事务。如服务器端没有事务，MTS 会自动新建一个事务；如果服务器端有事务，则会继承该事务。
- Required_New：表示目前这个 ASP 页面将开始一个事务。当新对象被建立时，无论服务器端是否有事务，MTS 都会自动为其新建事务。
- Supported：表示目前这个 ASP 页面将会开始一个新事务。
- Not_Supported：表示目前这个 ASP 页面不会开始一个新事务。

注意，＜％@ TRANSACTION＝Type％＞必须写在一个 ASP 程序的最前面。

1) 方法

ObjectContext 对象提供了两个方法：SetComplete 方法和 SetAbort 方法。SetComplete 方法表示成功完成并终止当前的事务；SetAbort 方法表示放弃当前事务的处理并将该事务先前所做的处理恢复到最初的状态。

语法：

```
ObjectContext.SetComplete
```

或

```
ObjectContext.SetAbort
```

2) 事件

ObjectContext 对象提供了两个事件：OnTransactionCommit 事件和 OnTransactionAbort

事件。前者在事务被成功完成时激活，后者在事务被取消时激活。

语法格式为：

```
Sub OnTransactionCommit()
    处理内容
End Sub
```

或者

```
Sub OnTransactionAbort()
    处理内容
End Sub
```

7. Global.asa文件的使用

前面已提到，Application和Session对象的两个事件OnStart和OnEnd的脚本都必须写在Global.asa文件中。本节介绍Global.asa文件的使用。

Global.asa文件其实是一个可选文件，程序编写者可以在该文件中指定事件脚本，并声明具有会话和应用程序作用域的对象。该文件的内容是用来存储事件信息和由应用程序全局使用的对象。该文件的名称必须是Global.asa且必须存放在应用程序的根目录中。每个应用程序只能有一个Global.asa文件。

可以用任何支持脚本的语言编写Global.asa文件中包含的脚本。在Global.asa文件中声明的过程只能从一个或多个与Application_OnStart、Application_OnEnd、Session_OnStart和Session_OnEnd事件相关的脚本中调用。在基于ASP的应用程序的ASP页中，它们是不可用的。

下面是一个很标准的Global.asa文件：

```
<SCRIPT LANGUAGE="VBScript" RUNAT="Server">
'Session_OnStart 当客户首次运行 ASP 应用程序中的任何一个页面时运行
'Session_OnEnd 当一个客户的会话超时或退出应用程序时运行
'Application_OnStart 当任何客户首次访问该应用程序的首页时运行
'Application_OnEnd 当该站点的 Web 服务器关闭时运行
</SCRIPT>
<SCRIPT LANGUAGE="VBScript" RUNAT="Server">
Sub Application_OnStart
VisitorCountFilename=Server.MapPath("/ex2")+"\VisitCount.txt"
Set FileObject=Server.CreateObject("Scripting.FileSystemObject")
Set Out=FileObject.OpenTextFile(VisitorCountFilename,1,FALSE,FALSE)

Application("visitors")=Out.ReadLine
Application("VisitorCountFilename")=VisitorCountFilename
End Sub
'==================================================
SUB Application_OnEnd
Set FileOutObject=Server.CreateObject("Scripting.FileSystemObject")
```

```
Set Out=FileOutObject.CreateTextFile
(Application("VisitorCountFilename"),TRUE,FALSE)
Out.WriteLine(application("visitors"))
End Sub
'=====================================================================
Sub Session_OnStart
Session.Timeout=5
Application("visitors")=Application("visitors")+1
Session("ID")=Session.SessionID
End Sub
</SCRIPT>
```

这是一个 ASP 页面访问记数器应用程序的 Global 文件。当客户首次访问该应用程序的首页时，事件 Application_OnStart 定义了在服务器上指定的虚拟目录下新建一个 VisitCount.txt 的文本文件，并将文件的路径和内容保存在应用程序级的变量中。当客户访问 ASP 应用程序中的任何一个页面时，事件 Session_OnStart 定义将应用程序级的变量 visitors 的值自动加 1。这样，每当有客户访问页面时，变量 visitors 都将自动加 1，以起到统计单击率的作用。由于变量 visitors 的值是存储在系统内存之中，所以如果服务器关闭或重新启动，存储在变量中的数据将自动丢失。因此通过定义事件 Application_OnEnd，在服务器关闭或重启之前将数据写入事先建立的文本文件之中，就能确保当服务器再次启动时，Application_OnStart 过程可以从 VisitCount.txt 文件中读取以前统计的数字。

12.2.3 ASP 的内置组件

当用户用 ASP 编写服务器端应用程序时，必须依靠 ActiveX 组件来增强 Web 应用程序的功能。ActiveX 组件是一个存在于 Web 服务器上的文件，该文件包含执行某项或一组任务的代码，组件可以执行公用任务，这样就不必自己去创建执行这些任务的代码。当用户在 Web 服务器上安装完 ASP 环境后，就可以直接使用它自带的几个常用组件，如 Database Access 组件等。组件是包含在动态链接库（.dll）或可执行文件（.exe）中的可执行代码。组件可以提供一个或多个对象以及对象的方法和属性。表 12.7 列出了 ASP 可安装的常用组件的名称及功能。

表 12.7 常用组件的名称及功能

组件名称	功能描述
Ad Rotator	创建一个 Ad Rotator 对象，该对象可按指定计划在同一页上自动轮换显示广告
Browser Capabilities	创建一个 BrowserType 对象，该对象决定访问 Web 站点的每个浏览器的性能、类型及版本
Database Access	提供用 ActiveX Data Objects (ADO)对数据库的访问
Content Linking	创建一个 NextLink 对象，该对象可生成 Web 页内容列表，并像书一样将各页顺序连接

续表

组件名称	功能描述
File Access 组件	提供文件的输入输出访问
Collaboration Data Objects for NTS 组件	可以快速、简便地在 Web 页上添加收发邮件功能。该组件只适用于 IIS for Windows NT Server
MyInfo	创建一个 MyInfo 对象，该对象追踪个人信息，例如站点管理员的姓名、地址及显示选择
Counters	创建一个 Counters 对象，该对象可以创建、保存、增加或检索任意数量的独立计数器
Content Rotator	自动翻转 Web 主页上的 HTML 内容字符串
Page Counter	记录并显示 Web 页被打开的次数

下面简单介绍常用的内置组件。

1. Ad Rotator 组件

Ad Rotator 组件允许每次访问 ASP 页面时在页面上显示新的广告，并且提供了很强的功能。它的工作是通过读取 Ad Rotator 计划文件来完成的，该文件包括与要显示的图像文件的地点有关的信息以及每个图像的不同属性。下面就是一个标准的 Ad Rotator 计划文件。

```
---ADROT.TXT---
REDIRECT /scripts/adredir.asp
WIDTH 440
HEIGHT 60
BORDER 1
*
ads/homepage/chinabyte.gif
http://www.chinabyte.com/
Check out the IT site
2
ads/homepage/gamichlg.gif
-
Sponsored by Flyteworks
3
ads/homepage/asp.gif
http://www.aspallian.com/
Good ASP site on net
3
ads/homepage/spranklg.gif
http://www.clocktower.com/
The #1 Sports site on the net
```

```
2
```

该段代码的前 4 行包含广告的全局设置。Redirect 行指出广告将成为其热链接的 URL,星号上面的其余 3 行简单说明如何显示广告。前两行以像素为单位指定网页上广告的宽度和高度,默认值是 440 和 60 个像素。后一行同样是以像素为单位指定广告四周超链接的边框宽度,默认值是 1 个像素。如果将该参数设置为 0,则没有边框。星号下面的行以每四行为一个单位描述每个广告的细节。

图像是重定向页面的热链接,它在查询字符串中设置了两个值,url=/scripts/adredir.asp 以及 image=/ads/homepage/asp.gif。要确定广告显示的频率,可以将计划文件中所有广告的权值相加。重定向文件是用户创建的文件。它通常包含用来解析由 Ad Rotator 对象发送的查询字符串的脚本并将用户重定向到与用户所单击的广告所相关的 URL。用户也可以将脚本包含进重定向文件中,以便统计单击某一特定广告的用户数目并将这一信息保存到服务器上的某一文件中。增加计数器和重定向用户是通过下面两行 ASP 脚本来实现的:

```
<%
Counter.Increment(request.querystring("url"))
response.redirect(request.querystring("url"))
%>
```

在页面中使用 Ad Rotator 组件时,首先必须使用 Server.CreateObject 方法实例化 Ad Rotator 对象。Ad Rotator 组件的 PROGID 属性是 MSWC.AdRotator。完整的代码如下:

```
<%Set ad=Server.CreateObject("MSWC.AdRotator")%>
<%=ad.GetAdvertisement("/ads/adrot.txt")%>
```

Ad Rotator 组件支持的唯一方法是 GetAdvertisement,它只有一个参数,即 Ad Rotator 计划文件的名称。注意指向文件的路径是当前虚拟目录的相对路径,而不是物理路径。GetAdvertisement 方法从 Rotator 计划文件中获取下一个计划广告的详细说明并将其格式化为 HTML 格式。下面的 HTML 由 GetAdvertisement 方法生成且被添加到网页的输出中,以便显示 Rotator 计划文件中的下一个广告。

```
<A
HREF="http://www.chinabyte.com/scripts/adredir.asp? http://www.aspallian.
com/"><IMG SRC="http://www.chinabyte.com/ads/homepage/asp.gif" ALT="Good
ASP site on net" WIDTH=440 HEIGHT=60 BORDER=1></A>
```

使用 Ad Rotator 组件可以直接通过对象属性而不是计划文件中的设置来直接控制某些广告特性。其可用属性如下:

- Border:指定广告边框的大小。
- Clickable:指定广告是否为超链接。
- TargetFrame:指定显示广告的框架名称。

```
<%
Set ad=Server.CreateObject("MSWC.AdRotator")
ad.Border=0
ad.Clickable=true
ad.TargetFrame=AdFrame
ad.GetAdvertisement("/ads/adrot.txt")
%>
```

2. Browser Capabilities 组件

由于浏览器产品有所不同，因此不是所有的浏览器都能很好地支持 Internet 技术的各个方面。使用 ASP 的 Browser Capabilities 组件，就能够设计适合浏览器显示格式的 Web 页。Browser Capabilities 组件能够创建 BrowserType 对象，该对象提供带有客户端网络浏览器的功能说明的用户脚本。

例 12.9 使用 Browser Capabilities 组件的 Cookie 属性来判断客户端浏览器是否支持 Cookie，并返回信息。文件名为 asp10. asp。

```
<%
Sub checkCookie()
Set BrowserCap=Server.CreateObject("MSWC.BrowserType")
if BrowserCap.Cookie=True then
  response.write "你的浏览器支持 Cookie!"
else
  response.write "对不起,你所使用的浏览器不支持 Cookie!"
end if
end Sub
%>
```

3. File Access 组件

File Access 组件提供了可用来访问计算机文件系统的方法和属性。可以使用 File Access 组件创建 FileSystemObject 对象，在对象被创建后，可以通过它访问文件。FileSystemObject 对象有两种最常用的方法，一种用来创建文件，另一种用来打开并读写文本文件。CreateTextFile 方法获得指定的文件名并创建该文件，它返回 TextStream 对象，文件被创建后可以用该对象操作文件。

语法格式：

```
Set objTextStream = FileSystemObject.CreateTextFile (Filename, [Overwrite],
[Unicode])
```

参数说明：

- Filename 是包含文件路径名的字符串，可以是文件的全路径名，包括驱动器名和目录名，也可以只是文件名。如果只包含文件名，文件将被创建在站点的根目录下。

- Overwrite 是布尔量。设置成 False 时可以防止 FileSystemObject 对象在创建一个新文件时删除已存在的文件。该参数是可选的。如果没有赋值,系统默认为 true。具有相同文件名的已有文件会被删掉。
- Unicode 是可选参数。布尔值指明是否以 Unicode 或 ASCII 文件格式创建文件。如果以 Unicode 文件格式创建文件,则该值为 True;如果以 ASCII 文件格式创建文件,则该值为 False。如果省略此部分,则假定创建 ASCII 文件。

与 CreateTextFile 方法不同, OpenTextFile 方法用来获得指定的文件名并打开该文件,利用它所带的参数可以对文件进行各种不同的操作。OpenTextFile 方法返回 TextStream 对象,使得用户可以在文件被打开后操作该文件。

语法格式:

```
Set objTextStream=FileSystemObject.OpenTextFile(Filename,[IOmode],[Create],
[Format])
```

参数说明:

- Filename 同 CreateTextFile 的 Filename。
- Iomode 是可选的常量,取值为下列两个常数之一 ForReading 或 ForAppending。如果 mode 为 1,则文件以只读方式打开;如果为 8,则文件以追加的方式打开。
- Create 是可选的布尔量,指定想打开的文件不存在时做什么操作。如果其值为 True,当文件不存在时就自动创建一个空的文件。如果为 False,就会在文件没找到时产生一个出错信息。其默认值是 False。建议将其设为 True,以避免在打开文件时检查是否出错。
- Format 可选值。可以选择三种 Tristate 值分别指定文件的格式: -2、-1 和 0,分别对应于系统缺省、Unicode 和 ASCII 码。

打开或创建文本文件后,可得到 TextStream 对象。该对象有一个光标,指出要敲入的字符将出现的位置,同时也指出要读取的字符的位置。不能通过 CreateObject 来创建一个 TextStream 对象。得到 TextStream 对象的唯一方法是:用 FileSystemObject 对象打开一个存在的文本文件或者创建一个新的文件。

下面列出 TextStream 对象的属性和方法。

- TextStream. AtEndOfLine: 只读布尔量。当光标在当前行的末尾时,其值为 true,反之则为 false。
- TextStream. AtEndOfStream: 只读布尔量。当光标在流的末尾时,其值为 true,反之则为 false。
- TextStream. Column: 只读的整数。统计从行首到当前光标位置之间的字符数。
- TextStream. Line: 只读的整数,指明光标所在行在整个文件中的行号。
- TextStream. close(): 关闭流以及对应的文本文件。
- TextStream. read(Num): 指定从光标的当前位置开始,从文本文件中读取一定数目的字符。
- TextStream. readall(): 将整个流读入一个字符串中。

- TextStream. readline():将一整行字符读入一个字符串中。
- TextStream. write(text):将一个字符串写入流中。
- TextStream. writeline():将一个文本串写入流中。
- TextStream. skip(Num):在流中,将光标的位置移动一定数目的字符串长度。
- TextStream. skiplines():在流中,将光标移动一定数目的行数。
- TextStream. writeblanklines(num):将一定数目的空行写入流中。

12.2.4 ASP 实现对数据库的访问

我们都知道,要真正实现 Web 的动态性和交互性,离不开后台数据库的支持。那么怎样将网页与数据库连接起来呢?我们在本章的第一节已经学习了连接数据库的主要技术和方法,即使用 ADO 和 ODBC 技术。ADO 是 ASP 的重要组件,它内置于 ASP。ADO 的基本概念已经在本章第一节学习过了,本节主要通过几个小例子来进一步熟悉使用 ADO 实现 ASP 对数据库的访问。

例 12.10 通过 Open 方法和 ConnectionString 属性来建立与数据库的连接。

```
<%
'用 Connection 对象的 Open 方法方式建立与数据库的连接
Set conn1=Server.CreateObject("ADODB.Connection")
conn1.Open "DSN=pubs"
Set conn1=nothing

'通过设定 Connection 对象的 ConnectionString 属性来建立与数据库的连接
Set conn2=Server.CreateObject("ADODB.Connection")
conn2.ConnectionString="DSN=pubs"
conn2.Open
Set conn2=nothing
%>
```

在使用这两种方法建立与数据库的连接之前,首先要建立 ODBC 数据源,例子中的"pubs"就是 ODBC 数据源的名字。也可以采用直接指定 ODBC 的驱动程序名称的方法来建立与数据库的连接,但是在使用这种方法的时候要注意,必须用 Driver={驱动程序名}的格式引用。ODBC 驱动程序名可以通过启动 ODBC Data Source Administrator 获得,或者在 Odbc. ini 文件中找到。例如用 SQL Server 建立的数据库的驱动程序名为"SQL Server",Access 建立的数据库驱动程序名为"Microsoft Access Driver(*. mdb)"。

例子中的 Set conn1=nothing 是关闭数据库连接,也可以用 conn1. Close 来执行同样的操作。

例 12.11 使用 Connection 对象的 Execute 方法在网页中执行 SQL 命令,查询 pubs 数据库 titles 表中的所有信息。

```
<%
Const adcmdtext=1
```

```
Const recordsaffected=20
Set conn=Server.CreateObject("ADODB.Connection")
conn.Open "dsn=pubs"
Set rs=conn.Execute("Select * from titles",recordsaffected,adcmdtext)
Response.Write "<table border=3>"
Response.Write "<tr>"
For i=0 to rs.Fidles.Count-1
  Response.Write "<td>"&Ucase(rs(i).Name)&"</td>"
Next
Response.Write "</tr>"
Do While NOT rs.EOF
Response.Write "</tr>"
For i=0 to rs.Fields.Count-1
Response.Write "<td>"&rs(i).Value&"</td>"
Next
rs.MoveNext
Response.Write "</tr>"
Loop
Response.Write "</table>"
Set conn=nothing
%>
```

pubs 数据库是 SQL Server 自带的示例数据库，这里建立的 ODBC 数据源的名称也是 pubs。

以上学习了如何使用 ADO 的 Connection 对象打开一个数据库连接，并在一个打开的连接中执行 SQL 命令。但是如果要对 SQL 命令执行的结果进行操作，就要用到 Recordset 对象的 Open 方法了。

Recordset 对象的 Open 方法用来执行用户向数据库提出的请求。例如执行一个 SQL 命令，启动一个指定的数据库表或是调动一个指定的存储过程。下面的例子用只读的方式查询数据库表中的信息。

例 12.12 本例共有两个文件：chakan. html 和 chakan. asp。chakan. html 用来产生向用户收集信息的表单，用户可以指定查看“图书信息”或“作者信息”。Chakan. asp 用来响应用户的请求。

```
Chakan.html
<form method=post action=chakan.asp>
<p><h3>查看图书信息请单击这里</h3><input type=submit name=button value="图书
信息"></p>
<p><h3>查看作者信息请单击这里</h3><input type=submit name=button value="作者
信息"></p>
</form>
chakan.asp
<%
```

```
const adOpenStatic=3
const adLockReadOnly=1
const adCmdTable=2

'建立 Recordset 对象
Set rs=Server.CreateObject("ADODB.Recordset")
'提取表单域"button"的值
button=Request.Form("button")
'设定光标类型为静态
CursorType=adOpenStatic
'设定锁定类型为只读
LockType=adLockReadOnly
'表示 CommandText 参数为一般的 SQL 命令
Option=adCmdText

'如果用户选择"图书信息"则执行下面的代码
If button="图书信息" Then
source="select * from titles"
ActiveConnection="dsn=pubs"
rs.Open source,ActiveConnection,CursorType,LockType,Options
End If

'如果用户选择"作者信息"则执行下面的代码
If button="作者信息" Then
source="select * from authors"
ActiveConnection="dsn=pubs"
rs.Open source,ActiveConnection,CursorType,LockType,Options
End If

'查询结果以表格的形式输出
Response.Write"<table border=3>"
Response.Write"<tr>"
For i=0 to rs.Fields.Count-1
  Response.Write"<td>"&Ucase(rs(i).Name)&"</td>"
Next
Response.Write"</tr>"

'输出表格内容
While NOT rs.EOF
Response.Write"<tr>"
For i=0 to rs.Fields.Count-1
Response.Write"<td>"&rs(i).Value&"</td>"
Next
rs.MoveNext
```

```
Wend
Response.Write"</table>"

'取消连接
Set rs=nothing
%>
```

12.3 JSP 编程

目前,流行的开发 Web 应用程序的技术大致有: CGI、PHP、ASP 和 JSP。其中 CGI 是早期的 Web 应用开发方式,它开发难度较大,同时不易扩展,已逐渐被 ASP 和 JSP 所取代。在前面几节中详细讨论了 Microsoft 的 ASP 技术,本节将介绍交互式网页开发的另一种技术——JSP。JSP 基于强大的 Java 语言,并与 J2EE 紧密结合,可快速创建高性能的 Web 应用程序。

12.3.1 JSP 概述

JSP(Java Server Page)是由 Sun 公司提出的将纯 Java 代码嵌入 HTML 中以实现动态功能的技术。从形式上说,JSP 与 ASP 非常相似。比如 JSP 中也有＜％ ％＞、＜％＝ ％＞等符号,且意义和 ASP 中的相同,但是深入研究就会发现,它们在本质上具有很大的区别。JSP 的特点主要有以下几点。

1. JSP 的效率和安全性更高

ASP 以源代码的形式存放,以解释的方式执行,每次调用 ASP 网页都需要对源代码进行解释,因此运行的效率不高。另外,IIS 上存在的许多漏洞使 ASP 程序有被窥视的可能。而 JSP 在执行前先被编译成字节码,执行效率比 ASP 要高。同时 JSP 源程序不大可能被下载,特别是 JavaBean 组件完全可以放到不公开的目录中。

2. JSP 的组件方式更方便

ASP 通过 COM(分布式组件管理)来扩充复杂的功能,如文件上传,发送 E-mail 等。JSP 通过 JavaBean 实现了同样的功能扩充。在开发方面,COM 的开发远比 JavaBean 复杂和烦琐。学会 ASP 不难,但学会 COM 的开发就不是朝夕之功了。而 JavaBean 就简单多了,因为每个 JavaBean 实际上就是一个类,它的开发方法与写一般的 Java 程序基本相同,非常方便。在维护方面,COM 组件必须在服务器上注册。如果修改了 COM 程序,就必须重新注册,甚至必须重新关机启动。JavaBean 则不需要注册,放在 CLASSPATH 包含的目录中就行了。另外 JavaBean 是完全面向对象开发的,可以针对不同的业务处理功能方便地建立一整套可重复利用的对象库。

3. JSP 的适应平台更广

目前 ASP＋COM 的开发模式仅适用于 Microsoft 的 NT 和 IIS;而 JSP 则不同,几乎所有平台都支持Java，JSP＋JavaBean可以在所有的平台上通行无阻。在NT下，IIS通过安装一个插件，例如JRun或Resin，就能支持JSP。著名的服务器Apache更是已经完全支持JSP。由于Apache广泛应用在UNIX和Linux中，因此JSP具有了更广泛的运行平台。由于Java语言本身的平台无关性，当JSP和JavaBean在不同的平台间进行移植时，甚至不用重新编译，这对于开发跨平台的应用系统特别有利，能显著地减少开发周期和费用。

12.3.2 JSP编程概要

JSP文件的扩展名一般为*.jsp。它除了标准HTML代码外，还包括3种主要的JSP结构：脚本元素、指令和操作。脚本元素用于将标准的Java代码嵌入到页面中，指令用于控制JSP文件的整体结构，而操作用于调用和控制JavaBean组件，并以其他方式控制JSP引擎的行为。在讲解这些结构之前，首先要提醒大家：在JSP中，所有语法都是大小写敏感的，这也是它和ASP的不同之处。

1. 脚本元素

JSP中的脚本元素有4种类型。

- 表达式元素<%=表达式%>：表达式的计算结果将被转换成一个字符串，并嵌入到输出页面中。
- 代码段元素<%程序代码%>：用于嵌入处理业务逻辑的大段Java代码。
- 声明元素：<%!变量声明%>：用于定义页面级的变量，以保存某些中间信息。
- 注释元素<%-- 注释 --%>：注释JSP文件。

下面通过一个简单的JSP示例，具体演示这4种元素的使用方法。其中，例12.13是发送表单数据的HTML文件，例12.14是处理该表单的JSP文件。

例12.13 welcome.html文件。

```
<HTML>
<HEAD>
<TITLE>JSP Example</TITLE>
<META  http-equiv="Content-Type"  content="text/html,charset=GB2312">
<HEAD>
<BODY>
<!--定义表单-->
<FORM METHOD="POST" ACTION="welcome.jsp">
<p>Your first name:
<INPUT TYPE="text" NAME="firstname">
<p>Your last name:
<INPUT TYPE="text" NAME="lastname">
<P><INPUT TYPE="submit" NAME="Submit" VALUE="Sumbit">
</FORM>
```

```
</BODY>
</HTML>
```

例 12.14 welcome.jsp 文件。

```
<%--welcome.jsp--%>
<HTML>
<BODY>
<%--使用声明源元素定义两个字符串变量 fname,lname--%>
<%!String fname,lname;%>
<%--使用代码段元素插入 Java 代码,获得表单中的数据--%>
<%
   fname=request.getParameter("firstname");
   lname=request.getParameter("lastname");
%>
<CENTER><B><FONT SIZE="5" face="Arial Black">
欢迎<%=fname%><%=lname%>光临本站
</FONT></B></CENTER>
</BODY>
</HTML>
```

从程序清单中可以看出,JSP 页面除了比普通 HTML 页面多一些 Java 代码外,两者具有基本相同的结构。其中,JSP 声明可以看成是定义页面级变量和方法的地方。注意,在每一项声明之后都必须有一个分号,就像在普通的 Java 类中声明成员变量一样。<% 和%>用于插入纯 Java 代码,以实现复杂的处理功能,如在本例中取得表单参数。JSP 表达式提供了一种将 JSP 生成的数值嵌入 HTML 页面的简单方法。

2. 指令

在 JSP 中常用的指令有两类:

- <%@ page 属性="…"%>
- <%@ include 属性="…"%>

1) page 指令

page 指令通过导入已有的类,设置所使用的脚本语言、文件类型等来控制 JSP 文件的整体结构。例如,可以通过以下语句来设置 JSP 文件所使用的脚本语言:

```
<%@page language="Java"%>
```

page 指令的属性如表 12.8 所示。

表 12.8 page 指令的属性

属性和可赋的值	描　述
language="java"	定义 JSP 文件所使用的脚本语言,目前 JSP 仅支持 Java 语言
extends="package.class"	用于定义生成的 Servlet 的父类

续表

属性和可赋的值	描　述
import="package. * , package. class"	import属性用来导入在脚本中使用的某些Java类，因此它总是放在JSP文件的开始部分。import变量的值应该是一个用逗号隔开的希望引入的类列表
session="true|false"	指定某page是否需要建立会话对象，以管理每个连接的客户信息。在缺省情况下，session变量为true
buffer="none|8kb|sizekb"	指定out对象所使用的缓存大小(关于JSP的内置对象我们还将在下文专门介绍)，缺省设置为8KB，注意，buffer必须与属性autoFlush配合使用
autoFlush="true|false"	如果设置为true，当输出缓冲满了时，刷新输出缓冲，而不是引发一个异常事件
isThreadSafe="true|false"	指定某一页面能否同时接受多个用户的访问，该属性主要用于保证并发操作的正确性。isThreadSafe的缺省设置为true，它通知JSP引擎能够同时处理多个客户的请求。如果isThreadSafe设置为false，那么该JSP页面始终只开启一条线程接受客户请求
info="text"	info属性定义了一个解释性字符串，可以通过getServletInfo方法检索到该信息
errorPage="pathToErrorpage"	指定出错时的错误处理页面
isErrorPage="true|false"	标识当前页面是否是另一个页面的错误处理页面
ContentType = " text/html; charset=ISO-8859-1"	指定最终页面的MIME类型和字符集

例12.15是JSP指令的使用示例，它的功能是记录并提醒用户登录网站的时间。在程序中使用import指令为JSP文件导入表示日期的Calendar类和Date类，使用language指定文件所使用的脚本语言。它的执行结果如图12.9所示。

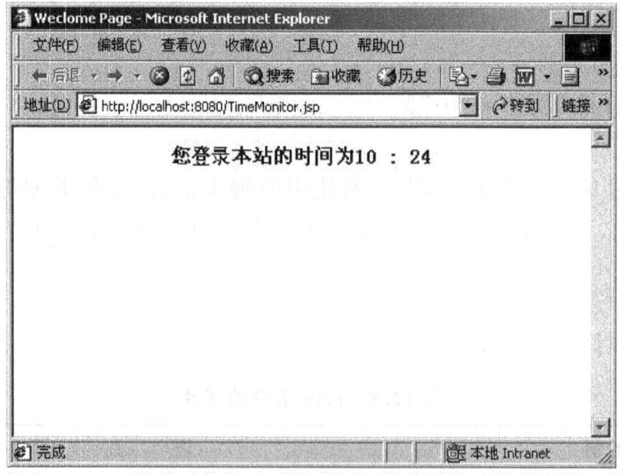

图12.9 TimeMonitor执行结果

例 12.15 TimeMonitor.jsp 文件。

```
<%@page import="java.util.Calendar ,java.util.Date"%>
<%@page language="java"%>
<HTML>
<HEAD>
<TITLE>Weclome Page</TITLE>
</HEAD>
<%!Calendar now=null;%>
<%
  now=Calendar.getInstance();
  Date trialTime=new Date();
  now.setTime(trialTime);
%>
<CENTER><B>
您登录本站的时间为
<%=now.get(Calendar.HOUR_OF_DAY)%>:<%=now.get(Calendar.MINUTE)%>
</B></CENTER>
</BODY>
</HTML>
```

2) include 指令

include 指令可以用于在当前页面中插入任何文本和 JSP 文件。例如，要把 todaysweather.txt 文件的内容加入到当前 JSP 页面的输出中，可以使用以下的代码：

```
<%@include file="todaysweather.txt"%>
```

在 JSP 中，include 指令经常用来在多个页面中重复使用固定的导航条、版权信息、表格等元素。例 12.16 和例 12.17 是 include 指令的一个简单示例。例 12.16 的代码片段负责显示 Web 的版权信息，例 12.17 将该文件插入到自身的显示页面中，其执行结果如图 12.10 所示。

例 12.16 copyright.jsp 文件。

```
<P>
<HR>
<CENTER>
This page &copy;2002
<A HREF="http://www.cau.edu.cn/">CAU</A>
</CENTER>
```

例 12.17 showinclude.jsp 文件。

```
<HTML>
<HEAD>
<TITLE>ShowInclude</TITLE>
</HEAD>
```

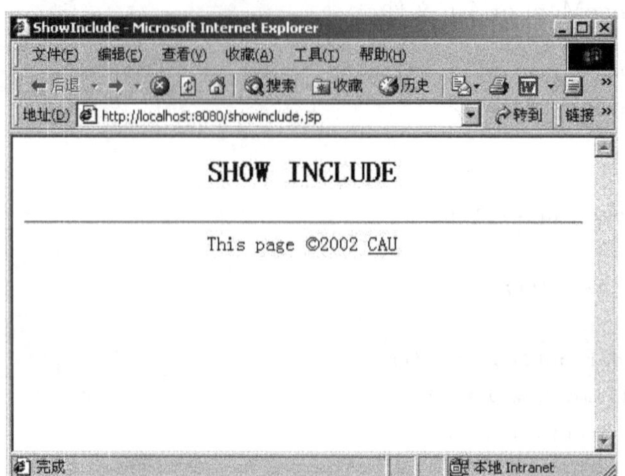

图 12.10 showinclude.jsp 执行结果

```
<BODY>
<CENTER><H2>SHOW INCLUDE</H2></CENTER>

<%@include file="copyright.jsp"%>
</BODY>
</HTML>
```

3. 操作

JSP 还有一些特定的操作语法：

- <jsp:include file="…">：include 操作用于实现与 include 指令相同的功能。在 JSP 中有两种插入包含文件的方法：指令<%@ include file="…"%>和<jsp:include file="…">。这两种方法的区别在于，include 指令把包含的文件直接插入到页面中；而 include 操作则只是指定了包含文件的路径和名字，只有到具体使用的时候才读取相应内容。
- <jsp:forward page="…">：forward 用于页面的重定向，即在进入该页面的时候，显示的是另一个页面的内容。实际应用中，可以在 page 后的字符串中使用表达式<jsp:forward page= <% = strUserSelect%> >，这样页面就更加灵活并具有交互性。
- <jsp:useBean id="…" class=："…" scope="…"/ >：使用 JavaBean 组件。
- <jsp:getProperty id="…" property="…" />：取得 JavaBean 的属性值。
- <jsp:setProperty id="…" property="…" value="…"/>：设置 JavaBean 的属性值。

设计 JSP 应用方案时，一个很好的方法是将全部事务逻辑放入可重用的组件中，而这些组件可以插入到需要它们的任意 JSP 页面里。JavaBean 便是 Java 语言中实现这一功能的一种特殊的类。JavaBean 中含有一系列用于标识事务状态的属性，每个属性都有

getXXX()和 setXXX()这两个方法(这里 XXX 是属性的名称),用于提取和修改属性值。比如,对于表示订单的 JavaBean,订单的号码、数量以及金额就是其属性。每次使用时只要给 JavaBean 一个订单号码,然后访问其属性,就完成了客户查询订单的功能。

为了演示如何使用简单的 Bean,在例 12.18 中先建立名为 StringBean 的 JavaBean。它仅包含一个类型为 String 的属性 Message。然后,在例 12.19 中多次调用该 JavaBean,可见其执行结果。

例 12.18 StringBean.java 文件。

```
public class StringBean {
    private String message="No message Specified";

    public String getMessage(){
        return(message);
    }
    public void setMessage(String message){
        this.message=message;
    }
}
```

例 12.19 StringBean.jsp 文件。

```
<HTML>
<HEAD>
<TITLE>Using JavaBean with JSP</TITLE>
</HEAD>
<BODY>

<H3 ALIGN="center">Using JavaBean with JSP</H3>

<jsp:useBean id="myStringBean" class="StringBean" scope="page" />
<OL>
<LI>Inital value(getProperty):
   <jsp:getProperty name="myStringBean" property="message" />
<LI>
   <jsp:setProperty name="myStringBean"
                    property="message"
                    value="Using JavaBeans with JSP" />
    Value after setting property with setProperty:
    <jsp:getProperty name="myStringBean" property="message" />
</OL>
</BODY>
```

4. JSP 内置对象

JSP 共提供了 9 种内置对象,它们是 request、response、pageContext、session、

application、out、config、page 和 exception。由于它们都以标准化的 HTTP 协议为基础，因此 JSP 内置对象的种类与 ASP 的差不多，功能也都基本相似，在此不再详细介绍。

- request 对象代表的是来自客户端的请求，例如在 FORM 表单中填写的信息等，是最常用的对象。它所包含的方法使用较多的是 getParameter、getParameterNames 和 getParameterValues，通过调用这几个方法可以获取请求对象中所包含的参数的值。例如，在例 12.14 中，使用了 request 对象的 getParameter(String varName)方法来提取表单中的参数值。
- response 对象代表的是对客户端的响应，也就是说可以通过 response 对象来组织发送到客户端的数据。但是由于 response 对象组织数据的方式比较低层，所以不建议普通读者使用，需要向客户端发送文字时直接使用 out 对象即可。
- pageContext 对象代表的是当前页面的运行属性，常用的方法包括 findAttribute、getAttribute、getAttributeScope 和 getAttributeNameInScope，一般情况下 pageContext 对象用得也不是很多，只有在项目比较复杂的情况下，才会利用页面属性来辅助处理。
- session 对象代表服务器与客户端建立的会话。当需要在不同的 JSP 页面中保留客户信息时，可使用该对象，比如在线购物、客户信息跟踪等。常用的方法有 getId、getValue、getValueName 和 putValue 等。
- out 对象用于向客户端发送数据。和 response 对象不同，通过 out 对象发送的内容将是浏览器需要显示的内容，是文本一级的。可以通过 out 对象直接向客户端写一个由程序动态生成的 HTML 文件。常用的方法除了 pirnt 和 println 之外，还包括 clear、clearBuffer、flush、getBufferSize 和 getRemaining，这是因为 out 对象内部包含了一个缓冲区，所以需要一些对缓冲区进行操作的方法。
- config 对象提供配置信息，常用的方法有 getInitParameter 和 getInitParameterNames，以获得 Servlet 初始化时的参数。
- page 对象代表了正在运行的由 JSP 文件产生的类对象，不建议一般读者使用。
- exception 对象代表了 JSP 文件运行时所产生的例外对象。此对象不能在一般 JSP 文件中直接使用。而只能在使用了<%@page inErrorPage="true"%>的 JSP 文件中使用。这是因为 JSP 文件运行时产生的错误对象被向外抛出，只能被使用了<%@ page isErrorPage="true"%>标记从而具有拦截错误对象功能的 JSP 所拦截。常用的方法就是 getMessage，用以获取错误信息，此外还会用到 getLocalizedMessage 和 printStackTrace。

12.3.3 JSP 数据库访问技术

1. JDBC

在 JSP 中实现与数据库连接的关键技术是 JDBC(Java Database Connection，Java 数据库连接)。JDBC 是 Sun 公司制定的 Java 数据库连接技术的简称，它是在 Microsoft 公司的 ODBC 的基础上发展起来的。与 ODBC 一样，JDBC 也是数据库连接的标准。它定义了一组标准的 Java API 接口，用于连接数据库。数据库厂商负责提供 JDBC 的驱动程序，用于把标准的 Java API 转换成特定的数据库操作。目前，JDBC 可以连接 Oracle、Sysbase、SQL Server、MySql 等几乎所有主流的数据库系统。

通过 JDBC 访问数据库有以下几个步骤。

(1) 用 Class 的类方法 forName()加载驱动程序。

(2) 通过驱动管理器 DriverManager 建立连接，获得连接接口 Connection。

(3) 创建语句查询对象 Statement。

(4) 执行查询或更新。

(5) 对返回的结果集 ResultSet 进行操作。

(6) 关闭 Statement 对象。

(7) 关闭连接接口 Connection。

各步骤的有关内容介绍如下：

1) 加载驱动程序

在 JDBC 中装载数据库驱动程序只需要以下一行非常简单的代码：

```
Class.forName("package.DriverClass");
```

其中，package. DriverClass 是所要加载的驱动程序的类名。例如，如果想要使用"JDBC-ODBC 桥"驱动程序，可以使用以下代码加载它：

```
Class.forName("Sun.jdbc.odbc.jdbcOdbcDriver");
```

"JDBC-ODBC"桥是 Sun 公司随 JDK(Java Develop Kit，Java 开发工具包)提供的数据库驱动程序。它通过将 JDBC 转换为 ODBC，从而使 Java 程序可以连接到任何支持 ODBC 的数据库和数据源。当然，这种额外的转换必然带来性能的下降，所以在实际应用中，更多的是使用各数据库厂商专门为 JDBC 开发的驱动程序。

驱动程序的文档会告诉用户应使用的类名。例如，如果类名是 jdbc. DriverXYZ，用户将用以下代码装载驱动程序：

```
Class.forName(jdbc.DriverXYZ");
```

加载数据库驱动程序后，即可用来为数据库建立连接。

2) 获得连接对象

使用适当的驱动程序类与 DBMS 建立一个连接，可使用以下的代码：

```
Connection con=DriverManager.getConnection(url,"myLogin","myPassword");
```

其中，DriverManager 是 JDBC 中作用于用户与驱动程序之间的类。它负责跟踪可用的驱动程序，并在数据库和相应的驱动程序之间建立连接。Connection 对象代表了程序与数据库之间的一个连接。

在 getConnection() 方法中，第一个参数 url 也被称为 JDBC URL，它用于标识所要建立连接的数据库。JDBC URL 有特定的书写格式。它由三部分组成，各部分之间用冒号分隔：

```
jdbc:<子协议>:<数据库标识>
```

JDBC URL的确切格式会随着数据库产品的不同而有所不同。一般驱动程序的文档资料将会告诉用户使用什么样的subprotocol，就是在JDBC URL中放在jdbc后面的部分。例如，如果使用JDBC-ODBC桥，JDBC URL将以jdbc:odbc开始，余下的部分是数据源的名字。因此，假设正在使用ODBC存取一个名为pubsODBC的数据源，那么JDBC URL就是jdbc:odbc:pubsODBC。

GetConnection()的另外两个参数myLogin和myPassword分别为登录DBMS的用户名和密码。假设登录数据库的用户名为"Forest"，口令为"21cn"，那么只需要以下代码就可建立起与数据源pubsODBC的一个连接：

```
String url="jdbc:odbc:pubsODBC";
String login="Forest";
String password="21cn";
Connection con=DriverManager.getConnection(url,login,password);
```

如果装载的驱动程序识别了提供给DriverManager. getConnection的JDBC URL，则驱动程序将根据JDBC URL建立一个到指定DBMS的连接。此后，便可以使用此连接创建JDBC Statements并发送SQL语句到数据库。

3）创建语句对象，执行数据库查询或更新

Statement对象用于把SQL语句发送到DBMS，通常用Connection对象的createStatement()来创建一个Statement对象，如以下语句所示：

```
Statement statement=con.createStatement();
```

Statement对象建立以后，可以调用该类的方法向DBMS发送SQL语句。对于SELECT语句来说，可以使用executeQuery。如果要更新数据库，使用的方法是executeUpdate。这两个方法都会返回一个ResultSet对象，在该对象中封装SQL语句的执行结果。

例12.20 Statement对象的使用。

```
Statement statement=con.createStatement();
String query="SELECT  title,price FROM titles WHERE type='business'";
ResultSet resultSet=statement.executeQurey(query);
```

4）操纵返回的结果集ResultSet

ResultSet是JDBC执行SQL语句后返回的结果集。结果集一般以表的形式存在，其中包含查询所返回的列标题及其相应的值。例如，对于例12.20，其结果集将具有以下形式：

```
title                                                price
--------------------------------                --------------------
The Busy Executive's Database Guide                19.9900
Cooking with Computers: Surreptitious Balance Sheets   11.9500
```

```
You Can Combat Computer Stress!                          2.9900
Straight Talk About Computers                             19.9900
```

ResultSet 维护指向结果的游标。每调用一次 next()方法，游标将下移一行。最初游标位于第一行之间，因此第一次调用 next()将把游标置于第一行上，使它成为当前行。随着每次调用 next()，游标不断下移，便可按照从上至下的次序获得 ResultSet 行。用于操纵游标的方法还有 first()和 last()，顾名思义它们用于将游标指向结果集的开始行和结尾行。

ResultSet 还提供了一系列 getXXX(String columnName)方法用于获得当前行中某列的属性值。其中 XXX 表示一种数据类型，比如 Int、Byte 等。如例 12.21 所示，可以通过 getString()、getFloat()获得由例 12.20 所返回的结果集 ResultSet 中的数据。

例 12.21 获取 ResultSet 中的数据。

```
While(resultSet.next()){
    //抽取数据
String bookTitle=resultSet.getString(" title ");
    Float bookPrice=resultSet.getFloat(" price ");
    //对获得数据的操作
    ...
}
```

5) 关闭连接

Statement 对象和 Connection 对象都提供了 close()方法用于关闭所打开的对象。数据库连接是一种有限的资源，在程序中显式地释放不用的数据库连接是一种良好的编程习惯。

```
Statement.close();
con.close();
```

2. JSP 数据库访问技术

通过上面对 JDBC 的学习，我们对数据库的连接和操作已经有了一定的认识。在这一节里，将通过一个实例来完整地演示 JSP 数据库操作的流程。

首先建立一个名为 pubsODBC 的系统 DSN，指向 SQL Server 2000 的示例数据库 pubs。例 12.20 所查询的页面如图 12.11 所示。程序清单为进行数据库操作的 JSP 文件，其执行结果如图 12.12 所示。

例 12.22 查询页面文件 QueryBook.html。

```
<HTML>
<HEAD>
<TITLE>查询页面</TITLE>
<meta http-equiv="Content-Type" content="text/html;charset=gb2312">
</HEAD>
<BODY>
```

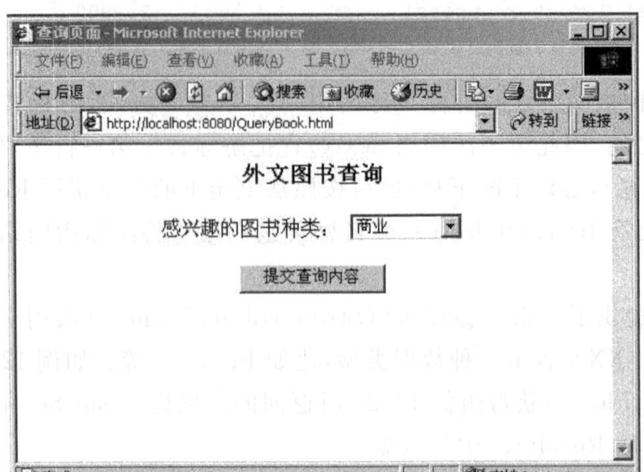

图 12.11 查询页面 QueryBook.html

图 12.12 Query.jsp 的执行结果

```
<H3 ALIGN="center">外文图书查询</H3>
<CENTER>
<FORM METHOD="POST" ACTION="Query.jsp">
感兴趣的图书种类：
  <SElECT NAME="bookType">
  <OPTION VALUE="business" SELECTED>商业
  <OPTION VALUE="trad_cook">烹饪
  <OPTION VAULE="popular_comp">计算机技术
  <OPTION VAULE="psychology">心理学
  </SELECT>
  <P>
```

```
  <INPUT TYPE="SUBMIT" VAULE="Sumbit">
</FORM>
</CENTER>
</BODY>
</HTML>
```

例 12.23 数据库连接与操作文件 Query.jsp。

```
<%@page import="java.io.*"%>
<%@page import="java.sql.*"%>
<%@page contentType="text/html;charset=GB2312"%>
<%
  //变量声明
  Connection sqlCon;                       //数据库连接对象
  Statement sqlStmt;                       //SQL 语句对象
  ResultSet sqlRst;                        //结果集对象

  String strDbURL;                         //JDBC URL
  String strSQL;                           //SQL 语句


  //加载数据库驱动程序
  Class.forName("sun.jdbc.odbc.JdbcOdbcDriver");
  //设置 JDBC URL
  strDbURL="jdbc:odbc:pubsODBC";

  //连接数据库
  sqlCon=DriverManager.getConnection(strDbURL,"sa","19800202");

  //创建数据查询对象
  sqlStmt=sqlCon.createStatement();

  //准备 SQL 语句
  strSQL="SELECT title,price FROM titles WHERE type='business'";

  //执行 SQL 语句并获得结果集
  sqlRst=sqlStmt.executeQuery(strSQL);
%>
<HTML>
<HEAD><TITLE>JSP 数据库操作示例</TITLE></HEAD>
<BODY>
<H3 ALIGN="center">查询结果为:</H3>
<CENTER>
<TABLE BORDER="2" WIDTH="80%">
<TR BGCOLOR="#EEEEFF"><TD>Title</TD><TD>Price</TD><TR>
```

```
<%
  while(sqlRst.next()){%>
<TR>
<TD><%=sqlRst.getString("title")%></TD>
<TD><%=sqlRst.getFloat("price")%></TD>
</TR>
<%}%>
</TABLE>
</CENTER>
</BODY>
</HTML>
```

思考练习题

(1) 简述 ODBC 的功能。

(2) 简述 ODBC 的组成以及各部分所实现的功能。

(3) 如何进行 ODBC 的配置？

(4) 怎样通过 ODBC 连接数据库？

(5) 简述 ADO 的功能。

(6) 简述 ADO 的对象模型。

(7) 如何使用 SQL Server Web 助手向导创建数据库的 Web 发布？

(8) 如何使用系统存储过程创建数据库的 Web 发布？

(9) 简述 ASP 的特点和运行模型。

(10) 列举 ASP 的内建对象和组件，并说明它们的功能。

(11) 修改例 12-3 的程序，利用 pubs 数据库中的 titleauthor 表查询书名为 Life Without Fear 的作者的姓名和电话，并以表格的形式输出。

(12) 什么是 JSP 技术？它与 Microsoft 公司的 ASP 有何区别？

(13) JSP 中可插入 HTML 页面中的三大结构是什么？它们各负责完成什么功能？

(14) 在 JSP 页面中脚本元素有哪些主要格式？它们分别具有哪些功能？

(15) 简述 JSP 的页面指令的主要属性及其使用方法。

(16) 什么是 JavaBean？在 JSP 页面中如何调用一个已有的 JavaBean 组件？

(17) 什么是 JDBC？它与 ODBC 有何区别？

(18) 试述使用 JDBC 建立数据连接的步骤。

(19) 以例 12-23 的程序为范本，编写 JSP 页面，实现按价格查询图书的功能。

附录A appendix A

样本数据库

SQL Server 安装程序在自动安装 SQL Server 时，建立了案例数据库，在新版本 SQL Server 中可调用 pubs 和 Northwind 两个样本。pubs 数据库是一个有关图书出版和销售内容的数据库。Northwind 数据库是一个有关产品销售信息的数据库。本书中的多数数据库操作的例子均以 pbus 数据库为样本。为了方便对本书内容的学习，这里介绍一些该数据库的基本内容。

在 pubs 数据库中，数据库由系统表和用户表组成，其中用户表分别是：authors、discounts、employee、jobs、pub_info、publishers、roysched、sales、stores、titleauthors 和 titles。它们之间的关系如图 A.1 所示。

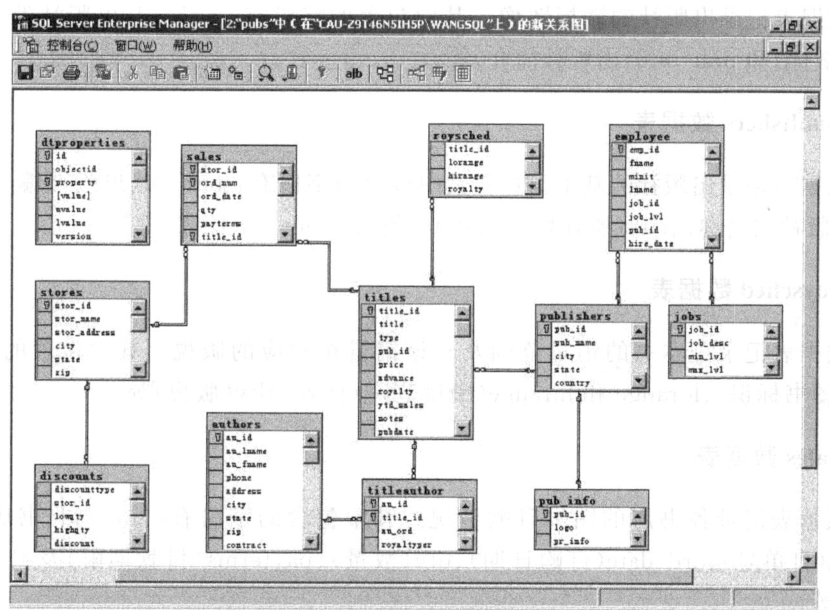

图 A.1　样本数据库用户表关系图

1. authors 数据表

authors数据表记录了图书作者的基本信息。其中基本字段有：au_id(作者编号)、

au_lname及au_fname（作者姓名）、phone（电话）、address（地址）、city（城市）、state（州）、zip（邮政编码）及contract（签约情况）等。

2. discounts 数据表

此数据表记录了对不同用户所给的折扣幅度。其中包含的字段有：discounttype（折扣类型）、stor_id（书店编号）、lowqty（最低数量范围）、highqty（最高数量范围）及discount（折扣）等。

3. employee 数据表

此数据表记录了出版社的雇员信息。其中包含的字段有：emp_id（雇员标识）、fname、minit和lname（姓名）、job_id（职位编号）、job_lvl（工资）、pub_id（出版社编号）及hire_date（雇佣日期）等。

4. jobs 数据表

此数据表记录公司中的各职位信息。其中包含的字段有：job_id（职位编号）、job_desc（职位名称）、min_lvl和max_lvl（某职位的工资范围）。

5. pub_info 数据表

此数据表记录出版社的徽标图像。其中包含的字段有：pub_id（出版社编号）、logo（出版社徽标）和pub_info（出版社简介）等。

6. publishers 数据表

此数据表记录出版社的基本信息。其中包含的字段有：pub_id（出版社编号）、pub_name（出版社的名称）、city（所在城市）、state（州）和country（国家）等。

7. roysched 数据表

此数据表记录每本书的销量范围及与该销量相对应的版税。其中包含的字段有：title_id（图书标识）、lorange和hirange（销量范围）及royalty（版税）等。

8. sales 数据表

此数据表记录各书店的图书订购情况。其中包含的字段有：stor_id（书店编号）、ord_num（订单号）、ord_date（订购日期）、qty（数量）、payterms（付款期限）及title_id（图书编号）等。

9. stores 数据表

此数据表记录每个书店的基本信息。其中包含的字段有：stor_name（书店名称）、stor_address（书店地址）、city（所在城市）、state（州）及zip（邮政编码）等。

10. titles 表

此数据表记录图书的基本信息。其中包含的字段有：title_id（图书编号）、title（书名）、type（图书分类）、pub_id（出版社编号）、price（价格）、advance（预付款）、royalty（版税）、ytd_sales（当年销量）、notes（评论）及 pub_date（出版日期）等。

11. titleauthor 数据表

此数据库记录 title 表和 authors 表之间的联系。其中包含的字段有：au_id（作者编号）、title_id（图书编号）、au_ord（作者序号）及 royaltyper（作者对版税的分担情况）等。

上述表中最常用的是 authors、publishers、titles 和 titleauthor 等数据表。

附录 B appendix B

SQL Server 常用系统存储过程

存储过程名称与功能说明如表 B.1 所示。

表 B.1 存储过程名称与功能说明

存储过程名称	功 能 说 明
sp_add_log_file_recover_suspect_lib	当数据库的复原不能完成时，向文件组增加一个日志文件
sp_add_targetservergroup	增加指定的服务器组
sp_add_targetsvrgrp_member	在指定的目标服务器组增加一个目标服务器
sp_addapprole	在数据库中增加一个特殊的应用程序角色
sp_extendedproc	在系统中增加一个新的扩展存储过程
sp_addgroup	在当前数据库中增加一个组
sp_addlogin	创建一个新的 login 账户
sp_addmessage	在系统中增加一个新的错误信息
sp_addrole	在当前数据库中增加一个角色
sp_addrolemember	为当前数据库中的一个角色增加一个安全性账户
sp_addsrvrolemember	为固定的服务器角色增加一个成员
sp_addtype	创建一个用户定义的数据类型
sp_addumpdevice	增加一个备份设备
sp_attach_db	增加数据库到一个服务器中
sp_bindefault	把缺省绑定到列或者用户定义的数据类型上
sp_bingrule	把规则绑定到列或者用户定义的数据类型上
sp_changeobjectowner	改变对象的所有者
sp_column_privileges	返回列的权限信息
sp_configure	显示或修改当前服务器的全局配置
sp_createstats	创建单列的统计信息
sp_cursorclose	关闭和释放游标

续表

存储过程名称	功 能 说 明
sp_database	列出当前系统中的数据库
sp_dboption	显示和修改数据库选项
sp_dbremove	删除数据库和该数据库相关的文件
sp_defaultdb	设置登录账户的默认数据库
sp_delete_targetservergroup	删除指定的目标服务器组
sp_delete_targetsvrgrp_member	从目标服务器组中删除指定的服务器
sp_depends	显示数据库对象的依赖信息
sp_detach_db	分离服务器中的数据库
sp_drop_agent_parameter	删除配置文件中一个或者多个参数
sp_drop_agent_profile	删除配置文件
sp_dropdevice	删除数据库或者备份设备
sp_dropextendedproc	删除一个扩展系统存储过程
sp_dropgroup	从当前数据库中删除一个角色
sp_droplogin	删除一个登录账户
sp_droprole	从当前数据库删除一个角色
sp_droptype	删除一种用户定义的数据类型
sp_dropuser	从当前数据库删除一个用户
sp_dropwebtask	删除以前版本定义的 Web 任务
sp_enumcodepages	返回一个字符集和代码页的列表
sp_foreignkeys	返回参看连接服务器的表的主键的外键
sp_grantaccess	在当前数据库中增加一个安全性用户
sp_grantlogin	允许 NT 用户或者组访问 SQL Server
sp_help	报告有关数据库对象的信息
sp_helpcontraint	返回有关约束的类型、名称等信息
sp_helpdb	返回执行数据库或者全部数据库的信息
sp_helpdbfixedrole	返回固定的服务器角色列表
sp_helpdevice	返回有关数据库文件的信息
sp_helpextendedproc	返回当前定义的扩展存储过程信息
sp_helpfile	返回与当前数据库相关的物理文件信息
sp_helpgroup	返回当前数据库中的角色信息
sp_helpindex	返回有关表的索引信息

续表

存储过程名称	功能说明
sp_helprole	返回当前数据库的角色信息
sp_helprolemember	返回当前数据库中角色成员的信息
sp_helptext	显示规则、缺省、存储过程、触发器、视图等对象的未加密的文本定义信息
sp_helptrigger	显示触发器的类型
sp_lock	返回有关锁的信息
sp_primarykeys	返回主键列的信息
sp_recompile	使存储过程和触发器在下一次运行时重新编译
sp_rename	更改用户创建的数据库对象的名称
sp_renamedb	更改数据库的名称
sp_revokedbaccess	从当前数据库中删除安全性账户
sp_runwebtask	执行以前版本中定义的 Web 作业
sp_server_info	返回系统的属性和匹配值
sp_spaceused	显示数据库的空间使用情况
sp_statistics	返回表中的所有索引列表
sp_stored_procedures	返回环境中所有的存储过程列表
sp_unbinddefault	从列或者用户定义的数据类型中解除缺省的绑定
sp_unbindrule	从列或者用户定义的数据类型中解除规则的绑定
sp_validname	检查有效的系统账户信息

附录C appendix C

函数一览表

聚合函数的名称及说明如表 C.1 所示。

表 C.1 聚合函数

函数名称	参数类型	返回类型	功能
AVG(expression)	精确数字或近似数字数据类型(bit 类型除外)	由表达式的运算结果类型决定	返回组中值的平均值,空值将被忽略
BINARY_CHECKSUM (expression)	任何类型的表达式	二进制值	返回对表中的行或表达式列表计算的二进制校验值
CHECKSUM (expression)	除非可比数据类型之外的任何类型的表达式	int	返回在表的行或在表达式列表上计算的校验值
CHECKSUM_AGG (expression)	int	int	返回组中值的校验值,空值将被忽略
COUNT(expression)	除 uniqueidentifiertext、image 或 ntext 之外的任何类型	int	返回组中项目的数量
COUNT_BIG(expression)	同上	bigint	返回组中项目的数量
GROUPING(column_name)	是 GROUP BY 子句中用于检查 CUBE 或 ROLLUP 空值的列	int	产生一个附加的列
MAX(expression)	常量、列名、函数以及算术运算符、按位运算符和字符串运算符的任意组合	与表达式类型相同	返回表达式的最大值
MIN(expression)	同上	与表达式类型相同	返回表达式的最小值
SUM(expression)	常量、列名、函数以及算术运算符、按位运算符和字符串运算符的任意组合	以最精确的表达式数据类型返回所有表达式值的和	返回表达式中所有值的和,只能用于数字列
STDET(expression)	精确数字或近似数字数据类型(bit 数据类型除外)	float	返回给定表达式中所有值的统计标准偏差

续表

函数名称	参数类型	返回类型	功能
STDEVP(expression)	同上	float	返回给定表达式中所有值的填充统计标准偏差
VAR(expression)	同上	float	返回给定表达式中所有值的统计方差
VARP(expression)	同上	float	返回给定表达式中所有值的填充的统计方差

数学函数的名称及说明如表 C.2 所示。

表 C.2 数学函数

函数名称	参数类型	返回类型	功能
ABS(numeric_expression)	精确数字或近似数字数据类型(bit 数据类型除外)	与参数类型相同	返回给定数字表达式的绝对值
ACOS(float_expression)	float 或 real	float	反余弦函数,返回以弧度表示的角度值
ASIN(float_expression)	float	float	反正弦函数,返回以弧度表示的角度值
ATAN(float_expression)	float	float	反正切函数,返回以弧度表示的角度值
ATN2(float_expression1, float_expression2)	float	float	反正切函数,返回以弧度表示的角度值,该角度值的正切介于两个给定的 float 表达式之间
CEILING(numeric_expression)	精确数字或近似数字数据类型类别的表达式(bit 数据类型除外)	与参数类型相同	返回大于或等于所给数字表达式的最小整数
COS(float_expression)	float	float	返回给定表达式中给定角度(以弧度为单位)的三角余弦值
COT(float_expression)	float	float	返回给定 float 表达式中指定角度(以弧度为单位)的三角余切值
DEGREES(numeric_expression)	精确数字或近似数字数据类型类别的表达式(bit 数据类型除外)	与参数类型相同	当给出以弧度为单位的角度时,返回相应的以度数为单位的角度
EXP(float_expression)	float	float	返回所给的 float 表达式的指数值
FLOOR(numeric_expression)	精确数字或近似数字数据类型类别的表达式(bit 数据类型除外)	与参数类型相同	返回小于或等于所给数字表达式的最大整数
LOG(float_expression)	float	float	返回给定 float 表达式的自然对数

续表

函 数 名 称	参 数 类 型	返回类型	功　能
LOG10(float_expression)	float	float	返回给定 float 表达式的以 10 为底的对数
PI()	无参数	float	返回 PI 的常量值
POWER(numeric_expression,y)	numeric_expression 是精确数字或近似数字数据类型类别的表达式(bit 数据类型除外);y 是 numeric_expression 的次方	与 numeric_expression 类型相同	返回给定表达式指定次方的值
RANDIANS(numeric_expression)	同上	同上	对于在数字表达式中输入的度数值返回弧度值
RAND([seed])	tinyint、smallint 或 int	float	返回 0～1 之间的随机 float 值
ROUNE(numeric_expression)	精确数字或近似数字数据类型类别的表达式(bit 数据类型除外)	与参数类型相同	返回数字表达式并四舍五入为指定的长度或精度
SIGN(numeric_expression)	同上	float	判断给定表达式的正、负,返回 +1、0 或 −1
SIN(float_expression)	float	float	以近似数字 (float) 表达式返回给定角度(以弧度为单位)的三角正弦值
SQUARE(float_expression)	float	float	返回给定表达式的平方
SQRT(float_expression)	float	float	返回给定表达式的平方根
TAN(float_expression)	float 或 real	float	返回给定表达式的正切值

字符串函数的名称及说明如表 C.3 所示。

表 C.3　字符串函数

函 数 名 称	参 数 类 型	返回类型	功　能
ASCII(character_expression)	char 或 varchar	int	返回字符表达式最左端字符的 ASCII 代码值
CHAR(integerexpression)	0～255 之间的整数	char(1)	将 int ASCII 代码转换为字符
CHARINDEX(expression1,expression2)	任何表达式	int	返回字符串中指定表达式的起始位置
DIFFERENCE(character_expression,character_expression)	char 或 varchar 的表达式	int	以整数返回两个字符表达式的 SOUNDEX 值之差

续表

函数名称	参数类型	返回类型	功能
LEFT(character_expression,integer_expression)	character_expression 是字符或二进制数据表达式；integer_expression 是整数	varchar	返回从字符串左边开始指定个数的字符
LEN(string_expression)	字符串表达式	int	返回给定字符串表达式的字符(而不是字节)个数，其中不包含尾随空格
LOWER(character_expression)	字符或二进制数据表达式	varchar	将大写字符数据转换为小写字符数据后返回字符表达式
LTRIM(character_expression)	字符或二进制数据表达式	varchar	删除起始空格后返回字符表达式
NCHAR (integerexpression)	0～65535 之间的所有正整数	nchar(1)	根据 Unicode 标准所进行的定义，用给定整数代码返回 Unicode 字符
PATINDEX('%pattern%',expression)	pattern 是短字符数据类型的表达式；expression 是字符串数据类型的表达式	int	返回指定表达式中某模式第一次出现的起始位置
REPLACE('string_expression1','string_expression2',string_expression3')	三个参数都是字符串表达式	字符数据或二进制数据	用第三个表达式替换第一个表达式中出现的第二个表达式中的字符串
QUOTENAME ('characterstring'[,'quote_character'])	character_string 是 unicode 字符数据字符串；quote_character 是单字符字符串	nvarchar (129)	返回带有分隔符的 Unicode 字符串
REPLICATE(character_expression,integer_expression)	character_expression 是字母数字表达式；integer_expression 是正整数	varchar	以指定的次数重复字符表达式
REVERSE(character_expression)	字符数据组成的表达式	varchar	返回字符表达式的反转
RIGHT(character_expression,integer_expression)	character_expression 是字符数据组成的表达式；integer_expression 是正整数	varchar	返回字符串中从右边开始指定个数的 integer_expression 字符
RTRIM(character_expression)	字符数据组成的表达式	varchar	截断所有尾随空格后返回一个字符串
SOUNDEX(character_expression)	字符数据的字母数字表达式	char	返回由四个字符组成的代码（SOUNDEX）以评估两个字符串的相似性
SPACE(integerexpression)	正整数	char	返回由重复的空格组成的字符串

续表

函数名称	参数类型	返回类型	功　能
STR(float_expression [,length[,decimal]])	float_expression 是 float 型表达式;length 是正整数;decimal 是正整数	char	由数字数据转换来的字符数据
STUFF(character_expression, start, length, character_expression)	character_expression 是字符数据组成的表达式;start 是整数值;length 是整数值	字符数据或二进制数据	删除指定长度的字符并在指定的起始点插入另一组字符
SUBSTRING (expression,start,length)	expression 是任意字符串;start 和 length 都是整数	同上	返回字符、binary、text 或 image 是表达式的一部分
UNICODE('ncharacter_expression')	nchar 或 nvarchar 的表达式	int	按照 Unicode 标准的定义,返回输入表达式的第一个字符的整数值
UPPER(character_expression)	字符数据组成的表达式	varchar	返回将小写字符数据转换为大写的字符表达式

日期和时间函数的名称及说明如表 C.4 所示。

表 C.4　日期和时间函数

函数名称	参数类型	返回类型	功　能
DATEADD(datepart, number,date)	—	datetime 或 samlldatetime	在向指定日期加上一段时间的基础上,返回新的 datetime 值
DATEDIFF(datepart, startdate,enddate)	三个参数都是日期型	integer	返回跨两个指定日期的日期和时间边界数
DATENAME (datepart,date)	日期型	nvarchar	返回代表指定日期的指定日期部分的字符串
DATEPART(datepart, date)	日期型	int	返回代表指定日期的指定日期部分的整数
DAY(date)	日期型	int	返回代表指定日期的天的日期部分的整数
GETDATE()	无参数	datetime	按 datetime 值的 SQL Server 标准内部格式返回当前系统日期和时间
GETUTCDATE()	无参数	datetime	返回表示当前 UTC 时间的 datetime 值
MONTH(date)	datetime 或 smalldatetime 类型的表达式	int	返回表示指定日期月份的整数
YEAR(date)	同上	int	返回表示指定日期年份的整数

文本和图像函数的名称及说明如表 C.5 所示。

表 C.5 文本和图像函数

函数名称	功能
PATINDEX	返回指定表达式中某模式第一次出现的起始位置
TEXTPTR	以 varbinary 格式返回对应于 text、ntext 或 image 列的文本指针值
TESTVALID	用于检查给定文本指针是否有效

系统函数的名称及说明如表 C.6 所示。

表 C.6 系统函数

函数名称	功能
APP_NAME	返回当前会话的应用程序名称
CASE 表达式	计算条件列表并返回多个可能结果表达式之一
CAST 和 CONVERT	将某种数据类型的表达式显式转换为另一种数据类型,CAST 和 CONVERT 提供相似的功能
COALESCE	返回其参数中第一个非空表达式
COLLATIONPROPERTY	返回给定排序规则的属性
CURRENT_TIMESTAMP	返回当前的日期和时间
CURRENT_USER	返回当前的用户
DATALENGTH	返回任何表达式所占用的字节数
@@ERROR	返回最后执行的 Transact-SQL 语句的错误代码
fn_helpcollations	返回 SQL Server 支持的所有排序规则的列表
fn_servershareddrives	返回由群集服务器使用的共享驱动器名称
fn_virtualfilestats	返回对数据库文件(包括日志文件)的 I/O 统计
FORMATMESSAGE	从 sysmessages 现有的消息构造消息
GETANSINULL	返回会话的数据库的默认设置为空
HOST_ID	返回工作站标识号
HOST_NAME	返回工作站名称
IDENT_CURRENT	返回为任何会话和任何作用域中的指定表最后生成的标识值
IDENT_INCR	返回增量值,该值是在带有标识列的表或视图中创建标识列时指定的
IDENT_SEED	返回种子值,该值是在带有标识列的表或视图中创建标识列时指定的
@@IDENTITY	返回最后插入的标识值
IDENTITY(函数)	只用在带有 INTO table 子句的 SELECT 语句中,以将标识列插入到新表中
ISDATE	确定输入表达式是否为有效的日期
ISNULL	使用指定的替换值替换 NULL

续表

函数名称	功　能
ISNUMERIC	确定表达式是否为一个有效的数字类型
NEWID	创建 uniqueidentifier 类型的唯一值
NULLIF	如果两个指定的表达式相等,则返回空值
PARSENAME	返回对象名的指定部分
PERMISSIONS	返回一个包含位图的值,表明当前用户的语句、对象或列权限
@@ROWCOUNT	返回受上一语句影响的行数
ROWCOUNT BIG	返回受执行的最后一个语句影响的行数
SCOPE IDENTITY	返回插入到同一作用域中的 IDENTITY 列内的最后一个 IDENTITY 值
SERVERPROPERTY	返回有关服务器实例的属性信息
SESSIONPROPERTY	返回会话的 SET 选项设置
SESSION_USER	当未指定默认值时,允许将系统为当前系统用户名提供的值插入表中
STATS_DATE	返回最后一次更新指定索引统计的日期
SYSTEM_USER	当未指定默认值时,允许将系统为当前系统用户名提供的值插入表中
@@TRANCOUNT	返回当前连接的活动事务数
USER_NAME	返回给定标识号的用户数据库用户名

附录 D appendix D

配置 ODBC 所需的函数

配置 ODBC 所需的函数及功能如表 D.1 所示。

表 D.1　配置 ODBC 所需的函数及功能

函　数	功　　能
SQLAllocHandle	分配句柄
SQLFreeHandle	释放句柄
SQLSetEnvAttr	设置环境属性
SQLSetConnectAttr	设置连接属性
SQLSetStmtAttr	设置语句属性
SQLConnect	使用数据源、用户标识和口令作为参数建立与驱动程序和数据源的连接
SQLDriverConnet	使用连接字符串连接数据源
SQLBrowseConnect	用迭代的方法建立连接字符串连接数据源

附录 E appendix E

各章思考练习题参考答案

E.1 第1章思考练习题参考答案

（1）人工管理阶段、文件系统阶段、数据库系统阶段和高级数据库技术阶段。（特征略）

（2）数据库与应用彼此独立，以一定的组织方式存储在一起，彼此相互关联，具有较少冗余，能被多个用户共享的数据集合。数据库的主要特征有：

① 数据库中的数据是结构化的。

② 数据冗余度小，易扩充。

③ 较高的数据和程序独立性。

④ 数据库为用户提供了方便的接口。

⑤ 数据的最小存取单位是数据项。

（3）数据库系统提供了两方面的映像功能，一方面是数据的存储结构与逻辑结构之间的映像或转换功能；另一方面是数据的总体逻辑结构与某类应用所涉及的局部逻辑结构之间的映像或转换功能。前者使得当数据的存储结构改变时，数据的逻辑结构可以不变，从而应用程序可以不必修改，称为数据和程序的物理独立性，简称数据的物理独立性。后者使得当总体逻辑结构改变时，通过对映像的相应改变而保持局部逻辑结构不变。程序员根据局部逻辑结构编写应用程序，因此应用程序可以不必改变。这就是数据和程序的逻辑独立性，简称数据的逻辑独立性。

（4）数据模型通常由数据结构、数据操作和数据的完整性约束三部分组成。数据结构是研究存储在数据库中的对象的型的集合；数据操作是指对数据库中各种对象的实例允许执行的操作的集合；数据的约束条件是完整性规则的集合，用以限定符合数据模型的数据库状态以及状态的变化，以保证数据的正确、有效和相容。

（5）在关系模型中基本数据结构被限制为二维表格，每一张二维表称为一个关系。

（6）（略）

（7）主要功能有：

① 数据库定义功能；

② 数据存取功能；

③ 数据库运行管理；

④ 数据库的建立和维护功能；

⑤ 数据字典。

(8)（略）

(9) 储户与银行之间具有一对一的联系；由于一个储户可以存多个存单，因此储户与存单之间具有一对多的联系。

(10) 学校有若干个学院，每个学院有若干个班级和教研室。每个教研室有若干名教师，其中教授和副教授各带若干名研究生；每个班级有若干名学生，每个学生可以选修若干门课程，每门课程可有若干名学生选修。用E-R图画出该学校的概念模型。

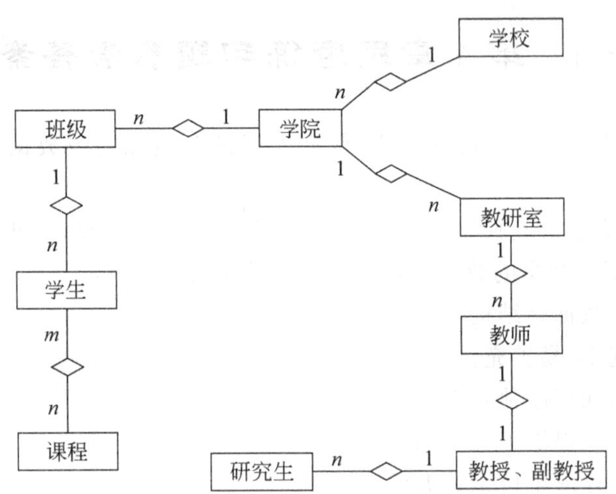

(11)（略）

(12) ODBC、OLE DB和ADO等。

E.2 第2章思考练习题参考答案

(1) 要点如下：

- 关系、关系模式

笛卡儿积D1×D2×…×Dn的子集叫作在域D1、D2、…、Dn上的关系，记作R(D1, D2, …, Dn)。对关系的描述称为关系模式。关系实际上就是关系模式在某一时刻的状态或内容。也就是说，关系模式是型，关系是它的值。关系模式是静态的、稳定的，而关系是动态的、随时间不断变化的，实际生活中，常常把关系模式和关系统称为关系。

- 关系数据库、关系数据库模式

关系数据库是指应用数学方法来处理其中数据的数据库；而关系数据库模式是对关系数据库的描述。对应于关系和关系模式，关系数据库也有型和值之分。关系数据库模式即为关系数据库的型，是对关系数据库的描述，对应于关系模式的集合。关系数据库的值也称为关系数据库，是关系的集合。关系数据库模式与关系数据库通常统称为关系数据库。

- 外码、候选码

外码：设 F 是基本关系 R 的一个或一组属性，但不是关系 R 的主码。另有关系 S，关系 S 的主码为 K_s。若 F 与 K_s 相对应，则称 F 是基本关系 R 的外码。候选码为最小超码。

- 等值连接、自然连接

等值连接用 $R \bowtie S$，或$(R)\mathrm{JN}_{R.C=S.C}(S)$来表示，表示从关系 R 与 S 的笛卡儿积中选取 A、B 属性值相等的那些元组。自然连接是指从两个关系的笛卡儿积中选择出公共属性值相等的元组所构成的新的关系，它不包括重复的属性，简记为$(R)\mathrm{NJN}(S)$。

(2) 关系模型由三部分组成：数据结构、关系操作、关系的完整性。

它的特点主要有：

① 关系必须规范化：规范化指关系模型中的每一个关系模式都必须满足一定的要求。

② 数据结构单一，无论是实体还是实体间的联系都用关系表示。

③ 集合操作：操作对象和结果都是元组的集合，即关系。

(3) 关系数据库主要有以下两类运算：

① 传统的集合运算，如并、交、差、广义笛卡儿积。

② 专门的关系运算，如选择、投影、连接、除。

(4) 关系模型的完整性规则是用来约束关系的，以保证数据库中数据的正确性和一致性。共有三类：实体完整性、参照完整性和用户定义的完整性。

(5) 完成下述操作：

① $R \cup S$、$R \cap S$、$R-S$、$R \times S$

R∪S

A	B	C
4	2	3
6	5	4
1	7	2
3	4	9
3	2	4
9	8	7

R∩S

A	B	C
6	5	4

R−S

A	B	C
4	2	3
1	7	2
3	4	9

R×S

R.A	R.B	R.C	S.A	S.B	S.C
4	2	3	3	2	4
6	5	4	3	2	4
1	7	2	3	2	4
3	4	9	3	2	4
4	2	3	6	5	4
6	5	4	6	5	4

续表

R.A	R.B	R.C	S.A	S.B	S.C
1	7	2	6	5	4
3	4	9	6	5	4
4	2	3	9	8	7
6	5	4	9	8	7
1	7	2	9	8	7
3	4	9	9	8	7

② $\sigma_{A=3}(R)$、$\Pi_{AB}(R)$、$(R)\mathrm{JN}_{R.C=T.C}(T)$、$(R)\mathrm{NJN}(T)$

$\sigma_{A=3}(R)$

A	B	C
3	4	9

$\Pi_{AB}(R)$

A	B	A	B
4	2	1	7
6	5	3	4

$(R)\mathrm{JN}_{R.C=T.C}(T)$

R.A	R.B	R.C	T.C	T.D
4	2	3	3	2
3	4	9	9	8

$(R)\mathrm{NJN}(T)$

A	B	C	D
4	2	3	2
3	4	9	8

(6) 略

E.3 第3章思考练习题参考答案

(1)（略）

(2)（略）

(3) 因为所建立的关系模式中存在某些“不好”的性质而导致的数据无法插入或错误删除的情况即被称为插入异常和删除异常。例如：以关系模式 U={S#,SD,MN,CN,G}来描述学生的一些情况，其中 S#为学生的学号，SD为学生所在院系的名称，MN为院系负责人的姓名，CN为课程名称，G为成绩。这个关系模式在实际使用中便有插入异常和删除异常的情况。

① 如果一个院系刚成立，尚无学生，或者有了学生，但尚未安排课程；那么这个院系及其负责人的信息便无法插入数据库，发生插入异常。

② 如果某个系的学生全部毕业了，在删除该系学生成绩信息的同时，把这个系及其负责人的信息也丢掉了，发生了删除异常。

在数据库设计中所设计的关系模式应当避免插入异常和删除异常的情况。

(4) 1NF、2NF、3NF、BCNF、4NF之间是逐级递进的关系，高级别的范式包含在低级别的范式之中，详见图3.2。

(5) 判断如下：

① 正确

② 错误
③ 正确
④ 错误
⑤ 错误
⑥ 错误
(6)(略)

E.4 第4章思考练习题参考答案

(1) 数据库的设计过程大致可分为需求分析、概念结构设计、逻辑结构设计、物理结构设计几个步骤。

(2) 各阶段工作重点如下:

① 需求分析阶段:明确用户对数据库系统的需求,并在了解原系统概况,确定新系统功能的过程中,收集基础数据及其处理,形成一组数据字典和数据流图,作为概念设计的基础。

② 概念结构设计阶段:概念设计阶段要对需求分析中收集的信息和数据进行分析和抽象,确定实体、属性及它们之间的联系,将各个用户的局部视图合并成一个总的全局视图,形成独立于计算机的反映用户需求的概念模型。

③ 逻辑结构设计阶段:在概念模式的基础上确定数据项、记录及记录间的联系、安全性和一致性约束等,形成可被具体的 DBMS 所处理的数据库逻辑结构。数据库设计中,从概念结构到逻辑结构的转变往往需要多次反复和修正。

④ 物理结构设计阶段:该阶段的工作重点是根据具体 DBMS 的特点和处理的需要,进行物理存储的安排,建立索引,形成数据库的内模式。

(3) 数据库设计过程的特点:

数据库设计过程中十分强调用户的参与。设计过程具有反复性。数据库系统的设计过程虽然可以分为几个步骤,但这些步骤并不是线性的。在实际的设计过程中往往需要在几个步骤之间反复进行,以求得理想的设计效果。

(4) 需求分析阶段的目标是:对现实世界要处理的对象(组织、部门、企业等)进行详细的调查,在了解原有系统的基础上,确定新系统的功能,并收集建立新系统所需的基础数据和信息。在需求分析中调查的重点包括:用户数据管理中的信息需求、处理需求、安全性与完整性要求。

(5) 概念模式是数据库结构的高级描述,独立于用来实现数据库的特定的 DBMS。一般地说,概念设计的目的是描述数据库的信息内容。它具有以下特点:

① 概念模型是对现实世界的抽象和概括,它真实、充分地反映了现实世界中事物和事物之间的联系,能满足用户对数据的处理要求。

② 由于概念模型简洁、明晰、独立于机器,很容易理解,因此可以用概念模型和不熟悉计算机的用户交换意见,使用户能积极参与数据库的设计工作,保证设计工作顺利进行。

③ 概念模型易于更动，当应用环境和应用要求改变时，容易对概念模型进行修改和扩充。

④ 概念模型很容易向关系、网状、层次等各种数据模型转换。

概念结构的设计一般可按如下步骤进行：

设计局部概念模型：①首先明确局部应用的范围。②选择实体，确定实体的属性及标识实体的关键字。③确定实体之间的联系，产生局部E-R模型。

合成全局概念模型：①消除冲突，合并各局部E-R模型。②消除冗余，得到基本E-R模型。

(6) 各个局部E-R模型只是对所设计的系统的一个局部的分析和抽象，设计完成后还需要对它们进行合并，集成为一个全局的概念模型。集成的方式有两种：①多个局部E-R模型一次性集成。②两两合并。即首先集成两个比较关键的分E-R图，以后每次将一个新的分E-R图集成进来，直至所有的分E-R图集成完毕。在实际设计中使用较多的是后者。

(7)（略）

(8)（略）

(9) 确定数据库的存取方法，主要是确定建立索引的策略；确定数据库的存储结构，主要包括确定数据存储参数的配置。

(10) 数据库管理员的具体职责如下：

① 对数据库性能的监测、分析和改善；

② 数据库的转储和恢复；

③ 维持数据库的安全性和完整性；

④ 数据库的重组和重构。

(11)（略）

E.5 第5章思考练习题参考答案

(1) 必须明确视图是从一个或几个基本表(或视图)导出的表，是一张虚表，它所对应的数据不实际存储在数据库中。

(2) SQL：Structured Query Language，结构化查询语言。SQL的特点有：

- 一体化；
- 两种使用方式、统一的语法结构；
- 高度非过程化；
- 语言简洁、易学易用。

(3)（略）

(4)（略）

(5) 数据控制语言(DCL)、数据定义语言(DDL)、数据操纵语言(DML)、附加的语言元素等。

(6) 按要求写出SQL查询语句：

查询课题经费大于 100 万元的课题编号及其名称。

```
SELECT KTID,KTNAME FROM KYKT WHERE KTJF>100;
```

查询同时参加编号为 101 和 105 课题的科研人员编号。

```
SELECT K1.RYID FROM KYQK AS K1,KYQK AS K2
WHERE K1.RYID=K2.RYID AND K1.KTID=101 AND K2.KTID=105;
```

查询科研情况表中所有科研人员的编号。

```
SELECT DISTINCT KYQK.RYID FROM KYQK;
```

检索 69 号科研人员的信息。

```
SELECT * FROM KYRY WHERE KYRY.RYID=69;
```

检索 105 号课题的平均工作量。

```
SELECT 'KTID105',AVG(KYQK.GZL) FROM KYQK WHERE KYQK.KTID=105;
```

检索工作量在 200～400 日的课题编号、人员编号及工作量，并按工作量降序排序。

```
SELECT KTID,RYID,GZL FROM KYQK
WHERE GZL BETWEEN 200 AND 400 ORDER BY GZL DESC;
```

在科研人员表中追加一个科研人员(53,DAIHONG,DOCTOR,MALE,TIANJIN)。

```
INSERT INTO KYRY VALUES(53,'DAIHONG','DOCTOR','MALE','TIANJIN');
```

删除 52 号科研人员的所有科研课题。

```
DELETE FROM KYQK WHERE RYID=52;
```

修改 203 号课题的课题经费为 120 万元。

```
UPDATE KYKT SET KTJF=120 WHERE KTID=203;
```

把 67 号科研人员的工作量减少 10%。

```
UPDATE KYQK SET GZL=(1-0.1)*GZL WHERE RYID=67;
```

E.6 第 6 章思考练习题参考答案

(1)(略)

(2) SQL Server 2000 的产品家族包括：企业版(Enterprise Edition)、标准版(Standard Edition)、个人版(Personal Edition)、开发版(Developer Edition)、桌面引擎(Desktop Engine)、企业评估版和 Windows SQL Server CE 版。

(3) 逻辑组件主要有：表、视图、存储过程、索引、约束、默认值、触发器、用户和角色；物理组件主要有：页和扩展盘区、物理数据库文件和文件组、聚簇索引和非聚簇索引、文本和图像的存储、事务日志等。

(4) SQL Server 2000 数据库文件有三种类型：主要数据文件(.mdf)、次要数据文件(.ndf)、日志文件(.ldf)。每个数据库都必须有一个主要数据文件；对次要数据文件不作要求，可以没有，也可以有多个；每个数据库必须至少有一个日志文件，但可以不止一个。

(5) 聚簇索引和非聚簇索引的区别主要是索引的顺序与数据表的物理顺序是否相同：聚簇索引的顺序和数据表的物理顺序相同；非聚簇索引的顺序和数据表的物理顺序不同。另外，在B树结构中还有两方面显著不同：非聚簇索引页级仅包含关键值，不包含数据行；非聚簇索引的数据记录不按非聚簇索引进行排序操作。聚簇索引尤其适用于建立在表中需要经常搜索的列或按顺序访问的列上；非聚簇索引尤其适用于需要以多种方式检索数据时。

(6) 事务日志是数据库中关于已发生的所有修改和执行每次修改的事务的一连串记录。

它的特点主要有以下几点：

① 事务是一个单元的工作，它只有两种状态，要么全部完成，要么全部不完成。

② 对于一些大型操作，日志只记录了该操作的事实并不记录所发生的数据。

③ 事务日志不作为一个表实现，而是以一个操作系统文件的形式实现。

(7) (略)

(8) 三层(多层)的客户机/服务器体系结构是指在两层的客户机/服务器体系结构的基础上引入Web数据库，客户端位于最上层，仅需安装用户界面软件(如Web浏览器)用于交互处理；数据部分被放置在最底层的数据库服务器中；而大量的商业规则被封装起来存放至中间层。

(9) 服务器端组件：

- SQL Server 数据库引擎(MS SQL Server 服务)：处理 Transact-SQL 语句、存储过程并将执行的结果发给客户端；支持分布式查询；自动优化并发用户之间的资源配置；强制实施在存储过程和触发器中定义的规则，检查数据的一致性并实现对数据库的枷锁，防止逻辑问题的产生等。
- SQL Server 代理服务(SQL Server Agent 服务)：主要用于管理需要频繁重复执行的活动。通过作业、警报、操作员能够自动执行预先安排好的管理任务，监视SQL Server事件，并根据事件的情况触发警报。它还能够集中管理在企业范围内分布的多个SQL Server服务器。
- Microsoft 搜索服务：支持了更为复杂的搜索。
- Microsoft 分布式事务处理协调器(MS DTC 服务)：协调正确完成分布式事务，以确保所有服务器上的全部更新为永久性的，或在发生错误时删除所有更新，恢复提交前的状态。它允许在一个事务中访问不同服务器上的数据库。
- 客户端组件：客户端组件主要包括传送给数据库引擎的 Transact-SQL 语句和用于传送 Transact-SQL 语句及处理结果集的接口。

(10) XML 是 Extensible Markup Language(可扩展标记语言)的简称，因为 Extensible Markup Language 常拼错为 eXtensible Markup Language，因此简称 XML，它是一组用来形成语义标记的规则集。

在典型的三层系统构架中 XML 技术的实现方式如第 6 章的图 6.17 所示。

(11) SQL Server 2000 根据客户端和服务器端是否位于同一台计算机上,采取不同的通信机制。客户端和服务器端位于同一计算机上时,SQL Server 2000 采用了 Windows 中提供的本地命名管道、共享内存等进程间通信技术(InterProcess Communication,IPC)来实现客户端和服务器端的通信。当客户端和服务器端不位于同一台计算机上时,SQL Server 2014 采用网络间的进程通信。

(12) SQL Server 2014 的管理工具以及它们的功能如表 E.1 所示。

表 E.1 管理工具及功能

管理工具	功 能
企业管理器	创建脚本、全文索引、数据库图表和数据库维护计划;管理表、视图、存储过程、触发器、索引、规则、默认值和用户定义的数据类型、用户的使用权限以及 SQL Server 对象的备份;导入、导出和转换数据;备份数据库和事务日志;执行各类 Web 管理任务
查询分析器	提供 Object Browser,允许用户浏览和获取有关数据库对象的参数和依赖性信息;增加了服务器跟踪和客户机统计的功能
系统监视器	监视运行计算机上资源的使用情况
导入和导出数据	传递数据
事件探查器	事件探查器可以实时地捕获连续的服务器活动记录,允许监视 SQL Server 产生的事件,根据用户指定的准则筛选事件,以及将跟踪输出引导到屏幕、文件或表
服务管理器	用于启动、停止和暂停服务器上的 SQL Server 2014 或查看服务的状态
客户端网络实用工具	用于管理客户端 Net-Library 以及定义服务器别名
服务器网络实用工具	用于管理服务器 Net-Library

(13) ADO(Microsoft ActiveX Data Objects):建立了基于 Web 方式访问数据库的脚本编写模型,它不仅支持任何大型数据库的核心功能,而且支持许多数据库所专有的特性并允许企业程序员在 OLE DB 上用任何语言编写数据库应用程序。

ODBC(Open Database Connectivity):一种开放的独立于厂商的 API 应用程序接口,可以跨平台访问各种个人计算机、小型机以及主机系统并可以作为一个 API 来使 C、C++ 以及 VB 应用程序与 SQL Server 进行通信。

OLE DB:一组适用于不同平台各种数据源的系统级的程序设计接口,它封装或隐藏了各种数据库管理系统的服务。

(14) (略)

E.7 第 7 章思考练习题参考答案

(1) (略)

(2) (略)

(3) 启动数据库服务器有三种方法：使用 SQL Server 服务管理程序，使用 SQL Server 集成环境以及使用控制面板。

(4) 如何使用 Enterprise Manager 创建视图。

① 选择要创建视图的数据库，在数据库的下属数据库对象中右击“视图”，在弹出的快捷菜单中选择“新建视图”命令。

② 在打开的“新视图”窗口中右击表区，在弹出的快捷菜单中选择“添加表”命令或直接单击工具栏中的添加表图标都会弹出“添加表”对话框。选择要创建视图的基表或视图，单击“添加”按钮，将其添加到表区。

③ 在列区中选择需要在视图中显示的数据列，此时 SQL Script 区会产生相应的 SQL 脚本。

④ 右键单击新建视图对话框的任意处，在弹出的快捷菜单中选择“运行”命令或直接单击工具栏中的运行图标!，在数据结果区都会显示包含在视图中的数据行。

⑤ 右键单击新建视图对话框的任意处，在弹出的快捷菜单中选择“存盘”命令或直接单击工具栏中的存盘图标，会弹出“存盘”对话框，在该对话框中填入视图名，单击“保存”按钮。

(5) 创建存储过程的步骤如下：

① 打开“工具”|“向导”，在弹出的快捷菜单中选择“创建存储过程向导”。

② 单击“确定”按钮，可弹出“欢迎使用创建存储过程向导”界面。

③ 单击“下一步”按钮，进入“选择数据库”对话框。

④ 从下拉列表中选好将要建立存储过程的数据库后，单击“下一步”按钮，进入“选择存储过程”对话框。

⑤ 选择表名以及需要执行的操作，单击“下一步”按钮，进入“正在完成创建存储过程向导”，确认后单击“确定”按钮，完成存储过程的创建。

(6) 触发器是一种特殊的存储过程，它不允许带参数。触发器不能被用户直接调用，只能由系统自动激活。

(7) SQL Server 提供的安全机制主要有认证模式和认证进程、登录账号管理、角色管理、用户管理和许可设置等。

(创建角色答案略)

(8) (略)

(9) (略)

E.8 第8章思考练习题参考答案

(1) Transact-SQL 语言是微软公司对标准 SQL 语言的扩展，具有 SQL 语言所有的优点，含有较少的非标准语法。

(2) 创建一个数据表就是设计这个表的表结构，包括表中包含的字段、字段类型、约束条件等，因此修改表的结构就是对这些内容作相应的调整；修改表中的数据是对二维表中若干字段的值进行修改,并不影响表的结构。

(3)(略)

(4)(略)

(5)索引就是表中数据和相应存储位置的列表。索引可以大大提高系统的性能,例如保证数据的唯一性,提高数据库的查询速度等;但是过多的增加索引就会暴露其不利的一面,例如耗费时间,占用过多的系统空间等。

(6)(略)

(7)视图不是一张真正的二维表,它是数据库中实际存储数据的投影。只有在特定的情况下才能通过视图修改数据。

(8)(略)

(9)SQL Server 的复制是在数据库之间对数据和数据库对象进行复制和分发并进行同步以确保其一致性的一组技术。复制包括以下几个阶段:配置复制,生成和应用初始快照,修改复制数据以及同步和传播数据。复制的拓扑结构有:中央发布服务器、带有远程分发服务器的中央发布服务器、再次发布者和中央订阅服务器。

(10)备份是指对 SQL Server 数据库或事务日志进行复制,数据库备份记录了在进行备份这一操作时数据库中所有数据的状态。如果数据库因意外而损坏,这些备份文件将在数据库恢复时被用来恢复数据库。

恢复就是把遭受破坏或丢失数据或出现错误的数据库恢复到原来的正常状态。这一状态是由备份决定的,但是为了维护数据库的一致性,对在备份中未完成的事务不进行恢复。

E.9 第9章思考练习题参考答案

(1)变量的含义如下:

@@CURSOR_ROWS:存储最后打开的游标中当前存在的合格行的数量。

@@ERROE:存储最后执行的 Transact-SQL 语句的错误代码。

@@FETCH_STATUS:存储上一条 fetch 语句的状态。

(其他变量的含义略)

(2)填空答案如下:

① 一个语句块;一个单独的执行单元;IF、ELSE 或 WHILE 后紧跟的一个语句。

② 多分支的选择结构;多个可能结果之一;查询语句的条件部分;简单表达式;搜索表达式。

③ 当前的 WHILE 循环之外;下一次循环的起始处。

④ 一组已被编辑在一起的,执行某种功能的预编译 SQL 语句;存储在服务器上的;一个逻辑工作单元;编译和优化;过程高速缓存。

⑤ 用户的显式调用;执行某种触发操作时。

⑥ 存放 INSERT 或 UPDATE 语句执行过程中,插入到触发表中的新数据行的副本;存放 DELETE 或 UPDATE 语句执行过程中,从触发表中删除的旧数据行的副本。

⑦ 单个逻辑工作单元；所有操作；永久的部分；被取消，系统恢复到事务执行前的状态。

(3) 在 SQL Server 2000 中有三种方法可以创建存储过程。它们分别是使用向导，使用企业管理器(Enterprise Manager)和使用 CRATE PROCEDURE 语句。

(4) 方法如下：

① 查看存储过程的定义：sp_helptext <procedurename>

② 查看有关存储过程的信息：sp_help <procedurename>

③ 查看存储过程的相关性：sp_depends 'object'

④ 查看关于扩展存储过程的信息：sp_helpextendedproc

(5)（略）

(6)（略）

E.10 第10章思考练习题参考答案

(1) 数据库中存放了大量的信息，这其中有许多是商业秘密，对客户来说非常重要，所以说对数据库进行安全保护是很必要的。

(2) 数据库的安全性管理包含两方面的内容：一是用户是否有权限登录到系统以及如何登录的管理；二是用户能否使用数据库中的对象和执行相应操作的管理。

(3)（略）

(4) 认证进程是指当用户访问数据库系统时，系统对该用户的登录信息的确认过程；而认证模式是指系统采用何种认证进程确认用户的方式。SQL Server 共有两种认证进程：Windows 认证进程和 SQL Server 认证进程。当 SQL Server 在 Windows 环境中运行时，提供两种认证模式：Windows 认证模式和混合认证模式。在网络环境中，如果连接客户机和服务器的所有通信协议都是信任连接协议(即 Named pipes 和 TCP/IP)，则应采用 Windows 认证模式，否则采用混合认证模式。

(5) 用鼠标右击要进行认证模式设置的服务器，在弹出的快捷菜单中选择“属性”命令，弹出“属性”|“安全性”对话框，在“安全性”选项卡中进行认证模式的设置。

(6) 权限有三类：对象权限、语句权限和暗示性权限。

(7) 数据完整性(Data Integrity)就是指数据库中的数据在逻辑上的精确性和可靠性。在 SQL Server 2000 数据库系统中，有四种类型的数据完整性：实体完整性、域完整性、引用完整性和用户定义完整性。

(8) 主键约束是指主键是每一行的唯一标识符，不允许有空值。主键约束强制实体完整性。唯一性约束指定表中某一个列或多个列不能有两行或两行以上相同数据存在，允许空值。一般把唯一性约束称为候选的主键约束。

(9)（略）

(10) 并发性就是两个或两个以上的用户同时对数据执行的操作。事务就是一个单元的工作，包括一系列的动作，这些动作要么全部成功，要么全部失败。SQL Server 通过支持事务机制管理多个事务，保证事务的一致性。事务机制确保了数据库中数据的一致性和可恢复性。

(11) 锁的类型有共享锁、排他锁、更新锁、意向锁、架构锁、大容量更新锁等。当两个事务分别锁定了两个单独的对象或者有若干个长时间运行的事务执行并行的操作时,有可能发生死锁。

E.11 第11章思考练习题参考答案

(1) 面向对象的数据库系统(Object Oriented Database System,OODBS)是指把面向对象的方法应用于数据库领域所形成的数据库系统。

(2) 面向对象的数据模型主要包括对象结构、类、继承、对象标识、对象嵌套等方面。

(3) 对象定义语言和对象查询语言。

(4) 面向对象程序设计的特点主要有易于维护、可扩展、代码可重用等。

(5)(略)

(6) 并行数据库系统是将并行技术与数据库管理相结合产生的新型数据库系统。并行数据库系统可以发挥多处理器结构的优势,性能价格比和可用性都较高。同时,并行数据库系统在解决磁盘I/O瓶颈问题和主存访问瓶颈问题上有很好的效果。

(7) 分布式数据库是由一组数据组成的,这组数据分布在计算机网络的不同计算机上,网络中的每个节点具有独立处理的能力(称为场地自治),可以执行局部应用。同时,每个节点也能通过网络通信子系统执行全局应用。分布式数据库的特点有:数据独立性、集中与自治相结合的控制结构、适当增加数据冗余度和全局的一致性、可串行性和可恢复性。

(8) 数据仓库与传统的数据库系统有很大的不同。它是支持管理决策过程的、面向主题的、集成的、随时间不断变化的、稳定的数据集合。现有的数据仓库系统一般具有数据源、数据仓库和数据分析工具三大部分。

(9) 数据仓库的数据组织形式与传统的数据库系统有很大的不同。传统的数据库系统是面向事务处理的,所以存储的多是详细数据;而数据仓库系统中以分级的方式对数据进行综合和组织。原始数据经过数据源归并综合,首先进入当前细节级,根据需要进一步综合进入轻度综合级,如再进行高度综合则进入高度综合级。而随着时间的推移,老化的数据将进入早期细节级。

(10) 目前广泛使用的数据仓库模型主要有:星型模型和雪花模型。

① 星型模型:星型模型由两种类型的表组成:事实表和维表。事实表中存储了描述某一事务的各个维的维表索引,而维表则负责存储单个维的具体数据。在实际操作时,通过对事实表和维表进行连接操作便可形成数据立方,从而获得丰富的信息。

② 雪花模型:雪花模型可以看成是星型模型的一个扩展。在星型模型中,每个维只有一张维表,其中存储了有关于该维的所有信息,这难免在数据存储上有一定的冗余。而在雪花模型中,维表分解成与事实表直接关联的主维表和与主维表关联的次维表。可

以看出雪花模型是对星型模型的维表进一步标准化的产物。

(11) 建设数据仓库系统一般可包括以下几个步骤：

① 设计数据仓库。

② 创建数据准备区。

③ 创建数据仓库的数据库。

④ 从已有的数据库系统中析取数据。

⑤ 清理和转换数据。

⑥ 向数据仓库的数据库加载数据。

⑦ 向数据集市分发数据。

(12) 数据挖掘的一般过程包括以下步骤：

① 预处理数据。

② 模型搜索。

③ 评价输出结果。

④ 生成最后的结果报告和解释报告。

(13) 在 SQL Server 包含了用于数据挖掘的决策树模型和聚类分析模型等数学模型。

E.12 第12章思考练习题参考答案

(1) ODBC(Open Database Connectivity，开放式数据库系统互联)是微软定义的一种数据库访问标准，为应用程序提供了一套调用层接口(Call-Level Interface，CLI)函数和基于动态链接库的运行环境。使用 ODBC 应用程序不仅可以访问存储在本地计算机的桌面数据库系统中的数据，并且还可以访问异构平台上的数据库产品(如 SQL Server 和 Oracle 等)。

(2) 各组成部分及功能如下：

① ODBC 应用程序：它所能实现的功能包括连接数据源；向数据源发送 SQL 语句；为 SQL 语句执行结果分配存储空间，定义所读取的数据格式；读取结果，必要时向用户提交处理结果；处理错误；请求事务的提交和回滚操作；断开与数据源的连接。

② ODBC 驱动程序管理器：装载 ODBC 驱动程序，管理数据源，检查 ODBC 调用参数的合法性和记录 ODBC 函数的调用等。

③ ODBC 驱动程序：建立与数据源的连接；向数据源提交用户请求执行的 SQL 语句；根据应用程序的要求，将发送给数据源的数据或从数据源返回的数据重新格式化；向应用程序返回处理结果；将执行过程中数据库系统返回的错误转换为 ODBC 定义的标准错误代码返回给应用程序；根据需要声明和使用游标。

④ ODBC 数据源：使用用户创建的名称关联一个目标关系型数据库和 ODBC 驱动程序，隔离用户和 ODBC 连接的基本机制。

(3)（略）

(4)(略)

(5) ADO 的功能包括：使用 Connection 对象连接数据源；使用 Recordset 对象处理数据；使用 Command 对象执行查询；建立访问 SQL Server 数据的 Web 应用程序。

(6) ADO 的对象模型包括 7 种对象、4 种集合。

7 种对象：Connection 对象、Command 对象、Parameter 对象、Recordset 对象、Field 对象、Error 对象和 Property 对象。

4 种集合：Fields 集合、Properties 集合、Parameters 集合、Errors 集合。

(7)(略)

(8)(略)

(9) ASP 的特点有很多，主要表现为：代码简单，编写容易，浏览器无关，在服务器端运行，安全可靠等。ASP 的运行模型为：浏览器从 Web 服务器上请求.asp 文件时，ASP 脚本开始运行。然后 Web 服务器调用 ASP 引擎，ASP 引擎会全面读取请求的文件，执行所有脚本命令，并将 Web 页传送给浏览器。

(10)(略)

(11)(略)

(12) JSP 是英文 Java Server Page 的缩写，它是由 Sun 公司提出的将纯 Java 代码嵌入 HTML 中以实现动态功能的技术。与 Microsoft 公司的 ASP 技术相比，它具有几大突出的优点：

① JSP 的效率和安全性更高。

② JSP 的组件方式更方便。

③ JSP 的适应平台更广。

(13) JSP 的三大结构包括：脚本元素、指令和操作。它们的功能分别为：脚本元素用于将标准的 Java 代码嵌入到页面当中；指令用于控制 JSP 文件的整体结构；操作用于调用和控制 JavaBean 组件，并以其他方式控制 JSP 引擎的行为。

(14) 在 JSP 共有四种类型的脚本元素：

① 表达式元素<%= 表达式%>：表达式的计算结果将被转换成一个字符串，并嵌入到输出页面中。

② 代码段元素<% 程序代码%>：用于嵌入处理业务逻辑的大段 Java 代码。

③ 声明元素<%! 变量声明%>：用于定义页面级的变量，以保存某些中间信息。

④ 注释元素<%-- 注释 --%>：注释 JSP 文件。

(15) 见表 12.8——page 指令的属性。

(16) JavaBean 是 Java 中实现可重用组件的一种编程技术。在 JSP 中可以通过操作语法<jsp:useBean>调用已有的 JavaBean 组件，从而极大地提高了编程的效率。

(17) JDBC 是 Sun 公司制定的 Java 数据库连接技术(Java Database Connection)。它是在 Microsoft 公司的 ODBC 的基础上发展起来的。它们之间最大的区别在于：JDBC 以 Java 风格与优点为基础并进行优化，因此更加易于使用。

（18）通过JDBC访问数据库有以下几个步骤：

① 用Class的类方法forName()加载驱动程序。

② 通过驱动管理器DriverManager建立连接，获得连接接口Connection。

③ 创建语句查询对象Statement。

④ 执行查询或更新。

⑤ 对返回的结果集ResultSet进行操作。

⑥ 关闭Statement对象。

⑦ 关闭连接接口Connection。

（19）（略）

参考文献

1. 萨师煊. 数据库系统概论. 5 版. 北京：高等教育出版社，2014.
2. C. J. Date. 周成兴，等，译. SQL 与关系数据库理论. 北京：清华大学出版社，2010.
3. 尹志宇. 数据库原理与应用教程——SQL Server. 2 版. 北京：清华大学出版社，2015.
4. 黄维通. SQL Server 数据库技术与应用. 北京：清华大学出版社，2014.
5. 李雁翎. 数据库技术及应用实践教程——SQL Server. 4 版. 北京：高等教育出版社，2014.
6. 王伟. SQL Server 数据库开发技能教程. 北京：清华大学出版社，2010.
7. 邱李华，李晓黎，等. SQL Server 2008 数据库应用教程，2 版. 北京：人民邮电出版社，2012.
8. 何玉洁，等. 数据库原理与应用教程. 2 版. 北京：机械工业出版社，2011.
9. 施伯乐，丁宝康，汪卫. 数据库系统教程. 3 版. 北京：高等教育出版社，2008.
10. 张莉. 计算机网络应用基础. 北京：中国农业出版社，2007.
11. 张莉. Java 网络编程及应用教程. 北京：人民邮电出版社，2004.